离心压气机设计与分析

Design and Analysis of centrifugal compressors

［比利时］勒内·范登·布朗布舍(René Van den Braembussche) 著

杜娟 杨晨 邱佳慧 刘洋 张敏 译

国防工业出版社

·北京·

著作权合同登记　图字:01-2022-5373号

图书在版编目(CIP)数据

离心压气机设计与分析/(比)勒内·范登·布朗布舍著;杜娟等译.—北京:国防工业出版社,2025.
1.—ISBN 978-7-118-13502-2
Ⅰ.V233.6
中国国家版本馆CIP数据核字第2024JY9543号

Design and Analysis of Centrifugal Compressors (9781119424093 / 1119424097) by Rene Van den Braembussche
All Rights Reserved. Authorised translation from the English language edition published by John Wiley & Sons Limited. Responsibility for the accuracy of the translation rests solely with National Defense Industry Press and is not the responsibility of John Wiley & Sons Limited.

No part of this book may be reproduced in any form without the written permission of the original copyright holder, John Wiley & Sons Limited.

本书简体中文版由John Wiley & Sons, Inc. 授权国防工业出版社独家出版。
版权所有,侵权必究。

※

国防工业出版社出版发行
(北京市海淀区紫竹院南路23号　邮政编码100048)
北京虎彩文化传播有限公司印刷
新华书店经售
*
开本710×1000　1/16　印张25　字数442千字
2025年1月第1版第1次印刷　印数1—1300册　定价169.00元

(本书如有印装错误,我社负责调换)

国防书店:(010)88540777　　书店传真:(010)88540776
发行业务:(010)88540717　　发行传真:(010)88540762

译者序

勒内·范登·布朗布舍（René Van den Braembussche）是叶轮机械领域的世界著名学者。他拥有鲁汶大学机电工程硕士学位（1968 年）和冯·卡门研究所研究硕士学位（1969 年）。毕业后，他一直在冯·卡门研究所从事流体力学研究和教学工作，目前是叶轮机械与推进部门的名誉教授。1987—1997 年，他还兼职担任布鲁塞尔自由大学教授。他曾受邀到意大利热那亚大学、中国科学院工程热物理研究所、大连理工大学等多个高校与科研单位为研究生讲授"离心压气机设计与分析"课程，并多次组织、主讲了世界著名的 AGARD-RTO 课程和冯·卡门系列讲座，深受学生欢迎与喜爱。他应邀在多个学术会议上发表演讲，曾获得 ASME-IGTI 燃气轮机会议传热委员会最佳论文奖（2008 年）和欧洲航空研究协会的最佳论文奖（2011 年）。他曾是美国机械工程师学会会员和教育委员会的成员（直到 2009 年），并担任美国机械工程师学会（ASME Journal of Turbomachinery）杂志离心式叶轮机械方向副主编。

他的创新研究工作主要聚焦在离心压气（缩）机和泵领域，尤其在离心压气（缩）机和泵的旋转失速与喘振起源及类型、蜗壳内部流动与损失机理、进出口畸变诱发的叶轮内部非定常流动、传热效应对内部流动的影响等方面，并提出了很多新的见解。结合工程需求，他还开发了基于计算流体力学的叶轮机械反设计方法和基于人工智能的叶轮机械多学科优化方法，并在工业界得到广泛应用。

本书是作者精心整理、总结其毕生的研究成果与公开文献发表的最新成果，从基本理论到实际应用都有详细阐述，涵盖了离心压气机的最新研究进展，包括设计方法、性能分析和优化技术等。同时提供了关于离心压气机性能测试的方法和标准，最后分析了离心压气机不同失稳途径的诱因，并提供了多种拓宽稳定裕度的方法。翻译此书的目的在于帮助从事离心压气机设计与分析的工程师、博士和博士后研究人员深入分析流动结构和损失，理解数值求解 Navier-Stokes 方程得到的离心压气（缩）机性能与流场机理，从而推动学术研究的深入。此外，通过将先进的离心压气机设计与分析技术和理论引入国内，可促使更多工程技术人员理解和应用离心压气机的相关知识，提升行业整体水平。同时本书可作为高校教学提供优质教材，培养更多专业人才，满足行业需求。读者通过阅读此书，可以获取离心压气机国际前沿的研究成果，激发在该领域的创新思维和技术进步。

对原著中存在的问题,我们已与作者讨论并作了改正。尽管我们在翻译过程中力求表达作者的原意并尽量采用了我国通用的工程技术术语,但限于水平,译文尚有不妥和疏漏之处,恳请读者指正。

本书在翻译过程中,大连理工大学刘艳教授、杨金广研究员、杨晨助理教授和中国科学院工程热物理研究所的邱佳慧博士、刘洋博士、张敏博士、范忠岗、安兆凯、袁兆嵘、吴跃腾、陈婷等承担了大量的翻译和校稿工作,在此特致谢意!

中国科学院工程热物理研究所研究员

2024 年 6 月 2 日于北京

前言

十几年来不断增强的节能意识和离心压气机效率提高使其应用领域不断拓展;紧凑、轻量和简单的部件使单级离心压气机有效替代了多级轴流压气机;无机械摩擦、低成本和高可靠性等特征也使离心压气机优于往复式压气机,这些都是离心压气机研究常胜不衰的原因。

离心压气机不同于轴流压气机,其需要特殊的研究方法,本书就是针对此进行阐述。本书广泛参考了20世纪(计算机出现之前)公开文献中发表的实验结果和理论流动模型,这些内容由我指导的博士生开展的研究和很多硕士生研究课题进行了补充,包括 Paul Frigne、George Verdonk、Marios Sideris、Antonios Fatsis、Erkan Ayder、Koen Hillewaert、Alain Demeulenaere、Olivier Léonard、Stephane Pierret、Tom Verstraete、Alberto Di Sante 博士论文。

本书不是讲述未设计"最优压气机"的"秘诀",而是深入理解流动结构。目的是帮助解决问题和在不同设计目标和限制之间找到折中办法,并有助于理解和有效使用 Navier–Stokes 结果。

本书并未详细介绍数值模拟技术,而是重点关注了其应用,特别是正确的使用条件、不同方法的局限以及过去20年间在现代计算设计和优化技术中的应用。

本书是基于作者本人在冯·卡门研究所(von Karman Institute)多年来给研究生讲授的"离心压缩机高级课程"基础上编写而成的,目的是为从事离心压气(缩)机设计和分析的工程师以及专门从事此领域的教师和学生提供参考。

我很感谢冯·卡门研究所的同事,如 Frans Breugelmans、Claus Sieverding、Tony Atrs 和我的继任者 Tom Verstraete 教授,与他们共事是一段很充实和有创造力的经历;也很感谢 Z. Alsalihi 先生和 J. Prinsier 与我多年来富有成效的合作,包括图片准备和计算流体力学(CFD)支持,感谢冯·卡门研究所图书管理员 Christelle De Beer 和 Evelyne Crochardde 在撰写本书过程中给予的帮助。

特别感谢我的妻子和助手 Leen,没有她们的理解、鼓励和无限支持,本书不可能完成。

René Van den Braembussche
2018 年 2 月 25 日于 Alsemberg

目录

第1章 离心压气机 ·· 001
1.1 离心压气机的应用 ·· 002
1.2 可实现效率 ·· 005
1.3 传热流动 ··· 013
1.4 径流压气机中的能量转换 ·· 018
1.5 工作特性图 ·· 024
  1.5.1 理论工作特性线 ·· 024
  1.5.2 有限数量叶片 ··· 026
  1.5.3 真实工作特性曲线 ··· 029
1.6 反力度 ·· 029
1.7 运行工况 ··· 032

第2章 压气机入口元件 ·· 036
2.1 进口导叶 ··· 036
  2.1.1 预旋对压比的影响 ··· 039
  2.1.2 进口导叶设计 ··· 040
2.2 诱导轮 ·· 048
  2.2.1 进口计算 ··· 049
  2.2.2 最优冲角 ··· 052
  2.2.3 诱导轮堵塞流量 ·· 055

第3章 径流叶轮流动计算 ··· 060
3.1 无黏叶轮流动计算 ·· 062
  3.1.1 子午速度计算 ··· 063
  3.1.2 叶到叶速度计算 ·· 065
  3.1.3 最优速度分布 ··· 068
3.2 三维叶轮流动 ··· 072
  3.2.1 三维无黏流 ·· 072

  3.2.2 边界层 … 075
  3.2.3 二次流 … 077
  3.2.4 全三维几何 … 083
 3.3 性能预测 … 087
  3.3.1 扩张通道中的流动 … 088
  3.3.2 叶轮扩散模型 … 089
  3.3.3 双区流动模型 … 092
  3.3.4 平均流动的计算 … 100
  3.3.5 射流/尾迹速度比对叶轮性能的影响 … 101
 3.4 滑移因子 … 103
 3.5 轮盘摩擦 … 107

第4章 扩压器 … 110
 4.1 无叶扩压器 … 112
  4.1.1 一维计算 … 113
  4.1.2 周向畸变 … 118
  4.1.3 三维流动计算 … 122
 4.2 有叶扩压器 … 128
  4.2.1 弯曲叶片扩压器 … 129
  4.2.2 通道扩压器 … 132
  4.2.3 无叶和半无叶空间 … 133
  4.2.4 扩压器通道 … 140

第5章 叶轮详细几何设计 … 144
 5.1 反设计方法 … 145
  5.1.1 反设计方法分析 … 145
  5.1.2 CFD分析的反设计方法 … 149
 5.2 优化系统 … 153
  5.2.1 叶轮几何的参数化定义 … 154
  5.2.2 搜索机制 … 156
  5.2.3 元模型辅助优化 … 160
  5.2.4 多目标和约束优化 … 166
  5.2.5 多点优化 … 172
  5.2.6 鲁棒优化 … 177

第6章 蜗壳 … 180
 6.1 进气蜗壳 … 181

  6.1.1 进口弯道 ……………………………………………………………… 181
  6.1.2 进口蜗壳 ……………………………………………………………… 185
  6.1.3 带叶片进气蜗壳 ……………………………………………………… 188
  6.1.4 切向进气蜗壳 ………………………………………………………… 189
 6.2 排气蜗壳 …………………………………………………………………… 191
  6.2.1 蜗壳流动模型 ………………………………………………………… 191
  6.2.2 主要几何参数 ………………………………………………………… 193
  6.2.3 蜗壳中的详细三维流动结构 ………………………………………… 195
  6.2.4 中心椭圆蜗壳 ………………………………………………………… 203
  6.2.5 内部矩形蜗壳 ………………………………………………………… 210
  6.2.6 蜗壳横截面形状 ……………………………………………………… 216
  6.2.7 蜗壳性能 ……………………………………………………………… 217
  6.2.8 蜗壳气流三维分析 …………………………………………………… 223
 6.3 蜗壳-扩压器优化 ………………………………………………………… 226
  6.3.1 非对称扩压器 ………………………………………………………… 226
  6.3.2 增加扩压器出口宽度 ………………………………………………… 227

第7章 出口畸变下的叶轮响应 ……………………………………………… 230
 7.1 试验观察 …………………………………………………………………… 231
 7.2 理论预测 …………………………………………………………………… 236
  7.2.1 一维模型 ……………………………………………………………… 237
  7.2.2 混合平面法 …………………………………………………………… 239
  7.2.3 三维非稳态流动计算 ………………………………………………… 241
  7.2.4 进、出口流场畸变 …………………………………………………… 244
  7.2.5 冻结转子方法 ………………………………………………………… 248
 7.3 径向力 ……………………………………………………………………… 252
  7.3.1 试验观察 ……………………………………………………………… 252
  7.3.2 径向力的计算 ………………………………………………………… 257
 7.4 非设计工况性能预测 ……………………………………………………… 261
  7.4.1 叶轮响应模型 ………………………………………………………… 262
  7.4.2 扩压器响应模型 ……………………………………………………… 263
  7.4.3 蜗壳计算模型 ………………………………………………………… 263
  7.4.4 叶轮出口压力畸变 …………………………………………………… 265
  7.4.5 评估与结论 …………………………………………………………… 265

第8章 稳定性与工况范围 …………………………………………………… 267
 8.1 不同类型旋转失速的区别 ………………………………………………… 269

- 8.2 无叶扩压器内的旋转失速 ⋯⋯⋯⋯⋯⋯⋯⋯⋯⋯⋯⋯⋯⋯⋯⋯⋯⋯⋯ 273
  - 8.2.1 稳定性理论计算方法 ⋯⋯⋯⋯⋯⋯⋯⋯⋯⋯⋯⋯⋯⋯⋯⋯⋯ 276
  - 8.2.2 理论与试验对比 ⋯⋯⋯⋯⋯⋯⋯⋯⋯⋯⋯⋯⋯⋯⋯⋯⋯⋯⋯ 280
  - 8.2.3 扩压器进口形状及与叶轮连接形式的影响 ⋯⋯⋯⋯⋯⋯ 282
- 8.3 突发型叶轮旋转失速 ⋯⋯⋯⋯⋯⋯⋯⋯⋯⋯⋯⋯⋯⋯⋯⋯⋯⋯⋯⋯ 291
  - 8.3.1 理论预测模型 ⋯⋯⋯⋯⋯⋯⋯⋯⋯⋯⋯⋯⋯⋯⋯⋯⋯⋯⋯⋯ 292
  - 8.3.2 与试验结果的对比 ⋯⋯⋯⋯⋯⋯⋯⋯⋯⋯⋯⋯⋯⋯⋯⋯⋯ 296
- 8.4 渐进型叶轮旋转失速 ⋯⋯⋯⋯⋯⋯⋯⋯⋯⋯⋯⋯⋯⋯⋯⋯⋯⋯⋯⋯ 296
- 8.5 有叶扩压器内的旋转失速 ⋯⋯⋯⋯⋯⋯⋯⋯⋯⋯⋯⋯⋯⋯⋯⋯⋯ 303
  - 8.5.1 回流器中的旋转失速 ⋯⋯⋯⋯⋯⋯⋯⋯⋯⋯⋯⋯⋯⋯⋯⋯ 310
- 8.6 喘振 ⋯⋯⋯⋯⋯⋯⋯⋯⋯⋯⋯⋯⋯⋯⋯⋯⋯⋯⋯⋯⋯⋯⋯⋯⋯⋯⋯⋯ 311
  - 8.6.1 集中参数喘振模型 ⋯⋯⋯⋯⋯⋯⋯⋯⋯⋯⋯⋯⋯⋯⋯⋯⋯ 312
  - 8.6.2 轻度及重度喘振 ⋯⋯⋯⋯⋯⋯⋯⋯⋯⋯⋯⋯⋯⋯⋯⋯⋯⋯ 317
  - 8.6.3 可行的喘振预测模型 ⋯⋯⋯⋯⋯⋯⋯⋯⋯⋯⋯⋯⋯⋯⋯⋯ 320

第 9 章 工况范围 ⋯⋯⋯⋯⋯⋯⋯⋯⋯⋯⋯⋯⋯⋯⋯⋯⋯⋯⋯⋯⋯⋯⋯⋯ 323

- 9.1 喘振主动控制 ⋯⋯⋯⋯⋯⋯⋯⋯⋯⋯⋯⋯⋯⋯⋯⋯⋯⋯⋯⋯⋯⋯⋯ 324
  - 9.1.1 节流阀控制 ⋯⋯⋯⋯⋯⋯⋯⋯⋯⋯⋯⋯⋯⋯⋯⋯⋯⋯⋯⋯⋯ 325
  - 9.1.2 可变集气箱控制 ⋯⋯⋯⋯⋯⋯⋯⋯⋯⋯⋯⋯⋯⋯⋯⋯⋯⋯ 328
  - 9.1.3 主动磁轴承 ⋯⋯⋯⋯⋯⋯⋯⋯⋯⋯⋯⋯⋯⋯⋯⋯⋯⋯⋯⋯⋯ 329
  - 9.1.4 紧密耦合式电阻 ⋯⋯⋯⋯⋯⋯⋯⋯⋯⋯⋯⋯⋯⋯⋯⋯⋯⋯ 330
- 9.2 旁通阀 ⋯⋯⋯⋯⋯⋯⋯⋯⋯⋯⋯⋯⋯⋯⋯⋯⋯⋯⋯⋯⋯⋯⋯⋯⋯⋯ 332
- 9.3 提高叶轮的稳定性 ⋯⋯⋯⋯⋯⋯⋯⋯⋯⋯⋯⋯⋯⋯⋯⋯⋯⋯⋯⋯⋯ 335
  - 9.3.1 双入口压气机 ⋯⋯⋯⋯⋯⋯⋯⋯⋯⋯⋯⋯⋯⋯⋯⋯⋯⋯⋯ 337
  - 9.3.2 机匣处理 ⋯⋯⋯⋯⋯⋯⋯⋯⋯⋯⋯⋯⋯⋯⋯⋯⋯⋯⋯⋯⋯⋯ 338
- 9.4 提高叶片扩压器的稳定性 ⋯⋯⋯⋯⋯⋯⋯⋯⋯⋯⋯⋯⋯⋯⋯⋯⋯ 342
- 9.5 叶轮-扩压器匹配 ⋯⋯⋯⋯⋯⋯⋯⋯⋯⋯⋯⋯⋯⋯⋯⋯⋯⋯⋯⋯⋯ 345
- 9.6 提高无叶扩压器的稳定性 ⋯⋯⋯⋯⋯⋯⋯⋯⋯⋯⋯⋯⋯⋯⋯⋯⋯ 348
  - 9.6.1 低稠度叶片扩压器 ⋯⋯⋯⋯⋯⋯⋯⋯⋯⋯⋯⋯⋯⋯⋯⋯⋯ 351
  - 9.6.2 半高叶片 ⋯⋯⋯⋯⋯⋯⋯⋯⋯⋯⋯⋯⋯⋯⋯⋯⋯⋯⋯⋯⋯⋯ 353
  - 9.6.3 旋转无叶扩压器 ⋯⋯⋯⋯⋯⋯⋯⋯⋯⋯⋯⋯⋯⋯⋯⋯⋯⋯ 354

参考文献 ⋯⋯⋯⋯⋯⋯⋯⋯⋯⋯⋯⋯⋯⋯⋯⋯⋯⋯⋯⋯⋯⋯⋯⋯⋯⋯⋯⋯ 356

符号表 ⋯⋯⋯⋯⋯⋯⋯⋯⋯⋯⋯⋯⋯⋯⋯⋯⋯⋯⋯⋯⋯⋯⋯⋯⋯⋯⋯⋯⋯ 382

第1章
离心压气机

径流式压气机基本结构如图 1.1 所示。气流由进气室流入压气机,经过进口导向叶片发生偏转,进入诱导轮。自此气流开始减速,并在离开叶轮之前,在导风轮处方向转变为轴向和径向。气流的径向速度分量是科里奥利力(简称科氏力)的主要来源,其与叶片曲率效应共同作用,使附面层稳定附着于轮盖及诱导轮吸力面(Johnston,1974;Koyama 等,1978)。该部分附面层流体的湍流度不高,并且在逆压梯度作用下极易发生分离。

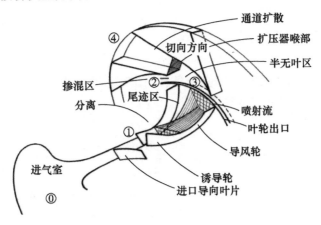

图 1.1　径流式压气机基本结构示意图

受流动分离和二次流的影响,叶轮内部可以分为以下两个流动区域(Carrad,1923;Dean,1972)。

(1) 高能区。该区域的气流相对马赫数(Ma)高,通常称为射流区,其内部流动可视为准等熵流动。

(2) 低能区。该区域的气流相对马赫数低,且流动受损失的影响较大,通常称为尾迹区,该区域充满附面层并受二次流的影响。

由于角动量不同,两个区域的气流离开叶轮时会迅速掺混,剧烈的能量交换促使流动快速均匀化。

进入无叶片叶轮扩压器后,由于流通面积随半径增大,气流继续减速,并与扩压器侧壁发生摩擦。

当存在叶片扩压器时,气流首先短暂经过无叶区,然后进入半无叶区域,即叶片前缘与喉部之间的扩压器入口段。在该区域,等压线图由近乎周向迅速转变为主流的垂直方向。此时,如果气流马赫数大于1,气流会经过激波系后减速,在扩压器喉部变为亚声速。

在喉部下游的扩压器扩张段,流体速度继续降低,静压随之升高。根据喉部的流动条件,其内部的附面层会增厚甚至分离,这会限制静压的提升。

最后,气流通过蜗壳或缓冲室流出压气机,或经过回流器进入下一级压气机。

后续章节将分别介绍压气机部件(进口导叶、叶轮和扩压器等)中的流动及相应的控制方程。这主要着眼于两个目的:一是深入分析流动结构以更好地理解数值模拟和实验结果;二是通过有限的几何参数、实验关联式,以及包括叶轮扩散比 DR 与叶轮射流尾迹流量比 λ 及扩压器压力恢复系数 CP 等在内的流动参数,实现压气机部件的特性描述。最终目的是为压气机的设计提供合理的输入参数,以更好地满足包括压比、效率、质量流量和稳定的工作范围在内的设计要求。

1.1 离心压气机的应用

以往经验表明,针对特定的应用条件,比转速(NS)是选择压气机类型(轴流式、径流式或容积式)的关键参数。

比转速定义为

$$\text{NS} = \frac{\text{RPM}\sqrt{\dot{Q}}}{\Delta H^{3/4}} \tag{1.1}$$

对于式(1.1),仅当各参数的单位使用同一单位制(如体积流量 $\dot{Q}$ 单位为 m^3/s,焓升 ΔH 单位为 m^2/s^2)时,NS 才是一个无量纲参数。但对于压气机而言,更为常用的比转速定义式为

$$\text{NS}_C = \frac{\text{RPM}\sqrt{\text{ft}^3/\text{s}}}{\text{ft}^{3/4}} \tag{1.2}$$

式中各参数未使用国际单位制(SI),因此 NS_C 不是无量纲参数。

对于泵,通用的比转速定义式为

$$\text{NS}_P = \frac{\text{RPM}\sqrt{\text{GPM}}}{\text{ft}^{3/4}} \tag{1.3}$$

式中:GPM 使用美国标准单位/min(gal/min);ft 为压头单位。

---

① RPM 为 r/min;GPM 为 gal/min。

以下几式采用 SI 定义的比转速为无量纲值,即

$$\mathrm{NS}_1 = \frac{\Omega \sqrt{\mathrm{m}^3/\mathrm{s}}}{\Delta H^{3/4}}, \mathrm{NS}_2 = \frac{\mathrm{RPM} \sqrt{\mathrm{m}^3/\mathrm{s}}}{\Delta H^{3/4}} \tag{1.4}$$

因此,上面定义的 NS_C 和 NS_P 可表示为

$$\mathrm{NS}_\mathrm{C} = 129.01\mathrm{NS}_1 ; \mathrm{NS}_\mathrm{C} = 2\pi \times 129.01\mathrm{NS}_2 ; \mathrm{NS}_\mathrm{P} = 21.22\mathrm{NS}_\mathrm{C}$$

径流压气机可以实现高压比,进、出口体积流量会明显不同。因此,需要确认应该采用哪个边界的体积流量来定义 NS。Rodgers(1980)提出采用进、出口体积流量的平均值:

$$\tilde{Q} = \frac{\dot{Q}_1 + \dot{Q}_6}{2}$$

轴流式、离心式和容积式压气机效率随比转速的变化规律如图 1.2 所示。阴影区域为众多压气机的测试结果,实线包括不同类型压气机对应的数据。图上方为相应压气机子午截面形式,图中的极限曲线仅仅为了给出压气机效率随比转速的变化趋势,无法用于预测效率。因为测量这些数据时,径流式叶轮内部流动尚未被完全阐释清楚(Baljé,1961)。此后,受益于计算流体动力学(CFD)和光学测试技术所获得的信息,对上述流动的理解取得了很大进步。

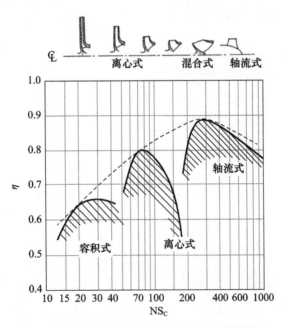

图 1.2　压气机效率和结构形式与比转速的关系

离心式压气机的设计比转速也可偏离图 1.2 中的最佳转速,这会对工作产生不利影响。根据运行和维护的需要,常采用低效率、低比转速的离心式压气机替代

正位移(容积式)压气机。

离心式压气机的工作比转速比轴流式压气机的低,这归因于以下几点。

(1)工作转速小。该情况在工业用压气机中比较常见,如图1.3所示,主要是为了尽可能延长压气机寿命。

(2)体积流量小。常发生于多级工业用压气机后几级,如图1.4(a)所示。

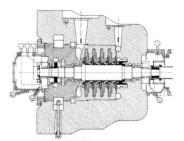

(a) 某工业用高压离心式压气机后几级

(b) 极小比转速叶轮

图1.3　工业用离心叶轮　　　　图1.4　多级工业用压气机
　（Benvenuti,1977）　　　　　　（Benvenuti,1977）

(3)高级压比与小体积流量组合,如图1.5所示;或大体积流量与极高级压比组合,如图1.6所示,如涡轮增压器。

图1.5　涡轮增压器横截面示意图　　图1.6　船用柴油机的大型涡轮增压器
　　（MHI 提供）　　　　　　　（ABB Turbo Systems Ltd 提供）

(4)高压比、小流量,如汽车用小型燃气轮机如图1.7所示;小型燃气轮机末几级压气机、涡轮螺旋桨式发动机或喷气式发动机见图1.8;微型燃气轮机如图1.9所示。

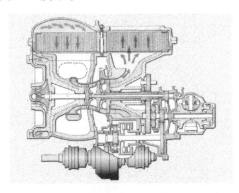

图1.7 汽车用燃气轮机布局
(Volvo Group Trucks Technology 提供)

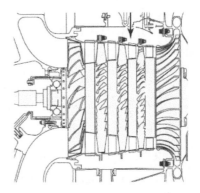

图1.8 涡轮螺旋桨发动机径向末级压气机
(Pratt & Whitney Canada Corp 提供)

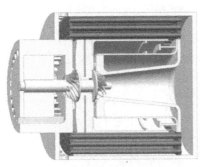

(a)微型燃气轮机横截面布局

(b)发电机和叶轮(直径20mm)

图1.9 微型燃气轮机截面布局及组件

1.2 可实现效率

图1.2表明,径流式压气机的最大效率远低于轴流式压气机。正如上面所指出的,图1.2中数据源于径流式压气机内部流动尚未得以明确的时期,彼时压气机设计仍依赖基于分析与经验的简单准则和直觉判断。径流式压气机中的相对流动是旋转的,因此难以使用像美国国家航空咨询委员会(NACA)在轴流式压气机分析中(Herrig 等,1957)采用的静止实验装置对其进行研究。Fowler(1966、1968)进行的实验如图1.10所示,成为更好理解叶轮内部真实三维流动的一个开端。该实

验已通过先进的光学测量(Eckardt,1976)得以补充。

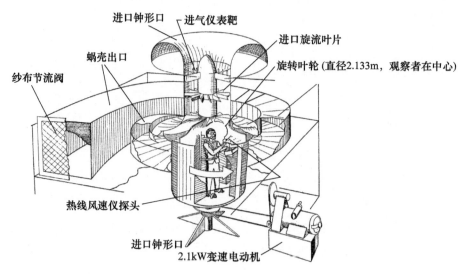

图1.10　旋转叶轮中相对流动的测量结果(Fowler,1966)

在开始讨论可以实现的最大效率值之前,首先明确效率的不同定义,如图1.11所示。温度与焓通过比定压热容 C_p 相关联,在后续的理论分析中,假定 C_p 为常数。因此,温—熵(T-S)图可与焓—熵(H-S)图互相转换。

气流进入压气机时,静温和总温分别用 T_1 和 T_1^o 表示,两参数的差异取决于叶轮入口的动能 $V_1^2/2C_p$。在叶轮出口,静温和总温分别升至 T_2 和 T_2^o,静压为 P_2。当通过等熵压缩达到相同静压时,叶轮出口气流的静温和总温分别为 T_2^i 和 $T_2^{o,i}$。

为实现一定的叶轮出口(2)静压,所需最小能量与实际输入能量的比值称为总对静效率。其定义式为

$$\eta_{2,T\text{-}S} = \frac{T_2^i - T_1^o}{T_2^o - T_1^o} = \frac{(P_2/P_1^o)^{\frac{\kappa-1}{\kappa}} - 1}{(T_2^o - T_1^o)/T_1^o} \tag{1.6}$$

该定义中,叶轮出口动能被视为损失或无用功。因此,多数情况下,采用式(1.6)计算的效率值较低。

总对总效率的定义为

$$\eta_{2,T\text{-}T} = \frac{T_2^{o,i} - T_1^o}{T_2^o - T_1^o} = \frac{(P_2^o/P_1^o)^{\frac{\kappa-1}{\kappa}} - 1}{(T_2^o - T_1^o)/T_1^o} \tag{1.7}$$

因为该定义将叶轮出口动能 $V_2^2 = 2C_p(T_2^o - T_2)$ 视为有用功,所以具有较高的值,如图1.11所示。

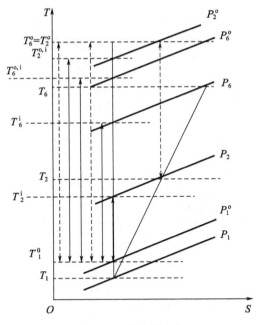

图 1.11 效率的定义

结合压气机出口(6)的总、静参数关系,上述两式可写为

$$\eta_{6,\mathrm{T-S}} = \frac{T_6^\mathrm{i} - T_1^\mathrm{o}}{T_6^\mathrm{o} - T_1^\mathrm{o}} = \frac{(P_6/P_1^\mathrm{o})^{\frac{\kappa-1}{\kappa}} - 1}{(T_6^\mathrm{o} - T_1^\mathrm{o})/T_1^\mathrm{o}} \tag{1.8}$$

$$\eta_{6,\mathrm{T-T}} = \frac{T_6^\mathrm{o,i} - T_1^\mathrm{o}}{T_6^\mathrm{o} - T_1^\mathrm{o}} = \frac{(P_6^\mathrm{o}/P_1^\mathrm{o})^{\frac{\kappa-1}{\kappa}} - 1}{(T_6^\mathrm{o} - T_1^\mathrm{o})/T_1^\mathrm{o}} \tag{1.9}$$

由于部分叶轮出口动能被静叶/扩压器转变为压力,压气机出口的总对静效率比叶轮出口值大很多。但是,由于静叶/扩压器中存在损失,$T_6^\mathrm{o,i} < T_2^\mathrm{o,i}$,压气机出口的总对总效率比叶轮出口的要小。在绝热、无旋转的扩压器中,由于没有能量输入,气流的总温升 $T_6^\mathrm{o} - T_1^\mathrm{o} = T_2^\mathrm{o} - T_1^\mathrm{o}$。由此可见,在比较不同压气机的效率时,需要确认效率的定义方式是否一致。

多变效率通常用于多级和高压比压气机中,用以修正等压线的扩散,如图 1.12 所示。假设压气机级数无限多,各级压升很小,在获得与实际压气机相同程度压升和温升时,产生的焓升称为理想焓升。多变效率是压气机的理想焓升与实际焓升之比,即

$$\eta_\mathrm{p} = \frac{\sum \Delta T^\mathrm{i}}{\sum \Delta T} = \frac{\sum \Delta T^\mathrm{i}}{T_n - T_1} > \frac{T_n^\mathrm{i} - T_1}{T_n - T_1} = \eta \tag{1.10}$$

007

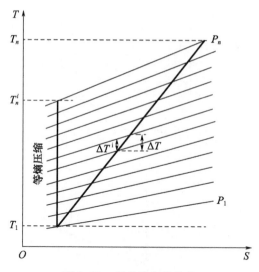

图 1.12 多变效率的定义

多变效率又称为小的级效率,可表示为

$$\eta_p = \frac{\kappa-1}{\kappa} \frac{\ln(P_n/P_1)}{\ln(T_n/T_1)}; \frac{T_2}{T_1} = \frac{P_2}{P_1}^{\frac{\kappa-1}{\eta_p \kappa}} \quad (1.11)$$

图 1.12 表明,由于等压线的扩散,$\sum \Delta T^i > T_n^i - T_1$,多变效率高于等熵效率。多级压气机中,建议使用多变效率,以使总效率更接近每一级的效率。

图 1.13 给出径流式压气机可实现总对静效率和流量与压比的近似关系。图中:点为试验值,其附近数值表示各效率对应的流量(kg/s);实线表示基于各参数平均值拟合得到的变化趋势,它有助于预测新设计压气机能够实现的性能。在小

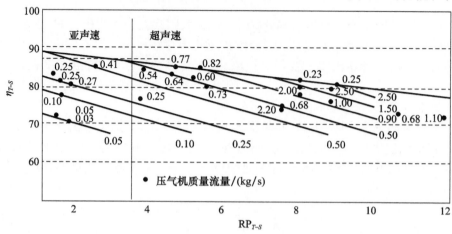

图 1.13 效率随压比和流量的变化(Japikse 和 Baines,1994)

压比时,总对静效率的最大值高达89%。这些最大值是对高压比下效率值进行外插得到的,未有试验数据佐证,并且似乎过于乐观。

图1.13中效率的变化趋势可用高雷诺数和最优比转速下大型压气机叶轮的最高效率曲线(Rodgers,1980,图1.14)解释。图中的最大效率要远高于图1.2中的值。这是因为更详细的实验(Fowler,1966;Eckardt,1976)和基于现代计算机开展的全三维N-S分析结果使我们更加明确径流式压气机的流动特性。图1.14顶部的直线将叶轮的最高多变效率固定在92%,该值与图1.13中压比低于3时η_{T-S}的最大值(86.5%)相吻合。

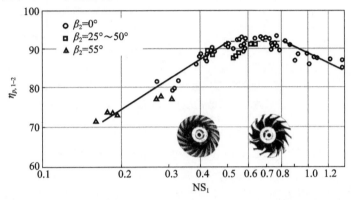

图1.14 叶轮多变效率($T-T$)随无量纲比转速的变化(Rodgers,1980)

对上述参考值引入两个修正:第一个修正考虑了马赫数效应,其在压比高于3,即叶轮入口流动为超声速时,使压气机效率降低,如图1.15所示。效率的下降可用下式预估:

$$\Delta \eta_C = \lambda_{Ma}(Ma_{1,S} - 1.0) \tag{1.12}$$

式中:$\lambda_{Ma} = -1.0$(Rodgers,1991),它表明叶轮设计的关键在于使轮盖处气流相对马赫数最小,以提高流动超声时的临界压比。

第二个修正通过引入雷诺数以考虑压气机尺寸和运行工况对效率的影响,即

$$\frac{1-\eta}{1-\eta_{\text{ref}}} = a + (1-a)\left(\frac{Re_{b2,\text{ref}}}{Re_{b2}}\right)^n \tag{1.13}$$

式中:η_{ref}为某个参考雷诺数($Re_{b2,\text{ref}}$)条件下的效率值;a为不依赖黏性的损失(如间隙和泄漏损失等)占总损失的比例,因此与雷诺数无关;n为经验因子,其值根据雷诺数、表面粗糙度和结构选取,一般为0.16~0.50;Re_{b2}为实际工况点的雷诺数;

雷诺数定义为

$$Re_{b2} = \frac{U_2 b_2}{\mu}\rho_2 \tag{1.14}$$

式中:b_2为叶轮出口宽度,其满足$2b_2 \approx DH$,DH为叶轮出口处流路的水力直径,在

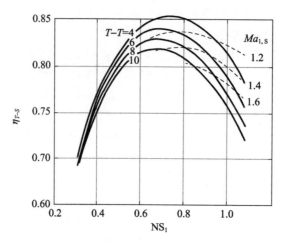

图 1.15 压气机多变效率($T-S$)随无量纲比转速和进口马赫数的变化(Rodgers,1991)

叶轮出口,气流主要受摩擦效应影响。

上述修正只是通过指数 n 隐式地考虑表面粗糙度对压气机损失的影响。Simon 和 Bulskamper(1984)、Casey(1985)和 Strub 等(1987)提出了一种更为显式的修正。他们用摩擦系数而不是用雷诺数来修正损失,因而能更直观地考虑黏性和粗糙度的影响:

$$\frac{1-\eta}{1-\eta_{\text{ref}}} = \frac{\dfrac{a+(1-a)C_f}{C_{f,\infty}}}{\dfrac{a+(1-a)C_{f,\text{ref}}}{C_{f,\infty}}} \quad (1.15)$$

式中:C_f 为达西摩擦系数,它是雷诺数、由当量砂粒尺度 k_s 定义的壁面粗糙度和水力直径 DH 的函数。Colebrook(1939)给出 C_f 的隐式定义式:

$$\frac{1}{\sqrt{C_f}} = -2\lg\left(\frac{k_s}{3.7\text{DH}} + \frac{2.51}{Re\sqrt{C_f}}\right) \quad (1.16)$$

其显式定义式为

$$C_f = \frac{0.0625}{\left\{\log\left[\dfrac{k_s}{3.7\text{DH}} - \dfrac{5}{Re}\log\left(\dfrac{k_s}{3.7\text{DH}} - \dfrac{5}{Re}\log\left(\dfrac{k_s}{3.7\text{DH}}\right)\right)\right]\right\}^2} \quad (1.17)$$

式中:$C_{f,\infty}$ 为高雷诺数下水力光滑壁面的摩擦系数;$C_{f,\text{ref}}$ 为 η_{ref} 对应的流动条件下的摩擦系数。

图 1.16 为摩擦系数随雷诺数和粗糙度的变化曲线图。从图中可以看到,除非壁面足够光滑;否则增加雷诺数不会使摩擦系数降低。同时,即使壁面足够光滑,只有当雷诺数大于某个与相对粗糙度有关的临界值时,增加雷诺数才能达到降低

摩擦系数的效果。因此,式(1.15)可以评估雷诺数一定时壁面粗糙度变化对 C_f 的影响,它表明只有当基于砂粒尺度的雷诺数:

$$Re_{k_s} = \frac{Uk_s}{\mu}\rho < 100 \tag{1.18}$$

时,采用光滑壁面才能有效降低摩擦系数。

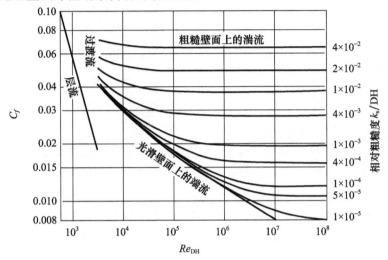

图1.16　摩擦系数随雷诺数和表面粗糙度的变化(Strub 等,1987)

Childs 和 Noronha(1999)指出,表面粗糙度的影响取决于粗糙表面形状,后者又受制造工艺的影响。铸造加工会产生一种非结构化砂粒型粗糙表面,如图1.17(a)所示。相比之下,机械加工会产生一种由尖点高度和刀具路径粗糙表面形成的结构形式,如图1.17(b)所示。砂粒型粗糙对表面摩擦系数的影响与流动方向无关;而对于机械加工面,切削路径与流动方向对齐有助于减小各切削路径中的表面粗糙度,甚至有助于使附面层流体与主流方向一致,从而使性能提升。

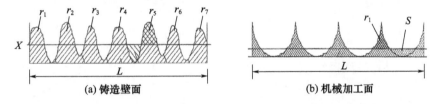

图1.17　中线平均粗糙度定义(Childs 和 Noronha,1999)

切削工具和切削速度的大小决定了尖端宽度和切削路径的表面粗糙度,它们又对加工成本有很大影响。Childs 和 Noronha(1999)指出,切削刀痕也会影响叶片的疲劳寿命,使砂粒沉积,并能加速基体金属的应力腐蚀。

式(1.13)和式(1.15)中的黏性损失比例系数 a 依赖结构形式,最高效率对应

的 a 值在 $0\sim0.57$ 间变化(Wiesner,1979)。Casey 和 Robinson(2011)尝试通过直接计算效率的变化:

$$\Delta\eta = -B_{\text{ref}}\frac{\Delta C_f}{C_{f,\infty}} \tag{1.19}$$

来消除几何结构的影响。式(1.19)等同于式(1.15),但可将其改写为

$$\Delta\eta = -\frac{a+(1-a)}{a+(1-a)C_{f,\text{ref}}/C_{f,\infty}}(1-\eta_{\text{ref}})\frac{\Delta C_f}{C_{f,\infty}} \tag{1.20}$$

因此,B_{ref} 也取决于 a,Casey 和 Robinson(2011)还给出一个 B_{ref} 与比转速间的关联式(图 1.18):

$$B_{\text{ref}} = 0.05 + \frac{0.025}{(\text{NS}_1+0.2)^3} \tag{1.21}$$

式中:NS_1 为参考工况下的比转速。

由式(1.12)可知,马赫数效应决定了最大效率变化与压比的函数关系。同时修正马赫数和雷诺数会使最大效率发生变化,如图 1.19 所示。图 1.19 是在大气入口条件下基于式(1.13)绘制得到的,且 $a=0.5$,$n=0.9879/Re^{0.24335}$。严格意义上讲,该图仅适用于相对粗糙度 $k_s/\text{DH}=C^{\text{te}}$ 一定时的不同雷诺数工况。在设计初始阶段,由于预估最大效率时叶轮出口宽度未知,采用下式定义 Re,即

$$Re = \frac{U_2 R_2}{\mu}\rho_2 \tag{1.22}$$

Re_{ref} 是大气进口条件下且壁面足够光滑能消除粗糙度效应时,叶轮入口流量为 50kg/s 对应的雷诺数,图 1.19 中最上方的曲线对应满足这些条件的叶轮。此时,表面粗糙度设为足够小,因而其对效率几乎不产生影响。

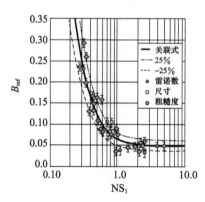

图 1.18 B_{ref} 随无量纲比转速的变化
(Casey 和 Robinson,2011)

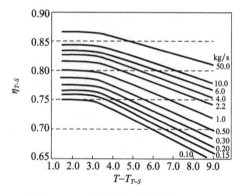

图 1.19 压气机可实现效率和压比与流量的关系

当压比大于 3 后,压气机效率降低的原因是诱导轮中逐渐增加的跨声速流动损失。在某一压比下,体积流量或尺寸的减小使雷诺数下降,因而效率降低。由于压气机设计并非都选择最优比转速和足够小的相对表面粗糙度,同时也不仅以最大效率为设计目标,最终设计的压气机效率可能稍低。

图 1.20 给出一种典型的压气机效率随雷诺数的变化曲线。压力和体积流量随雷诺数的变化趋势与它们随转速在小范围内的变化趋势相似。当喉道不变时,体积流量 $\dot{Q}$ 的变化定义为

$$\frac{\dot{Q}}{\dot{Q}_{\text{ref}}} = \sqrt{\frac{\Delta H^{\text{i}}}{\Delta H^{\text{i}}_{\text{ref}}}} \tag{1.23}$$

式中:ΔH^{i} 为对应压升 ΔP 下的焓升。

Strub 等(1987)指出,对于效率的降低或增加,其影响仅一半表现为等熵能头 ΔH^{i} 的降低或增加,这是因为流动的变化会对输入功 ΔH 产生相反的影响(增加或降低),如图 1.21 所示,表达如下:

$$\frac{\Delta H^{\text{i}}}{\Delta H^{\text{i}}_{\text{ref}}} = 0.5 + 0.5 \frac{\eta}{\eta_{\text{ref}}} \tag{1.24}$$

$$\frac{\Delta H}{\Delta H_{\text{ref}}} = 0.5 + 0.5 \frac{\eta_{\text{ref}}}{\eta} \tag{1.25}$$

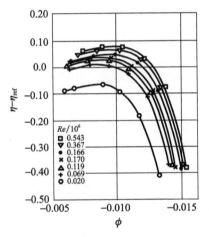

图 1.20　效率与体积流量和雷诺数的关系(Casey,1985)

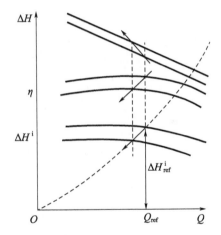

图 1.21　输入功和等熵能头随效率的变化关系

1.3　传热流动

大多数压缩和膨胀过程都可认为是绝热的,即忽略与外界的热交换。但是,在

涡轮增压器和小型燃气轮机的热端涡轮与冷端压气机间,以及压气机叶轮与外部轮盖间,可能会发生大量的热交换。交换的热量取决于热源和部件本身的温度。图 1.9(a)所示的传统中心轴承布局中,传热量稍小,但会受到油温的影响。图 1.9(b)所示的悬臂式布局中,压气机紧邻涡轮,传热量最大。

涡轮中热交换造成的热损失会使燃气的可用能降低,但同时减弱了再加热效应,使多变效率增加。压气机中气流受热使温度升高,因而压缩所需的轴功率增加。考虑到内部换热的影响,需要对涡轮增压器或燃气轮机工况点进行修正(Van den Braembussche,2005)。

此外,压气机气流温度的增加使叶轮出口气体密度降低,因而扩压度减小,压升降低,并使扩压器入口的速度三角形发生变化。当轴功率不变时,气流温度的增加会导致压气机压比下降(Gong 等,2004)。Rautenberg 等(1983)和 Sirakov 与 Casey(2011)的试验结果表明,当压比不变时,需要更多的功来驱动压气机。在本章后面的分析中忽略温度的变化,并且假设速度沿流线不变,同时摩擦损失可以从绝热压缩时的多变效率中提取。

考虑传热时,测量的出口温度不能再用于计算压气机消耗的机械功率,否则将会得到错误的效率值。因此,计算涡轮增压器效率时,必须使用绝热效率:

$$\eta_{\mathrm{TC}} = \eta_{\mathrm{C,ad}} \eta_{\mathrm{T,ad}} \eta_{\mathrm{mech}} \tag{1.26}$$

图 1.22 给出了非绝热压缩或膨胀对性能的影响。

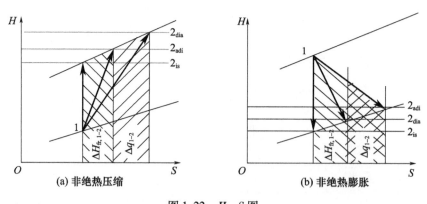

图 1.22　$H-S$ 图

压缩过程中,加热气流会使效率降低。这是因为单位等熵压升下,需要的比焓随温度增加而增大,即

$$\mathrm{d}H = \frac{\mathrm{d}P}{\rho} = \frac{\mathrm{d}P}{P} R_{\mathrm{G}} T \tag{1.27}$$

同时,膨胀过程中,冷却气流会使输出功降低。这是因为单位等熵压降下,获得的比焓随温度降低而减小。忽略热损失可能导致效率超过 100%。

热力学第二定律给出非等熵非绝热压缩过程的能量关系为

$$dH = \frac{dP}{\rho} + TdS = \frac{dP}{\rho} + TdH_{fr} + dq \tag{1.28}$$

式中：dH_{fr} 为内部摩擦损失产生的热量；dq 为单位流量气体传给壁面的热量。

假设一定焓升下损失和热量均匀分布为：

$$dH_{fr} = \frac{\Delta H_{fr,1-2}}{H_2 - H_1}dH, \quad dq = \frac{\Delta q_{1-2}}{H_2 - H_1}dH \tag{1.29}$$

将式(1.29)代入式(1.28)得到

$$\left(1 - \frac{\Delta H_{fr,1-2}}{H_2 - H_1} - \frac{\Delta q_{1-2}}{H_2 - H_1}\right)dH = \frac{dP}{\rho} \tag{1.30}$$

根据完全气体状态方程计算密度，并将焓表示成温度和定压比热系数 C_p 的函数，可得

$$\left[1 - \frac{\Delta H_{fr,1-2}}{C_p(T_2 - T_1)} - \frac{\Delta q_{1-2}}{C_p(T_2 - T_1)}\right]dT = \frac{\kappa-1}{\kappa}T\frac{dP}{\rho} \tag{1.31}$$

将式(1.31)沿入口到出口进行积分，得到

$$\ln\frac{T_2}{T_1}\left(1 - \frac{\Delta H_{fr,1-2} + \Delta q_{1-2}}{C_p(T_2 - T_1)}\right) = \frac{\kappa-1}{\kappa}\ln\frac{P_2}{P_1} \tag{1.32}$$

或

$$\frac{T_2}{T_1} = \frac{P_2}{P_1}^{\mu}$$

式中

$$\mu = \frac{\frac{\kappa-1}{\kappa}}{1 - \frac{\Delta H_{fr,1-2} + \Delta q_{1-2}}{C_p(T_2 - T_1)}} \tag{1.33}$$

式(1.33)与绝热压缩中的多变效率定义式(1.11)相似，因此有

$$\eta_{p,dia} = 1 - \frac{\Delta H_{fr,1-2} + \Delta q_{1-2}}{C_p(T_2 - T_1)} \tag{1.34}$$

由于加热量增大会使式(1.34)等号右边的分子和分母同等程度增加，因此 Δq_{1-2} 的增加会使 $\eta_{p,dia}$ 降低。对于涡轮，也可得到相似的方程。

压气机效率的变化与绝热效率和热流量的关系如图1.23所示，其中，Δq_{1-2} 通过 $\eta_p = 0.7$ 时的绝热压缩输入功进行了无量纲处理。

上面指出，非绝热条件下测量得到的出口温度不能直接用于计算压气机消耗功或涡轮输出功，此时需要考虑涡轮传递给压气机的热量（$\Delta Q_{1-2} \neq 0$）以正确评估压气机的气动特性。驱动压气机所需的轴功等于总能量减去热流量，它可以根据

测量的进、出口温度计算，即

$$P_{w\,\text{dia},C} = \dot{m} C_p (T_{2,\text{dia}} - T_1) - \Delta Q_{1-2} \tag{1.35}$$

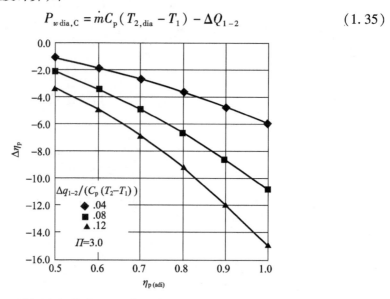

图 1.23　不同无量纲热流量下压气机多变效率随绝热效率的下降趋势

多变效率的变化与输入的热量相关，如式（1.34）所示。$\Delta H_{\text{fr},1-2}$ 的值可以直接从绝热压缩（$\Delta Q_{1-2}=0$）效率中推导得到

$$\Delta H_{\text{fr},1-2} = (1 - \eta_{p,\text{ad}}) C_p (T_{2,\text{ad}} - T_1) \tag{1.36}$$

通过对比绝热和非绝热效率可以实现对换热量的预估，这意味着，冷态测量结果虽然不能代表真实运行条件下的性能，但通过将其与热态测量结果对比可以评估从热端传给压气机的热量。

针对某一经典涡轮增压器的中心轴承式布局和压气机紧邻涡轮的悬臂式布局，Rautenberg 等（1983）通过试验测量得到传热对效率的影响规律，如图 1.24 所示。图中实线表示给定的热流量，可由下式计算，即

$$\varepsilon_{\text{dia}} = \frac{\eta_{\text{ad}}^i - \eta_{\text{dia}}^i}{\eta_{\text{ad}}^i \eta_{\text{dia}}^i} = \frac{\Delta Q_{1-2} + \dot{m}(T_{2,\text{mech}} - T_{2,\text{ad}}) C_p}{\dot{m}(H_2 - H_1) \eta_{\text{dia}}^i} = \frac{\Delta H_{\text{dia}} - \Delta H_{\text{ad}}}{\Delta H^i} \tag{1.37}$$

换热量 ΔQ_{1-2} 主要依赖壁温，其受压气机运行条件的影响很小。可以看到，对于小流量和低压比工况，由于 $\dot{m}(H_2 - H_1)$ 更小，换热对效率的影响最大。

Verstraete 等（2007）采用数值模拟研究了某一中心轴承式微型燃气轮机的内部换热，该微型燃气轮机压气机包括七级主叶片及分流叶片，压气机入口为大气条件，涡轮进口温度为1200K。表 1.1 给出叶轮直径为 10～40mm 时不同轴承座和不导热材料下的换热量计算结果。压气机所有几何尺寸都与叶轮直径成比例，除最后一列表示压气机轮盖设为绝热壁面，其余各列均在压气机和涡轮轮盖温度分

别为300K和1000K时获得。此外,Geo.2M表示轴承座中设有一个2mm宽的凹腔,该凹腔能降低从热端涡轮到冷端压气机的传热,如图1.25所示。

表1.1 换热量随压气机尺寸、热导率和结构的变化

参数	$\lambda=28\text{W}/(\text{m}\cdot\text{K})$			室内间隙	$\lambda=50\text{W}/(\text{m}\cdot\text{K})$	$Q_{\text{shroud}}=0$
	Geo.1	Geo.2	Geo.3	Geo.2M	Geo.2	Geo.2
$2R/\text{mm}$	10	20	40	20	20	20
P_w/W	900	3570	14250	3570	3570	3570
$\dot{m}/\text{g}$	5.37	21.5	86	21.5	21.5	21.5
$\Delta Q_{1-2}/\text{W}$	11.6	34.4	124	26	37	76
$\Delta Q_{2-4}/\text{W}$	50	140	382	56	160	134
$\Delta\eta_{\text{T-T}}/\%$	1.7	0.7	0.7			3.2

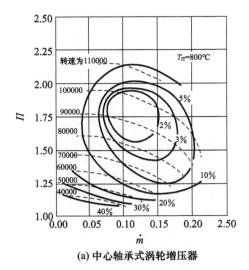
(a) 中心轴承式涡轮增压器

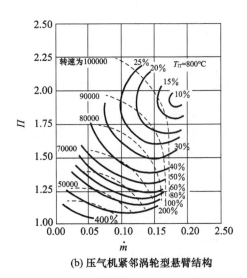
(b) 压气机紧邻涡轮型悬臂结构

图1.24 典型热流数(Rautenberg等,1983)

对于Geo.1和Geo.3算例,由叶轮轮毂和叶片传递给气流的总热量减去轮盖的热损失后分别为11.6W和124W,基于这些数值可采用式(1.34)计算效率。对于Geo.2结构,当采用低热导率材料时,通过转轴传导的热量仅为25W。该热量随横截面积(R^2)增加而增加,但随长度增加而降低,因此与R成比例。剩余热量通过轴承壁面和轮盘的摩擦传给叶轮轮毂的凹腔。通过轴承壁面的热量与R^2成比例,轮盘摩擦损失与$U_2^3 R^2$成比例。对于三种结构,若要保证压升一致,则需要U_2相同,这使传热与R^2成比例。数值模拟结果与图1.24所示的试验结果相一致。

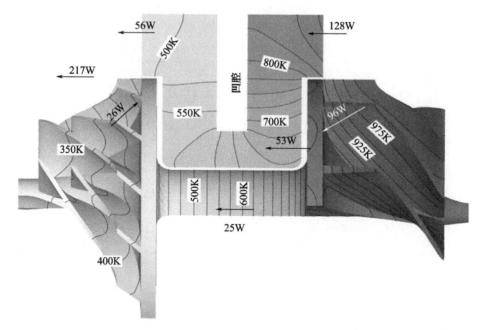

图 1.25　压气机轮盖壁面温度为 300K 时压气机 – 涡轮的温度与传热（Verstraete 等,2007）

当轮盖壁面温度为 300K 时,尽管壁面热损失很大,但总对总效率降低量 $\Delta\eta_{T-T}$ 很小。然而假设 Geo.2 的轮盖壁面绝热时,如表 1.1 最后一列所列,传递给叶轮的热量则会进一步传递给气流,从而导致较大幅度的效率降低(3.2%)。由此可见,压气机轮盖绝热处理会增强内部换热对效率的影响。

在无叶扩压器轮毂处,较多的热量会传递给流体（Geo.2 中为 140W,Geo.2M 中为 56W）,这使压气机出口温度增加,但对压气机效率没有直接影响。

图 1.25 详细划分了 Geo.2M 算例中的换热量,图中轴承座受热和冷却量的不匹配是因为泄漏流体将压气机轮毂凹腔的热量通过空气轴承传递到了涡轮入口处。叶轮和扩压器轮盖上 217W 的热流量部分归因于压缩过程中流体温度的升高。

此外,Isomura 等(2001)和 Sirakov 等(2004)也就壁温对压气机效率的影响进行了研究。

1.4　径流压气机中的能量转换

图 1.26 给出叶轮和扩压器的主要几何参数定义,图 1.27 给出叶轮进、出口的速度三角形。气流进入叶轮时有一个子午速度分量 V_{m1},并且在预旋条件下具有

一个切向分量 V_{u1}。这些速度分量与圆周速度 U_1 共同定义了动叶入口的速度三角形。相对流动的角度定义为:$\beta_1 > 0$,如图 1.27(a)所示;$\beta_2 > 0$,如图 1.27(b)的后弯叶片,这样选择的合理之处在于后弯叶片进出口的相对气流角无须变号。

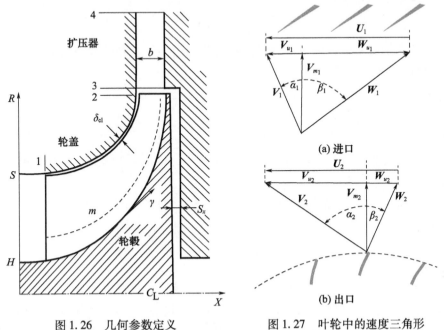

图 1.26 几何参数定义　　图 1.27 叶轮中的速度三角形

对于前弯叶片($\beta_2 < 0$),在叶片变为径向的位置。速度方向符号发生变化:

$$V_1 = V_{u1} + V_{m1} \tag{1.38}$$

进口轴向速度的展向分布依赖进口流道的形状。在轴向入口处假设轴向速度均匀。当入口为径向转轴向时,速度变化依赖子午流道曲率。

在叶轮入口,相对速度和气流角会沿叶高发生改变,这是因为随着半径的变化,圆周速度会发生变化,并最终导致轴向速度发生改变:

$$V_1 = W_1 + U_1 \tag{1.39}$$

当入口相对速度方向与叶片前缘近似平行时,叶轮性能最优。围绕该工作点的压气机流量变化范围会受到不断增加的正冲角扩压损失和负冲角堵塞损失限制。

叶轮出口绝对速度由出口相对速度 W_2 和当地圆周速度 U_2 确定(图 1.27(b)):

$$V_2 = U_2 + W_2 \tag{1.40}$$

假设出口速度(大小和方向)沿展向均匀分布。轮缘速度增加会使绝对速度变大,因此扩压器入口动能提高。速度 V_2 在扩压器出口降低到速度 V_3,从而使动能转换成势能(压力)。

流体进入叶轮时,角动量为

$$\int_{R_H}^{R_S} R_1 V_{u1} \mathrm{d}\dot{m} \tag{1.41}$$

离开叶轮时的角动量为

$$\int_0^b R_2 V_{u2} \mathrm{d}\dot{m} \tag{1.42}$$

进出口角动量的不同归因于叶轮对流体的作用力。假设在叶轮出口沿展向流动均匀,由角动量方程得到

$$Mo = R_2 V_{u2} \dot{m} - \int_{R_H}^{R_S} R_1 V_{u1} \mathrm{d}\dot{m} = \dot{m}(R_2 V_{u2} - \widetilde{R}_1 \widetilde{V}_{u1})$$

$$= \iint R(F_{u,\mathrm{PS}} - F_{u,\mathrm{SS}}) \mathrm{d}S \tag{1.43}$$

式中:$\widetilde{R}_1$ 和 $\widetilde{V}_{u1}$ 为动叶入口的质量平均值;$F_{u,\mathrm{PS}}$ 和 $F_{u,\mathrm{SS}}$ 分别为叶片压力面和吸力面的切向力分量。

沿一条流线,叶轮施加给单位质量流体的能量计算不需要对叶轮入口参数进行质量平均:

$$\frac{\Omega F_u \cdot \widetilde{R}}{\dot{m}} = \frac{P_w}{\dot{m}} = U_2 V_{u2} - U_1 V_{u1} = \Delta H \tag{1.44}$$

只要流动绝热,式(1.44)同时适用于沿流线的等熵和非等熵流动。此处,绝热定义非常严格,其没有换热,也不存在相对动叶运动的壁面(开式叶轮的轮盖)摩擦而产生的与外界的功传递(Lyman,1993)。Sikarov 等(2004)提出一种模型来预估这种能量耗散。通过轴输出力矩可以实现叶轮内流体的焓升,但部分力矩需要用于克服静止轮盖产生的阻力:

$$P_{w_{\mathrm{shaft}}} - \Omega Mo_{\mathrm{fr}} = \dot{m}(U_2 V_{u2} - \widetilde{U}_1 \widetilde{V}_{u1}) \tag{1.45}$$

Gong 等(2004)将这部分动叶内流体损失的能量称为轮盖阻力损失。他们基于某一直径为 4mm 的微型燃气轮机叶轮评估了这一能量,该燃气轮机为中心轴承式,其通过转轴的热传导占总功率的 13%。除了叶轮背腔的轮盘摩擦损失,这部分非绝热能量转换通常在一维分析中被忽略。在带冠叶轮中,轮盖阻力损失被轮盖外表面的轮盘摩擦损失替代。

根据图 1.27 可推导得到以下关系:

$$W_1^2 = V_1^2 + U_1^2 - 2U_1 V_{u1} \tag{1.46}$$

$$W_2^2 = V_2^2 + U_2^2 - 2U_2 V_{u2} \tag{1.47}$$

将式(1.46)代入式(1.44),得到

$$\Delta H = \frac{1}{2}(V_2^2 - V_1^2 + W_1^2 - W_2^2 + U_2^2 - U_1^2) \tag{1.48}$$

式(1.48)与针对轴流压气机推导的公式不同,主要在于 $\frac{1}{2}(U_2^2 - U_1^2)$ 项,包括

以下几个原因：

(1) 径流式压气机中，$U_2 > U_1$，其可以达到的焓升比轴流压气机大很多。

(2) 为使轮毂和轮盖处获得相同的输入功，轮盖处 $W_1 \to W_2$ 的扩压程度需要比轮毂处大很多，因此，轮盖处流动分离比轮毂处更为常见。

(3) 尽管径流压气机叶轮存在分离，其仍然能够高效工作。从 W_1 扩压至 W_2 仅是叶轮能量转换的一部分，即便相对流动减速不充分，也可以通过额外的功输入 $U_2^2 - U_1^2$ 弥补。

从运动和能量方程也可以推出相同的表达式。尽管推导过程比较复杂，但其有助于更好地理解能量转化的物理机制，也能更清晰地阐释上述表达式有效成立的条件。

非旋转（绝对）坐标系下，动量方程描述了加速度与局部压力梯度 $\nabla P/\rho$、与单位质量重力 $\nabla(gz)$、与单位质量摩擦力 f_{fr} 间的平衡关系，即

$$\boldsymbol{a} = -\frac{\nabla P}{\rho} - \nabla(gz) + \boldsymbol{f}_{fr} \tag{1.49}$$

加速度是速度沿着某一流线的变化，定义为

$$\boldsymbol{a} = \frac{D\boldsymbol{V}}{dt} = \frac{\partial \boldsymbol{V}}{\partial t} + \boldsymbol{V} \cdot \nabla \boldsymbol{V} \tag{1.50}$$

对于定常流动 ($\partial V/\partial t = 0$)，由式(1.49)和式(1.50)可知

$$\boldsymbol{V} \cdot \nabla \boldsymbol{V} = -\frac{\nabla P}{\rho} - \nabla(gz) + \boldsymbol{f}_{fr} \tag{1.51}$$

根据速度恒等式（Vavra, 1974）

$$\boldsymbol{V} \cdot \nabla \boldsymbol{V} = \nabla\left(\frac{V^2}{2}\right) - \boldsymbol{V} \vee (\nabla \vee \boldsymbol{V}) \tag{1.52}$$

式(1.51)变为

$$\boldsymbol{V} \vee (\nabla \vee \boldsymbol{V}) = \frac{\nabla P}{\rho} + \frac{\nabla V^2}{2} + \nabla(gz) - \boldsymbol{f}_{fr} \tag{1.53}$$

绝对坐标系下，沿流线对式(1.51)与 $d\boldsymbol{s} = \boldsymbol{V}dt$ 的点积进行积分，得到能量方程（能量等于力乘以位移）为

$$\boldsymbol{V} \cdot \nabla \boldsymbol{V} \cdot d\boldsymbol{s} = -\frac{\nabla P}{\rho} \cdot d\boldsymbol{s} + \boldsymbol{f}_{fr} \cdot d\boldsymbol{s} - \nabla(gz) \cdot d\boldsymbol{s} \tag{1.54}$$

在不考虑传热时，沿流线的熵增只归因于摩擦

$$T\nabla S \cdot \boldsymbol{V}dt = -\boldsymbol{f}_{fr} \cdot \boldsymbol{V}dt \tag{1.55}$$

因此，式(1.54)可写为

$$\left[\nabla\frac{V^2}{2} + \frac{\nabla P}{\rho} + T\nabla S + \nabla(gz)\right]d\boldsymbol{s} = 0 \tag{1.56}$$

根据图1.28，结合热力学第二定律：

$$\frac{\nabla P}{\rho} + T\nabla S = \nabla h \tag{1.57}$$

式(1.56)可简化为

$$\left[\nabla\left(h+\frac{V^2}{2}+gz\right)\right]\mathrm{d}s=0 \tag{1.58}$$

式(1.58)表明,在不考虑体积力的稳态绝热流动中,无论有无损失,总焓

$$H=h+\frac{V^2}{2}+gz \tag{1.59}$$

始终满足沿流线守恒。然而,在运动壁面上,由于存在摩擦产生的能量,不能认为满足绝热条件。

将式(1.57)代入式(1.53),得到

$$\boldsymbol{V}\vee(\nabla\vee\boldsymbol{V})=\nabla\left(h+\frac{V^2}{2}+gz\right)-T\,\nabla S-\boldsymbol{f}_{\mathrm{fr}} \tag{1.60}$$

在绝热流动中,尽管沿流线的当地熵增源于摩擦效应,如式(1.55)所示,但这并不意味着当地熵的梯度 $T\,\nabla S$ 处处等于当地摩擦力。由于上游流路中的摩擦力影响,各流线的熵并不相同,因此式(1.60)中的最后两项需要保留。

根据式(1.59),在等熵($\nabla S=0$)且由此无摩擦($\boldsymbol{f}_{\mathrm{fr}}=0$)以及进口处 H 均匀的绝热流动中,由式(1.59)可知,H 在整个流场中为常数,这种流动称为贝特拉米(Beltrami)流动。此时,式(1.53)简化为

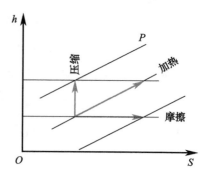

图1.28 压力、焓和熵的变化

$$\boldsymbol{V}\vee(\nabla\vee\boldsymbol{V})=0 \tag{1.61}$$

式(1.61)在 $\boldsymbol{V}=0$,或速度平行于($\nabla\vee\boldsymbol{V}$),或者速度旋度满足

$$\nabla\vee\boldsymbol{V}=0 \tag{1.62}$$

时成立。

第一个条件对应静止流场,无实际意义;第二个条件要求速度平行于其旋度,因此,只有式(1.62)有意义。

为获得相对运动的动量方程,需在式(1.50)中引入两个额外的加速度:
一个对应离心力,即

$$\boldsymbol{a}_{\mathrm{ce}}=\boldsymbol{\Omega}\vee(\boldsymbol{\Omega}\vee\boldsymbol{R})=-\boldsymbol{\Omega}^2\boldsymbol{R}$$

另一个对应科里奥利力,即

$$\boldsymbol{a}_{\mathrm{Co}}=2(\boldsymbol{\Omega}\vee\boldsymbol{W})$$

因此,加速度为

$$\boldsymbol{a}=\frac{\mathrm{D}\boldsymbol{V}}{\mathrm{D}t}=\frac{\partial\boldsymbol{W}}{\partial t}+\boldsymbol{W}\cdot\nabla\boldsymbol{W}+2(\boldsymbol{\Omega}\vee\boldsymbol{W})-\boldsymbol{\Omega}^2\boldsymbol{R} \tag{1.63}$$

定常相对流动时，$\frac{\partial W}{\partial t}=0$，此时动叶转速恒定，且进、出口不存在周向畸变（与动叶同步旋转的周向畸变除外）。

结合式(1.49)和式(1.63)，可以得到定常相对流动的运动方程为

$$\boldsymbol{W}\cdot\nabla\boldsymbol{W}+2(\boldsymbol{\Omega}\vee\boldsymbol{W})-\boldsymbol{\Omega}^2\boldsymbol{R}=-\frac{\nabla P}{\rho}+\boldsymbol{f}_{\mathrm{fr}}-\nabla gz \tag{1.64}$$

将式(1.52)中的速度换为相对速度 W，并将其代入式(1.64)中，得到

$$\boldsymbol{W}\vee(\nabla\vee\boldsymbol{W})-2\boldsymbol{\Omega}\vee\boldsymbol{W}=\frac{\nabla P}{\rho}-\boldsymbol{\Omega}^2\boldsymbol{R}+\frac{\nabla W^2}{2}-\boldsymbol{f}_{\mathrm{fr}}+\nabla gz \tag{1.65}$$

相对流动能量方程可沿着起始于叶轮入口的相对流线对式(1.64)进行积分得到。考虑到 d$s=\boldsymbol{W}$dt，且其处处与科里奥利力 $\boldsymbol{\Omega}\vee\boldsymbol{W}$ 垂直，如图1.29所示，因此积分式第二项为零，即

$$-\int_1 2(\boldsymbol{\Omega}\vee\boldsymbol{W})\boldsymbol{W}\mathrm{d}t\equiv 0 \tag{1.66}$$

离心项的积分值为

$$-\int_1 \boldsymbol{\Omega}^2\boldsymbol{R}\mathrm{d}R=-\frac{1}{2}(U^2-U_1^2) \tag{1.67}$$

其余项不变，因此，根据式(1.55)和式(1.56)，并将式(1.58)中的 V 替换为 W，得到

$$h+\frac{W^2}{2}-\frac{U^2}{2}+gz=h_1+\frac{W_1^2}{2}-\frac{U_1^2}{2}+gz_1=C^{\mathrm{te}}=Ro \tag{1.68}$$

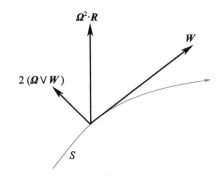

图1.29　相对平面中的力

与总焓定义相似，在相对运动系统中，可以定义转焓 Ro，并且由式(1.68)可知，在绝热旋转系统中，Ro 沿流线守恒。需要注意的是，转焓不同于相对总焓 $\left(H_{\mathrm{r}}=h+\frac{W^2}{2}\right)$。

Lyman(1993)曾指出，对于定常绝热流动，无论有无摩擦，在转子速度为常数且没有体积力时，沿流线 $Ro=C^{\mathrm{te}}$。在此，需再次重申一下绝热的定义，即没有非旋

转壁面摩擦力导致的能量传递。式(1.68)可以用来评估叶轮内部的局部流动情况。

结合式(1.57)的热力学第二定律,并将转焓代入式(1.65),可以得到等熵及进口转焓为常数的无摩擦流动(Beltrami 流动)的运动方程,即

$$W \lor (\nabla \lor W + 2\Omega) = 0 \quad (1.69)$$

在有预旋时,进口转焓与总焓的关系为

$$Ro_1 = H_1 + \Omega R V_{u1} \quad (1.70)$$

由此可知,仅在采用自由涡分布时,进口总焓展向均匀才等同于转焓均匀。

当 $W = 0$ 或 W 平行于 $W \lor (\nabla \lor W + 2\Omega)$,即当旋度

$$\nabla \lor W = -2\Omega \quad (1.71)$$

时,式(1.69)成立。

第一个条件无实际意义,第二个条件要求相对速度平行于其旋度,因此只有式(1.71)有意义。

由于气体重力微小,因此后文分析中将忽略重力项。根据 $H = h + V^2$ 定义的总焓以及式(1.68)中沿流线不变的 Ro,可以得到叶轮进、出口之间的焓变为

$$\Delta H = H_2 - H_1 = \frac{1}{2}(V_2^2 - V_1^2 + W_1^2 - W_2^2 + U_2^2 - U_1^2) \quad (1.72)$$

式(1.72)与式(1.48)相同。对于非旋转系统($U = 0$ 且 $W = V$),由式(1.59)可知,式(1.72)可以简化为 $H_2 = H_1$。

1.5 工作特性图

工作特性图描述了不同运行工况下的压比、流量和效率变化。特性线可以通过以下方式得到:

(1)相同背压下,改变旋转速度;
(2)相同转速下,改变背压。

第(2)种特性线比较常见,它是在一定转速下,通过调整节流部件(阀门或涡轮)改变阻力(压降)获得。图1.30为典型的压气机特性图。

1.5.1 理论工作特性线

本节给出一种简单的一维预测方法。为简单起见,假设压气机在无预旋($V_{u1} = 0$)条件下工作。当叶轮叶片数无限多、叶片无限薄时,出口气流与叶片相切($\beta_2^\infty = \beta_{2,bl}$)。因此,根据图1.27,叶轮出口的切向速度分量可以定义为

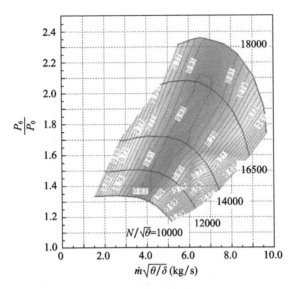

图 1.30 典型的离心压气机特性图(Steglich 等,2008)

$$\begin{cases} W_{u2}^{\infty} = V_{m2}\tan\beta_{2,\mathrm{bl}} \\ V_{u2}^{\infty} = U_2 - V_{m2}\tan\beta_{2,\mathrm{bl}} \end{cases} \tag{1.73}$$

在该叶轮中,无预旋($V_{u1}=0$)绝热气流的总焓升为

$$\Delta H^{\infty} = U_2 V_{u2}^{\infty} = U_2^2 - U_2 V_{m2}\tan\beta_{2,\mathrm{bl}} \tag{1.74}$$

出口速度的子午分量 V_{m2} 与质量流量和出口结构有关。假设出口密度为 ρ_2,则子午速度分量由下式定义:

$$\dot{m} = \rho_2 V_{m2} 2\pi R_2 b_2 \tag{1.75}$$

为消除 ΔH 和 $\dot{m}$ 对 U_2 的依赖,定义无量纲功和无量纲流量系数为

$$\psi^{\infty} = 2\frac{\Delta H^{\infty}}{U_2^2} = 2\frac{V_{u2}^{\infty}}{U_2} \tag{1.76}$$

$$\phi_2 = \frac{\dot{m}}{2\pi R_2 b_2 \rho_2 U_2} = \frac{V_{m2}}{U_2} \tag{1.77}$$

进口子午速度可以通过连续方程与出口子午速度 V_{m2} 关联,当不考虑压缩效应(低 Ma 流动)时,它与 V_{m2} 成正比。同时,进口轮缘速度与出口轮缘速度成比例。当叶轮工作在不同转速下时,只要 ψ 和 ϕ 相同,进、出口气流角就仍然守恒,因此,叶轮冲角与扩压器进口绝对气流角也守恒。如果进一步忽略雷诺数变化带来的影响,效率也将保持不变。

当对压气机几何进行缩放或改变其旋转速度时,使用无量纲参数 ϕ 和 ψ 有助于评估相似工况下的性能。根据给定的转速或缩放因子,叶轮进、出口速度分量可通过 ψ 和 ϕ 分别乘以 U_2^2 和 U_2 得到。

将式(1.74)的各项均除以 $U_2^2/2$，可得

$$\psi^\infty = 2(1 - \phi_2 \tan\beta_{2,bl}) \quad (1.78)$$

根据式(1.78)，图 1.31 给出不同 $\beta_{2,bl}$ 条件下的无量纲功 ψ^∞ 值。

前弯叶片($\beta_{2,bl} < 0$)一般用于空调系统（鼠笼式风扇）的通风机中。随着流量的增加，输入功的增加补偿了空调管道中增加的摩擦损失(约为 ϕ^2)。鉴于稳定性要求，前弯叶轮不能用于高压比压气机中。

径向叶片具有较低的弯曲应力，因而可在更高转速下运行。它们通常用于高压比压气机中，且输入功与体积流量无关。

当输入功率一定时，后弯叶片($\beta_{2,bl} > 0$)能在较大流量范围内稳定运行。它们一般用于传统的中等转速工业用压气机中。但是随着应力预测精度的提高，通过对叶片几何进行相应调整，其应力水平可以被有效控制。目前，

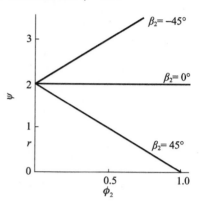

图 1.31 叶片数无穷多时，叶轮的理论性能

后弯叶片已经得到了广泛应用，甚至应用于轮缘速度很高的叶轮中。

1.5.2 有限数量叶片

图 1.31 所示的性能曲线适用于假想的平行于叶片的流动，这种流动需要假设叶片数无限多。对于真实流动，需要对上述曲线进行修正，以确定真实焓升以及其中转换为压力的部分。

与轴流压气机中的落后角相似，尾缘气流方向的变化受到叶片形状、黏性效应及其最终导致的流动分离的影响。同时因科氏力的作用，气流受迫转动，因此，就流动落后角而言，径流叶轮要高于轴流叶排。

气流方向的差异对输入功的影响可以通过功耗系数（通常又称为滑移因子）评估：

$$\mu = \frac{\Delta H}{\Delta H^\infty} \quad (1.79)$$

滑移因子的取值一般通过经验关联式获得。下文给出 Stodola(1924) 推导的滑移因子理论关联式，这个式子仅适用于 Beltrami 流动。

式(1.71)表明，吸力面和压力面速度的差异受叶片曲率和叶轮旋转的影响，这种影响将在 3.1.2 节具体分析。假设有一个旋转的二维直通道，其内部流动为不可压并且叶片厚度为零，则吸力面和压力面速度的差异为

$$\frac{W_{PS} - W_{SS}}{h_b} = 2\Omega \qquad (1.80)$$

式中：h_b 为垂直于流线方向上吸力面与压力面之间的距离，如图 1.32 所示；吸力面和压力面的速度（W_{SS} 和 W_{PS}）可以定义为平均速度（$\widetilde{W}$）和通道涡的涡量（-2Ω）的函数，即

$$\begin{cases} W_{SS} = \widetilde{W} + 2\Omega \times \dfrac{h_b}{2}, \\ W_{PS} = \widetilde{W} - 2\Omega \times \dfrac{h_b}{2} \end{cases} \qquad (1.81)$$

通道涡是产生滑移因子的根本原因。Stodola(1924)假设 ΔW_{u2} 等于尾缘平面上由通道涡诱导的切向速度分量的平均值（图 1.32），因此，有

$$\Delta \widetilde{W}_{u2} = 2\Omega \times \frac{h_b}{2} \times 0.5 \qquad (1.82)$$

根据图 1.33 可知，式(1.82)中切向速度的变化对输入功或焓升的影响可以通过欧拉方程计算，即

$$\mu = 1 - \frac{\Delta V_{u2}}{V_{u2}^{\infty}} = 1 - \frac{\Delta W_{u2}}{V_{u2}^{\infty}} \qquad (1.83)$$

式中：μ 称为功损系数，在德国文献（Minderleistungsfaktor）中比较常见，$\Delta V_{u2} = V_{u2}^{\infty} - V_{u2}$；$\Delta W_{u2} = W_{u2}^{\infty} - VW_{u2}$。

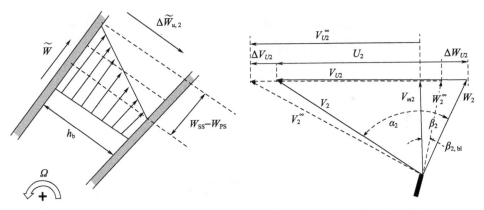

图 1.32　旋转直通道中吸力面到压力面的速度变化

图 1.33　有无滑移下叶轮出口速度三角形

另一个参数通过将切向速度变化与圆周速度关联来表征出口处气流涡量的影响，即

$$\sigma = 1 - \frac{\Delta V_{u2}}{U_2} = 1 - \frac{\Delta W_{u2}}{U_2} \qquad (1.84)$$

式(1.84)在美国文献(Wiesner,1967)中比较常见,σ 称为滑移因子。

对于压气机末级为径向的叶片,当 $V_{u2}^\infty = U_2$ 时,式(1.83)和式(1.84)等价。

叶轮出口的流道高度可用下式计算:

$$h_b = \frac{2\pi R_2 \cos\beta_{2,bl}}{Z_r} \tag{1.85}$$

式中:Z_r 为叶片数。

根据在图 1.33 中可得

$$\Delta W_{u2} = \frac{U_2 \pi \cos\beta_{2,bl}}{Z_r} \tag{1.86}$$

根据式(1.76)定义的 ψ^∞,可得

$$V_{U2}^\infty = \frac{\psi^\infty U_2}{2} \tag{1.87}$$

将式(1.86)和式(1.87)代入式(1.83),可以得到功损系数为

$$\mu = 1 - \frac{2\pi\cos\beta_2}{Z_r \psi^\infty} \tag{1.88}$$

式(1.88)将假设无限多叶片数下的功系数 ψ^∞ 与考虑叶片数时的真实耗功 ψ 联系起来。

由于 μ 与 ϕ 无关,功损的定义为

$$\Delta\psi_\mu = \psi^\infty(\mu - 1) = \frac{-2\pi\cos\beta_2}{Z_r} \tag{1.89}$$

它与流量系数无关。功损 $\Delta\psi$ 并不是损失,但它量化了未能施加给流体的能量。图 1.34 给出对性能曲线的对应调整。

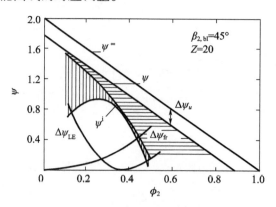

图 1.34 叶片数和损失对性能曲线的影响

驱动压气机的功率为

$$P_w = \Delta H \dot{m} = \psi \phi_2 \pi R_2 b_2 \rho_2 U_2^3 \tag{1.90}$$

1.5.3 真实工作特性曲线

对于叶片数有限的真实压气机,其性能曲线与上述曲线有所不同,这主要是因为摩擦损失、冲角损失等会使压升降低。

摩擦损失正比于 W^2 或 $\Delta\psi_{\text{fr}} \approx C_{\text{fr}}\phi^2$,其中 C_{fr} 是与结构、雷诺数等相关的摩擦损失系数。

虽然低速压气机中没有激波,但通常会采用激波损失评估非设计流量下的冲角损失。与轴流压气机类似,在最优冲角工况两侧 $\Delta\psi_{\text{LE}}$ 都会增加。图 1.34 给出摩擦损失和冲角损失的变化,从理论性能曲线中减去这两种损失,即可得到真实性能曲线(ψ^i, ϕ_2)。可以看出,该性能曲线形状与叶片尾缘角 β_2 显著相关。

基于无量纲性能曲线,可以根据 ψ 和 ϕ 计算不同运行工况下的压气机特性图,即

$$\frac{P_6}{P_0} = 1 + \frac{\Delta P}{P_0} \approx 1 + \frac{\rho \Delta H^i}{P_0} = 1 + \frac{\rho \psi^i \frac{U_2^2}{2}}{P_0} \tag{1.91}$$

将 $\rho = P_0/R_G T_0$ 代入上式,压比可以定义为

$$\frac{P_6}{P_0} = 1 + \frac{\psi^i \Omega^2 R_2^2}{2 R_G T_0} \tag{1.92}$$

质量流量为

$$\dot{m} = \rho \phi U_2 (2\pi R_2 b_2) \tag{1.93}$$

采用以上两式,可以根据运行工况参数(压强、温度和转速)以及几何缩放因子计算压比和质量流量。

1.6 反力度

反力度是指叶轮中的静焓升与级总焓升之比,如图 1.35 所示。

$$r = \frac{\Delta h_r}{\Delta H} = \frac{T_2 - T_1}{T_6 - T_1^0} \tag{1.94}$$

另一种定义是叶轮静压升与级的压升之比。将焓升表示成速度的函数,即

$$\Delta h_r = \frac{1}{2}(W_1^2 - W_2^2 + U_2^2 - U_1^2) \tag{1.95}$$

然后代入欧拉动量方程,有

$$\Delta H = U_2 V_{u2} - U_1 V_{u1} \tag{1.96}$$

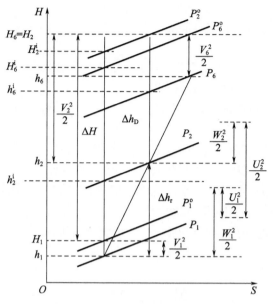

图 1.35 叶轮的压升和反力度

结合几何关系

$$\begin{cases} V^2 = V_m^2 + V_u^2 \\ W^2 - U^2 = V^2 - 2UV_u \end{cases} \tag{1.97}$$

并令 $V_{u1}=0$，同时假设 $V_1=V_{m2}$，则式(1.94)可写为

$$r \approx 1 - \frac{V_{u2}}{2U_2} = 1 - \frac{\psi}{4} \tag{1.98}$$

图 1.36 给出了式(1.98)所示关系的示意图。

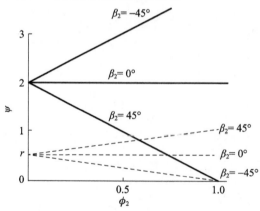

图 1.36 反力度随流量系数和叶轮出口角度的变化

转子静压头系数为

$$\psi_r = \frac{\Delta h_r}{U_2^2/2} = r\psi = 2r(1 - \phi_2 \tan\beta_{2,bl}) \quad (1.99)$$

图 1.37 给出了流量系数、叶片出口角 β_2、反力度和 ψ_r 之间的依存关系。它表明压气机叶片后弯角为 70°时,反力度为 0.87,动叶压升系数为 0.44,总压升系数为 0.51。这意味着扩压器只能实现一小部分静压升。这种类型压气机和泵通常采用小型扩压器或不采用扩压器,如图 1.38 所示。离心压气机末级叶片为径向时,反力度约为 0.5,因此,叶轮和扩压器产生的压升相同。

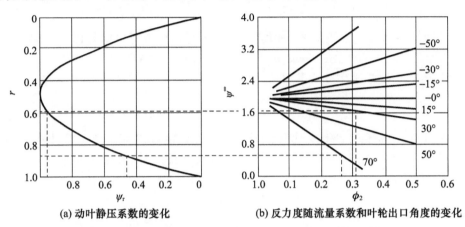

(a) 动叶静压系数的变化　　(b) 反力度随流量系数和叶轮出口角度的变化

图 1.37　流量系数、叶片出口角 β_2、反力度和 ψ_r 之间的关系

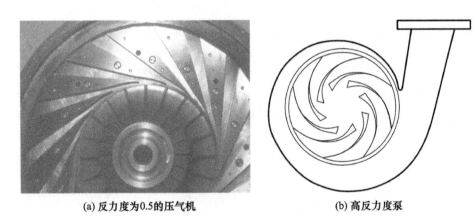

(a) 反力度为 0.5 的压气机　　(b) 高反力度泵

图 1.38　压气机和泵的外形

各部件(叶轮和扩压器)都会影响整级效率,效率的定义式为

$$\eta_{stage} = \frac{H_6^i - H_0}{H_6 - H_0} = \frac{H_6^i - H_0}{\Delta H} \quad (1.100)$$

由于 $H_1 = H_0$，式(1.100)的分子可写为

$$H_6^i - H_1 = h_2^i - h_1 - \frac{V_1^2}{2} + h_6^i - h_2 + \frac{V_6^2}{2}$$

假设压气机入口速度 V_1 等于级出口速度 V_6，则

$$H_6^i - H_1 \approx \Delta h_r^i + \Delta h_D^i$$

式中

$$\Delta h_r^i = \eta_r \Delta h_r = \eta_r r \Delta H$$

$$\Delta h_D^i = \eta_D \Delta h_D = \eta_D \left(\frac{V_2^2}{2} - \frac{V_6^2}{2} \right) = \eta_D (\Delta H - \Delta h_r) + \left(\frac{V_1^2}{2} - \frac{V_6^2}{2} \right)$$

再假设压气机入口速度 V_1 等于级出口速度 V_6，则上式可以简化为

$$\Delta h_D^i \approx \eta_D (\Delta H - \Delta h_r) = \eta_D (1 - r) \Delta H$$

将上式代入式(1.100)，得到

$$\frac{H_6^i - H_1}{\Delta H} = \eta_{\text{stage}} \approx r \eta_r + (1 - r) \eta_D \tag{1.101}$$

式(1.101)解释了为什么带径向叶片($r \approx 0.5$)的叶轮可以通过设计良好的扩压器受益，然而带大后弯叶片($r \gg 0.5$)的叶轮，如泵叶片，经常不带扩压器运行，如图1.38所示。

1.7 运行工况

在压气机测试阶段，进口压力和温度随大气条件变化。为获得通用的压气机特性图或比较不同入口条件下压气机的性能，需要将所有工况缩放至参考工况（通常温度为293.3K，压力为101kPa）。本节将主要描述这一转换过程，旨在能比较采用不同气体获得的试验数据。

进口温度变化直接影响声速和马赫数。通过调整运行工况（转速和流量）来保持两次测试时进口相对马赫数和气流角不变，这样可以消除压缩性和冲角变化对性能的影响。对于给定的压气机结构，根据马赫数守恒可以得到测试转速和参考转速的关系，即

$$\text{RPM} = \text{RPM}_{\text{ref}} \frac{\sqrt{\kappa R_G T_1}}{\sqrt{(\kappa R_G T_1)_{\text{ref}}}} \tag{1.102}$$

对于同一气体，当进口马赫数不变时，$T_1/T_{1,\text{ref}} = T_1^o/T_{1,\text{ref}}^o$，因此，式(1.102)可简化为

$$\text{RPM} = \text{RPM}_{\text{ref}} \sqrt{\theta} \tag{1.103}$$

式中：$\theta = T_1^o/T_{1,\text{ref}}^o$。

进口压力的变化影响气流密度，继而影响质量流量。质量流量的定义式为

$$\dot{m} = A_1 \rho_1 V_{m,1} = A_1 \frac{P_1}{R_G T_1} M_{V_{m,1}} \sqrt{\kappa R_G T_1} = A_1 P_1 M_{V_{m,1}} \sqrt{\frac{\kappa}{R_G T_1}} \qquad (1.104)$$

类似于针对转速所施加的条件（$M_{V_{m,1}}$ 相同），参考流量和测量流量的关系为

$$\dot{m}_{\text{ref}} = \dot{m} \frac{P_{\text{ref}} \sqrt{\left(\frac{\kappa}{R_G T_1}\right)_{\text{ref}}}}{P_1 \sqrt{\frac{\kappa}{R_G T_1}}} \qquad (1.105)$$

当测试气体相同时，式（1.105）简化为

$$\dot{m}_{\text{ref}} = \dot{m} \frac{P_{\text{ref}}}{P_1} \sqrt{\frac{T_1^\circ}{T_{\text{ref}}^\circ}} = \dot{m} \frac{\sqrt{\theta}}{\delta} \qquad (1.106)$$

式中：$\delta = P_1 / P_{\text{ref}}$。

在满足这些相似条件时，两种工况下的压比一致。

某些情况下，相比于使用昂贵或有毒气体，使用空气测试压气机性能具有更好的经济性。但是，由于修正压力和密度关系式

$$\frac{P}{\rho^\kappa} = C^{\text{te}} \qquad (1.107)$$

中的等熵指数 κ 不同，即使使用上述准则对转速进行缩放，测试的性能依然不一致。

当压比一定时，叶轮进、出口密度比和子午速度比将随 κ 变化而变化。同时，扩压比随之改变，这不仅影响叶轮效率，也会通过改变出口速度三角形而影响功系数。通过减小叶轮出口和扩压器入口宽度可以改变原始的进、出口速度比，从而补偿进、出口密度比的变化。

假设以空气工况进行测试的压气机出口宽度已被调整，其出口速度和出口速度三角形与以燃气为工况的压气机一致。当马赫数不变时，两种工况压气机的总温升具有以下关系：

$$\frac{(C_p \Delta T^\circ)_{\text{air}}}{(C_p \Delta T^\circ)_{\text{gas}}} = \frac{(U_2 V_{u2} - U_1 V_{u1})_{\text{air}}}{(U_2 V_{u2} - U_1 V_{u1})_{\text{gas}}} = \frac{(\kappa R_G T_1)_{\text{air}}}{(\kappa R_G T_1)_{\text{gas}}} = \frac{\text{RPM}_{\text{air}}^2}{\text{RPM}_{\text{gas}}^2} \qquad (1.108)$$

对上述项整理并假设 T_1° 相同，则

$$\frac{\text{RPM}_{\text{air}}^2}{\text{RPM}_{\text{gas}}^2} = \frac{(\kappa R_G)_{\text{air}} F(\kappa, M_{V_{m1}})_{\text{gas}}}{(\kappa R_G)_{\text{gas}} F(\kappa, M_{V_{m1}})_{\text{air}}} \qquad (1.109)$$

式中：$M_{V_{m,1}}$ 为入口速度子午分量对应的马赫数。

$$F(\kappa, M_{V_1}) = \frac{T_1^\circ}{T_1} = 1 + \frac{\kappa - 1}{2} M_{V_1}^2$$

此时，式（1.108）可改写为

$$\frac{\Delta T^{\circ}_{\text{air}}}{\Delta T^{\circ}_{\text{gas}}} = \frac{C_{\text{p,gas}} \text{RPM}^2_{\text{air}}}{C_{\text{p,air}} \text{RPM}^2_{\text{gas}}} = \frac{(\kappa-1)_{\text{air}} F(\kappa, M_{V_{m1}})_{\text{gas}}}{(\kappa-1)_{\text{gas}} F(\kappa, M_{V_{m1}})_{\text{air}}} \tag{1.110}$$

排除雷诺数不同造成的影响,当扩压比、Ma 和气流角相同时,由式(1.7)可知等熵效率相同。结合式(1.110)可以得到压气机在采用不同等熵指数气体测试时的级压比关系:

$$\frac{(\pi^{\frac{\kappa-1}{\kappa}} - 1)_{\text{air}}}{(\pi^{\frac{\kappa-1}{\kappa}} - 1)_{\text{gas}}} = \frac{(\kappa-1)_{\text{air}} F(\kappa, M_{V_{m1}})_{\text{gas}}}{(\kappa-1)_{\text{gas}} F(\kappa, M_{V_{m1}})_{\text{air}}} \tag{1.111}$$

当进口几何不变时,如果出口宽度根据参考密度比的倒数进行缩放,则进出口速度比、反力度和出口气流角不变。利用式(1.11)将密度比与压比进行关联,同时利用反力度 r 关联叶轮压比与级压比,得到

$$\frac{b_{2\text{air}}}{b_{2\text{gas}}} = \frac{\rho_{2\text{gas}}}{\rho_{2\text{air}}} = \frac{[1 + r(\pi - 1)]_{\text{air}}^{\frac{\kappa_{\text{air}}(1-\eta_p)-1}{\kappa_{\text{air}}\eta_p}}}{[1 + r(\pi - 1)]_{\text{gas}}^{\frac{\kappa_{\text{gas}}(1-\eta_p)-1}{\kappa_{\text{gas}}\eta_p}}} \tag{1.112}$$

具体计算流程如下:

首先,根据式(1.7),基于等熵效率 η_{T-T}、总压比 π_{T-T} 和给定的进口温度 T°_1,可以获得缩放后叶轮的总温升 $\Delta T^{\circ}_{\text{air}}$。假设使用燃气和空气测试时的马赫数相同,则根据式(1.110)可以得到相应的 $\Delta T^{\circ}_{\text{gas}}$。进一步假设两种工况多变效率和反力度相同,在不同气体工质下叶轮出口/扩压器入口宽度所需的修正量可以通过式(1.112)获得。

当马赫数和气流角相似时,不同总压比下,在燃气($\kappa_{\text{gas}} = 1.14, C_p = 612$)中测试使用空气($\kappa_{\text{air}} = 1.4, C_p = 1004.8$)设计的压气机所需要的 b_2 变化量如表 1.2 所列。假设叶轮多变效率 $\eta_p = 1.0, \beta_1 = 60°$,进口马赫数随压比变化而改变,如图 2.1 所示。对于中等压比(π 达到 1.5),叶轮出口宽度的变化小于 1%。这意味着无须改变几何的情况下即可认为获得的气流角和效率保持不变。但是随着压比的增加,叶轮出口宽度变化量不断增加,并在压比为 4 时增加至 10.5%。当进口马赫数增加时,转速比仅有些许变化,并处于 0.462 ~ 0.469 范围内。

表 1.2 不同压气机测试气体下压比、转速和出口宽度的变化

π_{air}	$M_{W,1}$	RPM(gas/air)	b_2(gas/air)	π_{gas}
1.2	0.347	0.462	0.997	1.16
1.5	0.526	0.463	0.99	1.41
2	0.702	0.465	0.974	1.84
3	0.911	0.467	0.935	2.75
4	1.046	0.469	0.894	3.74

注:$\kappa_{\text{gas}} = 1.14, \kappa_{\text{air}} = 1.4, T^{\circ}_1 = 293.3\text{K}, \eta_{T-T} = 0.80, r = 0.6, \eta_{p,r} = 1.0$。

若不调整几何,改变原始扩压度的另一种方式是调整压比以保持进、出口密度

比不变。令式(1.112)中的 $b_{2\,air}/b_{2\,gas}=1$，即可获得所需的压比值。若忽略级等熵效率的变化，总温升可由式(1.7)推导得出，同时，转速比可由式(1.108)获得。

需要注意的是，当调整转速以获得相同密度比时，马赫数和雷诺数将会改变，这会影响效率和冲角范围，进而改变喘振和堵塞裕度。雷诺数的影响可以根据1.2节的方法进行评估，相关结果如表1.3所列。工质为空气时，表1.3第一列为压比，与之对应的相对进口马赫数如第二列所列，第三列为获得相同进、出口密度比所需的转速比，相应的压比如第四列所列。这种计算方式的主要缺点是马赫数不再守恒，且效率可能发生变化，这种情况在入口流动为跨声速流动时更为严重。表1.3最后一列给出工质为燃气时两组转速之间的比值，一组为使密度比和叶轮出口宽度不变所需的转速，另一组为使马赫数不变而调整叶轮出口宽度所需的转速。

表1.3 叶轮结构、密度比不变时，性能和流量系数的变化

π_{air}	$M_{W,1}$(air)	RPM(gas/air)	π_{gas}	$M_{W,1}$(gas)	RPM(gas/gas)
0.2	0.347	0.459	1.16	0.308	0.979
1.5	0.526	0.456	1.38	0.466	0.97
2	7.02	0.451	1.75	0.623	0.956
3	0.911	0.444	2.44	0.809	0.935
4	1.046	0.438	3.09	0.928	0.919

注：$\kappa_{gas}=1.14$，$\kappa_{air}=1.4$，$T_1^0=293.3\text{K}$，$\eta_{T-T}=0.80$，$r=0.6$，$\eta_{p,r}=1.0$。

对于跨声速和超声速叶轮，采用声速小的燃气工质进行测试可使其转速相比工质为空气时更低。这种测试方法的主要缺点是需要调整叶轮出口宽度。为了不改变几何结构，相关研究开始寻找具有更低声速但有相同等熵指数 κ 的燃气混合物(Chapman,1954;Block 等,1972)。这些研究中的主要问题是难以确定测试气体的组分，并且混合物最终与测试设备中的空气混合导致测试精度降低。

更多关于不同气体的测试结果可参见 Roberts 和 Sjolander(2005)、von Backström(2008)和 Hartmann 及 Wilcox(1957)的研究。Lüdtke(2004)还曾讨论了燃气性质的影响以及如何处理真实燃气效应。

第 2 章
压气机入口元件

2.1 进口导叶

当比转速一定时,增加压比需要 ΔH 同比例增加,因而转速或尺寸需要增加。图 2.1 给出不同 NS_C 和压比下,Dean(1972)预测的诱导轮轮盖相对马赫数 M_{W1} 的变化。由图可以看到,对于最优 NS_C(有量纲值 NS_C 为 103,无量纲值 NS_1 为 0.8),当压比 $\pi=4$ 时,M_{W1} 将达到临界值 1.0,同时,当压比 $\pi=9$ 时,M_{W1} 高达 1.4。

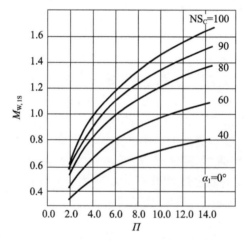

图 2.1 比转速和压比对 $M_{W1,S}$ 的影响($NS_C = 129.01 NS_1$)(Dean,1972)

入口马赫数超声不止增加激波损失,同时激波-附面层干扰会引起喉部堵塞并可能使流动提前分离,损失进一步增大。此时,喘振和堵塞间的工况范围将会很小。为了避免该问题,可以通过减小转速来降低比转速,如图 2.1 所示。

为保证相同的 U_2 值,转速的降低需要通过增加叶轮出口半径进行补偿。但由此导致比转速不再为最优值,流道将变得既长又窄,这会使轮盖泄漏、摩擦和二次流损失增加。

另一种减小前缘马赫数的措施是采用预旋导叶,如图 2.2 中的速度三角形所示。气流向转速方向偏转(正预旋)将会显著降低相对速度分量和相对气流角。根据式(1.44)中的 $\Delta H = U_2 V_{u2} - \widetilde{U}_1 \widetilde{V}_{u1}$ 可知,当进口切向速度 $\widetilde{V}_{u1}$ 为正值时,叶轮耗功降低。因此,为了保证压比相同,有必要增加叶片出口速度 V_{u2} 或轮缘速度 U_2。此时,如图 2.3 所示,叶轮出口绝对马赫数会增加。同时,当压比 $\pi = 6$ 且进口气流预旋 α_1 由 0°增加到 40°时,诱导轮叶顶马赫数将由 0.9(A 点)降低到 0.7(B 点),同时叶轮出口绝对马赫数由 1.12 增加到 1.2。

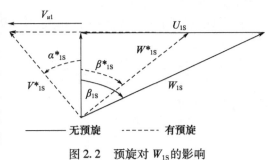

图 2.2 预旋对 W_{1S} 的影响

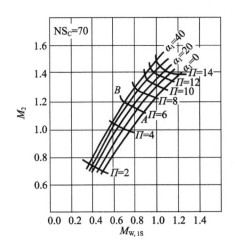

图 2.3 预旋和压比对 $M_{W,1S}$ 和 M_2 的影响(Morris 和 Kenny,1972)

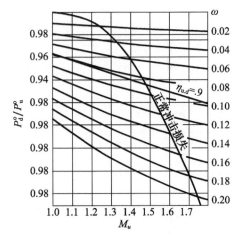

图 2.4 激波损失和扩压损失对比(Breugelmans,1972)

Kenny(1972)观察到叶片扩压器入口的超声速流动对性能没有负面影响。如果无叶区出、入口的半径比足够大,叶轮出口的超声速流动会在无叶扩压器中进行减速,并最终在叶片扩压器前缘变为亚声速流动。但这会使摩擦损失增加,并且缩小稳定运行工况范围(详细讨论将在 8.2 节给出)。

基于对超声速压气机的研究结果(Breugelmans,1972)可知,中等马赫数时产生的正激波是一个有效的扩压系统,图 2.4 对比了不同上游马赫数时因正激波产生的下游-上游总压比和不同总压损失系数时的总压比,其可定义为

$$\omega = \frac{P_u^o - P_d^o}{P_u^o - P_u}$$

当马赫数达到 1.4 时，总压损失低于上游动压的 6%，这与设计较好的静叶损失相当。总之，进口导叶(IGV)的预旋量应综合考虑叶轮和扩压器中与马赫数相关的损失，同时需要兼顾运行工况范围。

除了改变叶轮进口马赫数，使用进口可调导叶也能调整流量以拓宽运行范围。当入口相对速度与叶片前缘几近平行时，叶轮性能最佳。在该工况附近，流量的变化会受到正冲角时扩压损失与分离损失增加或负冲角时堵塞损失增加的限制。

根据图 2.5 可知，可以通过改变转速或在转速不变时调整预旋，使冲角在不同流量时都等于零。

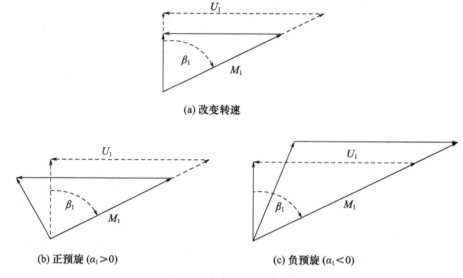

图 2.5 零冲角下流量的变化

通过调节转速来改变流量，如图 2.5(a) 所示，需要变速电动机，并且会直接影响 U_2 和 V_{u2}，因此对耗功和压升有很大影响，见式(1.44)。相比而言，调整预旋可使 U_1 和 U_2 保持不变，2.1.1 节中将指出用这种方式来设计叶轮可以使耗功和压升不依赖预旋。

图 2.6 给出预旋对离心压气机特性曲线的典型影响。正预旋时，如图 2.5(b) 所示，流量和压比都会降低，同时根据欧拉方程，耗功减小，压比受限可能是切向入口速度较大导致扩压器不稳定所致，所以可能无法获得最大压升。负预旋时，如图 2.5(c) 所示，进口相对马赫数增加时，流量和压比的增加会受到喘振的限制。

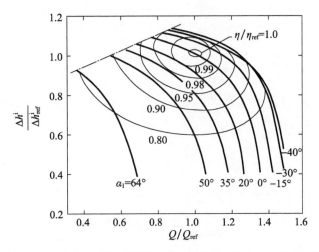

图 2.6 预旋对无叶扩压器压气机性能的影响(Simon 等,1986)

2.1.1 预旋对压比的影响

如果在流量降低时能防止扩压器损失增加,同时定义叶轮单位流量耗功随流量降低而增加,那么当预旋值发生变化时压比可能不变。对于带后弯叶片($\beta_2 > 0$)和预旋导叶的叶轮,流量的变化不仅改变 V_{u1},也能改变 V_{u2},如图 2.7 所示。因此,在设计叶轮时可以通过改变 V_{u2} 来抵消预旋对耗功的影响。

假设在所有预旋条件时压气机都在最佳效率点运行,即进口相对速度平行于前缘,如图 1.27 所示。首先根据预旋和流量的关系可得

$$V_{u1} = U_1 - V_{m1}\tan\beta_1 \tag{2.1}$$

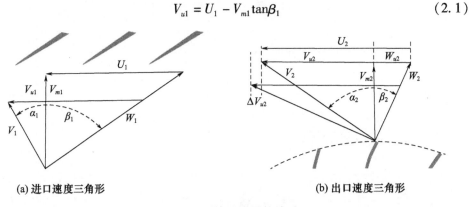

(a) 进口速度三角形 (b) 出口速度三角形

图 2.7 预旋和流量的关系

进一步假定叶轮出口相对气流角 β_2 不受进气预旋影响,则出口切向速度为

$$V_{u2} = U_2 - V_{m2}\tan\beta_{2,\text{fl}} \tag{2.2}$$

将式(2.1)和式(2.2)代入式(1.44),并根据连续方程得到的进、出口子午速度关系为

$$\rho_1 V_{m1} A_1 = \rho_2 V_{m2} A_2 \tag{2.3}$$

得到

$$\Delta H = U_2 \left(U_2 - \frac{\rho_1 A_1}{\rho_2 A_2} V_{m1} \tan\beta_{2,fl} \right) - U_1 (U_1 - V_{m1} \tan\beta_1) = 0 \tag{2.4}$$

当效率和压比不变时,如果

$$\frac{d(\Delta H)}{dV_{m1}} = 0 \tag{2.5}$$

那么比耗功将与流量无关。因此,当

$$U_2 \frac{\rho_1 A_1}{\rho_2 A_2} \tan\beta_{2,fl} - U_1 \tan\beta_1 = 0 \tag{2.6}$$

并结合式(2.3),可知

$$U_2 V_{m2} \tan\beta_{2,fl} = U_1 V_{m1} \tan\beta_1 \tag{2.7}$$

为了在不同流量下产生相同比耗功,叶轮需满足式(2.7)定义的条件。相应的结果列于表2.1中。

在无叶或有叶扩压器中,如果修正后的流动条件不产生额外的损失或不干扰流动,则耗功不变意味着压比不变,如图2.7所示。但在某些情况下,需要采用一个可调导叶扩压器来调整几何以适应修正后的来流(Simon等,1986),这会使压气机工作特性曲线发生变化。

表2.1　典型值为 U_1/U_2 和 V_{m1}/V_{m2} 时相同比耗功对应子午出口气流角

$U_1/U_2 = 0.5$ $V_{m1}/V_{m2} = 1.0$		$U_1/U_2 = 0.5$ $V_{m1}/V_{m2} = 1.5$		$U_1/U_2 = 0.3$ $V_{m1}/V_{m2} = 1.0$	
$\beta_1/(°)$	$\beta_{2,fl}/(°)$	$\beta_1/(°)$	$\beta_{2,fl}/(°)$	$\beta_1/(°)$	$\beta_{2,fl}/(°)$
40	22.7	40	32.2	40	20.6
50	30.7	50	41.8	50	28.2
60	40.9	60	52.4	60	37.9

2.1.2　进口导叶设计

第一种进口导叶与轴流压气机和涡轮中的进口导叶类似,其叶片位于轴向进气通道内,使气流向切向方向偏转。这种进口导叶可以固定或绕径向轴转动(可调进口导叶),如图2.8所示。固定导叶的轮盖表面需要加工为球面形状,以允许导叶在最小叶顶间隙下旋转。

展向旋流分布存在不同的形式(定预旋角、强制涡和自由涡等)。典型的进口

导叶结构有轴对称直叶片,越靠近轮毂,其叶片弦长会越小,因此将导叶安装角调整为90°可以使进口通道关闭。在压气机启动时,关闭进口通道可以产生负压,气流可以在很小的功率下使叶轮加速。一旦叶轮转速接近名义转速,导叶就将逐渐开启。

叶轮入口的旋流速度依赖叶片形状和进口通道形状,如图 2.8 和图 2.9 所示。根据连续性方程,叶轮入口子午速度由下式定义:

$$\int_{R_{H,1}}^{R_{S,1}} \rho_{1m} V_{m1} dR = \int_{R_{H,01}}^{R_{S,01}} \rho_{01} V_{m,01} dR \tag{2.8}$$

入口通道面积减小会使子午速度增加。根据沿流线的角动量守恒,旋流速度满足

$$R_1 V_{u,1} = R_{01} V_{u,01} \tag{2.9}$$

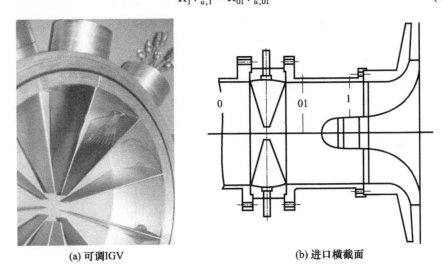

图 2.8 可调进口导叶

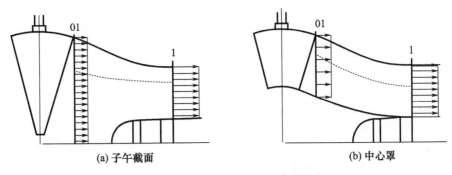

图 2.9 截面对叶轮入口流动的影响

在无中心罩的结构(图 2.8)中,如果轮盖附近涡流速度不变,朝叶轮入口方向的轴向速度增加,使截面 01 和 1 之间的预旋角降低。在轮毂附近,近中心处的气流

导向效果很差,截面01的预旋较小,根据角动量守恒(RV_u=常数),由于朝叶轮入口方向半径减小,截面01的小预旋将进一步减小,因而旋流速度的减小量更大。

上述现象可以通过减小轮盖半径得以补偿,如图2.9(a)所示。这是因为半径降低,旋流速度增加,从而能够抵消轮盖附近由于子午速度增加造成的预旋角减小。但轮毂处的旋流依然很小,使叶轮入口展向旋流变化程度增加。

在图2.9(b)中,IGV采用了中心罩,能保证IGV出口和叶轮入口间预旋角相同或有一个增量。子午速度的变化归因于通流面积的改变,而旋流速度增加可以通过减小流动半径实现。在轮毂处,受子午平面型面凹曲率的影响,半径的相对变化最大,子午速度最小,因此旋流角度的增加量最大。在叶轮入口,中心罩能为设计展向旋流分布提供很多自由度。但是,需要一些上游支板使其固定,这会导致额外的尾迹损失。

离心压气机的入口为径向时,进口导叶可能位于径向流路中,如图2.10所示。其优点是仅需要较小的进口导叶偏转就能实现较大的叶轮进口切向速度。气流在朝叶轮进口流动时,由于半径降低,$V_{u,1}$增加。在叶轮轮毂处,受子午曲率影响,下子午速度很小,$V_{u,1}$增加会导致旋流速度的增加量很大。因此,需要谨慎选择进口导叶的类型。通过缩短进口段轮毂处的导叶弦长,可以减小叶轮轮毂处的预旋角。节距与弦长之比越大,气流偏离量越小。

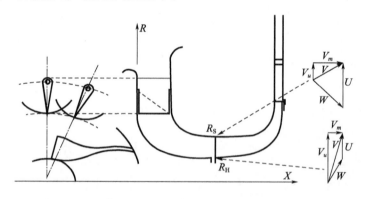

图2.10 压气机入口径流部分的IGV(Rodgers,1977)

相比于压气机其他部件的损失,进口导叶中的损失非常小。除非在大偏转工况产生分离,进口导叶损失几乎可以忽略不计。为抑制设计点(无旋流)损失,大多数进口导叶的叶片厚度相对较小。因此,前缘吸力面存在一个快速增加的速度峰值,并且当安装角超过30°时,可能会发生大尺度流动分离。

为了将吸力面的分离推迟至更大的导叶安装角工况,可以采用可变几何导叶(柔性叶片或有旋转部分的串列叶片),这种设计方式能保证气流转向时冲角始终为零。

负预旋(与叶轮旋转方向相反)会使入口相对马赫数增加(图2.5(c)),但流量的增加往往受到堵塞现象的限制。因此,可变进口导叶通常用于产生正预旋。此时,使用图2.11(a)所示的非对称叶片可能会推迟分离。这些叶片是弧形的,可以更方便地产生正预旋。由于进口导叶很少用于增加流量,它们产生负预旋时导致的不利影响并不重要。但是,在零预旋时需要保证叶片的非对称性不会使损失增加,为此,研究人员提出了一种S形弧线(Sanz等,1985;Doulgeris等,2003)。

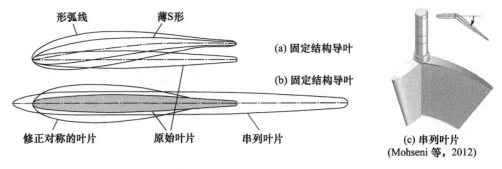

图2.11 典型的进口导叶结构

图2.12给出在安装角在-20°~+60°内变化时,三种进口导叶在10%、50%和90%展向位置截面的马赫数等值面分布。在原始的对称导叶中,当安装角大于30°时,轮毂处存在一个很大的分离区,而在多数正安装角工况,S形导叶中的流动一直保持附着状态。当安装角为-20°时,在轮毂处存在一个较大的流动分离区域,在叶顶处有一个较小的流动分离区。

对于所有安装角工况,串列叶片中的流动都为附着状态,正、负安装角时流动相同。折转角很高时流动未发生分离的一个原因是在所有工况点攻角都为零。由于叶片弦长大,且叶片稠度高,因此叶片导流效果较好,流体一直保持附着状态,气流在通道内部就实现完全折转。由于下游流体具有相同的高速特征,吸力面处的流体加速后不再发生减速。

图2.13对比了不同叶片的压力损失,损失值通过入口动能进行了无量纲处理。从图中放大显示的数据可以看到,零安装角时,所有叶片之间的损失差异很小。S形弧线厚叶片具有最优速度分布和最好的性能。相对于原始叶片,零安装角时,其损失增量很小,并且安装角增加至60°时其损失增量最小。

串列叶片的性能仅次于S形弧线厚叶片,但是这种可调导叶的弦长较大,其结构也比其他叶片更复杂(成本更高)。此外,由于支点位于旋转部分前缘,为了实现安装角调节,导叶需要的力矩更大。

修正的对称叶片与非弧形叶片的厚度与最优S形弧线叶片厚度一样(或稍大),其损失与串列叶片的损失相当,降低这两种叶片的尾缘厚度对损失没有明显的影响。

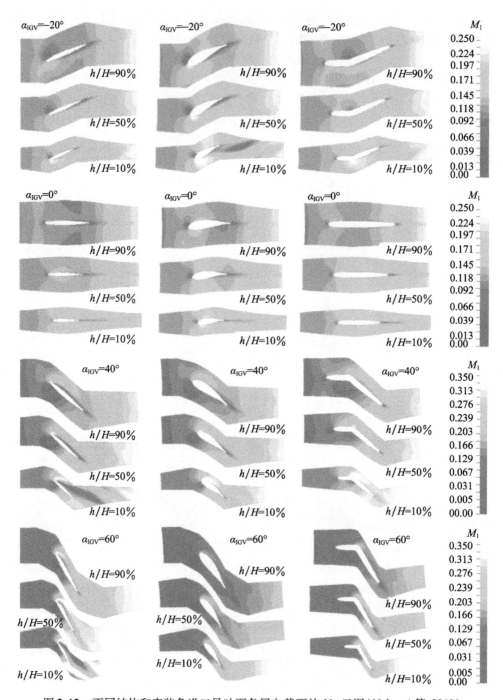

图 2.12 不同结构和安装角进口导叶下各展向截面的 Ma 云图(Mohseni 等,2012)

对于薄 S 形导叶,其中弧线与最优叶片的一致但厚度稍小,当转角增加至 40°时,损失的增加量与较厚的对称叶片损失相当。折转角更高时,由于存在流动分离,损失急剧增加。在零度安装角工况,当使用更薄的导叶时,相比于原始的对称导叶,损失的降低幅度很小,如图 2.13 中的放大区域损失分布所示。

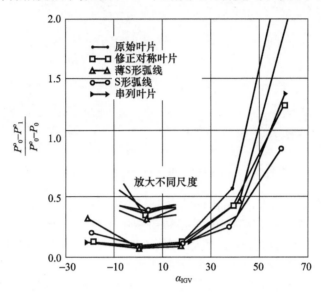

图 2.13　转角和图 2.9(b)子午截面中导叶形状对进口导叶损失的影响(Mohseni 等,2012)

流动分离的第二个影响是使气流在叶轮入口产生展向畸变。在进口导叶下游,旋流导致的离心力使朝外壁面方向压力上升,有

$$\frac{dP}{dR} = \rho \frac{V_u^2}{R} \quad (2.10)$$

在此压力梯度下,由于分离区的低能流体 V_u 很小,被推向进口通道的轮毂侧,这导致周向分布的尾迹演变为具有轮毂处低能流动特征的叶轮入口展向流动畸变,如图 2.14 所示。低能流体的重新分布依赖进口导叶与动叶入口的距离,以及进口导叶处的流动分离程度。图 2.15~图 2.18 给出从进口导叶出口(01 截面)到叶轮入口(1 截面)的流场结构变化情况。01 截面处尾迹中的低总压流体汇集至 1 截面的轮毂附近。01 截面上的静压分布非常均匀,但在 1 截面上存在一个径向压力梯度,该现象与式(2.10)一致。具有较大切向速度的流体汇集于 1 截面的轮盖附近,此处高静压、高总压和大旋流速度使得通流速度很小,其中通流速度的定义为

$$\frac{\rho V_m^2}{2} = P^\circ - P - \frac{\rho V_T^2}{2} \quad (2.11)$$

叶轮鼻端附近流动加速,使轮毂处的速度很大。

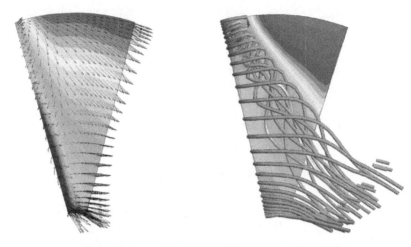

图 2.14 $a_{IGV}=75°$ 时吸力面附近速度矢量和流线

在对进口导叶和进口通道内的流动进行 NS 方程数值模拟时，如果在计算域出口采用径向平衡方程定义静压，所得结果能用于整级性能的评估。若给定均匀静压，会使轮毂附近的压升存有很大的误差，而且由于轮毂处存在回流，导致总压损失很高。当不存在分离或回流时，上游流场对叶轮的影响可以忽略。当不考虑叶轮结构时，如果在出口边界定义从轮毂到轮盖的径向平衡压力分布，也能获得准确的进口导叶和进口通道分析结果。

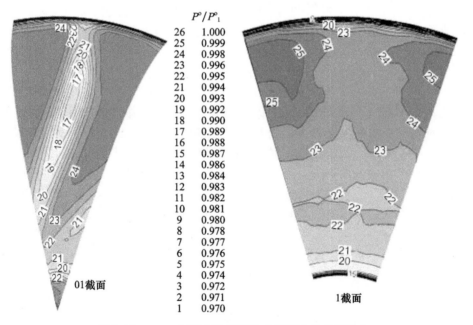

图 2.15 $\alpha_{IGV}=20°$ 时 01 截面和 1 截面上的总压分布

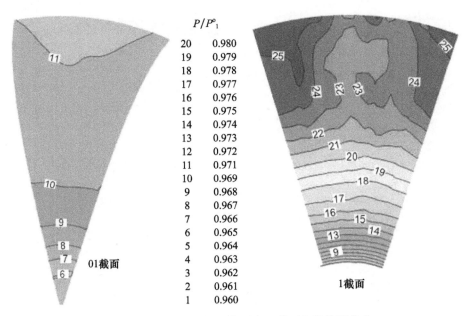

图 2.16 $\alpha_{IGV} = 20°$ 时 01 截面和 1 截面上的静压分布

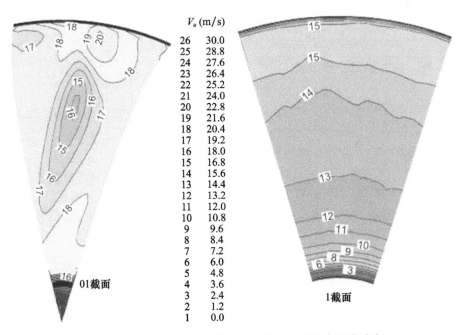

图 2.17 $\alpha_{IGV} = 20°$ 时 01 截面和 1 截面上的切向速度分布

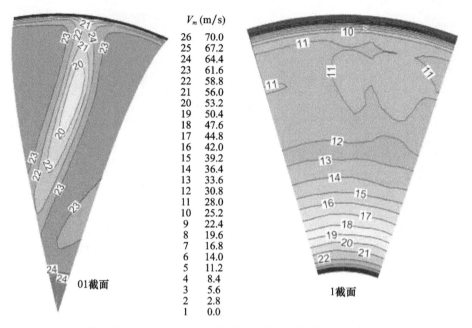

图 2.18　$\alpha_{IGV}=20°$ 时 01 截面和 1 截面上的轴向速度分布

2.2　诱导轮

诱导轮对叶轮性能有很大的影响。非最优设计的诱导轮将使气流过度加速,并且加速后的减速过程会更为剧烈,从而引起额外的损失,甚至可能诱导气流过早分离。这将使叶轮下游的流动畸变和掺混损失更为严重。

然而,效率并不是压气机设计的唯一准则,多数设计还要求喘振和堵塞间的工况范围足够宽。尽管诱导轮入口结构并非是影响工况范围的唯一因素,但其确实对稳定裕度仍有很大的影响。稳定工作的冲角范围随马赫数降低,因此,诱导轮设计的一个准则是尽可能降低相对马赫数,使流动保持亚声速。

离心叶轮诱导轮与轴流压气机的不同之处有以下几点。

(1)进口到轴向流路之间转角达到60°并不罕见,该转角值比轴流压气机的要大很多。

(2)叶片最终并非朝向轴向而是继续转向径向,因此,在轴向流道末端叶片载荷并不需要为零(但轴流压气机叶片排中,根据库塔(Kutta)条件,末端叶片载荷为零),从而直到叶片尾缘,载荷会持续增加。

(3)进口处叶片稠度(弦长与节距之比)更高,受叶片厚度影响,会产生更严重的堵塞。

典型的径流压气机如图 1.26 所示,存在以下局限性。

(1) R_{1S}/R_2 通常在 0.5～0.8 之间。

$R_{1S}/R_2 = 0.5$ 时,会使流道很长,摩擦和叶顶泄漏损失很大。

$R_{1S}/R_2 = 0.8$ 时,会导致子午型线不够长,使轮盖附近扩压不充分。

最优值在 0.6～0.65 之间。

(2) b_2/R_2 的最佳值在 0.05～0.15 之间,具体则取决于比转速它是流量和压比的函数。

$b_2/R_2 = 0.05$ 是降低窄流道中的摩擦损失和叶顶泄漏损失的最小极限值,该值在小比转速叶轮中很常见。

$b_2/R_2 = 0.15$ 是限制叶轮扩压度和防止大范围流动分离的最大极限值。

(3) R_{1H}/R_{1S} 的取值与体积流量有关。

R_{1H}/R_1 值过小会增强轮毂附近叶片厚度导致的堵塞。这是由于叶片厚度需要考虑应力和加工要求,其随 R_{1H}/R_{1S} 的降低而增加。

多级压气机中,考虑到力矩传递需要的最小轴径及转子动力学因素,最小轮毂直径会进一步受限。

过高的 R_{1H}/R_{1S} 会减小入口截面面积并导致较高的入口速度。

R_{1H}/R_{1S} 的最优值位于 0.3～0.7 之间。

(4) β_{1S} 小于 70°,从而防止叶片过厚造成大面积堵塞,同时使诱导轮中气流的过度偏转和损失受到限制。β_{1S} 的最优值选择(50°～60°)应使轮盖前缘马赫数尽可能小。

(5) α_2 取值应在 65°～80° 之间。带有叶扩压器的高压比压气机可以取最大值,但可能使摩擦损失很高,并导致扩压器无叶区域的流动失稳。

(6) M_{W_1} 最好小于 1,否则需要采用跨声速诱导轮。

(7) 当采用有叶扩压器时,M_{V_2} 会影响压气机的工况范围。随着 M_{V_2} 的增加,工况范围缩小,但采用高压比有叶扩压器时,M_{V_2} 可取 1.2～1.4。

(8) $\widetilde{W}_2/\widetilde{W}_1$ 是叶轮相对速度的减速比,其值过小会导致叶轮内部流动分离,其值过高降低叶轮的压升,使性能降低。

2.2.1 进口计算

本书后文的公式推导中均采用理想气体,相应的真实气体公式可以参见 Lüdtke(2004) 的结果。

已知叶轮进口流动条件 T_1^0、P_1^0 及 α_1,流量 $\dot{m}$ 和进口截面尺寸 R_{1H} 及 R_{1S},假设入口速度初值为 V_1,则可以得到均匀进口流动条件下的静参数计算式:

$$T_1 = T_1^\circ - V_1^2/(2C_P) \tag{2.12}$$

假设入口气流加速是等熵的,则

$$\frac{P_1}{P_1^\circ} = \frac{(T_1)^{\frac{\kappa}{\kappa-1}}}{T_1^\circ} \tag{2.13}$$

密度可以根据状态方程计算,因此通过下式计算流量:

$$\dot{m}_{calc} = \pi(R_{1,S}^2 - R_{1,H}^2)\rho_1 V_1 \cos\alpha_1 \tag{2.14}$$

式(2.14)计算得到的流量与设计要求值有差异,因此,通过迭代求解能够更准确地预估入口速度 V_1。只有当入口绝对马赫数 $M_{V_1}<1$ 时迭代才能收敛。通过增加轮盖半径 R_{1S} 或降低轮毂半径 R_{1H} 可以降低 M_{V_1}。上述对进口静参数条件的定义可以参照图 1.35。

预测叶轮性能的关键在于确定诱导轮叶顶的相对流动条件,这些条件主要影响冲角损失和跨声速激波损失:

$$\tan\beta_{1S} = \frac{\Omega R_{1S} - V_1 \sin\alpha_1}{V_1 \cos\alpha_1} \tag{2.15}$$

$$M_{W_{1,S}} = \frac{V_1 \cos\alpha_1}{\cos\beta_{1S}\sqrt{\kappa R_G T_1}} \tag{2.16}$$

此外,它们还会影响分离和扩压损失,这将在后文具体阐述。

上述分析是假设入口速度 V_1 均匀,这通常对应轴向直入口通道。当进口为非轴向时,需要考虑子午曲率诱导的展向速度变化因素,这一展向速度变化的形成机理与 3.1 节讨论叶轮流动机理相似。此时,从轮毂到轮盖 P_1 和 T_1 将发生变化。

下面介绍诱导轮轮盖半径的选取。

考虑到结构强度和气动堵塞,最小轮毂半径 $R_{1H_{\min}}$ 是固定的。相比之下,由于要使诱导轮轮盖相对马赫数 $M_{W_{1S}}$ 最小,R_{1S} 的确定更为复杂。下面基于某一工质为低声速气体的离心压气机说明这两个参数的关系,该压气机的运行条件:$\dot{m}=2.5\text{kg/s}, R_G=75.3\text{J}/(\text{kg}\cdot\text{K}), \kappa=1.136, \rho_1=4\text{ kg/m}^3, T_1^\circ=283\text{K}$。

旋转速度 RPM、预旋角 α_1 和诱导轮轮毂半径 R_{1H} 为输入参数。诱导轮轮盖半径根据轮毂或轮盖半径比 $\text{RV}=R_{1H}/R_{1S}$ 确定,诱导轮轮盖相对马赫数由下式计算,即

$$M_{W_{1,S}} = \frac{\sqrt{\left(\dfrac{\dot{m}}{k_{b1}\pi\rho_1 R_{1H}^2\left(\dfrac{1}{\text{RV}^2}-1\right)}\right)^2 + \left(\dfrac{2\pi\cdot\text{RPM}}{60}\dfrac{R_{1H}}{\text{RV}} - \dfrac{\dot{m}}{k_{b1}\pi\rho_1 R_{1H}^2}\dfrac{\tan\alpha_1}{\dfrac{1}{\text{RV}^2}-1}\right)^2}}{\sqrt{\kappa R_G T_1}} \tag{2.17}$$

式中:k_{b1} 为进口截面附面层堵塞的修正系数。当 $\text{RPM}=14000\sim18000, R_{1H}=0.04\text{m}, \alpha_1=0°$ 时,轮盖相对马赫数和轮毂与轮盖半径比(RV)的关系如图 2.19 所示。

从图 2.19 可以看到,当转速为 16000RPM、轮毂或轮盖半径比 RV = 0.59 时,$M_{W_{1S}}$ 最小值为 0.85。当 RV 减小时,由于圆周速度 U_{1S} 增加,$M_{W_{1S}}$ 增加。当 RV 大于其最优值时,由于进口截面减小,轴向速度 V_{1m} 增加,$M_{W_{1S}}$ 也会增加。

研究发现,当 RPM、α_1 和 R_{1H} 一定时,无法确定满足叶顶相对马赫数预设极限的 RV 值(即 R_{1S} 值)。解决该问题的唯一措施是调整参数 RPM、α_1 或 R_{1H}。

图 2.19 和图 2.20 表明,RPM 的减小或正预旋会使诱导轮轮盖相对马赫数降低。

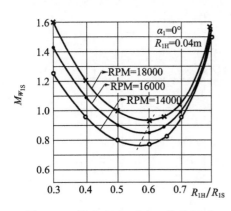 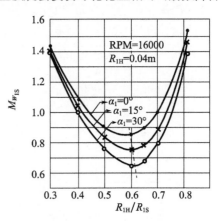

图 2.19　转速 RPM 对入口轮盖相对　　图 2.20　预旋角对入口轮盖相对
　　　　　马赫数的影响　　　　　　　　　　　　　马赫数的影响

图 2.21 表明,当轮毂半径减小时,最小相对马赫数的降低量很小。这是因为改变轮毂半径对进口截面面积影响很小,V_{1m} 变化很小,因此 $V_{u,1S}$ 几乎不变。

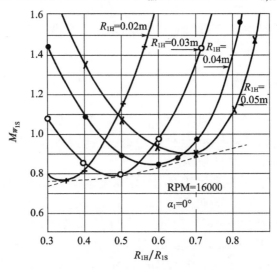

图 2.21　轮毂半径对入口轮盖相对马赫数的影响

上述分析只适用于叶轮入口为轴向的情况,此时,从轮毂到轮盖子午速度分布均匀。但是,在多级压气机中进口气流为径向并在叶轮上游转为轴向。这导致轮盖处子午速度较高,轮毂处的速度较低。子午速度的差异取决于入口通道曲率和轮盖与轮毂的距离,其计算方法详见第3章。在上文计算最优轮盖半径时,也需要考虑这种轮毂到轮盖的变化。

图2.22系统性地总结了不同运行工况下压气机的设计空间,它提供了一种叶轮进口结构优化的全局视角,以实现最小轮盖相对马赫数,即需要满足图中阴影区域定义的设计准则:$R_H > 0.55 \mathrm{m}$,$M_{1S} < 0.85$,$\beta_{1,S} < 60°$。

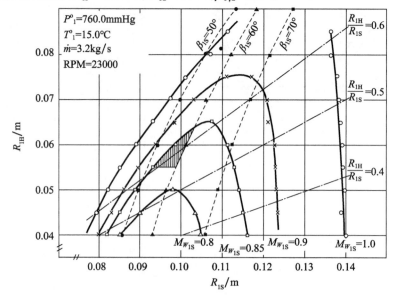

图2.22 轮毂和轮盖半径以及叶片前缘进口角对入口轮盖相对马赫数的影响

2.2.2 最优冲角

Rodgers(1962)评估了不同叶片前缘角$\beta_{1,bl}$下三种轴流叶轮的喘振和堵塞冲角。由于三个叶轮都为轴向出气($\beta_2 = 0$),气流的折转角不同。冲角范围和相对进口马赫数的关系如图2.23所示。

当增加马赫数时,喘振和堵塞间的稳定裕度会降低,并且稳定裕度还与叶片前缘角有关。$\beta_{1,bl}$越小,工况范围越宽。需要注意的是,图2.23中的叶轮会使气流转为轴向。因此β_1越大,一定轴向宽度下,叶片弧度越大。从图2.23还可以看出,视马赫数和叶片角不同,工况范围的中心点在0°~15°正冲角之间。在叶栅上游,气流折转会产生势流效应。由NACA的研究结果和一些定量关联式(Lieblein,1960)可知,叶片弧度越大,对最优冲角产生的不利影响越严重。进气角度小的叶片弧度更小,因此 $\beta_{1,bl}$ 越低,失速冲角越大。

Baljé(1981)建立的理论关联式(图 2.24)也证实了 β_1 越小工况范围越宽。当 $\phi_i = 0$ 最大时,$\phi_{surge}/\phi_i = 0$ 最小,也就是说,当 $\beta_{1,bl}$ 较小时,最优冲角和喘振间的流量范围较大。这一趋势在后弯叶片($\beta_{1,bl} > 0$)叶轮中更为明显。

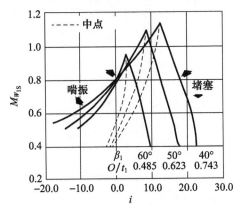

图 2.23 诱导轮喘振和堵塞冲角以及叶片前缘角与进口马赫数的关系 (Rodgers,1962)

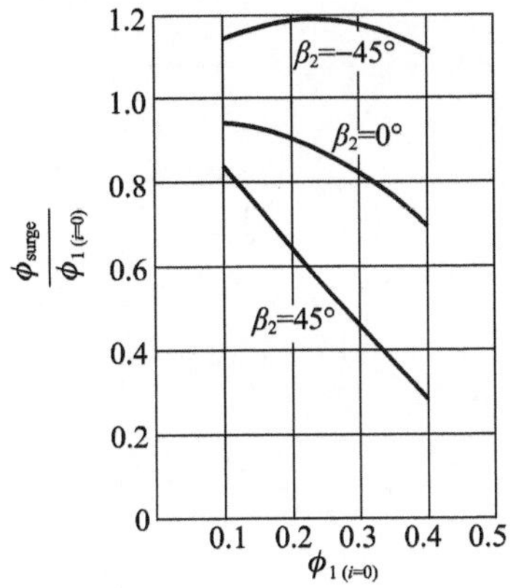

图 2.24 喘振流量与自由冲角下诱导轮流量之比 (Baljé,1981)

在图 2.23 中,正的中间范围工况冲角与叶片堵塞有关,其在离心叶轮进口能够达到很高。叶片堵塞在轮盖处能达到约 10%,在轮毂处能达到 40%。Stanitz(1953)研究了叶片堵塞对最优冲角的影响。后文分析中,假设最优冲角对应前缘载荷为零的工况,也就是说叶片前缘处绝对切向速度不变。

当气流进入叶轮时,由于叶片具备有限厚度,前端自由流动面积会减小。这种收缩效应会改变速度三角形,如图 2.25 所示,其中,子午速度分量会从 V_{m1} 增加至

$$V_{m1,bl} = \frac{V_{m1}}{1 - \dfrac{\varepsilon_{kb}}{\cos\beta_{1,bl}}}$$

其中

$$\varepsilon_{kb} = \frac{\delta_{bl} Z_r}{2\pi R}$$

相对流动从 β_1 折转 i_{kbl} 角度到 $\beta_{1,bl}$。如果在叶片前缘零加载并忽略叶片弧度对上游的影响,零加载冲角定义为

$$i_{kbl} = \arctan\left(\frac{\varepsilon_{kb}\sin\beta_{1,bl}}{1 - \varepsilon_{kb}\cos\beta_{1,bl}}\right) \tag{2.18}$$

零加载冲角随 $\beta_{1,bl}$ 和堵塞因子 ε_{kb} 的变化如图 2.26 所示。在轮毂处,半径小,叶片厚度大,因此堵塞因子高,零加载冲角较大。在叶顶处,尽管 ε_{kb} 较低,但由于 $\beta_{1,bl}$ 更大,零加载冲角仍较大。

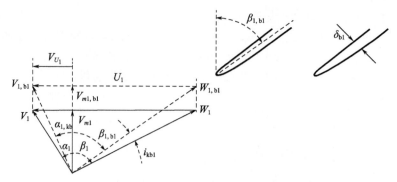

图 2.25 叶片堵塞对进口速度三角形的影响

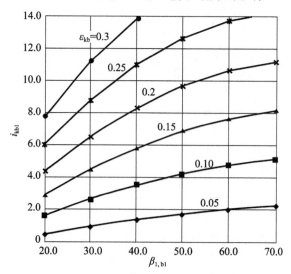

图 2.26 叶片前缘零加载与叶片堵塞的关系

叶片弧度对上游的势干扰和叶片堵塞效应的综合影响决定了最优冲角,从而最优叶片前缘角可定义为

$$\beta_{1,bl} = \beta_{1,fl} - i_{k,bl} \tag{2.19}$$

同时,叶轮内的相对速度变为

$$W_{1kb} = \frac{W_1 \sin\beta_1}{\sin\beta_{1,bl}} \tag{2.20}$$

相应地,轴向速度变为

$$V_{mkb} = \frac{V_m \tan\alpha_1}{\tan\alpha_{1,bl}} \tag{2.21}$$

绝对气流角为

$$\alpha_{1kb} = \arctan\left(\tan\alpha_1 \frac{\tan\beta_{1,bl}}{\tan\beta_1}\right) = \arctan\left(\frac{U_1 - W_{1kb}\sin\beta_{1,bl}}{W_{1kb}\cos\beta_{1,bl}}\right) \tag{2.22}$$

速度 V_{1kb} 为

$$V_{1kb} = \sqrt{W_{1kb}^2 + U_1^2 - 2W_{1,kb}U_1\sin\beta_{1,bl}} \quad (2.23)$$

如果在收缩过程中没有能量输入,根据能量方程,静温变为

$$T_{1kb} = T_1 + \frac{V_1^2 - V_{1,kb}^2}{2C_P} \quad (2.24)$$

假设流动是等熵的,静压变为

$$P_{1kb} = P_1 \left(\frac{T_{1,kb}}{T_1}\right)^{\frac{\kappa}{\kappa-1}} \quad (2.25)$$

根据理想气体方程,密度变为

$$\rho_{1kb} = \frac{P_{1,kb}}{R_G T_{1,kb}} \quad (2.26)$$

需要注意的是,在上述分析中,U_1 随着半径 R 变化,因此,V_1、W_1、α_1、β_1、P_1、T_1 和 ρ_1 都是 R 的函数。

2.2.3 诱导轮堵塞流量

从理论上讲,当诱导轮喉部流速为声速时,叶轮进口流量最大。但是实际情况下,受冲角和叶片曲率的影响,喉部截面的速度并不均匀,因此在更小的流量时会发生堵塞。

受回流导叶尾迹的影响,轮毂和轮盖的附面层堵塞以及非均匀来流(图2.27),会进一步降低堵塞流量,后者可以用堵塞系数计量。

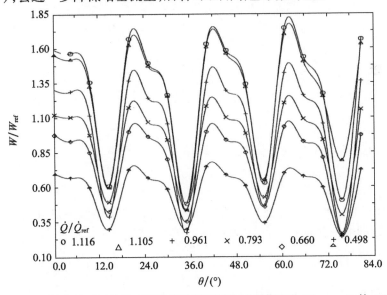

图 2.27 不同流量下回流导叶下游轮盖附近速度的周向变化(Benvenuti 等,1980)

准确确定喉部位置需要了解诱导轮的三维结构信息,这在整体性能快速预测计算中并不可行。因此,可以通过估算叶片前缘压力面和相邻叶片吸力面间的距离 O_{th},预估不同半径上的喉部位置,如图 2.28 所示。

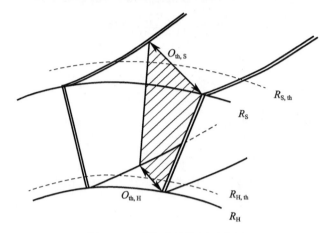

图 2.28 叶轮喉部位置示意图

喉部流量可以通过下式得到:

$$\dot{m}_{th} = Z_r \int_{R_{H,th}}^{R_{S,th}} \rho_{th} W_{th} O_{th} dR_{th} \tag{2.27}$$

式中:O_{th} 和流动参数随半径而变化。

式(2.27)也可写为

$$\dot{m}_{th} = Z_r \int_{R_{H,th}}^{R_{S,th}} F(M_{th}) \frac{P_r^o(R_{th})}{\sqrt{T_r^o(R_{th})}} O(R_{th}) dR_{th} \tag{2.28}$$

其中

$$F(M_{th}) = \sqrt{\frac{\kappa}{R_G}} M_{th} \frac{P(R_{th})}{P_r^o(R_{th})} \cdot \sqrt{\frac{T_r^o(R_{th})}{T(R_{th})}} = \sqrt{\frac{\kappa}{R_G}} \frac{M_{th}}{\left(1 + \frac{\kappa-1}{2} M_{th}^2\right)^{\frac{\kappa+1}{2(\kappa-1)}}} \tag{2.29}$$

假设 $M_{th}=1$ 时发生流动堵塞,式(2.29)可以简化为

$$F(M_{th}=1) = \sqrt{\frac{\kappa}{R_G}} \left(\frac{2}{\kappa+1}\right)^{\frac{\kappa+1}{2(\kappa-1)}} \tag{2.30}$$

将式(2.30)代入式(2.28),即可获得理论堵塞流量。在进口 R_1 和喉部 R_{th} 之间,沿流线转焓不变,所以 $T(R_{th})$ 可以通过下式计算:

$$T(R_{th}) = T(R_1) + \frac{W^2(R_1) - W^2(R_{th})}{2C_p} - \frac{\Omega^2}{2C_p}(R_1^2 - R_{th}^2) \tag{2.31}$$

在进口和喉部,相对总温分别通过

$$T_r^o(R_1) = T(R_1) + \frac{W^2(R_1)}{2C_p}, T_r^o(R_{th}) = T(R_{th}) + \frac{W^2(R_{th})}{2C_p} \qquad (2.32)$$

计算,因此,有

$$T_r^o(R_{th}) = T_r^o(R_1) - \frac{\Omega^2}{2C_p}(R_1^2 - R_{th}^2) \qquad (2.33)$$

由于气流从进口到喉部一直加速,若假设流动等熵,则 $P_r^o(R_{th})$ 可通过下式计算:

$$P_r^o(R_{th}) = P_r^o(R_1)\left[\frac{T_r^o(R_{th})}{T_r^o(R_1)}\right]^{\frac{\kappa}{\kappa-1}} \qquad (2.34)$$

如果附面层堵塞因子考虑了附面层内的摩擦损失,并且喉部上游没有产生激波,上述的等熵流动假设是合理的。

$O(R_{th})$ 取决于叶片数和叶轮局部结构(叶片曲率、厚度、前缘角):

$$O(R_{th}) \approx \frac{2\pi R_{th}}{Z_r}\cos\beta_{1,bl} - \delta_{bl} \qquad (2.35)$$

叶片厚度 δ_{bl} 减小,会对诱导轮堵塞产生有利的影响,δ_{bl} 的取值需要结合机械完整性(应力和振动)要求的最小值。β_{bl} 越小,O_{th} 越大,这能补偿叶片厚度产生的不利影响,如图 2.29 所示。但是,减小 β_{bl} 会使所有工况点的冲角增加,此时如果不增加进口子午速度,将会对喘振裕度有不利的影响。

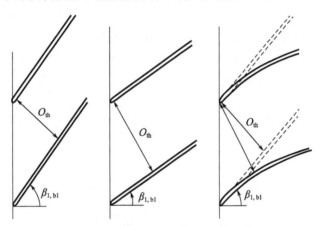

图 2.29 叶片角和进口曲率对喉部位置的影响

诱导轮采用弧形的吸力面是增加喉部面积并且不改变冲角的一种常用方法,如图 2.29 所示。但是,从进口到喉部时,气流的折转会增加叶片吸力面和压力面的速度差异,这种方法不一定能使堵塞流量增加,如图 2.30 所示。因此,气流往往在马赫数大于或小于 1 时流过喉部,如图 2.30(b)所示。当地流量处处小于 $M=1$ 时的流量,并且最大流量低于理论值。气流非均匀性随吸力面弧度增加而增加,过大的吸入侧曲率可能会相应抵消喉部截面的增加。

当入口流动为跨声速时,吸力面马赫数的增加会导致更严重的激波损失和附面层堵塞。附面层堵塞不仅会降低叶轮效率,而且会进一步限制最大流量。这会带来一个有趣的现象:采用弧形吸力面会使喉部面积增加,但受附面层堵塞和喉部处气流非均匀性的影响,堵塞流量反而减小。

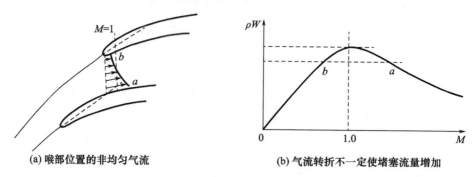

图 2.30　气流的转折与堵塞流量的关系

Rodgers(1961、1998)针对一个带抛物线中弧线诱导轮的径流叶轮,研究了叶片吸力面形状对堵塞流量的影响。该叶轮能通过调整安装角保证沿叶高冲角相同。在堵塞工况下,进口马赫数的试验值与喉部 $M_{th}=1$ 且流动均匀时的理论值对比如图 2.31 所示。当进口马赫数接近 1 时,试验值与理论值的差异会明显增加,这种差异并非普遍现象,而是取决于叶片形状。在跨声速诱导轮中,从前缘到喉部,最佳吸力面弧度的变化范围在 1°~2°之间。负弧度可能会导致无激波跨声速进口流动,但此时很难保证叶片厚度最小并维持堵塞流量不变(Demeulenaere 等,1998)。

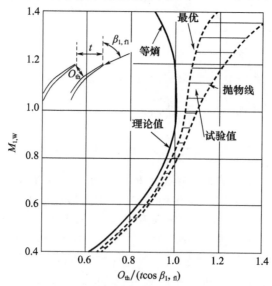

图 2.31　径流叶轮堵塞马赫数的理论值与试验值对比(Rodgers,1998)

Rodgers(1961)进一步指出,对于不可调诱导轮($\beta_{1,bl} = C^{te}$),由于冲角从轮盖到轮毂逐渐增加,轮毂处会发生分离,因此,堵塞流量的理论值和实际值之间的差异会进一步加大。

当减小诱导轮叶片数量时,堵塞流量也会增加,但叶片载荷增加会对性能产生不利影响,这种情况在叶轮出口处尤为严重。因此,可以在叶轮出口采用分流叶片(图2.32),这能在不增加导风轮叶片载荷的前提下提高堵塞流量。但是,采用分流叶片往往会使叶轮效率略有降低(约1%量级),并且由于分流叶片两侧流量不相等,叶轮出口的气流畸变会更加严重。在对叶轮优化时,可以使分流叶片长度小于主叶片,并使其前缘形状能局部调整以适应来流(详细的讨论参见5.2.5节)。此外,需要确保堵塞不会发生在分流导叶前缘的第二喉部位置。因此,需要进行详细的叶到叶计算,以便分析分流叶片对速度分布的影响,并实现对分流叶片前缘位置的优化。

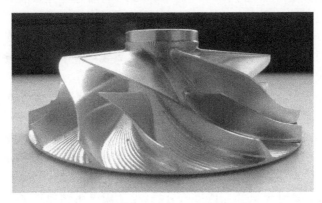

图2.32 带分流叶片叶轮

第3章
径流叶轮流动计算

径流叶轮中的流动是三维、有黏和非定常的。非定常三维 Navier – Stokes 计算需要详细的几何定义和大的工作量。Wallitt(1980)首次进行的 Navier – Stokes 稳态流动计算,以及 Moore 等(1983)的工作很好地描述了主要流动现象,如二次流和吸力面流动分离,见图 3.1。然而过大的计算量(1980 年时仅 100000 网格点在一台超级计算机上计算需要 6 周)使其应用局限于最终的性能校核。如今计算能力和速度有了巨大提升,求解器也改进很多,只要叶轮具体几何确定,就能在设计点和非设计点下对其进行日常的三维流动分析。

三维 Navier – Stokes 计算的主要优势是能够获得大量网格节点上详细的流动信息。这使设计师能够根据与流动直接相关的量来作出判断,并修改几何。然而,对 Navier – Stokes 结果的解读需要很好地理解几何和流动间的关系,以便找到需要何种几何改变才可达到目标。这种搜索可由优化技术支持(Pierret,1999;Poloni,1999;Alsalihi 等,2002;Verstraete,2007;Papadimitriou 等,2006;Sephar,2004)。但是,优化技术需要对大量的几何进行分析,仅适用于由快速近似技术得到初步设计后的最终设计阶段。

本章的目的是基于理论考虑和数值试验结果深入认识流动结构。本章描述并量化了控制三维流动结构的各种力和损失,给出了它们随叶轮几何和运行工况的变化关系。

第一种方法是无黏计算,它适合快速性能预测。欧拉方程的准三维和全三维求解比全三维 Navier – Stoke 计算需要的计算资源少。无黏计算将简化的方程应用于真实的三维几何。与试验数据对比表明,只有当黏性影响没有引起流动分离时,无黏流动计算才能提供有用的近似。Denton(1986)提出了在欧拉求解中可用的分布体积力模型,能够进行黏性和二次流效应的快速逼近。模拟二次流需要在入口截面对参数,如总压,施加考虑边界层影响的分布。

其他简化模型目的是描述简化几何中的真实流动。典型的如 Herbert(1980)、Davies 和 Dussourd(1970)以及 Jansen(1970)等所提出的方法。进、出口之间相对速度分布由标准化的变化规律逼近。根据气流角和半径沿叶片的变化,吸力面和压力面速度差可以叠加到平均值上,如图 3.2 所示。堵塞和损失可根据关联式估算,或使用简单积分法计算沿通道壁面上的边界层增长得到。这些方法都是近似的,但在设计的初始阶段非常有用,既能节约计算量,又为不同流动机理影响性能的方式提供了深入理解。

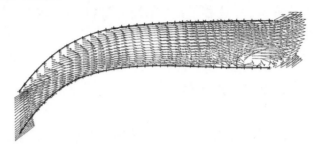

图 3.1　Navier–Stokes 求解器得到的叶到叶流场(Wallitt,1980)

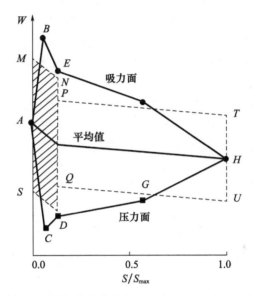

图 3.2　近似速度分布(Davis 和 Dussourd,1970)

3.1 节将描述用于叶轮准三维分析时两类流面,即叶到叶面和子午平面之间无黏力的相互作用。这将有助于阐明叶片载荷的影响因素,并解释轮盘和轮盖间流动的不同之处。3.2 节描述全三维流动以及三维几何特性如何影响流动和性能。

3.3 节将介绍预测离心压气机主要特性和研究不同设计参数对性能影响的方法。这种工具必须足够快,以允许对大量几何迭代使用;与此同时又必须足够精细,以考虑重要的流动现象,如流动分离、可压缩性、边界层堵塞和不同种类的损失等。Galvas(1973)、Aungier(2000)和 Harley 等(2012)以及其他研究人员都描述过设计点和变工况预测方法。

本章引用了大量理论和试验研究的结果,基于所理解的离心压气机实际流动知识建立了经验模型,并进行了详细描述。这个真实流动模型也就是射流-尾迹模型或两区模型,它提供了一个相当真实的流动图景,包括流动分离,专门用于预测离心叶轮的性能。

3.1 无黏叶轮流动计算

本节描述了适用于无分离流动的准三维模型,使我们能更深入地理解叶轮几何影响速度分布的方式。其基于 Wu(1952) 的简化 S1/S2 模型,即将三维流动分解为两个二维流动,一个在子午面上,另一个在叶到叶平面上。该模型是讨论最优速度分布的基础,并且揭示了需要进行何种几何修改来达到最优速度分布。

图 3.3 显示的是离心叶轮轮毂和轮盖处相差很大的速度分布。由于半径大、圆周速度高,轮盖处进口马赫数比轮毂大得多。根据式(1.48)可知,轮毂处需要较大扩压,以补偿该位置处较小的圆周速度增加。

轮毂和轮盖处的速度分布可分解为平均速度,以及与之叠加的吸力面(SS)和压力面(PS)速度差。虽然两者紧密关联,但考虑到子午形状主要影响平均速度变化,而叶到叶平面的形状主要影响吸力面和压力面速度差,因此两个平面上的速度分布将分开讨论。

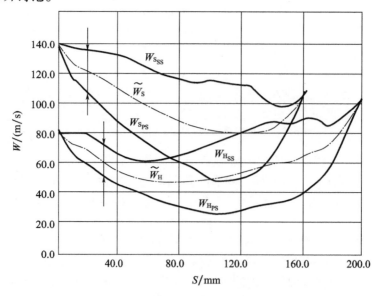

图 3.3 轮毂轮盖处吸力面和压力面上的速度分布

3.1.1 子午速度计算

绝对速度的切向分量 $V_u = \Omega R - W_u$ 和子午分量 $\widetilde{V}_m = \widetilde{W}_m$ 在子午面上诱导产生离心力,如图 3.4 所示。切向速度是轴对称流面上等半径旋流运动引起的,子午速度是在曲率半径为 $\mathcal{R}_n$ 的平面上将流动从轴向转为径向而引起的。这些力在法向方向被轮毂到轮盖的压力梯度所平衡。忽略因叶片倾角产生的力(假设 $\frac{\partial \theta_{\text{blade}}}{\partial n} = 0$),受力平衡可以表示为

$$\frac{1}{\rho}\frac{\partial P}{\partial n} = \frac{(\Omega R - W_u)^2}{R}\cos\gamma - \frac{\widetilde{W}_m^2}{\mathcal{R}_n} \tag{3.1}$$

将 $h = P/\rho$ 代入式(1.68)中,并假设跨流线转焓也为常数(因为其在入口截面均匀分布),压力梯度沿 n 方向的导数可以表示为

$$\frac{1}{\rho}\frac{\partial P}{\partial n} = -W\frac{\partial \widetilde{W}}{\partial n} + \Omega^2 R\frac{\partial R}{\partial n} \tag{3.2}$$

联立式(3.1)和式(3.2),消除 $\frac{1}{\rho}\frac{\partial P}{\partial n}$ 后,得到

$$\frac{\partial \widetilde{W}}{\partial n} = \frac{\widetilde{W}\cos^2\beta}{\mathcal{R}_n} + \cos\gamma\sin\beta\left(2\Omega - \frac{\widetilde{W}\sin\beta}{R}\right) \tag{3.3}$$

Katsanis(1964)应用有限差分技术针对等熵均焓流求解了上述方程。采用流线曲率法求解可能不够准确,但能较好理解几何和流动之间的关联。为此,连接轮毂和轮盖型线,沿着准正交线进行线性插值,可以得到中间流面网格,如图 3.5 所示。

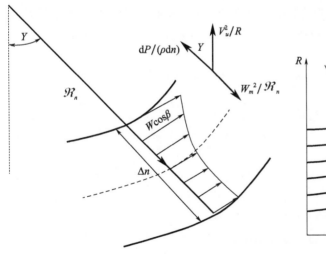
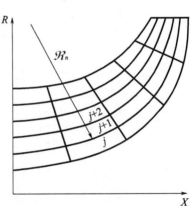

图 3.4 沿着准正交线的子午速度分布

图 3.5 子午流动计算的准正交线和准流面

假设纯粹的轴向-径向($\beta = 0°$)叶片,对于准正交线上节距平均的子午速度分布,可得到以下近似表达式:

$$\frac{\partial \widetilde{W}_m}{\partial n} = \frac{\widetilde{W}_m}{\widetilde{\mathscr{R}}_n} \quad (3.4)$$

两条网格线之间距离较小(图3.5),可以使用有限差分逼近确定轮毂和轮盖之间连续位置上的子午速度$W_{m,j}$,其为当地曲率和前一位置处速度的函数,即

$$\widetilde{W}_{m,j} = \widetilde{W}_{m,j-1}\left(\frac{1+\Delta n}{\widetilde{\mathscr{R}}_n}\right) \quad (3.5)$$

式中:$\widetilde{\mathscr{R}}_n$为距离$\Delta n$上的平均曲率。

$W_{m,1}$的初始值可以通过在轮毂和轮盖之间应用连续方程得到。对于可压流动,由于密度依赖当地流速,积分需要迭代计算:

$$\sum_{j=1}^{j=j_{\max}} \widetilde{W}_{m,j}\rho_{m,j}2\pi R\Delta n = \dot{m} \quad (3.6)$$

可以得出结论:轮盖和轮毂处子午线速度与子午曲率以及轮盖和轮毂之间的距离相关。增大该距离,平均子午速度会降低。若曲率不变,则会增大轮毂和轮盖之间的速度差。这可能导致轮毂处子午速度较低甚至为负值。此负子午速度不是流动分离,而是无黏性质的回流。通过减小子午型线的曲率或轮毂与轮盖之间的距离,可以减小轮毂和轮盖之间的子午速度之间差。式(3.4)也依赖于W_m,因此随着质量流量的变化而变化。

吸力面和压力面之间流面上的平均相对速度定义为

$$\widetilde{W} = \frac{\widetilde{W}_m}{\cos\beta_{\mathrm{fl}}} \quad (3.7)$$

除了前缘和尾缘附近受冲角和滑移的影响,其余位置处气流角β_{fl}等于叶片角β_{bl}。由于滑移影响气流开始脱离叶片的初始径向位置R^*可通过Staniz和Prian(1951)给出公式估算:

$$\ln\frac{R^*}{R_2} = 0.71\frac{2\pi\cos\beta_{2\mathrm{bl}}}{Z_\mathrm{r}} \quad (3.8)$$

在该临界点的下游,气流角可由2阶多项式近似,即

$$\beta_{\mathrm{fl}} = Am^2 + Bm + C \quad (3.9)$$

变量A、B、C满足条件:

$$\beta_{\mathrm{fl}}(m^*) = \beta_{\mathrm{bl}}(m^*) \quad (3.10)$$

$$\left.\frac{\mathrm{d}\beta_{\mathrm{fl}}}{\mathrm{d}m}\right|_{m^*} = \left.\frac{\mathrm{d}\beta_{\mathrm{bl}}}{\mathrm{d}m}\right|_{m^*} \quad (3.11)$$

以保证叶片角和气流角在m^*处1阶连续,即

$$\beta_{2\mathrm{fl}} = \beta_{2,\mathrm{slip}} \quad (3.12)$$

从前缘到喉口的气流角可以用同样的方式近似得到。常数由入口气流角、喉部处

叶片切线和喉道处流线曲率连续来决定。

3.1.2 叶到叶速度计算

轴对称流面上叶片吸力面和压力面速度差可从式(1.71)推导得到：
$$\nabla \vee W = -2\Omega$$

流场中每一点都应满足这个方程，因此，流面任一部分积分都等于 0。如图 3.6 所示，根据 Stokes 定理，通过叶到叶流面任一部分，矢量 W 旋度的通量可以由沿这个矢量表面轮廓的线积分代替，即

$$\iint (\nabla \vee W + 2\Omega) \mathrm{d}s = \oint W \mathrm{d}s + \iint 2\Omega \mathrm{d}s = 0$$

于是 PS 和 SS 之间的速度有以下关系，即

$$W_{\mathrm{SS}} - W_{\mathrm{PS}} = \left(\frac{2\pi}{Z_{\mathrm{r}}} - \frac{\delta_{\mathrm{bl}}}{R\cos\beta}\right)\frac{\mathrm{d}}{\mathrm{d}s}(\Omega R^2 - \widetilde{W}_{\mathrm{m}} R \tan\beta_{\mathrm{fl}}) \tag{3.13}$$

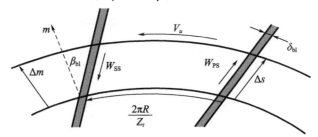

图 3.6 在封闭曲线上绝对速度环量为 0

把这个速度差叠加到节距平均的 W 上，就可以得到不同轴对称流面上的 SS 和 PS 的速度分布，如图 3.3 所示。式(3.13)表明，在旋转体系中吸力面和压力面间速度差如何依赖半径变化，和叶到叶平面上速度以及流动方向变化，即

$$\frac{\mathrm{d}}{\mathrm{d}s}(\Omega R^2) \tag{3.14}$$

$$\frac{\mathrm{d}}{\mathrm{d}s}(\widetilde{W}_{\mathrm{m}} R \tan\beta_{\mathrm{fl}}) = \widetilde{W}_{\mathrm{m}} R \frac{\mathrm{d}\tan\beta_{\mathrm{fl}}}{\mathrm{d}s} + \tan\beta_{\mathrm{fl}} \frac{\mathrm{d}R\, \widetilde{W}_{\mathrm{m}}}{\mathrm{d}s} \tag{3.15}$$

考虑到 R 和 $\widetilde{W}_{\mathrm{m}}$ 在轴流压气机圆柱流面上为常数，以及 $\mathrm{d}\beta/\mathrm{d}s = 1/\mathfrak{R}_{\mathrm{b}}$，式(3.13)简化为

$$W_{\mathrm{SS}} - W_{\mathrm{PS}} = \frac{\widetilde{W}}{\cos\beta_{\mathrm{fl}}}\left(\frac{2\pi R}{Z_{\mathrm{r}}} - \frac{\delta_{\mathrm{bl}}}{\cos\beta_{\mathrm{bl}}}\right)\frac{1}{\mathfrak{R}_{\mathrm{b}}} \tag{3.16}$$

在轴流叶轮机械中，吸力面与压力面速度差随着平均相对速度以及两相邻叶片间距离 $\left(2\pi R/Z_{\mathrm{r}} - \dfrac{\delta_{\mathrm{bl}}}{\cos\beta_{\mathrm{bl}}}\right)$ 的增加而增加，与叶片弯曲半径 $\mathfrak{R}_{\mathrm{b}}$ 成反比，如

图 3.7(a)所示。当流动与转速无关时,若已知相应入口条件,则轴流压气机中的叶到叶速度分布可以在非旋转叶片排中测量(Herrig 等,1957)。

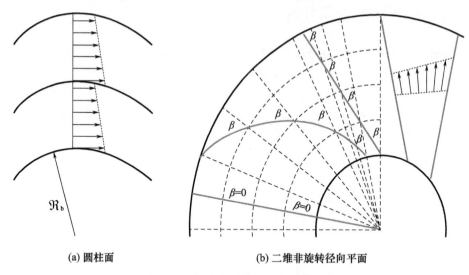

(a) 圆柱面　　　　(b) 二维非旋转径向平面

图 3.7　气流角和曲率之间的关系

对于径向平面中的二维非旋转通道,也可以得到相似结果,如图 3.7(b)所示,其中 $R\tilde{W}_m = C^{\text{te}}$,源于连续方程。于是,式(3.13)简化为

$$W_{SS} - W_{PS} = \frac{\tilde{W}}{\cos\beta_{\text{fl}}}\left(\frac{2\pi R}{Z_r} - \frac{\delta_{\text{bl}}}{\cos\beta}\right)\frac{\text{d}\beta}{\text{d}s} \tag{3.17}$$

吸力面和压力面速度仍然依赖 β 的变化。然而,β 变化和曲率之间的关系不同于轴流叶轮机械。如图 3.7(b)所示,对于任一直的但非径向流线($\mathfrak{R}_b = \infty$),其角度 β 是变化的,因为沿着流线参考方向(径向)改变了指向。叶片曲率不再是叶片载荷的度量。

在二维旋转的径向通道中,对于不可压流动$\left(\dfrac{\text{d}\,\tilde{W}_m R}{\text{d}s} = 0\right)$且 β 为常数时,径向壁面如图 3.8(a)所示,叶片载荷取决于叶片栅距、旋转速度和半径变化,即

$$W_{SS} - W_{PS} = \left(\frac{2\pi R}{Z_r} - \frac{\delta_{\text{bl}}}{\cos\beta}\right)2\Omega\frac{\text{d}R}{\text{d}s} \tag{3.18}$$

后弯曲率与旋转的作用相反,可用于减小叶片载荷,见图 3.8(b)。若后弯曲率满足

$$\frac{\text{d}}{\text{d}s}(\Omega R^2 - \tilde{W}_m R\tan\beta_{\text{fl}}) = 0 \tag{3.19}$$

则叶片载荷为 0。

式(3.19)相当于

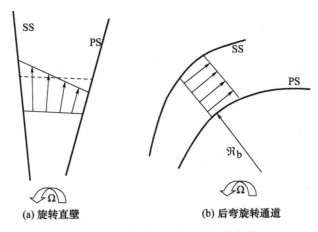

(a) 旋转直壁　　　(b) 后弯旋转通道

图 3.8　通道中的叶到叶的速度变化

$$\frac{\mathrm{d}}{\mathrm{d}s}(RV_u) = 0 \qquad (3.20)$$

式(3.20)表示在无叶片力时动量守恒。因此,在该旋转速度和流量下,没有能量由叶片传给流体。

轮毂到轮盖(式(3.3))和叶到叶速度分布(式(3.13))紧密关联。轮毂和轮盖的平均速度通过子午曲率、气流角 β、轮毂与轮盖间的距离以及旋转速度联系起来。压力面和吸力面的速度分布取决于当地平均流速、叶片数、转速、叶片曲率和子午面半径变化(式(3.13))。对子午面轮廓进行任何变化都会影响叶片载荷。而叶到叶流动的任何变化都会影响子午平面上的力平衡。β 分布和子午曲率对速度分布有显著影响,但彼此也有强烈的相互影响。

一旦在 $\widetilde{W}$ 上叠加 $W_{SS} - W_{PS}$,就确定了压力面和吸力面的速度,可以引入轮毂、轮盖和叶片与叶片表面上的边界层堵塞,考虑黏性效应来修正这些速度,如图 3.9 所示。这里忽略了进、出口间弯曲长通道中产生的二次流导致的边界层三维效应。

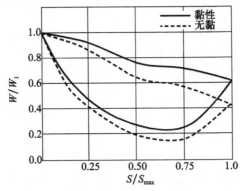

图 3.9　轮毂和轮盖间中截面上计算的速度分布:边界层堵塞修正

3.1.3 最优速度分布

转速对子午和叶到叶速度分布的影响意味着试验只能在旋转系统中进行,因此确定离心压气机最优几何比轴流情况更复杂。

在讨论最优速度分布之前,先回顾控制径流叶轮内部流动的关联式和边界条件及其对速度分布的影响(相关讨论参照图3.3):

(1)由于子午曲率影响,轮毂处平均速度 $\overline{W}$ 低于轮盖处。沿轮盖端壁,平均速度从入口到出口逐渐减小,但沿着轮毂可能会增加。

(2)从入口段到接近尾缘,SS 到 PS 的载荷是增加的。这是叶片间距离随半径增大的结果,在径向段,科里奥利力影响增加,但最终被反向曲率所削减(式(3.13))。尾缘处零速度差与 Kutta 条件一致。这与由反向曲率和滑移导致气流角 β_{2fl} 增加有关。

(3)在入口附近,轮盖处载荷大于轮毂处,其有两个原因:一是轮盖处进口相对气流角大于轮毂处,气流偏转到出口方向经过的距离更短(较小曲率半径 $\mathfrak{R}_b$);二是轮盖入口半径大于轮毂,因此叶到叶速度梯度作用于更长的距离(节距)。

(4)在出口处从轮毂到轮盖没有观察到轴向速度梯度。这确认了当 $\gamma = 90°$ 和 $\mathfrak{R}_n$ 趋于无穷(式(3.3))时,展向速度梯度为零。然而,在变工况运行时,质量流量发生变化扰乱了式(3.1)表示的受力平衡,情况就会发生变化。

(5)式(3.3)和式(3.13)可以反过来使用,即给定轮毂和轮盖处的速度,设计相应的叶轮(详见第5章)。

Johnsen 和 Ginsburg(1953)以及 Schnell(1965)基于标准的几何结构首次尝试优化了离心叶轮几何,如图 3.10 所示。叶片生成过程:在恒定半径 R_s 处给定抛物线、椭圆或圆等形式的生成线,径向为等 x 值处过旋转轴的直线。因为没有考虑最优子午轮廓,且设计空间有限($\beta_2 \approx 0°$),其设计过程是不完整的。

Kramer 等(1960)给出了试验性能差异(图 3.11),与叶片曲率和喉部截面的有关讨论(图 2.29~图 2.31)。抛物线形叶片的叶轮具有最高的效率和压比,而椭圆形叶片有最大的堵塞流量。与抛物线形叶片相比,椭圆形叶片合适的前缘曲率能增加喉部截面积,且不会出现吸力面上流体的过度加速。喉部截面的速度分布相当均匀,整个截面都接近于最大通量。圆弧形叶片曲率越大,喉部面积也更大,但其堵塞流量小于抛物线形叶片。圆弧形叶片没有从较大的喉部面积中得到很多收益,原因是曲率较大会导致吸力面到压力面的速度梯度较大。吸力面速度首先加速很快,但在其下游会存在额外气流减速,这会引发失速,并导致高马赫数下工作范围为零。带有圆弧形叶片的叶轮在低马赫数下性能最好。带有抛物线形叶片的叶轮在高进口马赫数下性能最好。

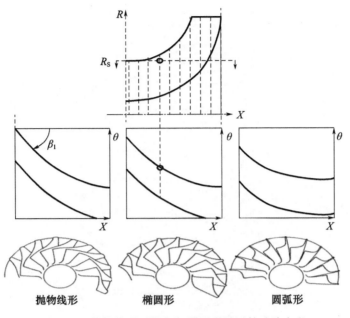

图 3.10 抛物线形、椭圆形、圆弧形导风轮叶片定义

图 3.11 还显示了子午轮廓对性能的影响。由于过早的流动分离,具有较大出口宽度的叶轮(虚线)中存在过度扩压和永久的流动分离,导致压升和效率较低。

Bhinder 和 Ingham(1974)计算了相似叶轮在轮毂、中截面、轮盖表面上的速度分布。结果确认,抛物线形导风轮入口处载荷较小,速度变化较平滑,如图 3.12 所示。抛物线形叶片喉部截面的微小增大与叶片载荷的逐渐增加相结合,导致吸力面前半部分的速度几乎恒定。圆弧形叶片喉部截面积大幅增加,导致吸力面上快速减速然后再加速,还会在压力面上产生急剧减速。吸力面上的快速减速对失速和喘振裕度不利。减速后再加速对性能不利。

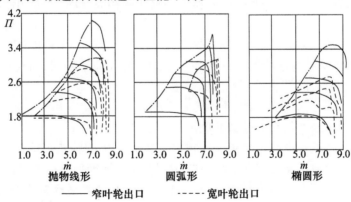

图 3.11 压气机几何条件对工况范围的影响(Kramer 等,1960)

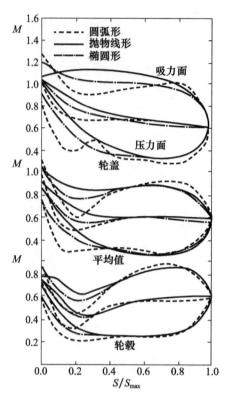

图 3.12　径流叶轮中抛物线形、椭圆形、圆形导风轮叶片的速度分布
（Bhinder 和 Ingham,1974）

离心叶轮中最优速度分布的定义仍然是一个富有争议且比较复杂的议题。它不仅要基于最小损失标准,而且要满足压比和质量流量范围的目标,同时要考虑叶片载荷和子午速度之间的联系。关键区域是轮盖吸力面。由于轮毂压力面边界层对分离很不敏感,可以允许较强的减速。在最小化损失方面,下面的做法具有理论优势,即不将流动的减速推迟到出口区域,而是尽可能快(不分离)地进行,以较低的速度继续流动到尾缘,这样摩擦损失也低(Huo,1975)。由于吸力面速度需要比压力面大,所以这种做法受到叶片载荷的限制。减速应平稳,且避免任何加速(如果可能的话);否则后续将需要更大的减速。

图 3.13 显示的速度分布说明不同叶片载荷分布对轮盖和轮毂速度的影响,以及轮盖速度的修改如何影响轮毂速度。

图 3.13(a) 显示的是一种从入口到出口线性变化的轮盖平均速度,且由吸力面和压力面速度差定义的载荷保持恒定,但在前缘/尾缘处有一个线性增加/减少。这会导致吸力面前缘产生不利的加速。相应地,轮毂速度显示在前缘后迅速下降,在出口处再加速,以达到与轮盖相同的速度。

为了避免轮盖吸力面加速,可以在保持负荷不变的情况下(图3.13(b)),通过增加轮毂到轮盖的距离,更快速地降低轮盖处的平均速度。然而子午速度的降低会在轮毂压力面出现负速度和由于回流造成的堵塞,从而影响其他速度,如图3.13(b)中虚线所示。

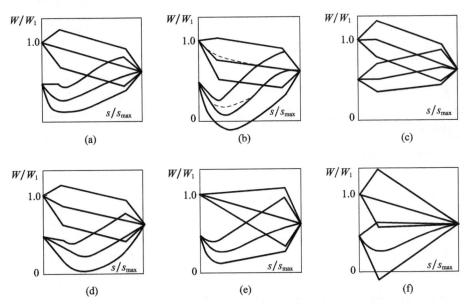

图3.13 对应不同叶轮叶片载荷和平均速度变化的轮盖和轮毂速度分布

在图3.13(c)中,入口区域的轮盖平均速度保持不变,但在出口附近快速下降。在叶片载荷不变时,这会导致轮毂处的速度持续加速。然而轮盖前缘附近速度过冲较大,会导致下游减速较快。图3.13(e)和图3.13(f)也给出了平均速度线性变化时的速度分布,如图3.13(a)所示,但具有不同的载荷分布。第一种分布在前半部分具有理想的速度分布,但后缘附近需要不切实际的减速才能满足Kutta条件。

入口处载荷较高,且平均速度缓慢下降,会导致吸入面的速度增大,如图3.13(f)所示,这在高入口马赫数时,无论是从壅塞的角度还是从工作范围来看都不利。要达到给定的后缘速度,需要更大的减速,这样容易发生失速。摩擦损失与W^2成正比,因此不应将减速推迟到后缘。叶片前部载荷过大还会导致较大的二次流。综上所述,图3.13(e)和图3.13(f)所示的速度分布远离最优值,应该避免。

图3.13(d)给出了可能的"最优"折中方案。在前缘附近适度加载,并结合平均速度的有限降低,使轮盖吸力面前部形成几乎恒定的速度。轮盖前缘处子午速度小幅降低,对轮毂速度有利,因为这样将最小值速度位置移到下游,降低了流动减速的速率。

在考虑机械和几何约束以及其他流动因素的情况下,先进的径向叶轮优化方法使用数值程序需寻找以下几何,即它能在要求的质量流量下以最大效率满足给定的压比,还考虑了机械、几何以及其他流动约束(这些内容将在第 5 章详细讨论)。

3.2 三维叶轮流动

真实的三维无黏性流动要比叶到叶和轮毂到轮盖两个流面上流动的简单叠加更复杂。本节将介绍如何使用这种相互作用来修正流动,之后给出不同二次流分量的定性描述,以及它们之间的控制关系式。这些通过对某大 $\beta_{2,bl}$ 叶轮内部流动的数值分析结果加以说明。

3.2.1 三维无黏流

准三维程序计算轮毂和轮盖之间的若干个二维流面上的叶到叶流动,能提供三维流动的近似图景。据准三维的定义,此方法不允许有任何垂直于轴对称流面的速度。Wu(1952)和 Vavra(1974)表明,即使对于无黏(Beltrami)流动,其流面也不可能是轴对称的,除非是非常特殊的几何,例如:

①具有无限多叶片的叶轮;

②具有以下特征的叶轮:轮毂和轮盖为纯径向(两个平行圆盘),与端壁垂直方向上的叶片形状保持不变,且轴向均匀来流。

所有其他叶轮都为非轴对称流面。Ellis 和 Stanitz(1952)对带有直径向叶片的叶轮进行了全三维无黏不可压缩流动计算,结果证明了真实流动的三维特征。三维流动结构可通过沿壁面对速度积分来实现可视化,如图 3.14 所示。

可以观察到存在与叶轮旋转方向相反的一个流向涡量,它使流线向压力面轮毂和吸力面轮盖处移动。这是流体和作用在流动各表面上压力平衡的结果。

Ellis 和 Stanitz(1952)进一步总结到,准三维计算得到的速度的模和压力分布与全三维结果差别不大。然而后续可以看到,法向速度和压力梯度在黏性流动中起重要作用。

Balje(1981)提出了一种适用于简化几何的解析模型,可以解释流面的非轴对称性。式(3.1)表示子午线平面上无黏流动的力平衡。与轴流叶轮相反,可以利用轴流 – 径流叶轮的子午曲率来补偿由于圆周速度产生的离心力,从而实现轮毂到轮盖的压力梯度为零。

在式(3.1)中,当 $\partial P/\partial n = 0$ 时,得到

(a) 100%　　(b) 40%

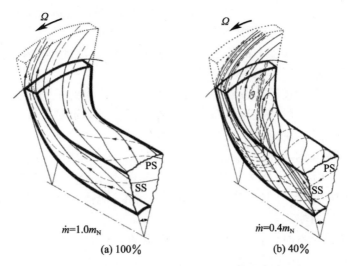

图 3.14　不同质量流量条件下三维无黏流的壁面流线(Ellis 和 Staniz,1952)

$$\frac{W_m^2}{\Re_n}=\frac{V_u^2}{R}\cos\gamma \tag{3.21}$$

式(3.21)定义从轮毂到轮盖零压力梯度所需的曲率半径。

在叶轮进、出口之间的所有位置处,对压力面和吸力面之间的平均速度都满足上述关系,就能够确定子午线轮廓。然而,W 和 W_m 沿吸力面增加,沿压力面减小。假设有相同的非零气流 β_{fl},绝对切向速度 V_u 大于压力面平均值,小于吸力面平均值。因此,对于压力面附近的流动要满足式(3.21),需要有较小的子午线曲率半径。若在吸力面附近满足式(3.21),则需要较大的曲率半径,且叶轮在轴向上较长。因此,不可能找到这样的子午轮廓,使整个节距内的展向压力梯度都被抵消。

图 3.15 可以说明这一点,其中也给出了叶片数的影响。

(a) 48叶片　　(b) 24叶片

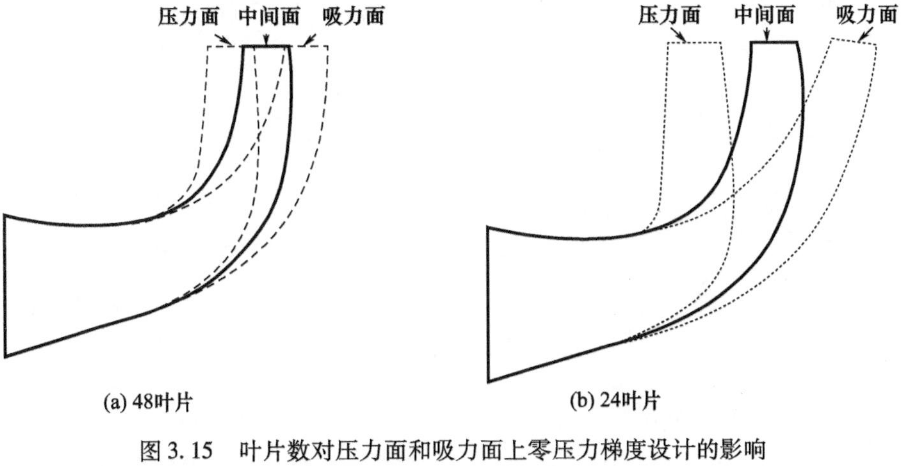

图 3.15　叶片数对压力面和吸力面上零压力梯度设计的影响

叶片数多的叶轮压力面和吸力面之间的速度差较小,因此在这两个面上由式(3.21)定义的曲率半径差别不大。

叶片数目少的叶轮吸力面和压力面的速度差很大,因此不同壁面上轮毂和轮盖的等压力所对应的子午流面差异较大。

迫使压力面流动按照与节距平均气流零压差相对应的子午面流程,会在压力面产生与吸力面相反的展向压力梯度。这种压差在无黏流和有黏流中都会出现,与图3.14类似,是产生流动非轴对称性的根源。

随着体积流量的增加,W_m增加,而圆周速度分量V_u减小,这会干扰流体的受力平衡(式(3.21))。零压力梯度需要子午线曲率半径$\Re_n$较大的子午轮廓,与图3.15中吸力面情况类似。对于固定的子午轮廓,流体将有流向轮毂的趋势,从而导致该面上压力增大。

在减小体积流量时,力平衡的变化是相反的。圆周速度分量V_u增加,而W_m减小,更多的流体将从轮盖处流出。

Ellis(1964)在低速压气机中的试验结果证明了这一点,见图3.15。在额定流量下,叶轮出口流动集中在轮毂处,最高总压也在此处测量得到。减小体积流量时,流体会逐渐向轮盖移动。轮盖附近的局部回流区消失,而轮毂附近出现回流区。这种来流展向的非均匀性可能对扩压器稳定性有很大影响,具体将会在4.1.3节进行讨论。

其他的三维无黏的效应,如叶尖间隙漏流和叶片的倾角,将在下面的章节中讨论。

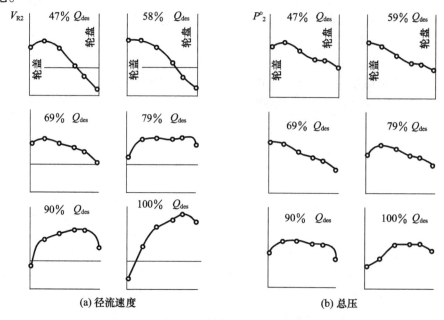

图3.16 针对不同体积流量叶轮出口处参数的展向变化(Ellis,1964)

3.2.2 边界层

径流压气机与轴流压气机不同,主要表现在叶到叶平面内存在科氏力以及子午线轮廓存在曲率。在描述黏性力对径流叶轮中速度分布的影响之前,首先讨论曲率和科氏力对边界层的影响。我们将给出:定性解释由叶片曲率或通道旋转产生的垂直于壁面的压力梯度是如何影响边界层的状态的以及讨论其对流动产生的影响。

与邻近自由流一样,沿壁面的边界层承受着具有同样的流向压力梯度。然而边界层内的流体速度远小于流动的无黏部分。在自由流施加的压升达到之前,边界层的可用动能以及裹入和湍流混合的动能增量之和被耗散掉时,流动将发生分离。这种情况更可能发生在压气机和泵中,因为其中存在强逆压梯度,流动发生减速,而在涡轮中则主要是加速流动。

在层流边界层中,粒子沿着平行路径运动。动量交换非常有限,因为仅发生在相邻分子相互作用层面上。因此,耗散能量的恢复需要时间。

在湍流边界层中,粒子随机运动,甚至在垂直于壁面方向上动量交换非常强烈,主要是由于不同速度粒子之间的碰撞。通过低速和高速流体颗粒的混合,耗散的能量能更快地恢复,边界层能更好地抵御逆压梯度。

由于动量交换少,层流边界层产生的损失小于湍流边界层。另外,层流边界层接受来自主流的能量少,与湍流边界层相比更容易分离。这意味着,为了避免流动分离,以及相关的损失、不稳定性和能量输入的减少,在压气机和泵中最好采用湍流边界层。涡轮的流动通常在加速,流动分离的风险要小得多。为提高效率,涡轮中优选层流边界层。

Johnston(1974)指出,垂直于壁面的压力梯度会影响边界层的状态。在离心叶轮中,这种梯度可以归因于科氏力(径向速度分量引起的)或壁面曲率(叶片和子午端壁)。

如果流动处于平衡状态,那么边界层的每一点都满足下列关系:

$$F_P = \frac{1}{\rho}\frac{\partial P}{\partial n} = \frac{w^2}{\Re_C} = F_{\text{curv}} \tag{3.22}$$

或

$$F_P = \frac{1}{\rho}\frac{\partial P}{\partial n} = 2\Omega w_R = F_{\text{Cor}} \tag{3.23}$$

式中:n 为壁面的法线方向;w 为边界层内的相对速度且小于自由流速度 W。

考虑垂直于叶片压力面或轮毂凹壁面的压力变化,见图 3.17(a)和图 3.17(b)。当地压力梯度 $\partial P/\partial n$ 是当地速度的函数,且随壁面距离的增大而增大。如果流体微团随主流(高速)从原始位置向壁面移动,数值很大的动态力(F_{Cor} 或 F_{curv})将不能再被小的当地压力梯度所补偿,该微团将不会返回到原来的位置。

它将进一步移向壁面,直到其多余的动能通过与低能微团的碰撞被耗散掉。如果边界层中的低能微团远离壁面移动,与其低速相对应,科氏力和离心力也较低,将无法补偿较强的压力梯度,因此微团会进一步远离其原来的位置。边界层中将连续不断地补入自由流中的高速微团,被取代的低速微团则运动到自由流中。这使主流与边界层之间存在强烈的能量交换。在这种情况下,边界层变得更加紊乱,存在逆压梯度时不太可能分离。这称为边界层失稳。

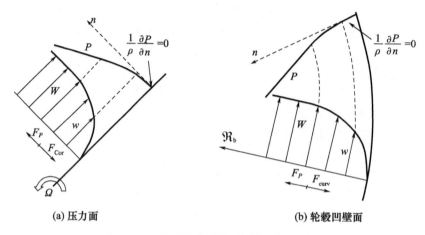

(a) 压力面　　　　　　　　　　(b) 轮毂凹壁面

图 3.17　垂直于壁面的速度和压力变化

在吸力面或沿着凸壁面(轮盖)所观察到的现象相反,压力梯度随着壁距离的增大而增大,如图 3.18 所示。在这种情况下,远离壁面的低能微团将面临更强的压力梯度,由于动态力很小而无法与其平衡。因此,该微团将被推回原始位置,自由流与边界层之间的交换非常有限。这时边界层是稳定的,因此湍流度低,在逆压梯度作用下更容易分离。

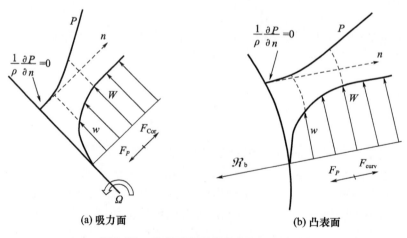

(a) 吸力面　　　　　　　　　　(b) 凸表面

图 3.18　垂直于壁面的速度和压力变化

这一定性解释表明,在离心叶轮中,压力面和轮毂端壁上边界层将会保持更加明显的湍流状态,吸力面和轮盖端壁上则出现更多层流或低湍流的状态。因此,在轮盖/吸力面角区流动分离的危险最高,这也是减速最大的区域,应特别注意该区域的速度分布。

DiSante 等(2010)对旋转通道中的流动行为进行了试验研究,曲率和科氏力的影响可以通过先进的 CFD 工具加以考虑(Van den Braembussche 等,2010)。

3.2.3 二次流

二次流定义为叶轮和扩压器中全三维无黏流与实际黏性流动的差别。它的主要影响是流向涡对低能流体的重新分配,对无黏核心的速度和压力仅有较小影响。

Smith(1957)推导出了流向涡量 ω_s 沿相对流线的增长率方程,但最接近实际情况的形式是由 Hawthorne(1974)提出的,它联系了涡度的增长率与旋转总压梯度,即

$$\frac{\partial}{\partial s}\left[\frac{\omega_s}{W}\right] = \frac{2}{\rho W^2}\left[\frac{1}{\Re_b}\frac{\partial P_{Ro}^o}{\partial n} + \frac{1}{\Re_n}\frac{\partial P_{Ro}^o}{\partial b} + \frac{\Omega}{W}\frac{\partial P_{Ro}^o}{\partial x}\right] \quad (3.24)$$

等式右端前两项分别表示叶到叶流面和子午面气流转向而产生涡量的生成率。右端最后一项由科氏力产生,因此仅在叶轮的径向部分出现。右端第一项和第三项将产生通道涡(PV)和科氏涡(CV),这两个涡驱动低能量流体沿轮毂和轮盖端壁从压力面移动到吸力面。右端第二项产生了叶片表面涡(BV),其流动由子午曲率驱动,沿着叶片表面产生涡量,将流体从轮毂输运到轮盖。图 3.19 给出了不同涡的图示。

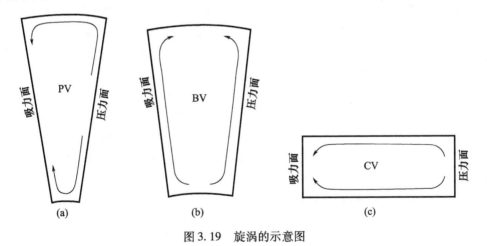

图 3.19 旋涡的示意图

正如在 1.4 节中解释的那样,对于黏性流体或无黏流体,转焓

$$R_o = h + \frac{W^2}{2} - \frac{R^2 \Omega^2}{2}$$

沿流线为常数。如果在叶轮进口处是均匀的,那么垂直于流线方向其也为常数。将 h 用 P/ρ 代替可以适用于不可压缩流动定义的旋转总压,即

$$P_{R_o}^o = P + \frac{\rho W^2}{2} - \frac{\rho R^2 \Omega^2}{2} \tag{3.25}$$

后者在旋转叶轮无黏核心区为常数,但黏性层中不是这样。考虑到跨边界层厚度上静压近似为常数,并且跨边界层厚度上 $\Omega^2 R^2$ 的变化,于是可以由式(3.25)得出结论,$P_{R_o}^o$ 将会有较大变化,因为 W^2 会从壁面附近的 0 变为边界层外缘的自由流速度对应值。

根据先前的假设,将式(3.25)代入式(3.24)中,可以将式(3.24)中的旋转总压用相对速度来代替,即

$$\frac{\partial}{\partial s}\left[\frac{\omega_s}{W}\right] = \frac{2}{W}\left[\frac{1}{\Re_b}\frac{\partial W}{\partial n} + \frac{1}{\Re_n}\frac{\partial W}{\partial b} + \frac{\Omega}{W}\frac{\partial W}{\partial x}\right] \tag{3.26}$$

对此表达式内的 3 项有以下解释:

(1)式右侧第一项表示通道涡流(图 3.19(a)),是叶到叶平面内流体的转向所导致。由于叶轮轴向部分的叶片曲率($\Re_b$ 较小),通常在叶轮通道的前半部分较强。曲率继续减小,在叶片通道更下游区域甚至可能变号,以补偿半径 R 增加所导致的叶片载荷增大。由于轮毂和轮盖边界层在叶轮上游已经发展充分,通道涡开始于前缘。此外,在轮盖处的相对速度 W 比轮毂处高,且边界层厚度较厚。因此,梯度 $\partial W/\partial n$ 扩展到很大的范围,可以预料,轮盖附近比轮毂处的涡量更强。

(2)叶片表面涡(图 3.19(b)),由子午线曲率 $\Re_n$(右端第二项)产生,并在通道的轴向-径向转弯段中发展。在径向段中将逐渐消失。由于轮盖附近曲率半径较小,向着该壁面涡强将增大。入口处 $W_{SS} > W_{PS}$,相比于压力面,吸力面边界层中梯度 $\partial W/\partial b$ 更大,较大的叶片表面涡将在此处生成。

(3)右侧最后一项由科氏力形成,仅在压气机径向段有效,此处的轮毂和轮盖的边界层中存在轴向速度梯度。相应地,科氏力涡还可促进通道涡,见图 3.19(c)。

Hirsch 等(1996)提出了这 3 项的近似积分表达式,以评估叶轮出口所产生的涡强度。进行类似的积分直到进口和出口间的某个截面,可以获得以下表达式。

叶片曲率产生的通道涡的增长近似为

$$\Delta[\omega_s]_{PV} = 2\left[\frac{W}{\delta_{H,S}}\right]\frac{\Delta s}{\Re_b} \tag{3.27}$$

式中:$\Delta s/\Re_b$ 在轴向部分等于 $\Delta \beta$,在径向部分等于 $\Delta \beta - \Delta \theta$。该涡随着叶片曲率的增加而增加,对于直叶片为零;$\delta_{H,S}$ 为沿轮毂或轮盖的边界层厚度。在叶轮轴向段

和轮盖附近,流体减速最大,且边界层更厚,因此该涡的增长最大。

叶片表面涡的增长可近似为

$$\Delta[\omega_s]_{BV} = 2\left[\frac{W}{\delta_{SS,PS}}\right]\Delta\gamma \quad (3.28)$$

式中:$\Delta\gamma$ 为入口和研究截面之间子午型线的总转角,它等于 $\Delta m/\Re_n$,对于轴向转径向叶轮的出口,其值为 90°;δ_{SS} 和 δ_{PS} 分别是吸力和压力面上的边界层厚度。

科氏力对通道涡的贡献可以近似为

$$\Delta[\omega_s]_{CV} = \frac{2\Omega\Delta m}{\delta_{H,S}}\sin\tilde{\gamma} \quad (3.29)$$

该涡在叶轮径向段增长得快。$\tilde{\gamma}$ 为子午型线转角在入口和研究截面之间 Δm 距离内的平均值。

科氏力产生的涡(CV_S、CV_H)和通道涡(PV_S、PV_H)对流动的影响相似。如图 3.20 所示,它们将低能流体沿着轮毂和轮盖从压力面输运到吸力面。叶片表面涡(BV_{SS}、BV_{PS})沿叶片侧面从轮毂向轮盖输送流体。可以观察到,在轮毂 – 压力面角区和轮盖 – 吸力面角区处,涡的旋转方向相反。低能流体被从轮毂 – 压力面角区带走,在轮盖 – 吸力面角区聚集起来。轮毂 – 吸力面角区和轮盖 – 压力面角区的涡旋转方向相同。低能流体先被输运到角区,然后又被带走。总体效应是低能流体从轮毂 – 压力面角区被输运到轮盖 – 吸力面角区。这就解释了为什么在轮盖 – 吸力面角区附近观察到"分离"区的速度通常具有正的通流分量。

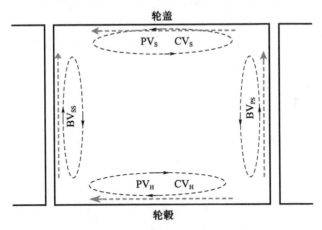

图 3.20 通道内的组合涡系

目前还没有明确的方法来区分三维流场中二次流和主流分量。一种实用的方法是:主流由流向网格线方向上的速度分量来近似,横向网格平面上的速度分量认为是二次流。图 3.21 在某闭式叶轮吸力面和压力面的子午线图上显示了用粗体表示的网格面交线,编号为 Ⅰ ~ Ⅳ,下面将展示交线上的二次流。

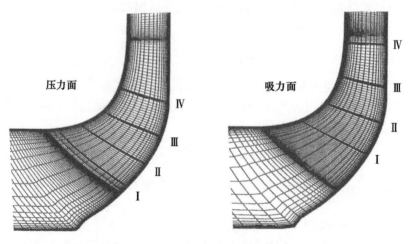

图 3.21 子午面上横截面的定义

端壁通道涡度由叶片曲率产生,如图 3.22 所示中的横截面 I。由于在轮盖处相对速度较高、进口边界层较厚以及该闭式叶轮中存在预旋,轮盖处通道涡更强。预旋将低能流体推向吸力面,如图 3.24(b)所示。

叶片表面涡是子午曲率引起,根据图 3.21,其位于叶轮更下游区域,在截面 I 吸力面附近也有展示,此处的流动已经受到子午线曲率的影响。沿压力面的叶片表面涡非常小,但在轮盖附近由于相对速度较高,涡逐渐变强。

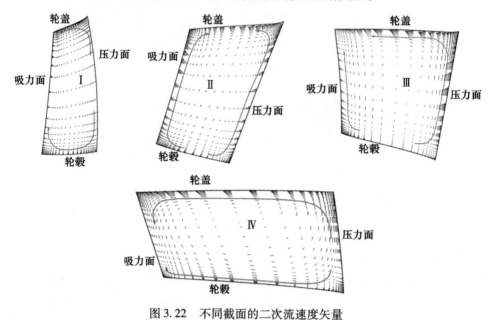

图 3.22 不同截面的二次流速度矢量

叶片表面涡进一步在截面Ⅱ内的吸力面和压力面上发展,但仍在吸力面附近较强。在轮盖和轮毂上它得到了通道涡流的加持。两者联合将低能流体输运到轮盖/吸力面角区。

在截面Ⅱ和截面Ⅲ之间,沿吸力面的叶片表面涡几乎消失,因为在该表面上子午曲率不再施加影响。相反,压力面上的涡仍然很强,因为它位于子午流道更靠上游的位置。由于科氏涡的存在,通道涡主要靠载荷驱动,这与该后弯叶轮中的当地叶片曲率效应相反。在轮盖处通道涡很弱,这是由于大部分边界层流体已经被压力面和吸力面上的叶片涡排走,当地的边界层非常薄。在轮毂附近通道涡就很强,这是由于载荷更高、边界层更厚,且不断有压力面叶片涡注入低能流体。

预测的流动结构在截面Ⅳ中并不清晰可见。沿着轮盖的通道涡沿着轮毂端壁延伸,主导了所有其他二次流分量;在轮毂端壁处,边界层的速度发生了反向,从吸力面到压力面。这种与理论模型的差异是基于以下事实:即使是无黏流不与网格对齐,正如在绘制此图时所假设的那样,但是由于滑移,会存在一个朝向压力面的很大速度分量。当通过添加一速度分量来补偿滑移时,预测的流动结构重新出现;该速度分量与轮毂壁面附近边界层外主流速度相等,但方向相反。这样做后,在轮盖处获得了更强的涡,并在轮毂壁面附近出现了预测的二次流。后者无论如何都很弱,因为壁面上的边界层很薄。叶片涡仍然存在于截面Ⅳ的压力面附近,因为截面的这一部分位于径向出口的更上游,因此仍然受到子午曲率的影响。

最容易发生流动分离区域是轮盖吸力面角区,低能流体被二次流带到这里。从优化设计角度而言,能够避免低能流体在一个区域积聚的几何是要搜寻的目标,因为低能流体的积聚会局部削弱对正向压力梯度的抵抗能力。

图3.23为闭式–半开式叶轮出口截面流向涡的示意图。闭式叶轮中的流动与3.2.2节中描述的二次流一致。

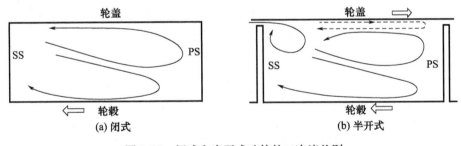

图3.23 闭式和半开式叶轮的二次流差别

半开式叶轮中的流动受到与通道涡方向相反的叶尖间隙泄漏流的影响。叶尖泄漏流将低能流体吹离轮盖–吸力面角区,改变了叶轮出口的射流/尾迹流动结构。其一部分向上卷起,产生叶尖泄漏涡。其余部分泄漏流被轮盖上的剪切力裹入,裹入速度等于壁面的圆周速度,方向与当地通道涡相反。

叶尖间隙漏流的主要后果如下：

(1)通过叶轮的压升降低，这是由于叶尖间隙降低了叶片力作用通道的有效宽度。

(2)子午速度增加，在后弯叶轮中，这是维持压气机同样的质量流量，同时降低能量输入所要求的。

(3)通过间隙可能发生回流($V_m<0$)，也可能在叶轮中产生回流($V_m<0$)，此时需要额外的能量输入，取决于向后弯的量。

(4)间隙涡中的间隙流向上卷起，产生额外的堵塞和损失；该涡从前缘开始，对叶轮的流动稳定性有重要影响(Yamada等，2011；Hazby 和 Xu，2009)。

(5)轮盖上的剪切力与叶轮运动方向相反，并产生了向着压力面的流体运动，滑移增加，造成额外的涡量损失，并且压升进一步降低。

轮盖通道涡随入口边界层的增加而增加，可以通过认真设计入口通道来进行控制。在没有预旋的情况下，半开式叶轮进口轮盖壁面上绝对流体的轴向速度较小，而圆周速度为零。相应地，相对速度加强了从吸力面到压力面的流动，即运动方向与轮盖通道涡相反，如图3.24(a)所示，这对抑制二次流有益处。

旋转轮盖上的剪切力诱导产生了旋转方向上的切向速度分量，其指向吸力面，加强了叶轮中的二次流，如图3.24(b)所示。预旋的作用可被闭式叶轮前缘上游的泄漏流增强。回流的旋流速度甚至可以大于轮盖速度，因为其由叶轮出口到轮盖进口的切向动量守恒和轮盖腔内的摩擦力来定义。闭式叶轮中间隙的宽度和方向非常重要(Mischo等，2009)，见图3.25。垂直于轮盖壁面的间隙太小可能会产生射流，扰乱了流动，加厚了轮盖进口边界层。通过在流向上加宽和倾斜间隙来减少径向分量，有利于通过Coanda效应使泄漏流附着。

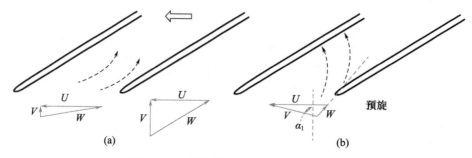

图3.24 轮盖附近预旋对二次流的影响

在间隙可控的情况下，半开式叶轮是首选，因为它们更容易制造，并且性能好。闭式叶轮通常用于多级压气机，其中轴的热膨胀阻碍了各级中间隙的精确控制。因此，需要轮盖上的轴向密封件来限制泄漏量，该密封对轴向位移不敏感，如图3.25所示。闭式叶轮也能更好地控制低 NS 压气机中的泄漏流量。

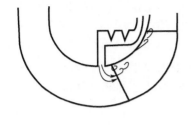
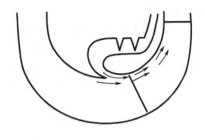

图 3.25 轮盖附近的泄漏流

3.2.4 全三维几何

叶片倾角通常用于轴流式压气机和涡轮中,以修改展向压力梯度,与子午曲率的原理相同,见图 3.26。其主要后果是叶片载荷的变化和流量在展向的重新分布,后者改变了二次流,从而影响出口速度分布。

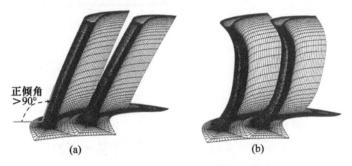

图 3.26 直叶片与复合倾斜叶片

在这里,倾斜角的定义为前缘积叠线和子午面(包含旋转轴)之间的夹角。这种定义不同于轴向压气机和涡轮中常用的定义,即在垂直于叶片弦长的平面上测量倾角。采用积叠线定义叶片截面的周向移动在离心叶轮中更为方便,因为其叶片弦长很难严格定义。在尾缘附近,叶片与子午面之间的夹角通常称为尾缘倾角。改变倾角会改变尾缘倾角,因为它们通过包角相关联(式(5.13))。倾斜也会改变叶片的应力分布。

倾角可以为常数(直积叠线),也可沿叶高变化(Sugimura 等,2012;Hazby 等,2017;Hehn 等,2017)。通常当吸力面与轮毂壁面之间的夹角为钝角(大于 90°)时,倾角为正。正倾角会使尾缘更加向前倾斜。

倾角对离心叶轮中压力梯度的影响如图 3.27 和图 3.28 所示。子午曲率和离心力产生了从轮盘到轮盖的压力梯度,见式(3.1)。如图 3.27(a)所示,假设叶到叶的压力梯度为零。高压区域用"+号"标识,低压区域用"-号"标识。周向方向上的叶片载荷增加了压力面上的压力,降低了吸力面的压力,如图3.27(b)所示,此时假设轮盘到轮盖的压力梯度为零。将两种压力梯度综合起来,得到横截面上的压力场,如图3.27(c)所示。最高压力出现在轮盘压力面角区,最低压力在轮盖吸力面角区。等压线的斜率取决于子午和叶到叶压力梯度的相对强度。

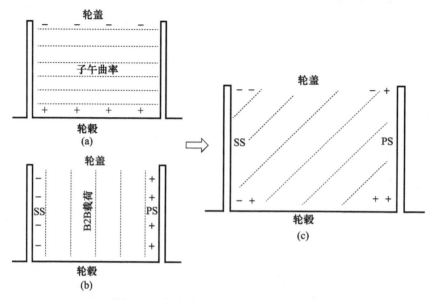

图 3.27 倾角为 0° 时横截面的压力分布

同理,在带有正倾角的横截面上也会得到图3.28所示的压力分布。轮毂到轮盖的压力梯度,作为节距平均速度和子午曲率的函数是不变的,见图3.28(a)。在零叶片载荷的情况下,单个叶片截面在周向方向上移动不会改变轮毂和轮盖上的压力,这是由于叶片不对流体施加任何力。吸力面与压力面之间的压力变化是叶片曲率和科氏力(式(3.13))的函数。由于没有流动机理来产生从轮毂到轮盖之间的压力梯度,等压线仍会垂直于两个壁面,如图3.28(b)所示。因此,轮毂的平均压力大于轮盖。这可由图3.28(c)给出的复合压力场看出,轮毂处静压增加,轮盖处减小,与子午曲率半径 $\Re_n$ 减小的效果类似,因此在叶轮设计时,倾角可作为一个额外自由度。

展向压力梯度变化对子午速度分布有影响,因此对叶片载荷也有影响。这在对带有 0° 和 45° 倾角的某径流叶轮流动进行参数化对比研究时就有所体现。图3.29 给出了简化静压的变化 $\left(P_R = P - \dfrac{\rho u^2}{2}\right)$。可以看到,轮毂平均压力增加,而轮盖处下降。流动变化从前缘开始,直至尾缘结束。倾斜导致的从轮毂至轮盖的压力梯度相对较小,但在整个叶片长度范围内均有影响。

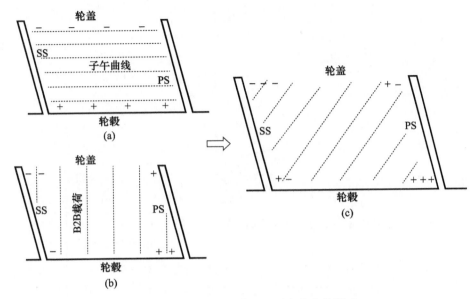

图 3.28　叶片倾角对横截面压力分布的影响

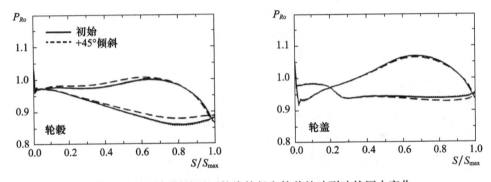

图 3.29　有无倾斜情况下轮缘轮毂和轮盖处叶到叶的压力变化

倾斜可以改变叶轮叶片上的速度分布,而不影响 $\beta(s)$ 或子午型线。尽管叶片力仅作用于叶轮区域,但它们对叶轮上下游流动都有影响。倾斜可导致叶轮出口径向速度分布和绝对气流角不可忽略的变化,如图 3.30 所示。

结果表明,倾斜和尾缘倾斜改变了叶轮出口低能区(尾迹)的位置和总压分布。扩压器入口速度的变化如图 3.30 所示,其对无叶扩压器内流动的影响如图 3.31 所示。Rebernick(1972)和 Ellis(1964)研究了这一现象,将在 4.1.3 节进一步详细说明。Everitt 和 Spakovszky(2013)认为,展向的不均匀性决定了扩压器旋转失速的类型(突尖或模态,参见 8.5 节)。

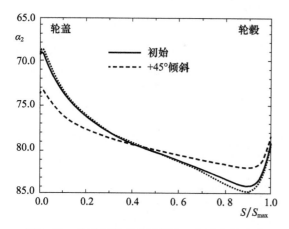
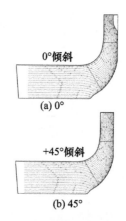

图3.30 有无倾斜时扩压器进口气流角的变化

图3.31 带有尾缘倾斜时某径流叶轮和扩压器子午面上流线分布

在轴流叶轮机械无弯角转子引入倾角时,离心力增加了锐角一侧的拉应力,而钝角一侧的压应力增加。由于子午曲率和叶片双向弯曲,倾斜对离心叶轮应力集中的影响更为复杂。只有详细的有限元应力分析才能提供准确的应力分布。

Verstraete等(2008)进行的优化研究表明,对于特定的叶轮几何,−10°前缘倾斜(与叶轮转向相反)不仅可以降低应力,还可以提高效率。Oh等(2011)、Xu和Amano(2012)也研究了倾斜对压气机效率的影响。后者的CFD结果表明,−4°倾角时具有最高的峰值效率,+4°倾角具有更宽的工作范围。倾角优化依然是泵、压气机和涡轮的研究主题。搜寻设计参数最优组合的优化工具,对于最大程度利用该设计自由度具有重要意义。

改变从轮毂到轮缘的倾角符号就得到了复合倾斜。其结果可以增加轮毂和轮盖平均压力,而降低叶中的值,如图3.32所示。在叶片通道内,质量流量向叶中汇聚,使当地叶片载荷增加。轮毂和轮盖处叶片卸载会对二次流的发展施加有利影响。叶片表面的展向压力梯度也有利于低能流体向叶中迁移,从而对尾缘流动结构产生积极影响。

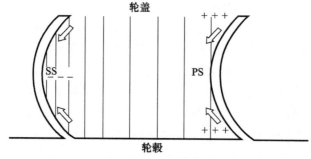

图3.32 复合倾斜对展向压力梯度的影响

Poulain 和 Janssens(1980)的研究表明,设计带有径向纤维叶片(沿径向生成的叶片)的后倾叶轮是可行的。将尾缘正倾和 $\gamma < 90°$ 相结合就可以生成后倾叶片,不同轴向位置处的径向截面如图 3.33 中 B 和 B′点所示。可以预料,径向纤维叶片与 $\gamma < 90°$ 的纯径向压气机叶片的应力接近。

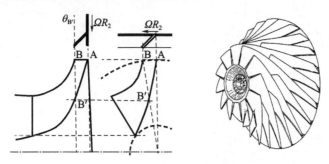

图 3.33 带径向纤维叶片的后倾叶轮(Poulain 和 Janssens,1980)

3.3 性能预测

离心式压气机的性能预测方法与轴流压气机有很大不同,因为其能量输入的一大部分来自将流动从轴向转向径向,即进、出口之间圆周速度的增加$(U_2^2 - U_1^2)/2$。这种由离心力带来的大量额外能量输入不会产生附加的摩擦损失,可以视为等熵。因而降低了扩散损失的相对重要性,而扩散损失在轴流压气机性能预测中起着主导作用。流动分离不再妨碍高效性和稳定工作,即离心压气机可以在有分离流的情况下工作,如 Eckardt(1976)的测量结果所示,见图 3.34。与轴流压气机相反,分离区中可以观察到正的净流出流量,其分离区中充满了二次流输运的低能流体(参见 3.2.3 节)。

下面介绍两种径流叶轮性能预测模型,即扩散模型和双区模型。

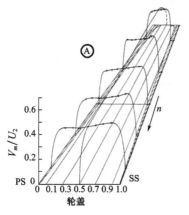
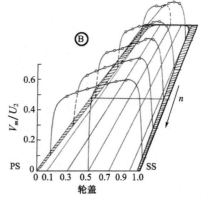

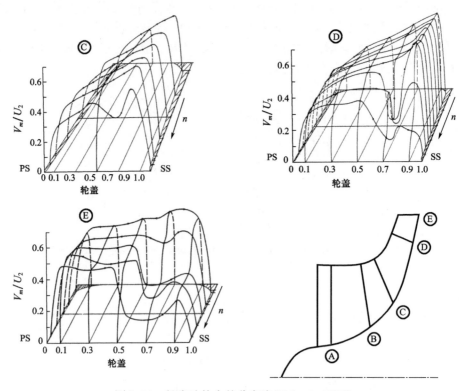

图 3.34 径流叶轮中的分离流(Eckardt,1976)

3.3.1 扩张通道中的流动

在讨论径流叶轮的黏性流动之前,先回顾扩张通道内流动的一些基础知识。根据几何形状的不同,扩张通道出口的流动有两种类型。

对于扩张角较小的情况($2\theta < 9°$),见图 3.35(a),通道出口的速度可以在进、出口截面应用连续性方程计算出来,同时要考虑边界层堵塞修正 ε_2,有

$$\dot{m} = \rho_2 W_2^i A_2 (1 - \varepsilon_2) = \rho_2 W_2^i A_2^i = \rho_1 W_1 A_1 \tag{3.30}$$

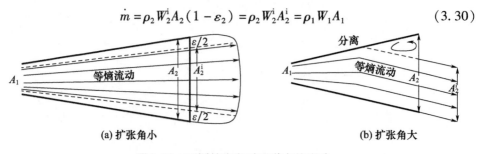

图 3.35 不同扩张角时通道内的流动

假定静压在出口截面上均匀分布,且可由中心部分的等熵速度来确定,其中总压等于入口总压。因此

$$P_2 = P_1^o - \frac{\rho W_2^{i,2}}{2} \tag{3.31}$$

出口静压是堵塞因子 ε_2 的函数,它反过来依赖雷诺数和扩张角。

当增加扩张角超过某个极限值时,将在通道出口之前发生分离。众所周知,一旦流动分离,就不会进一步扩压。因此,$W_2^i = W_{SEP}$,且从分离点直到流道出口静压保持不变。出口流动状况不再是堵塞的函数,而是分离点上游所发生扩压的函数,见图3.35(b)。分离点下游出现一个几乎等熵流动的区域(通常称为射流区),以及一个死水区(通常称为尾迹区);尾迹区中充满了低能流体,且没有净流量。尾迹区的扩展取决于等熵射流速度 W_{jet},假设其等于分离点处速度 W_{SEP},有

$$W_{jet} \approx W_{SEP} = \frac{W_1}{DR} \tag{3.32}$$

扩压比 DR 取决于通道几何形状和入口流动畸变。出口静压由等熵射流速度确定,即

$$P_2 = P_1^o - \frac{\rho W_{2,jet}^2}{2} \tag{3.33}$$

在直通道中,假定尾迹压力等于射流压力。射流速度已知,尾迹尺寸 ε_2 可以由连续方程得到,此时需要假设尾迹的净流出流量为0。

$$\dot{m} = \rho_2 W_{2,jet} A_2 (1 - \varepsilon_2) = \rho_2 \frac{W_1}{DR} A_2 (1 - \varepsilon_2) \tag{3.34}$$

3.3.2 叶轮扩散模型

预测叶轮性能的常用方法是将损失与整体扩散相关联(Lieblein 等,1953)。这里描述的离心压气机流动模型是由 Vavra(1970)提出的,是考虑了圆周速度变化后扩散模型的延伸。进、出口平均流动特性可通过流线焓守恒相关联,即

$$\frac{R_{o_1}}{C_p} = T_1 + \frac{\widetilde{W}_1^2}{2C_p} - \frac{\widetilde{U}_1^2}{2C_p} = T_2 + \frac{\widetilde{W}_2^2}{2C_p} - \frac{U_2^2}{2C_p} = \frac{R_{o_2}}{C_p} \tag{3.35}$$

该模型区分了离心力和内部扩散带来的能量输入,即

$$T_2 - T_1 = \frac{U_2^2 - \widetilde{U}_1^2}{2C_p} + \frac{\widetilde{W}_1^2 - \widetilde{W}_2^2}{2C_p} = T_u - T_1 + T_2 - T_u \tag{3.36}$$

式(3.36)中的第一项只与半径变化有关,与叶轮内的流动无关。假设产生相应压升 $P_u - P_1$ 时没有损失,因此可以通过等熵流动关系来计算,如图3.36所示:

$$\frac{P_u}{P_1} = \left(\frac{T_u}{T_1}\right)^{\frac{\kappa}{\kappa-1}} = \left(1 + \frac{U_2^2 - \widetilde{U}_1^2}{2C_p T_1}\right)^{\frac{\kappa}{\kappa-1}} \tag{3.37}$$

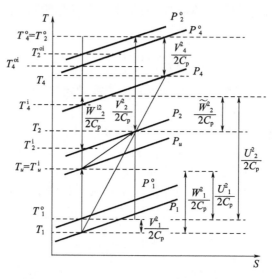

图 3.36 径流压气机的 $T-S$ 图(扩散模型)

第二部分的温升由叶轮叶片通道中相对速度减速而生成,有

$$T_2 - T_u = \frac{\widetilde{W}_1^2 - \widetilde{W}_2^2}{2C_p} \tag{3.38}$$

且会导致熵由 S_1 增加到 S_2,见图 3.36。等熵出口温度 T_2^i 为

$$T_2^i - T_u = \frac{\widetilde{W}_1^2 - W_2^{i,2}}{2C_p} \tag{3.39}$$

式中:W_2^i 为出口等熵速度,由 3.3.1 节可知,它是扩压比 DR 或堵塞因子 ε_2 的函数。从 P_u 到 P_2 时,该流动减速的效率通常称为叶轮扩散效率,可以表示为

$$\eta_W = \frac{\Delta T_i}{\Delta T} = \frac{T_2^i - T_u}{T_2 - T_u} = \frac{\widetilde{W}_1^2 - W_2^{i,2}}{\widetilde{W}_1^2 - \widetilde{W}_2^2} \tag{3.40}$$

其值低于轴流压气机,因为轴向和径向平面中的曲率限制了总体扩压,增强了流道中的复杂流动,增加了损失。

用等熵关系定义相应的静压升,有

$$\frac{P_2}{P_u} = \left(\frac{T_2^i}{T_u}\right)^{\frac{\kappa}{\kappa-1}} \tag{3.41}$$

将该模型用于叶轮出口流动计算的主要问题在于根据流动和叶轮几何估算 η_W。类比于轴流压气机中的扩散因子,Vrvra(1970)曾试图将 η_W 与速度减速程度 $\widetilde{W}_2/W_{1,S}$ 相关联,见图 3.37,其中 $\widetilde{W}_2$ 为叶轮出口平均速度。图 3.37 上的"☆"代表了多个离心叶轮的 η_W 的试验值。

由图 3.37 可以观察到以下趋势:

(1)除一个叶轮几何外,当$\widetilde{W}_2/W_{1,S}>0.5$时,叶轮扩散效率降低;

(2)$\widetilde{W}_2/W_{1,S}$值较低时,叶轮扩散效率在0.5~0.78之间变化,与几何参数没有明确的关系,图中每"☆"旁的图例即为其几何参数。

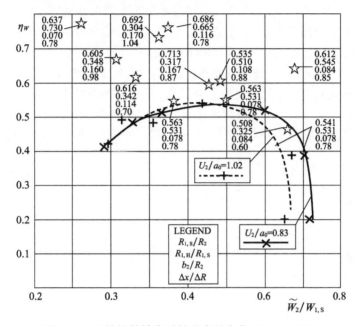

图3.37 叶轮扩散效率随扩张度的变化(Vavra,1970)

4个几何参数分别是$R_{1,S}/R_2$、$R_{1,H}/R_{1,S}$、b_2/R_2及$\Delta x/(R_2-\widetilde{R}_1)$,其中$\Delta x$为叶轮轴向长度。上述工作并未得到这些几何参数与$\eta_W$之间的关系式。

将式(3.38)和式(3.39)代入式(3.40)得到以下叶轮扩散效率表达式,即

$$\eta_W = \frac{\widetilde{W}_1^2 - W_2^{i,2}}{\widetilde{W}_1^2 - \widetilde{W}_2^2} = \frac{\widetilde{W}_1^2 - \widetilde{W}_2^2 - (W_2^{i,2} - \widetilde{W}_2^2)}{\widetilde{W}_1^2 - \widetilde{W}_2^2} = 1 - \frac{W_2^{i,2} - \widetilde{W}_2^2}{\widetilde{W}_1^2 - \widetilde{W}_2^2} \quad (3.42)$$

式(3.42)最后一部分可以理解为

$$\eta_W = 1 - \frac{\Delta P_{fr}^o/\rho}{\widetilde{W}_1^2 - \widetilde{W}_2^2} = 1 - \omega_{fr} \quad (3.43)$$

减小出口截面积时,如图3.37中的$\widetilde{W}_2/W_{1,S}$值增加,由于摩擦增加,压力损失也增加,但进、出口平均相对速度差$\widetilde{W}_1^2-\widetilde{W}_2^2$减小。这就解释了为什么$\widetilde{W}_2/W_{1,S}$增大时叶轮扩散效率减小。

叶轮出口宽度较大时($\widetilde{W}_2/W_{1,S}$较小),叶轮中可能发生流动分离。受最大扩压比DR的限制($W_2^i = W_{1,S}/\text{DR}$),随着出口截面积的增加,$W_2^i$与$\widetilde{W}_2$(式(3.42)右端第一项的分子)之差不会变化太多。

$$\eta_W = \frac{\widetilde{W}_1^2 - (W_{1,S}/\text{DR})^2}{\widetilde{W}_1^2 - \widetilde{W}_2^2} \quad (3.44)$$

分母随叶轮出口宽度的增加而增大,因此叶轮扩散效率取决于可达到的 DR。$\widetilde{W}_2/W_{1,s}$ 较小时(出口截面较宽),效率取决于扩压设计的品质。增加 DR 可向下游推迟流动分离,$\widetilde{W}_{1,s}/DR$ 值越小,最大叶轮扩散效率越高。

图 3.37 中带有符号("+"和"×")的线是两个不同转速下带有径向末端叶片的某离心叶轮工作曲线所对应的试验数据。对给定的叶轮(出口宽度一定),改变质量流量会改变进、出口之间流线的扩张度(图 3.38),所发生的现象与改变扩压器扩张角一样。在小流量(大进口气流角)工况下,两条上游流线之间的距离很小,向出口流动过程中距离增加很大。由于 $\widetilde{W}_2/W_{1,s}$ 值较低,可能会发生流动分离。

在大流量工况下,进口两条滞止流线之间的距离较大,导致出口时扩压较小,见图3.38(b),扩压受到通道几何和出口堵塞的限制,导致 $\widetilde{W}_2/W_{1,s}$ 值很大。

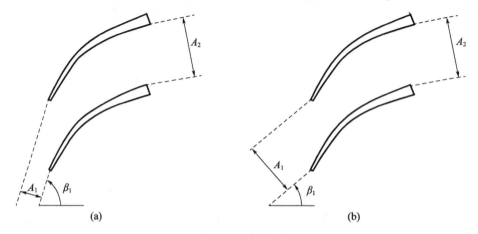

图 3.38　叶轮扩散随质量流量的变化

最高效率点可能在两个区之间的极限上,即具有最大扩散而不发生分离。当质量流量低于此值时,扩压不会增大,只有分离区变大(ε_2 增加)。当质量流量大于最优值时,扩散 $W_2^2 - W_1^2$ 及能量输入均减小。

总之,叶轮扩散效率 η_W 取决于很多几何参数。其中一些如图 3.37 所示,目前并未找到可靠的关系式。一些预测模型试图通过详列并相加叶轮内不同的损失源来预估 η_W 的值(Herbert,1980;Oh 等,1997;Aungier,2000;Swain,2005)。

3.3.3 节介绍了另一种性能预测方法,它直接与不同流动类型(无分离或分离)相关联,并且仅取决于 3 个具有直接物理意义的参数。

3.3.3　双区流动模型

无黏流计算预测的出口处吸力面速度较大、压力面速度较小,如图 3.39 右侧图形所示。然而,流动分离和二次流会导致叶轮出口速度分布完全重新排布,如

图 3.39 左侧图形所示。未分离的流体具有更高的相对速度,并以类似射流形式附着在压力面。低能流体被二次流输送到吸力面,并与叶尖泄漏流混合。尽管此低相对速度区域位于叶轮中,但通常仍称其为尾迹。

尾迹/射流模型如图 3.40 所示,可用于计算真实出口流动情况。它代表了 Eckardt(1976)在叶轮进、出口之间不同截面处速度分布的测量结果,如图 3.34 所示。这种流动模型首先由 Carrard(1923)提出,然后由 Dean 等(1972)进一步细化。将叶轮内的流动分为导风轮(在入口和分离点(SEP)之间)和叶轮流动,(在分离点与出口之间)两部分并分别进行处理:

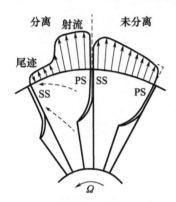

图 3.39　有无分离时叶轮出口周向速度变化

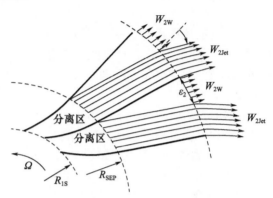

图 3.40　射流和尾迹计算模型

叶轮流动可进一步划分为射流(SEP→2j)和尾迹(SEP→2w)。

将叶轮内的流动划分为子区是本方法的重要特征,许多实际流动现象用这种方法可很容易地予以考虑。

确定转子损失的最重要参数之一是尾迹宽度 ε_2,它是分离点速度的函数。如果导风轮设计良好,那么在分离前可实现很大的减速。在这种情况下,分离点在叶轮出口更下游的位置,此处速度较小,尾迹也很窄。在扩张角更大的叶轮通道中,对于仅能实现较低扩压的情况,分离点会靠近入口,尾迹区将会更宽。在本模型中,叶轮损失主要是尾迹引起的。

流动分离的关键区域是轮盖,因为此处具有凸曲率和最大的流动减速,所以分离点的相对速度通过 DR 与轮盖前缘速度相关联,即

$$\text{DR} = \frac{W_{1,\text{s}}}{W_{\text{SEP}}} \qquad (3.45)$$

叶轮内实现的扩压越大,分离点处的速度越小,因此出口处的无黏速度越小。

Dean(1972)给出了不同扩压装置的最大扩压极限,如图 3.41 所示。可以看到,在离心叶轮中,DR 仅能达到中等值。流动复杂的三维属性引起了较大的速度

梯度,与科氏力、边界层曲率效应一起,限制了可达到的最大扩压。轴流压气机叶片可实现更大的 DR,因为叶到叶平面内只有一个曲率。直扩压器(完全没有曲率)有最高的 DR,然而图 3.41 上预测的最终值过于乐观,采用简单几何尚未达到。

由正激波引起的流动减速取决于上游马赫数,并且速度降低程度可能非常大。但激波边界层干涉会导致堵塞增加,因而限制了实际压升,正如超声速轴流叶栅的试验数据所表明的那样(Breugelmans,1972)。

根据 Dean(1972)的研究,反力度 $r \approx 0.5$ 的压气机,其效率与 DR 和 CP_D(扩压器下游的压力恢复)有关,如图 3.42 所示。对于给定的 CP_D,效率随 DR 的增加而增加。但当 DR > 1.4 时,增量变得很小。结果表明,关注扩压器压升,而不是进一步增加叶轮扩压,会更有意义。

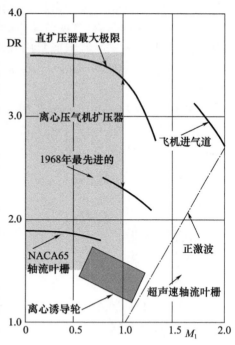

图 3.41 不同压缩系统的扩压比(Dean,1972)

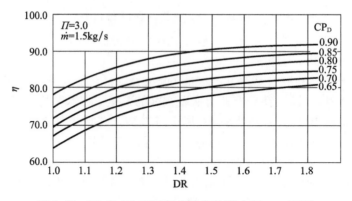

图 3.42 DR 和 CP_D 对压气机效率的影响(Dean,1972)

Dallenbach(1961)还研究了径流叶轮相对速度比的临界值。他预测 DR 最大值在 1.48 ~ 1.6 之间,具体数值取决于速度梯度,这与图 3.41 中的数据相一致。

DR 的期望值是分析程序的输入,只有假定的 DR 达到了,性能预测才会准确。DR 主要是转子几何形状的函数,这意味着在一维分析方法中使用的值仍然需要经三维设计详细的分析来确认。

为计算叶轮内的流动，Dean(1972)提出了以下假设：

①分离点与叶轮出口之间的射流马赫数保持不变；
②射流流动看作是等熵的，尽管可能存在摩擦和间隙损失；
③尾迹中的质量流量不是零，但包含了由于摩擦和泄漏损失而产生的所有低能流体。

任何位置的静温可根据叶轮中的转焓守恒条件来计算，即

$$C_p(T - T_1) = \frac{W_1^2 - W^2}{2} + \frac{U^2 - U_1^2}{2} \tag{3.46}$$

因此，T_{SEP} 可看作 DR 和 U_{SEP} 的函数来进行计算：

$$T_{SEP} = T_{1,S} + \frac{W_{1,S}^2}{2C_p}\left(1 - \frac{1}{DR^2}\right) + \frac{U_{SEP}^2 - U_{1,S}^2}{2C_p} \tag{3.47}$$

从入口到分离点的熵增是通过估计的冲角值来得到。如果是跨声速来流情况，那么还要考虑激波损失（Rodgers,1962,图 3.43）：

$$\Delta h_{inc} = \left[0.833\left(\frac{i - i_{opt}}{C^{te}\Delta i}\right)^2 + 0.1667\frac{i - i_{opt}}{C^{te}\Delta i}\right]\frac{W_{1,S}^2}{2} \tag{3.48}$$

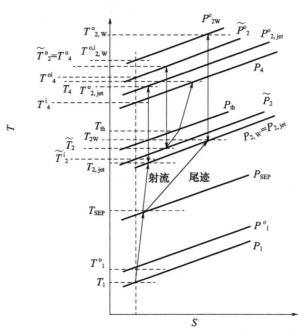

图 3.43　离心叶轮的 T-S 图（分离流模型）

当冲角大于最优值时，$C^{te} = 2.5$；当冲角小于最优值，$C^{te} = 2.0$。i_{opt} 是在图 2.26 中定义的。Δi 的定义式为

$$\Delta i = 2.5 + 0.15(12.5 - 0.1\widetilde{\beta}_1)\frac{(\widetilde{M}_1 - 1.2)^2}{2}$$

当轮缘进口马赫数超过 1 时,还应包括额外的焓损失,即

$$\Delta h_{M>1} = 0.1(M_{1,S}^2 - 1)\frac{W_{1,S}^2}{2} \tag{3.49}$$

假设射流中的马赫数恒定,可由分离点马赫数定义,$M_{2,\text{jet}} = M_{\text{SEP}}$,则射流速度为

$$W_{2,\text{jet}} = W_{\text{SEP}}\sqrt{\frac{T_{2,\text{jet}}}{T_{\text{SEP}}}}$$

于是

$$T_{2,\text{jet}} = T_{1,S} + \frac{W_{1,S}^2}{2C_p}\left(1 - \frac{1}{\text{DR}^2}\frac{T_{2\text{jet}}}{T_{\text{SEP}}}\right) + \frac{U_2^2 - U_{1,S}^2}{2C_p} \tag{3.50}$$

通过分析分离点径向位置对性能的影响(式(3.50)),发现 R_{SEP} 的误差对 $T_{2,\text{jet}}$ 的影响很小。因此,假定分离点位于轮盖入口和出口的中间位置。

假设射流为等熵,则意味着损失只能是尾迹造成。因此,可以更显式地考虑摩擦损失(取决于几何、雷诺数和粗糙度)和间隙损失(间隙与出口宽度比值 δ_{cl}/b_2 的函数),见图 1.26。它们的影响可能在低比速叶轮中尤为重要,允许在半开式和闭式叶轮中有所不同。这里假设损失对出口静压的影响值与总压相同。

摩擦损失通过叶轮进口处水力直径(DH_1)和出口处水力直径(DH_2),以及叶轮叶片的水力长度(LH)来计算。

进口处水力直径为

$$\text{DH}_1 = 4 \times \frac{\pi\frac{(R_{S1}^2 - R_{H1}^2)}{Z_r}\cos\beta_1}{2\pi\frac{(R_{S1} + R_{H1})}{Z_r}\cos\beta_1 + 2(R_{S1} - R_{H1})} \tag{3.51}$$

出口处,水力直径为

$$\text{DH}_2 = 4 \times \frac{\frac{2\pi R_2 b_2}{Z_r}(1 - \varepsilon_2)\cos\beta_{2,\text{bl}}}{2(1 - \varepsilon_2)\frac{2\pi R_2}{Z_r}\cos\beta_{2,\text{bl}} + 2b_2} \tag{3.52}$$

叶片的水力长度为

$$\text{LH} \approx \frac{1}{2}\left(x_2 - x_1 + R_2 - \frac{R_{H1} + R_{S1}}{2}\right)\frac{\pi}{2}\frac{1}{\cos\frac{\widetilde{\beta}_1 + \beta_{2,\text{bl}}}{2}} \tag{3.53}$$

摩擦损失由下式定义:

$$\Delta h_{\text{fr}} = 4C_f\text{LH}\frac{W_j^2}{2}\left(\frac{1}{\text{DH}_1} + \frac{1}{\text{DH}_2}\right) \tag{3.54}$$

壁面摩擦系数 C_f 是雷诺数 Re 和相对壁粗糙度 K_s/DH_2 的函数。它由 Colebrook(1939)的隐函数式定义,见式(1.16)。

间隙损失近似为

$$\Delta h_{cl} = 2.43 \times \frac{\delta_{cl}}{b_2} \left(1 - \frac{R_{1,S}^2}{R_2^2}\right) U_2^2 \tag{3.55}$$

射流静压和等熵温度为

$$T_{2,jet}^i = T_{2,jet} - \frac{1}{C_p}(\Delta h_{inc} + \Delta h_{M>1} + \Delta h_{fr} + \Delta h_{cl}) \tag{3.56}$$

$$P_{2,jet} = P_{1,S} \left(\frac{T_{2,j}^i}{T_{1,S}}\right)^{\frac{\kappa}{\kappa-1}} \tag{3.57}$$

射流的质量流量为

$$\dot{m} = 2\pi R_2 b_2 k_{b2} W_{2,jet} \rho_{2,jet} \cos\beta_{2,jet}(1-\varepsilon_2) \tag{3.58}$$

式中:$k_{b2} = \frac{Z_r \delta_{th}}{2\pi R_2 \cos\beta_{2,bl}} \frac{1}{}$ 表示叶片堵塞;$\rho_{2,j} = \frac{P_{2,jet}}{R_G T_{2,jet}}$

尾迹中的质量流量不为零时,可以用 λ 表示其占总质量流量的分数,即

$$\lambda = \frac{\dot{m}_w}{\dot{m}} \tag{3.59}$$

或通过尾迹与射流相对速度比 ν,即

$$\nu = \frac{W_{2,w}}{W_{2,jet}} \tag{3.60}$$

通过固定 ν,而不是 λ,尾迹中的质量流量也将依赖尾迹的范围,因此也依赖出口截面的宽度。显然,ν 不是常数,它与几何、二次流、间隙、尾迹宽度 ε_2 等相关联。然而就目前的设计过程而言,具体关系式是未知的。基于 Eckardt(1976)和 Fowler(1966)的试验结果,估计其范围为 $0.2 < \nu < 0.3$。

本模型的另一个重要的特征是射流和尾迹的相对出口角 β 相同,即

$$\beta_{2,jet} = \beta_{2,w} = \beta_2 \tag{3.61}$$

分别对尾迹和射流流线应用转焓守恒,可以计算出尾迹出口静温。来流条件相同,尾迹和射流的 U_2^2 也相同,所以射流与尾迹的温差仅是当地相对速度函数,即

$$C_p(T_{2,w} - T_{2,jet}) = \frac{W_{2,jet}^2 - W_{2,w}^2}{2} = W_{2,jet}^2(1 - \nu^2) \tag{3.62}$$

这表明尾迹的静温远高于射流的静温。

叶轮出口零载荷条件(吸力面和压力面的压力在尾缘相等)以及射流与尾迹边界两侧的压力相等的条件,证实了射流和尾迹中平均静压相同的假设,见图 3.44。

$$\widetilde{P}_{2,w} = \widetilde{P}_{2,j} \tag{3.63}$$

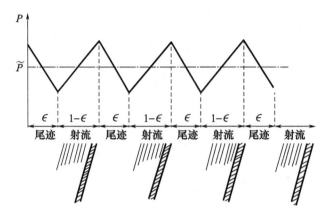

图 3.44 叶轮出口静压的周向变化

更详细的周向压力分布计算将需要叶轮出口射流和尾迹中流线曲率的更多信息,见图 3.43,射流和尾迹中静压相同导致尾迹的熵更大,意味着更多的损失。

由式(3.62)和式(3.63)可以计算尾迹的密度为

$$\rho_{2,w} = \frac{P_{2,w}}{R_G T_{2,w}} \quad (3.64)$$

因此,尾迹的质量流量为

$$\dot{m}_w = \lambda \dot{m} = 2\pi R_2 b_2 k_{b2} \cos\beta_2 \rho_{2,w} \varepsilon_2 W_{2,w} \quad (3.65)$$

可以通过比较射流和尾迹的质量流量之和与总质量流量来确定 ε_2 的值,有

$$\dot{m} = 2\pi R_2 b_2 k_{b2} \cos\beta_2 [(1-\varepsilon_2)\rho_{2,j} W_{2,j} + \varepsilon_2 \rho_{2,w} W_{2,w}] \quad (3.66)$$

式(3.42)中的 W_2' 等同于 $\nu = 0$ 时的等熵射流速度 $W_{2,j}$。代入对应于不同 DR 值的 $W_{2,j}$,叶轮扩散效率可表示为 $\widetilde{W}_2/W_{1,s}$ 的函数,对应不同的叶轮出口宽度值或某一给定叶轮不同的质量流量,如图 3.38 所示。图 3.45 中显示了 DR 为 1.4、1.6 的叶轮扩散效率。因此,叶轮中相对速度的扩散是确定 η_w 的重要参数。

$\widetilde{W}_2/W_{1,s}$ 值较低时会发生流动分离,性能取决于分离前实现的扩压。大的 DR 值意味着在分离点速度较低,$W_{2,j}$ 值较小,因此尾迹较小,叶轮扩散效率较高。当 $\widetilde{W}_2/W_{1,s}$(叶轮较窄或给定叶轮工作在大流量下)的值增加时,分离区范围减小,叶轮扩散效率增加,直到流体不再分离位置。此时,由于实现了最大扩压且尾迹宽度最小,叶轮扩散效率达到最大值。进一步减小出口宽度会使相对速度增加,从而摩擦损失增大、效率降低。

扩散模型和尾迹/射流模型在某些方面是相当的。试验的叶轮扩散效率散点可与已实现的 DR 变化关联起来。后者的优点是性能与叶轮几何形状和工况点的变化直接相关。

在大流量工况下扩压能力有限(图 3.38(b)),分离可能不在尾缘上游出现。如 3.3.1 节所述,出口速度可由堵塞模型定义。在尾迹/射流模型中必须定义最小

尾迹宽度 $\varepsilon_{2,\min}$,以考虑沿叶轮壁面发展的未分离的边界层。Pampreen(1981)研究了叶轮内部的边界层堵塞问题。最大的堵塞发生在小流量工况下,对应较大的分离区。他还观察到,当质量流量增加时,堵塞不会降低到20%或30%以下,在施加最小尾迹宽度 $\varepsilon_{2,\min}$ 时必须加以考虑。

当式(3.66)预测尾迹宽度 $\varepsilon_2 < \varepsilon_{2,\min}$ 时,射流速度必须增加,直到 $\varepsilon_2 = \varepsilon_{2,\min}$。因此,叶轮内的扩压减少,效率将下降,如图3.45所示。效率变化不再取决于DR,而是取决于 $\varepsilon_{2,\min}$。区分两种流动的 $\widetilde{W}_2/W_{1,S}$ 值依赖于DR和 $\varepsilon_{2,\min}$。当DR值较大时,气流减速到较小的速度,最高效率在更宽出口截面的叶轮中($\widetilde{W}_2/W_{1,S}$ 值较小)获得。对较小的DR值,为避免发生流动分离,需要较小的出口宽度,此时 $\eta_{\max}$ 降低,且在 $\widetilde{W}_2/W_{1,S}$ 较大时获得。

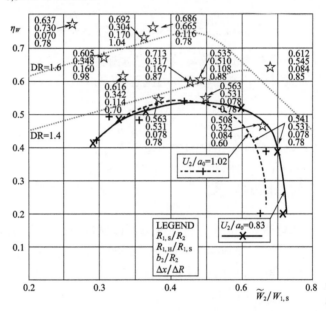

图3.45 基于DR的叶轮扩散效率变化与试验值对比

叶轮出口流动方向与叶片角的差值由滑移因子 σ 或减功因子 μ 来确定,在3.4节将对此进行详细讨论。通过预先估计 β_2 值,可以定义射流和尾迹的速度三角形,如图3.46所示。

$$V_{u2,j} = -W_{2,\text{jet}}\sin\beta_2 + U_2$$
$$V_{m2,j} = W_{2,j}\cos\beta_2$$
$$V_{u2,w} = -W_{2,w}\sin\beta_2 + U_2$$
$$V_{m2,j} = W_{2,w}\cos\beta_2$$

这使尾迹中的绝对速度比射流中大,前弯式叶片($\beta_2 < 0$)除外。

出口总温是能量输入的度量,有

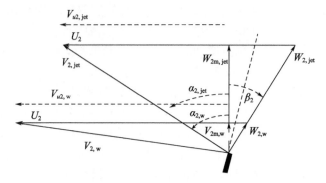

图 3.46 射流和尾迹的速度三角形

$$T_{2,\text{jet}}^{\text{o}} = T_{2,\text{jet}} + \frac{V_{2,\text{jet}}^2}{2C_p} \ll T_{2,\text{w}}^{\text{o}} = T_{2,\text{w}} + \frac{V_{2,\text{w}}^2}{2C_p} \tag{3.67}$$

由于尾迹中的静温和绝对速度都较高,尾迹的总温会比射流中要高。

通过等熵关系式可以计算叶轮出口射流总压,即

$$P_{2,\text{jet}}^{\text{o}} = P_{2,\text{jet}} \left(\frac{T_{2,\text{jet}}^{\text{o}}}{T_{2,\text{jet}}} \right)^{\frac{\kappa}{\kappa-1}} \tag{3.68}$$

按照同样的方式可以计算叶轮出口的尾迹总压 $P_{2,\text{w}}^{\text{o}}$。

3.3.4 平均流动的计算

叶轮出口(扩压器进口)的平均流动情况可以通过假设叶轮出口突然掺混,导致流动瞬时均匀化来计算(Johnston 和 Dean,1966)。以下各式是用来计算损失和混合流动参数。射流和尾迹径向动量守恒表示为

$$\dot{m}_{\text{jet}} V_{R2,\text{jet}} + \dot{m}_{\text{w}} V_{R2,\text{w}} = \dot{m} \widetilde{V}_{R2} + (\widetilde{P}_2 - P_{2,\text{jet}}) b_2 2\pi R_2 \tag{3.69}$$

射流和尾迹的切向动量为

$$\dot{m}_{\text{jet}} V_{u2,\text{jet}} + \dot{m}_{\text{w}} V_{u2,\text{w}} = \dot{m} \widetilde{V}_{u2} \tag{3.70}$$

总能量守恒,有

$$\dot{m}_{\text{j}} C_p T_{2,\text{j}}^{\text{o}} + \dot{m}_{\text{w}} C_p T_{2,\text{w}}^{\text{o}} = \dot{m} C_p (\widetilde{T}_2^{\text{o}} - \Delta T_{\text{diskfriction}}) \tag{3.71}$$

质量流量为

$$\dot{m} = 2\pi b_2 R_2 V_{R2} \rho_2 \tag{3.72}$$

温升 $\Delta T_{\text{diskfriction}}$ 是侧腔中摩擦引起的非绝热加热,以后将定量讨论。平均切线速度 $\widetilde{V}_{u2}$ 和平均总温度 $\widetilde{T}_2^{\text{o}}$ 可由式(3.70)和式(3.71)得到。先假设 $\widetilde{\rho}_2$ 已知,由式(3.72)得到 $\widetilde{V}_{m2}$ 的估计值,因此可由式(3.69)得到 $\widetilde{P}_2$。

叶轮下游的平均静温由下式定义,即

$$\widetilde{T}_2 = \widetilde{T}_2^{\circ} - \frac{\widetilde{V}_{u2}^2 + \widetilde{V}_{m2}^2}{2C_p} \quad (3.73)$$

可以更新平均密度 $\widetilde{\rho}_2 = \dfrac{\widetilde{P}_2}{R_G \widetilde{T}_2}$。重复之前的步骤直到收敛,即计算的 $\widetilde{\rho}_2$ 值不再变化。

$\widetilde{V}_{u2}$ 和 $\widetilde{V}_{R2}$ 是扩压器入口流动条件。该等熵扩压器入口温度为

$$\widetilde{T}_2^{i} = T_1^{\circ} \left(\frac{\widetilde{P}_2}{P_1^{\circ}}\right)^{\frac{\kappa-1}{\kappa}}$$

叶轮总 – 静等熵效率为

$$\eta_{r,T-S} = \frac{\widetilde{T}_2^{i} - T_1^{\circ}}{\widetilde{T}_2^{\circ} - T_1^{\circ}} = T_1^{\circ} \frac{(\widetilde{P}_2/P_1^{\circ})^{\frac{\kappa-1}{\kappa}} - 1}{\widetilde{T}_2^{\circ} - T_1^{\circ}} \quad (3.74)$$

3.3.5 射流/尾迹速度比对叶轮性能的影响

除了冲角、摩擦、间隙和激波损失,压气机性能还取决于 DR、ν 或 λ 及 $\varepsilon_{2,\min}$。确定这些参数的值,对于性能的准确预测至关重要。

忽略密度差,由式(3.66)可以得出

$$\varepsilon_2 \approx \frac{1-C}{1-\nu} \quad (3.75)$$

式中

$$C = \frac{\dot{m}}{2\pi R_2 b_2 \cos\beta_2 \rho_{2,j} W_{2,j}} \approx \frac{\widetilde{W}_2}{W_{2,j}} \quad (3.76)$$

C 表示尾迹中没有质量流量($\nu=0$)时出口截面被射流填充的部分。对于固定的叶轮几何,其随着质量流量的减少而减小。在恒定质量流量下,其随着叶轮出口面积的增加而减小。

联立式(3.59)、式(3.65)和式(3.66),可以得到 λ 的表达式,即

$$\lambda = \frac{\dot{m}_w}{\dot{m}} \approx \frac{\nu}{1-\nu} \frac{1-C}{C} \quad (3.77)$$

尾迹/射流速度比对叶轮效率的影响可以通过以下静 – 静效率的表达式来评估。对等熵射流对应为

$$\eta_{j,S-S} \approx 1 \quad (3.78)$$

尾迹的静 – 静效率 η_w 与速度扩散效率 η_W 不同,其定义为

$$\eta_{w,S-S} = \frac{T_{2,j} - T_1}{T_{2,w} - T_1} \quad (3.79)$$

结合式(3.62),可得

$$\eta_{w,s-s} = T_1 \frac{(P_{2w}/P_1)^{\frac{\kappa-1}{\kappa}} - 1}{T_{2,j} + (1-\nu^2)\frac{W_j^2}{2C_p} - T_1} \qquad (3.80)$$

基于出口平均流动条件(图3.43),叶轮的静-静效率为

$$\widetilde{\eta}_{r,s-s} = \frac{\widetilde{T}_2^i - T_1}{\widetilde{T}_2 - T_1} \text{ 或 } \widetilde{\eta}_{r,s-s} = T_1 \frac{(\widetilde{P}_2/P_1)^{\frac{\kappa-1}{\kappa}} - 1}{\widetilde{T}_2 - T_1} \qquad (3.81)$$

尾迹和叶轮效率是叶轮进、出口流动条件的函数。叶轮出口流动条件依赖圆周速度、扩压比DR、叶片角、叶轮出口宽度(用C表征)和尾迹/射流速度比ν。

图3.47给出了某40°后倾叶轮在空气中以400m/s圆周速度运行时的一些计算结果。它显示了在给定几何下(C为常数),叶轮静效率随ν的变化。ν值越大,尾迹效率越高,但叶轮效率越低,这是由于尾迹中相应的质量流量增加了。

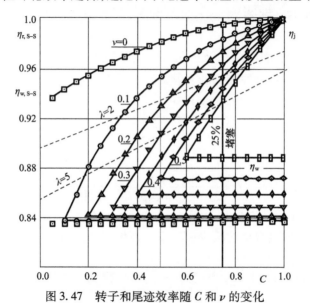

图3.47 转子和尾迹效率随C和ν的变化

尾迹效率由83.6%($\nu=0$)增加到87%($\nu=0.5$),且与C无关。ν值较小时尾迹效率低,导致尾迹中静温高于射流(式(3.62))。然而这对压升没有影响,因为压力不是通过扩散得到的,而是设定其等于射流中的压力。ν值较小时低的尾迹效率对转子性能的影响小于ν较大时,因为这时流量较低。

在$\nu=0$时,尾迹中没有质量流量,相应的损失完全是由于叶轮出口处等熵射流的突然膨胀掺混损失。

$\nu=C$的点对应于尾迹覆盖整个叶轮出口截面,而没有射流的情况。这相当于最大尾迹损失点(在给定的ν值时),也是叶轮效率最低点。增加C值,可使更多流量流经高效射流区,导致整体效率提高。

下面讨论对于 $\nu = C^{te}$ 或 $\lambda = C^{te}$ 哪个条件可以提供最真实的流动预测。ν 值不变时，将叶轮出口宽度增加为原宽度的 2 倍（C 由 0.75 降为 0.5），转子效率将降低 5%~7%，对于如此大的几何变化，得到的结果应是合理的，如图 3.47 所示。假设尾迹中的质量流量不变（$\lambda = C^{te}$），将叶轮出口宽度增加为原宽度的 2 倍，转子效率的降低小于 3%，如图 3.47 所示。通过与试验结果对比，可以估算出，ν 恒定时效率下降值比 λ 恒定时更符合实际。

当 ν 不变时，减小叶轮出口宽度（增加 C），尾迹宽度 ε_2 将变小，直至其达到由边界层堵塞定义的最小值 $\varepsilon_{2,\min}$。尽管在 C 值高于此极限值时没有流动分离（b_2/R_2 值较低），但存在射流与边界层掺混引起的损失。

进一步降低叶轮出口宽度，使叶轮内流体减速变弱，从而降低 η_r。b_2 值较小，使射流横截面变窄，因此出口水力直径 $DH_{2,j}$ 减小。由式（3.54）可知，摩擦损失将显著增加。式（3.55）表明，随着叶轮宽度的减小，间隙损失增大。

图 3.48 定性地显示了不同叶轮的损失（分离、间隙、摩擦）随出口宽度的变化。很明显，存在 b_2/R_2 最优值使叶轮损失最小。但由于扩压器和蜗壳损失也依赖 b_2/R_2，基于最高压气机总体效率的最优叶轮出口宽度可能不同于该值。

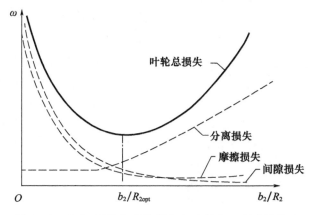

图 3.48　分离、间隙和摩擦损失与叶轮出口宽度的关系

3.4　滑移因子

叶轮出口尺寸主要由所需的总焓升 $\Delta H = U_2 V_{u2} - U_1 V_{u1}$ 来确定，其中 V_{u2} 是出口气流角 β_2、相对速度 W_2、圆周速度 U_2 的函数，如图 1.33 中的速度三角形所示。U_2 是由已知的出口半径和转速决定的，这样问题就简化为对 W_2 和 $\beta_{2,fl}$ 的预测。

由于叶轮径向段中的流动是旋转的，且叶片数目有限，叶轮出口的相对气流不会与叶片相切。用来表征此效果的参数即为滑移因子 σ 或减功因子 μ（参见

1.5.2 节）。

对于径向末端叶片（$\beta_{2,bl}=0$）或 $\dot{m}=0$ 而言，这两个定义是一样的，因为此时 $V_{u2}^{\infty}=U_2$，且有

$$\mu_{\dot{m}=0}=1-\frac{\Delta V_u}{V_{u2}^{\infty}(\dot{m}=0)}=1-\frac{\Delta V_u}{U_2}=\sigma_{\dot{m}=0}$$

这些因子表示通道涡流引起的输入能量减少，因此在任何性能预测中都非常重要。它们表征了没有加入到流体中，但对效率没有直接影响的那部分能量的大小，之所以对效率没影响，是因为它们不是损失引起的。滑移因子通常由理论推导出表达式来定义，并通过试验观察进行修正。

Stiefel(1965) 和 Wiesner(1967) 对滑移因子和减功系因子进行了大量研究。Wiesner 还将滑移因子关系式与试验数据进行了对比，并得出结论，Busemann (1928) 提出的表达式是最为通用的。此关联式是在不可压无摩擦流中，针对纯径向叶片的叶轮，在质量流量为 0 时解析推导出来的。相关结果显示在图 3.49 中，图中给出了滑移因子随进出口半径比 $R_{1,S}/R_2$、叶片数 Z_r 和叶片角 $\beta_{2,bl}$ 的变化。对于不同的 $\beta_{2,bl}$ 值给出了不同的图表。

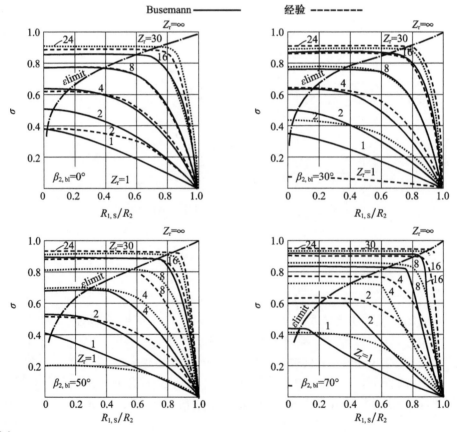

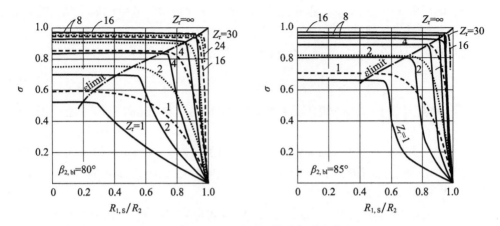

图 3.49 Busemann 和 Wiesner 给出的滑移因子变化(Wiesner,1967)

Wiesner(1967)证实了 Busemann 关联式与试验数据具有良好的一致性,并提出了以下近似表达式,即

$$\sigma = 1 - \frac{\sqrt{\cos\beta_{2,\text{bl}}}}{Z_r^{0.70}} \tag{3.82}$$

但仅适用于限制叶片稠度(sol_{lim}),其定义为

$$\text{sol}_{\text{lim}} = \frac{R_{1,s}}{R_2} \approx \frac{1}{e^{\left(\frac{8.6\cos\beta_{2,\text{bl}}}{Z_r}\right)}} \tag{3.83}$$

$R_{1,s}/R_2$ 超过此限制时,叶轮内的叶片不能很好地引导流动,这时应采用以下关系式,即

$$\sigma = \left(1 - \frac{\sqrt{\cos\beta_{2,\text{bl}}}}{Z^{0.70}}\right)\left[1 - \left(\frac{R_{1,s}/R_2 - \text{sol}_{\text{lim}}}{1 - \text{sol}_{\text{lim}}}\right)^3\right] \tag{3.84}$$

式(1.88)将减功因子与尾缘叶片角及叶轮叶片数联系起来。Traupel(1962)已经证明减功因子不是一个常数,而随流量系数 ϕ_2 变化,见图 3.50。

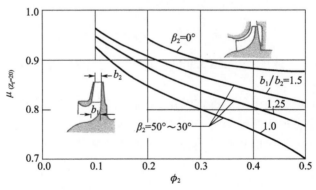

图 3.50 减功因子随流量系数的变化(Traupel,1962)

Stiefel(1965)的系统性试验研究表明,除了叶片数 Z_r、半径比 $R_{1,S}/R_2$、叶片角 $\beta_{2,bl}$ 和流量系数 ϕ_2,减功因子还受以下因素的影响:

(1)间隙。间隙增大,减功因子减小,两者的关系为

$$\mu = \mu_{\frac{\delta_{cl}}{b_2}=0.005} - 2.5\left(\frac{\delta_{cl}}{b_2} - 0.005\right) \tag{3.85}$$

(2)叶轮出口子午流线倾角。在混流式叶轮的出口处($\gamma_2 = 90°$)减功因子增加,有

$$\mu = 1 - (1 - \mu_{\gamma_2 = 90°})\sin\gamma_2 \tag{3.86}$$

(3)扩压器的几何形状。当叶轮分别采用叶片或无叶扩压器时,测量的减功因子略有不同。

(4)效率。效率较高时,滑移因子较小,但试验数据有限,无法将其量化。

Eckert 和 Schne(1980)评估了流动分离对减功因子的影响。以射流宽度作为通流宽度,见图 3.51,同样的涡量作用于更小的截面上,减功因子变化为

$$\mu_{SEP} = \frac{\mu}{1 - \varepsilon_2(1-\mu)} \tag{3.87}$$

式中:μ 为之前关系式定义的无分离流动的减功因子。

另一种考虑流动分离和质量流量变化的方法是 Japikse(1985)提出的,其假设流动分离与叶片相切(零滑移)。分离流区随着质量流量的减小而增大,因此减功因子增大,这是因为更多的流体以减功因子为 1 的方式流出了叶轮。

滑移因子可进一步随几何(特别是尾缘形状)、试验条件或考虑灰尘沉积的运行时间而变化。

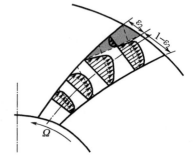

图 3.51 分离流对减功因子的影响
(Eckert 和 Schnell,1961)

下面的减功因子表达式可以用来计算出口相对气流角随平均出口子午速度分量的变化:

$$\mu = \frac{\widetilde{V}_{u2}}{\widetilde{V}_{u2\infty}} = \frac{U_2 - \widetilde{V}_{m2}\tan\beta_{2,fl}}{U_2 - \widetilde{V}_{m2}\tan\beta_{2,bl}} \tag{3.88}$$

其中,平均出口子午速度是由式(3.69)~式(3.72)计算,且依赖于 $\beta_{2,fl}$,因此需要进行迭代。

即使预测的滑移因子的不确定性在 5%以内,也可引起相当大的误差,因为它主要为了估算没有加入的能量 $1 - \sigma$,而不是已加入的能量。工业上常用的方法是在相似叶轮族谱内比较滑移因子,从而得到更准确的预测。

3.5 轮盘摩擦

轮盘背面与壳体静止壁面之间空腔内的流体在一侧随转子轮盘旋转,但在静止壁面侧并没有旋转,如图 3.52 所示。旋转流体被离心力向外甩出,推动其他流体沿着静止固壁向下流动。在旋转壁上产生了较大的旋流分量,然后被静止壁面上的摩擦耗散掉。一旦流体到达空腔底部,就会被旋转壁面所吸附,再次被离心甩出时切向速度会随着半径增大而增加。这种流体旋转产生了强烈的旋流和连续的能量耗散。

上述现象带来的主要影响如下:

(1)旋转壁面的摩擦产生了额外的扭矩;

(2)旋流速度耗散时产生的热量,通过转子盘传导到叶轮流体,或通过静止壁面耗散。这种摩擦产生的额外扭矩为

$$M_o = \int_{R_{11}}^{R_2} 2\pi R^2 \tau_w dR \tag{3.89}$$

式中:τ_w 为壁面剪切应力,它与速度的平方成正比,是摩擦系数的函数,即

$$\tau_w = C_f \frac{\rho U^2}{2} \tag{3.90}$$

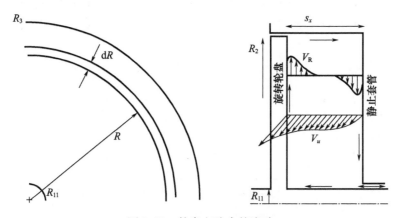

图 3.52 轮盘空腔内的流动

所以,有

$$M_o = \int_{R_{11}}^{R_2} C_f 2\pi R^2 \frac{\rho \Omega^2 R^2}{2} dR = C_f \pi \frac{\rho R_2^5 \Omega^2}{5} \tag{3.91}$$

假设与 R_2^5 相比,R_{11}^5 可忽略不计。

摩擦系数通常用力矩或动量系数代替,即

$$C_m = \frac{4\pi}{5}C_f \approx 2.5 C_f \tag{3.92}$$

因此，能量耗散的表达式为

$$P_{w_{diskfriction}} = M_o \Omega = \frac{1}{4}C_m \rho R^5 \Omega^3 \tag{3.93}$$

对于闭式叶轮，轮盘摩擦在叶轮的两侧都发生。

Daily 和 Nece(1960)的试验研究表明，动量系数 C_m 取决于流动类型，而流动类型依赖旋转壁和固壁之间的距离 S_x。可以观察到两个相互作用的层流边界层、互相分开的层流边界层、两个相互作用的湍流边界层和互相分开的湍流边界层 4 种流动类型。

它们的存在取决于两壁之间的轴向间隙 S_x（图 3.52），以及基于轮盘半径 R_2 和圆周速度 U_2 的雷诺数。

$$Re = \frac{\Omega R_2^2}{\mu}\rho \tag{3.94}$$

Nece 和 Daily(1960)提出的湍流边界层动量系数还考虑了轮盘的表面粗糙度，如图 3.53 所示，与 Daily 和 Nece(1960)试验近似最好的经验方程总结在表 3.1 中。

根据 Vavra(1970)的研究，存在使摩擦损失最小的最优间隙，对应于状态 Ⅳ 与其他状态之间的极限值，如图 3.54 所示。S_x/R_2 太小，与值大时相比，C_m 会增加太快，应当避免。

在绝热系统中，轮盘摩擦能量被传递给流体，使转子出口温度升高。

$$\Delta T_{diskfriction} = \frac{P_{w_{diskfriction}}}{\dot{m}C_p} \tag{3.95}$$

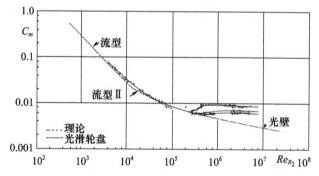

图 3.53 轮盘空腔摩擦系数随雷诺数的变化(Daily 和 Nece,1960)

表 3.1 轮盘空腔摩擦系数随雷诺数和 S_x 的变化

状态	I	II	III	IV
C_m	$\dfrac{2\pi}{\dfrac{S_x}{R_2}Re}$	$\dfrac{3.7\left(\dfrac{S_x}{R_2}\right)^{0.1}}{Re^{0.5}}$		$\left(\dfrac{1}{3.8\log\left(\dfrac{R_2}{k_s}\right)-2.4\left(\dfrac{S_x}{R_2}\right)^{0.25}}\right)^2$
$\dfrac{S_x}{R_2}$	$Re_{\min}\to Re_{\max}$	$Re_{\min}\to Re_{\max}$	$Re_{\min}\to Re_{\max}$	$Re_{\min}\to Re_{\max}$
0.01	$\to 10^5$		$10^5 \to 10^9$	$10^9 \to \infty$
0.02	$\to 3\times 10^4$	$3\times 10^4 \to 10^5$	$10^5 \to 2\times 10^7$	$2\times 10^7 \to \infty$
0.05	$\to 4\times 10^3$	$4\times 10^3 \to 3\times 10^5$		$3\times 10^5 \to \infty$
0.20		$\to 3\times 10^5$		$3\times 10^5 \to \infty$

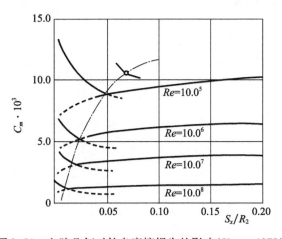

图 3.54 空腔几何对轮盘摩擦损失的影响(Vavra,1970)

给空腔内的少量流体添加能量会导致温度升高,在某些极端情况下(非常高的压比)可能会对轮盘的机械阻力产生不利影响。这部分热量可由通过轴封或闭式叶轮轮盖密封的泄漏流而散出,然而这部分泄漏影响着能量耗散。Chew 和 Vaughan(1988)的数值预测表明,如果轴封处存在泄漏流,C_m 的数值可能达到图 3.54 中的 2 倍。在多级压气机中,由于回转通道出口的压力高于叶轮出口,泄漏流可以从密封侧进入空腔。

第4章
扩压器

扩压器进口可用动能的大小取决于反力度。如图 1.37 所示,其很容易达到叶轮添加总能量的 50%,将该能量有效转化为压力是一个重要的设计问题。

如图 3.36 所示,动能从 $V_2^2/2$ 减至 $V_4^2/2$,使总静效率从 $\eta_{TS,12}$ 增加到 $\eta_{TS,14}$:

$$\eta_{TS,12} = \frac{T_2^i - T_1^o}{T_4^{o,i} - T_1^o}, \eta_{TS,14} = \frac{T_4^i - T_1^o}{T_4^{o,i} - T_1^o} \tag{4.1}$$

然而,扩压器内的损失导致总对总效率从 $\eta_{TT,12}$ 下降到 $\eta_{TT,14}$:

$$\eta_{TT,12} = \frac{T_2^{o,i} - T_1^o}{T_4^o - T_1^o}, \eta_{TT,14} = \frac{T_4^{o,i} - T_1^o}{T_4^o - T_1^o} \tag{4.2}$$

假设在 T-S 图中等压线平行,则 η_{TT} 和 η_{TS} 的差别为

$$\eta_{TT} \approx \eta_{TS} + \frac{V_4^2/(2C_p)}{(T_4^o - T_1^o)} \tag{4.3}$$

当 V_4^2 很小($M_4 < 0.1$)时,差别可以忽略不计。对于压气机出口与较大横截面积的集气室连接的情况,将出口速度 V_4 降到最低是有益的,因为出口静压会相应增加,从而减少了集气室内的能量耗散。维持流体在管道中或向多级压气机下一级入口的输运,V_4 存在最小值,将其降低到最小值以下是没有道理的。

扩压器的性能通常不用效率,而用压升系数 CP_{2-4} 来衡量,其联系了转化为静压力的部分动能与进口动能(图 3.36):

$$CP_{2-4} = \frac{\tilde{P}_4 - \tilde{P}_2}{\tilde{P}_2^o - \tilde{P}_2} \tag{4.4}$$

扩压器静压上升对级效率的影响如图 3.42 所示。CP 增加 0.1,总对静效率增加可达 5 个点,具体取决于反力度。

扩压器压升系数也可写为

$$CP_{2-4} = 1 - \frac{\tilde{P}_4^o - \tilde{P}_4}{\tilde{P}_2^o - \tilde{P}_2} - \frac{\tilde{P}_2^o - \tilde{P}_2^o}{\tilde{P}_2^o - \tilde{P}_2} \tag{4.5}$$

对于等熵流动($P_4^o = P_2^o$),假设平均速度的平方等于速度平方的平均值,则可以得到等熵压升系数随进出口动能变化的函数关系,即

$$\mathrm{CP}_{2-4}^{\mathrm{i}} = 1 - \frac{\widetilde{P}_2^o - \widetilde{P}_4}{\widetilde{P}_2^o - \widetilde{P}_2} = 1 - \frac{\rho_4 \widetilde{V}_4^2}{\rho_2 \widetilde{V}_2^2} \tag{4.6}$$

应用连续性方程,并忽略密度变化,则可以得到以下 $\mathrm{CP}_{2-4,\mathrm{inc}}^{\mathrm{i}}$ 与进、出口横截面积之间的关系,即

$$\mathrm{CP}_{2-4,\mathrm{inc}}^{\mathrm{i}} \approx 1 - \frac{\widetilde{V}_4^2}{\widetilde{V}_2^2} = 1 - \frac{A_2^2}{A_4^2} = 1 - \frac{1}{\mathrm{AR}^2} \tag{4.7}$$

式中:A_2 和 A_4 为垂直于速度矢量 V_2 和 V_4 的横截面积。

将式(4.6)、式(4.7)代入式(4.5)中,得到 $\mathrm{CP}_{2-4,\mathrm{inc}}^{\mathrm{i}}$ 的近似关系式为

$$\mathrm{CP}_{2-4,\mathrm{inc}} \approx \mathrm{CP}_{2-4,\mathrm{inc}}^{\mathrm{i}} - \omega_{2-4} \approx 1 - \frac{\widetilde{V}_4^2}{\widetilde{V}_2^2} - \omega_{2-4} = 1 - \frac{A_2^2}{A_4^2} - \omega_{2-4} \tag{4.8}$$

式(4.8)表明了静压升系数如何依赖于等熵的 $\mathrm{CP}_{2-4,\mathrm{inc}}^{\mathrm{i}}$ 和总压损失系数 ω_{2-4}。此外还表明,对于给定几何($A_2/A_4 = C^{\mathrm{te}}$),压升系数和总压损失系数之和为常数。

通过 CP^{i} 可以说明压缩性对叶片扩压器扩张通道内静压升的影响。对于可压缩流,扩压器出口(4)至喉部(th)的速度比可由连续性方程定义,即

$$\frac{\widetilde{V}_4}{\widetilde{V}_{\mathrm{th}}} = \frac{\rho_{\mathrm{th}} A_{\mathrm{th}}}{\rho_4 A_4} \tag{4.9}$$

将该速度比代入式(4.6)后,可以得到

$$\mathrm{CP}^{\mathrm{i}} = 1 - \frac{\rho_{\mathrm{th}} \widetilde{A}_4^2}{\rho_4 \widetilde{A}_4^2} = 1 - \frac{\rho_{\mathrm{th}}}{\rho_4} \frac{1}{\mathrm{AR}} \tag{4.10}$$

由于可压缩流中密度 $\rho_4 > \rho_{\mathrm{th}}$,可压缩流 CP^{i} 值会大于不可压缩流值(式(4.6))。Runstadler 和 Dean(1969)计算了不同 AR 和喉道马赫数时的等熵压升系数变化。结果如图 4.1 所示,CP^{i} 随喉道马赫数的增加而增加。低 AR 时这种变化更加明显,这是因为较大 AR 的长扩压器中,气流减速更多,在扩压器下游几乎变成不可压缩流。

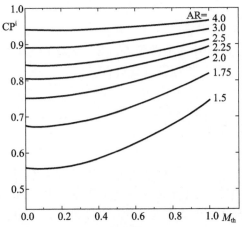

图 4.1 入口马赫数对叶片扩压器等熵静压升的影响(Runstadler 和 Dean,1969)

在无叶扩压器中,静压升是通过径向速度和旋流速度随半径增加而不断降低来实现的,这可由连续性方程($\rho V_m b R = C^{te}$)和角动量守恒方程($R V_u = C^{te}$)来确定。实际流线可能较长且摩擦损失较高,从而导致压升系数小于等熵值,这取决于进气角 α_2。

无叶扩压器中的流线与几乎同心的等压线成 $90° - \alpha$ 角,见图4.2(a)。整个压力梯度作用于径向速度分量,而径向速度已经在叶轮中经历了扩散,动能较小。因此,相对于主流而言,边界层中的流体更偏于切向方向。

提高扩压器性能的方法之一是大大降低切向速度,以及通过叶片使气流偏转更接近径向,从而缩短流路。除了密度增加、叶片堵塞以及扩压器宽度变化的影响,由连续性方程定义的径向速度分量保持不变。扩压器叶片对三维边界层是有利的,它们形成的压力梯度与主速度矢量方向一致,见图4.2(b)。

无叶扩压器可以更好地适用于非设计工况运行,因为它允许入口绝对气流角 α_2 更大的变化。而对于叶片扩压器,过大的正冲角可能导致吸力面上流动分离,形成旋转失速和喘振,而过大的负冲角会导致堵塞。无叶扩压器只有在径向马赫数超过1时才会发生"堵塞",但这属于极端非正常情况。

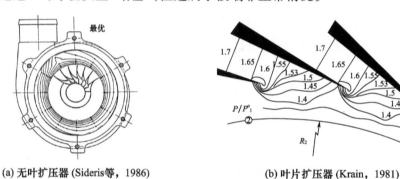

(a) 无叶扩压器(Sideris等,1986)　　(b) 叶片扩压器(Krain,1981)

图4.2　等压线

叶片扩压器与叶轮之间通过一短无叶扩压器连接,其流动不同于完全无叶扩压器,主要是由于扩压器叶片的上游影响。4.1节将对无叶扩压器流动进行描述,在很大程度上也适用于叶片扩压器的无叶部分。

4.1　无叶扩压器

离开叶轮的相对气流在周向和轴向方向是非常不均匀的,这是因为沿壁面的边界层发展以及叶轮中的二次流效应和流动分离。相对速度的周向不均匀性导致绝对非定常流动,其速度大小和方向变化很大(图4.3(b)),这对气流的周向均匀化很有帮助。相对气流的轴向非均匀性是扩压器入口绝对流动偏斜的主要原因,见图4.3(a)。这种不均匀性在扩压器的径向压力梯度作用下会进一步加强,可能造成侧壁边界层的回流,从而触发失速。

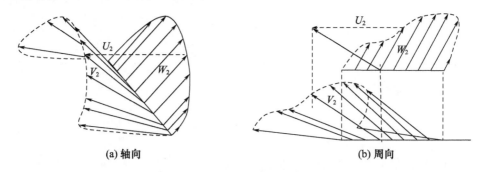

图4.3 扩压器入口流动畸变的影响

计算这种流动需要求解全三维非定常 Navier - Stokes。目前尚无简单的模型求解方法,既能达到足够的精度又具备可接受的成本。根据应用和所需的精度,可以对问题进行简化。

(1)第一种方法:假设与3.3.4节所述类似,瞬间混合之后扩压器进口的流动是均匀的,且扩压器更下游处也是如此。这种流动是轴对称的,且在展向均匀。流动参数只随半径变化。

(2)第二节方法:更精细的方法是流动在展向上的均匀化是瞬时的,无叶扩压器中非定常、周向不均匀流的掺混可通过近似二维方法来计算。

(3)第三种方法:假设射流/尾迹的混合是瞬时的,来流只在展向存在不均匀性。流动是轴对称的,在近壁面区域存在三维边界层。流动通过定常 Navier - Stokes求解器来计算。这里给出了一种近似解析方法,它能提供对流动更为深入的物理理解。

4.1.1 一维计算

无叶扩压器中的等熵均匀流很容易预测,施加质量守恒

$$2\pi Rb\rho V_R = 2\pi R_2 b_2 \rho_2 V_{R,2} \tag{4.11}$$

以及角动量守恒

$$RV_u = R_2 V_{u,2} \tag{4.12}$$

以上两式联立可以得到,壁面平行的扩压器中,对于不可压缩流动,气流角是恒定的,即

$$\tan\alpha = \frac{V_u}{V_R} = \frac{V_{u,2}}{V_{R,2}} = \tan\alpha_2 \tag{4.13}$$

如图 3.7(b)所示,恒定的 α 角不会产生直的流线,除非 $\alpha_2=0$。

由伯努利方程可知,等熵不可压流动的静压随着速度平方的降低而增加。所以,有

$$P^i - P_2 = \frac{\rho V_2^2}{2} - \frac{\rho V^{2,i}}{2} = \frac{\rho V_2^2}{2}\left(1 - \frac{R_2^2}{R^2}\right) \quad (4.14)$$

平行壁面无叶扩压器中,等熵不可压流体的静压升系数只取决于扩压器出口与入口半径比的平方,即

$$CP_{2-4}^i = 1 - \frac{R_2^2}{R_4^2} \quad (4.15)$$

如图 4.4 所示,大部分压力升高发生在扩压器入口附近。半径比为 2 时,75%的进口动能已经被恢复。将扩压器的长度增加 1 倍,此时半径比为 3,CP^i 的增幅小于 0.14。

可压缩性以及扩压器宽度 b 变化的影响可以结合式(4.11)和式(4.12)来评估。这将得到以下无黏气流角的表达式,即

$$\tan\alpha = \tan\alpha_2 \frac{b\rho}{b_2\rho_2} \quad (4.16)$$

可压缩性会导致流动更偏切向,而通道收缩使流动向外偏转,如图 4.5 所示。

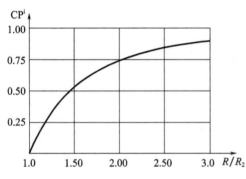

图 4.4 无叶扩压器中的二维无黏流的静压恢复

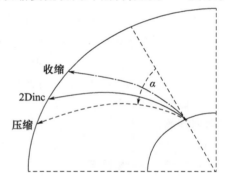

图 4.5 无叶扩压器中可压缩性和通道收缩的影响

Stanitz(1952)和 Traupel(1962)使用一维方法计算等宽度或变宽度无叶扩压器中的非等熵可压缩流动,认为流动在周向和轴向都是均匀的,如图 4.6 所示。

黏性效应分布到整个流动中,且由分布体积力来考虑。摩擦力的切向和子午分量通过引入摩擦系数 C_f 来计算,其定义式为式(1.16),是雷诺数和壁面粗糙度的函数。

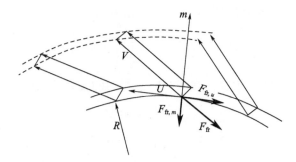

图 4.6　无叶扩压器中二维黏性流动模型

待求方程系统如下。

(1) 连续性方程:在子午方向微分后,有

$$V_m bR \frac{d\rho}{dm} + \rho bR \frac{dV_m}{dm} + \rho V_m \frac{d(bR)}{dm} = 0 \tag{4.17}$$

(2) 切向动量方程:表征了惯性力和切向力之间的平衡,即

$$C_f \frac{\rho V^2}{2} \frac{V_u}{V} \frac{2}{b} + \rho \frac{V_m}{R} \frac{dRV_u}{dm} = 0 \tag{4.18}$$

(3) 子午方向的动量方程:表征着摩擦力、离心力、冲量和压力梯度之间的平衡关系,即

$$C_f \frac{\rho V^2}{2} \frac{V_m}{V} \frac{2}{b} - \rho \frac{V_u^2}{R}\sin\gamma + \rho V_m \frac{dV_m}{dm} - \frac{dP}{dm} = 0 \tag{4.19}$$

速度分量和状态方程之间的几何联系为

$$\frac{1}{P}\frac{dP}{dm} = \frac{1}{\rho}\frac{d\rho}{dm} + \frac{1}{T}\frac{dT}{dm} \tag{4.20}$$

总能量守恒方程为

$$C_p T^\circ = C_p T + \frac{V^2}{2} = C^{te} \tag{4.21}$$

通过沿子午方向的逐步积分可以计算出沿流线的展向平均流动参数。这些方程对于径流($\gamma = 90°$)和混流扩压器($\gamma \neq 90°$)均有效。

Traupel(1962)提出径向动量方程可由能量耗散方程来代替,而能量耗散方程

通过沿流线对摩擦力积分得到

$$\frac{\mathrm{d}P}{\rho} = -\mathrm{d}\frac{V^2}{2} - \frac{C_\mathrm{d}\rho V^3}{\rho_2 V_2 b_2 R_2} R\mathrm{d}R \quad (4.22)$$

H. Schmalfuss(1972)提出了以 C_f 和 C_d 之间的关系式,即

$$C_\mathrm{d} = C_\mathrm{f} + 0.0015 \quad (4.23)$$

Van den Braembussche 等(1987)进行的对比研究发现,在大多数情况下这些方法所得结果之间的差别是可以忽略的。

上述计算的主要结果是绝对流动角度 α 和静压的径向变化,见图 4.7。摩擦损失造成了静压升的降低,且与总压损失成比例。扩压器太长,甚至可以引起扩压器出口附近的静压降低。

图 4.7 中等熵流动气流角的减小是扩压器收缩($b_4 < b_2$)使径向速度分量轻微降低造成的。摩擦力切向分量会使切向速度在黏性流动中比在无黏流中减小得更快。边界层堵塞和小幅静压升导致的密度上升,使气流角进一步降低。这样黏性流动中的流线更短且更靠近径向。

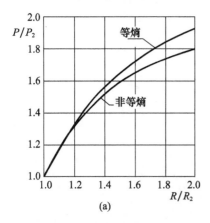
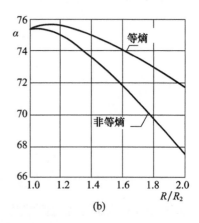

图 4.7 收缩无叶扩压器中等熵和非等熵静压升及气流角(Stanitz,1952)

扩压器入口气流角与扩压器宽度密切相关。流动越靠近切向(α_2 值越高),绕扩压器旋转的流线越长,见图 4.8。对于半径比为 2 且入口气流角为 85°的无叶扩压器,气流在流出扩压器前沿周向旋转超过 400°。

在评估扩压器宽度对性能的影响时,有必要考虑叶轮出口宽度成比例变化而引起的进气条件变化。图 4.9 显示了叶轮出口/扩压器入口宽度不同时,扩压器静压和总压损失系数随质量流量的变化。对于叶片后弯角 40°且 $\pi_{T-T} \approx 1.4$ 的叶轮,扩压器进口条件(V_{U2} 和 V_{R2})随质量流量的变化通过 3.3.3 节中描述的双区模型加以预测。

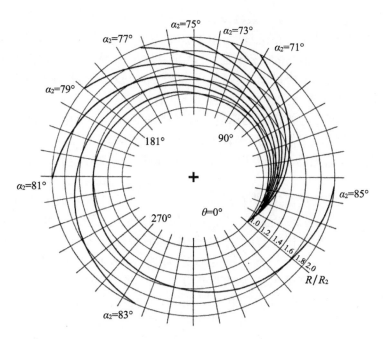

图 4.8 不同 α_2 时径向收缩扩压器中的平均流线(Stanitz,1952)

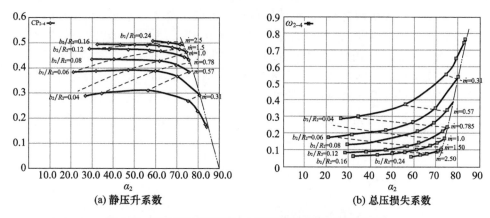

(a) 静压升系数　　　　　　　(b) 总压损失系数

图 4.9 平行无叶扩压器中扩压器宽度对于参数的影响

实线表示不同质量流量下的性能曲线(转速恒定,扩压器宽度给定)。可以看出,当扩压器宽度增加时,性能明显提升。气流角 α_2 恒定时,拓宽扩压器损失系数会减小,一方面由于摩擦损失(与 $L/\mathrm{DH}(\mathrm{DH}=2b)$ 成正比)减小,另一方面由于损失在更大的质量流量中分布。

以恒定的进口气流角改变扩压器宽度时,摩擦仅对流线斜率有着有限的影响,见图 4.7。因此,流管进、出口横截面积比变化不大,CP^i 几乎不变。根据式(4.8),压升系数增加,损失系数降低。

在窄扩压器中减小质量流量时,原本几乎不变或增量很小的静压升会突然快速下降,这是由于 α_2 值增大,流线变长,从而摩擦损失增加。对于较宽的扩压器,无法观察到这种迅速下降的情况,这是因为当 α_2 值较小时,扩压器中已经发生了旋转失速,因而不能在如此小的质量流量下工作。

实线可以估算无叶扩压器的稳定工况范围随 b_2/R_2 的变化。窄扩压器能在小质量流量下保持稳定工作,但损失较大;宽扩压器损失较小,但在较大的质量流量下就发生喘振。优化压气机出口/扩压器入口宽度就是在这两者之间作出折中选择。

虚线表示质量流量恒定,当扩压器(叶轮)变宽时,压升系数提高,损失系数减小。对于后弯 40°的叶轮,叶轮出口宽度增加会导致扩压器入口处径向速度减小,切向速度增加。增加扩压器宽度,压升增加,同时扩压器入口角增加。因此,损失系数的减小不是因为摩擦损失大幅度降低,此时 α_2 增加会加长流路,所以 L/DH 变化很小。沿等质量流量线,宽后弯叶轮出口切向速度增加,因此进口动能增加,而损失系数的减小主要是由于采用更大的进口动能对损失进行了无量纲化。

如 8.2 节所述,扩压器入口角是无叶扩压器稳定性的关键因素。如果流体流入无叶扩压器的气流角 α_2 大于临界值 α_{2c},就会导致无叶扩压器旋转失速。因此,无叶扩压器加宽受到稳定性的限制,不能超过临界入口气流角,如图 4.9 双点画线所示。对于接近该极限的设计,可能质量流量的减少会受到限制,从而减少压气机的工作范围。事实证明,b_2 的最优值是在最大化 CP_{2-4} 和最大化工作范围之间折中考虑,而工作范围指的是设计流量与受稳定限制的最小流量之间的工作区间。

在恒定宽度的扩压器中减小质量流量会使进口流动角 α 变大,且根据图 4.9,也会使扩压器静压升系数减小。因此,无叶扩压器的压升与质量流量曲线具有正斜率($dCP_{2-4}/d\dot{m} > 0$),如 8.6.1 节所述,这会对离心压气机稳定工作产生负面效果。

4.1.2 周向畸变

叶轮出口处节距方向流动的变化如图 4.10 所示。低速区是叶片边界层和尾迹中的二次流积聚在吸力面附近的其他低能流体而形成的。高速区为无黏射流区。由于叶轮的旋转,这种不均匀性会导致扩压器进口非定常的绝对流动。射流和尾迹速度矢量在大小和方向上的非定常变化是射流和尾迹之间剧烈能量传递的根源,再加上摩擦力的作用,共同导致了流动的快速均匀化,通常称为尾迹/射流混合。相较于定常平行射流和尾迹混合过程,这种情况下获得均匀流所需的距离要短得多。尾迹/射流混合也是无叶扩压器入口附近观察到总压损失较高的原因。

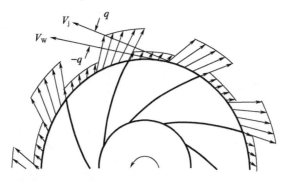

图4.10 扩压器入口处射流和尾迹结构的示意图

在3.3.3节中讨论叶轮出口平均流动参数计算时,假设了叶轮出口流动瞬间完成混合。虽然该模型不能描述叶轮出口处能量交换和摩擦增加的真实机理,但在静压升和静压损失计算方面提供了满意的结果。Inoue(1978)解释了简单突然膨胀模型可以很好地预测旋转情况下的损失,并且可以用于性能预测的原因。

下面介绍的模型是由Dean和Senoo(1960)提出,并由Frigne等(1979)扩展到了可压缩流,它对混合机理给出了更为深刻的解释,并可以预测均匀化发生的范围。该方法和前面章节中描述的无叶扩压器均匀流动一维计算相似。不同的是,质量、角动量和径向动量守恒方程被分别应用于射流和尾迹,同时考虑了射流和尾迹交接面的作用 $\pm q$。该方法基于以下假设(图4.10):

(1)射流和尾迹具有相同的相对流动角度 β;
(2)叶轮出口处射流和尾迹的相对速度分布是均匀的;
(3)侧壁的边界层堵塞和摩擦沿扩压器宽度均匀分布;
(4)叶轮出口的叶片堵塞可以忽略不计;
(5)与预测叶轮出口流动时的假设一样,射流和尾迹静压相同。

图4.11显示了叶轮出口尾迹宽度 $\varepsilon_2 = 0.71, \nu = 0.075$,对应17.5%尾迹质量流量时的计算结果。

从图4.11(a)和图4.11(b)中可以看出,在混合过程的第一阶段($R/R_2 <$ 1.06),尾迹的总温和总压是增加的,付出的代价是射流中总温和总压的降低。射流和尾迹继续分别存在,并进行能量转换。这种能量转换以及壁面和尾迹-射流交接面上的摩擦造成的损失使射流的总压和总温降低。与之相对应,尾迹中的压力和温度增加,且比射流中的参数下降幅度要更大,因为尾迹只包含了17.5%的质量流量。尾迹宽度 ε 基本保持恒定,同时射流中相对速度略有降低,而尾迹中相对速度增大,见图4.11(c)。射流的绝对气流角迅速增大,这是由于作用在交接面上的力 q 以及射流径向速度的快速降低,而正是尾迹中较大的 V_u(在 α 非常大的地方绝对速度高)产生的离心力,使径向压力梯度很强,为了与之匹配,射流径向速度下降。

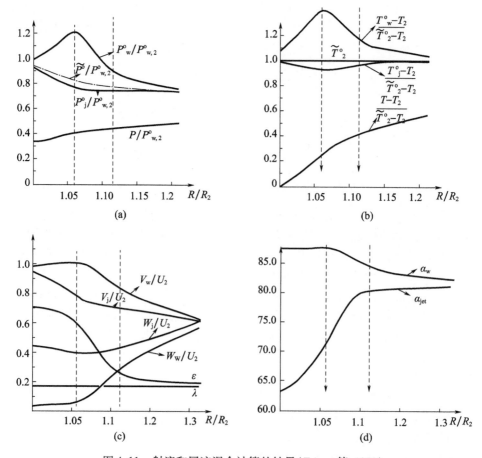

图 4.11　射流和尾迹混合计算的结果（Frigne 等，1979）

当 $R/R_2 > 1.06$ 时，尾迹会发生分解，并且 ε 会快速降低到其最终值，该值由尾迹占质量流量的份额 $\lambda = 0.175$ 确定。能量转化的方向反转，总温 T°_{jet} 增加。图 4.11(d) 显示此时射流变得更靠近切向，直到和尾迹平行。在这个过程中射流总压没有增加，这是因为由尾迹传递到射流的能量完全被扩压器壁面的摩擦耗散掉了。

当 $R/R_2 = 1.12$ 时，尾迹宽度会减小到其最终值的 1.1 倍。此时，混合过程缓慢进行至完全均匀化。当相对速度的差别小于 5% 时计算停止。

图 4.12 显示了射流和尾迹中相对流线的总压变化，相关数据由 Senoo 和 Ishida(1975) 测量结果获得。这确认了预测的结果，即尾迹中总压会升高，直至 $R/R_2 = 1.1$，以及射流中总压先降低，然后基本不变。同时还表明了能量交换与周向静压梯度有关。

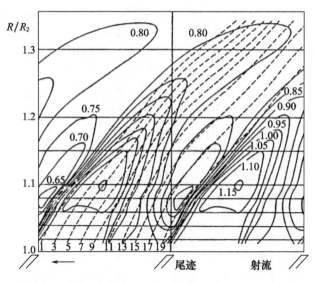

图 4.12　射流和尾迹中总压的变化(Senoo 和 Ishida,1975)

图 4.13 对试验数据与理论预测进行了比较,该方法能够很好地预测扩压器进口处观测到的高总压损失。通常称其为"尾迹/射流混合损失",意味着它们是射

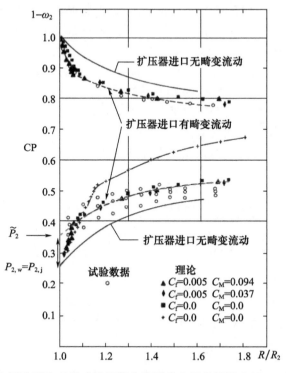

图 4.13　射流和尾迹混合对无叶扩压器中静压升和损失的影响(Dean 和 Senoo,1960)

流和尾迹之间的剪切力造成的。剪切摩擦系数 C_m（≈0.094）作用在射流和尾迹之间的表面上，约为典型壁面摩擦系数 C_f（≈0.005）的 20 倍。然而与壁面摩擦系数相比，前者适用于小得多的表面和速度差。因此，相应的力也要小得多，即

$$C_f V^2 2\pi R \Delta R >> C_m (W_{jet} - W_w)^2 Z_r b \Delta R \tag{4.24}$$

从图 4.12 中可以看出，射流和尾迹之间的总压力梯度在流向上不会改变很多。因此，可以得出，沿此边界的剪切力不是流动均匀化的主要原因。混合过程不是通过射流和尾迹之间进行的质量交换（湍流掺混）而是能量交换。流动不均匀造成壁面摩擦力增加，从而导致扩压器进口的额外损失。Inoue（1978）表明，通过能量交换来缩短混合过程对降低额外损失有好处，这是因为流体均匀化加快了。

4.1.3 三维流动计算

假设在叶轮出口处射流和尾迹瞬时混合使相对速度在周向上是均匀的，因此扩压器入口绝对流动是稳定的。相对流动的展向不均匀性导致扩压器入口存在偏斜的三维速度型，见图 4.3。流动的三维特性在无叶扩压器下游进一步增强，主要因为径向压力梯度与平均速度矢量成 α 角。

一旦入口条件已知，就可以用三维 Navier-Stokes 求解器对该问题进行求解。下面总结了一种解析方法，虽然不是最新提出的，但有助于理解主导此类流动的流动机理，并已被用来确定无叶扩压器的稳定极限（Jansen，1964b；Senoo 和 Nishi 1977a、b）。假设轴向速度分量可以忽略，该问题简化为满足 Navier-Stokes 方程的径向分量和周向分量。为了方便求解，流动被划分为三部分（图 4.14）：

（1）轮盖壁面上对应三维边界层的黏性区域。
（2）靠近轮毂壁面上对应三维边界层的黏性层。
（3）两个边界层之间的无黏流动区域（$\tau_R = \tau_u = 0$），其特点是切向和径向速度线性变化。在充分发展的流动中，两个边界层会合并在一起，此时该区域会缩减成一个点。

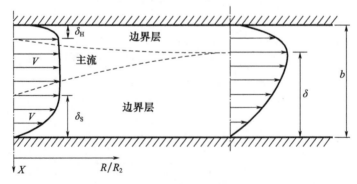

图 4.14 无叶扩压器中三维黏性流动计算的模型（Senoo 等，1977）

利用积分法求解该方程。它由以下方程在 x 方向进行解析积分组成：
(1) 扩压器两侧边界层的径向和切向动量方程。
(2) δ_H 和 $b-\delta_s$ 之间无黏流动的径向和切向动量积分方程。
(3) 连续性方程。

然后对得到的常微分方程组在 R 方向上进行数值积分。

为了封闭方程,需要定义边界层速度型和壁面剪切应力 τ_{wu} 和 τ_{wR}。

三维边界层由厚度 δ 和角度 ε 来表征,其中 ε 为极限壁面流线和主流流线之间的夹角,见图 4.15。

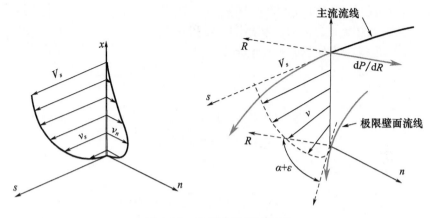

图 4.15　三维边界层的定义

速度型由主流动方向上叠加以下速度分量

$$\frac{v_s}{V} = \left(\frac{x}{\delta}\right)^{\frac{1}{n}} \tag{4.25}$$

和交叉流动分量

$$\frac{v_n}{V} = \tan\varepsilon \left(1 - \frac{x}{\delta}\right)^m \frac{v_s}{V} \tag{4.26}$$

来表征,式中, x 为远离壁面的距离; m 和 n 是由经验定义的。 m 的典型值介于 2~3 之间,而 n 是当地雷诺数的函数,即

$$n = 2.667 Re_\delta^{\frac{1}{8}}, Re_\delta = \frac{V\delta}{\nu} \tag{4.27}$$

壁面剪切应力沿着壁面极限流线方向,和主流方向成 ε 角度。壁面剪切应力 τ_ε 和主流剪切应力 τ_S 定义为

$$\begin{cases} \tau_\varepsilon = C_{fw}\dfrac{\rho V^2}{2} \\ \tau_S = C_{fv}\dfrac{\rho V^2}{2} \end{cases} \tag{4.28}$$

壁面摩擦系数 C_{fw} 和主流摩擦系数分量 C_{fv} 的关联式为

$$C_{fv} = \frac{C_{fw}}{\cos\varepsilon} \qquad (4.29)$$

二维摩擦系数可通过下式近似，即

$$C_{fv} = K_f \cdot Re_\delta^{\frac{1}{4}} \qquad (4.30)$$

对于二维流动，Senoo 等(1977)提出 $K_f = 0.051$，比 Johnston(1960)提出的值要高，因为考虑了叶轮出口的高湍流强度。

这些计算预测了流动的演化过程，从扩压器入口处近切向流动的薄边界层到下游充分发展流动，结果如下(图 4.16)：

(1) 边界层边缘处的自由流动角度(α_H 和 α_S)；
(2) 壁面流线的方向($\alpha_H + \varepsilon_H$ 和 $\alpha_S + \varepsilon_S$)。

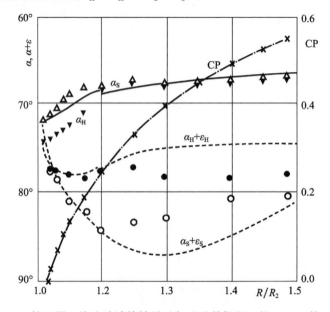

图 4.16　扩压器三维流动计算结果及与试验数据的比较(Senoo 等,1977)

壁面流线方向对于扩压器稳定性有重要影响，其在半径方向的变化可解释如下：扩压器入口处边界层中绝对速度的切向速度分量很大，相应地，离心力有助于克服径向压力梯度。但是，由于壁面摩擦作用，该分量衰减非常快，于是径向压力梯度将边界层中气流转向后方，表现为 $\alpha + \varepsilon$ 快速增加。边界层增长引起的堵塞导致核心流动区域径向流速增加。自由流 α 和近壁面处 $\alpha + \varepsilon$ 之间的差异逐渐增大，使核心流动和边界层之间的剪切应力增大，有助于壁面附近的流体克服径向压力梯度。最终结果是，从 $R/R_2 \approx 1.15$ 处开始 $\alpha_H + \varepsilon_H$ 逐渐减小，对于轮盖，从 $R/R_2 \approx 1.2$ 开始。

Senoo(1984)使用这种积分边界层方法来评估入口流动畸变对静压上升和总压损失的影响。入口畸变主要发生在径向速度分量上,可表示为

$$B_\mathrm{f} = \frac{\int_0^b \rho V_R^2 \mathrm{d}s \Big/ \int_0^b \rho V_R \mathrm{d}s}{\int_0^b \rho V_R \mathrm{d}s \Big/ \int_0^b \rho \mathrm{d}s} \tag{4.31}$$

静压升高系数 CP_{2-4} 和总压损失 ω_{2-4} 随 B_f 的变化如图 4.17 所示。随着入口畸变的增强,扩压器性能显著下降,图中以圆圈表示的试验数据也证实了这一点。

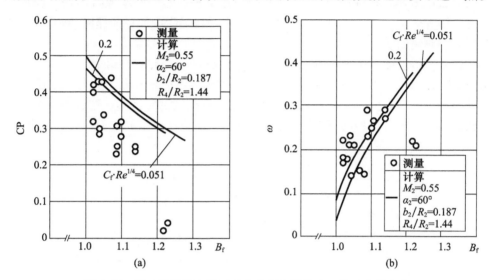

图 4.17 无叶扩压器中静压升高和损失随着入口处畸变的变化

图 4.16 所示的结果针对非对称来流。Ellies(1965)和 Rebernik(1972)研究了叶轮出口处能量输入和速度的翼向变化对无叶扩压器中流动的影响。他们发现,黏性不是扩压器中流动分离的唯一原因,扩压器进口处流动展向不均匀所造成的切向涡量也是一个原因。

对于绝对流动定常且忽略摩擦,式(1.53)可简化为

$$\boldsymbol{V} \lor (\nabla \lor \boldsymbol{V}) = \nabla \left(\frac{P}{\rho} + \frac{V^2}{2}\right) = \frac{\nabla P^o}{\rho} \tag{4.32}$$

向量积 $\boldsymbol{V} \lor (\nabla \lor \boldsymbol{V})$ 用极坐标表示为

$$\boldsymbol{i}_x \frac{V_R}{R}\left(\frac{\partial V_R}{\partial \theta} - \frac{\partial R V_u}{\partial R}\right) + \boldsymbol{i}_R \frac{V_u}{R}\left(\frac{\partial R V_u}{\partial R} - \frac{\partial R V_R}{\partial \theta}\right) + \boldsymbol{i}_u \left(\frac{V_u}{R}\left(\frac{\partial R V_u}{\partial x} - \frac{\partial V_x}{\partial \theta}\right) - V_R \frac{\partial V_x}{\partial R} + V_R \frac{\partial V_R}{\partial x} + \frac{V_R^2}{\mathfrak{R}_n}\right) \tag{4.33}$$

对于径向扩压器进口的无黏 $\left(\frac{1}{\rho}\frac{\partial P^o}{\partial R}=0\right)$、周向均匀 $\left(\frac{\partial V_x}{\partial \theta}=0, \frac{1}{\rho}\frac{\partial P^o}{\partial \theta}=0\right)$ 流动,两侧为直壁面 $(\mathfrak{R}_n = \infty)$,那么式(4.32)中 $\boldsymbol{i}_u$ 分量可以写为

$$\frac{\partial V_R}{\partial X} - \frac{\partial V_X}{\partial R} = \frac{1}{V_R}\left(\frac{1}{\rho}\frac{\partial P^o}{\partial X} - \frac{V_u}{R}\frac{\partial RV_u}{\partial X}\right) \qquad (4.34)$$

该方程表明切向涡量的存在,其符号取决于展向总压梯度和能量输入的相对强度。忽略无穷小量$\frac{\partial V_x}{\partial R}$,可以得出无叶扩压器中径向速度分量会向着$P^o$最大的方向增加,除非$\frac{1}{\rho}\frac{\partial P^o}{\partial x} < \frac{V_u}{R}\frac{\partial RV_u}{\partial x}$的绝对值。然而后者在扩压器减小很快,因为$V_u$和$1/R$都随着半径增加而减少,但总压梯度在宽扩压器中基本保持不变。这意味着总压梯度会主导扩压器更下游处的流动,主要表现为增加径向速度,使得气流向总压高一侧集中。

Ellis(1964)证明这种一侧的流动集中会导致另一侧的局部回流。图 4.18 所示的流线是由扩压器中轴对称流动的无黏计算获得的,并考虑了进口处总压和均匀轴向涡量的展向变化。所预测的轮毂流动分离已被试验证实。这些结果对于宽扩压器而言是非常典型的,这类扩压器中自由流涡量比近壁面的剪切应力更重要。

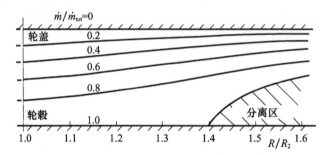

图 4.18 无黏流动进口总压展向变化下无叶扩压器中流线示意图

Rebernik(1972)测量了离心叶轮下游无叶扩压器中的不同流动形式(图 4.19),包括在扩压器一侧或两侧的流动分离。在 110%设计质量流量下,基于测得的入口条件所开展的无黏流计算成功预测到了测量中轮毂存在分离时流动向轮盖处移动的现象,移动从压力梯度主导角动量的位置处开始。尽管热线探测表明,在 63%质量流量下发生了旋转失速,同样的计算确认了流线向扩压器中心集中。在 91%流量下,无黏方法无法复现分离从一侧移到另一侧的现象,但详细测量揭示了分离发生时P^o的展向梯度会发生反转。压力梯度的这种变化将持续至分离点的下游,直至在另一侧发生回流。目前尚不清楚这种从一侧到另一侧的切换是分离区能量耗散较小,还是分离区的展向能量传递所致。

Ellis(1965)和 Rebernik(1972)观测到,交替分离的主要影响是损失随质量流量的非线性变化,从而使扩压器效率局部降低。上述扩压器性能下降在总体性能曲线上表现为压升对流量的斜率变化(图 4.20),会产生失稳效应,具体将在 8.6.1 节进一步阐述。

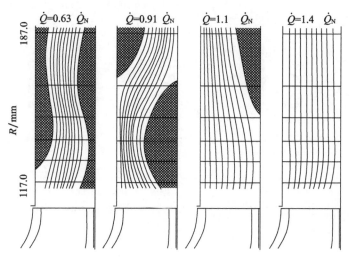

图 4.19 无叶扩压器中的分离流动(Rebernik,1972)

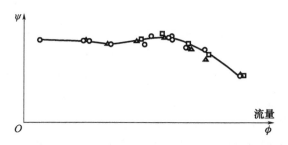

图 4.20 非线性扩压器损失对于压气机压升的影响

式(4.34)的右边项取决于轮毂到轮盖叶轮功输入和损失的变化,并且受二次流的影响,该二次流决定了叶轮尾缘附件的尾迹区域翼向位置。Ellis(1964)的一系列试验验证了一种修改方法,其中功输入的展向梯度通过轮盖侧出口半径的回切来修改,如图 4.21 所示。可以进行确认,轮盖附近功输入的相关变化对于扩压器入口径向速度的展向分布影响较小,但会造成扩压器出口径向速度分布的反转。扩压器出口处的回流从轮毂侧移到了轮盖侧。

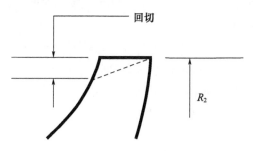

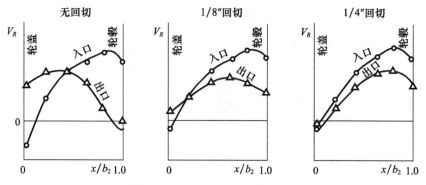

图 4.21　后缘回切对无叶扩压器流动的影响(Ellis,1964)

4.2　有叶扩压器

叶片扩压器主要有两种：一种是由弯曲的叶片组成，与用于轴流压气机中的相似，见图 4.22(a)和图(b)，通过将气流转到更偏径向方向来实现扩压，而不是利用无扰动的对数流线。两个连续叶片之间的流动不是对称的，而是在压力面和吸力面之间变化。吸力面与曲面的凹凸性无关，而是与流动接近叶片前缘的方式以及流动偏离叶片所产生的压力梯度有关。

另一种是扩压器由直扩张通道组成，见图 4.22(c)和图(d)，它的形状是直板或者三角形叶片，被扩压器壁面所固定。因此，也称为通道扩压器或叶片岛扩压器。流动的减速由通道的扩张度控制。由于直通道中流动的对称性，可以实现更高的扩压。由于尾缘较厚，在叶片岛扩压器出口处静压可进一步增加，代价为产生突扩损失。后者可以通过切向弯曲来改善，但是反过来会导致通道内压升降低(Sagi 和 Johnston,1967)。

管式扩压器是一种特殊的通道扩压器，如图 4.22(e)和图(f)所示。每个通道由扩压器平面上的两个锥形管组成：一个是短收缩形锥形管，位于喉部界面上游；另一个是长扩张形管，位于下游。

还有许多中间形式的扩压器几何存在。这两种类型的主要差别中只有少部分在于几何，更多的是预测性能的方法，即是通过叶片绕流预测，还是通过通道流动来预测。弯曲叶片扩压器通常用于低压比($\pi<3$)情况下，而通道和管式扩压器更适合于高压比($\pi>3$)和高入口马赫数的情况。

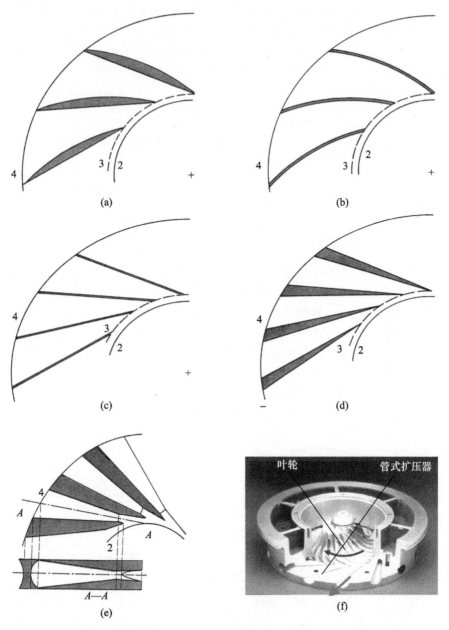

图 4.22 不同种类的叶片扩压器(Courtesy of Carrier Corporation)

4.2.1 弯曲叶片扩压器

对于不可压缩无黏流动,无叶扩压器内无扰动流线是具有恒定气流角的对数螺旋线。使用叶片将流动转到更靠近径向,其原理类似于在轴流叶片排中将流动转到更贴近轴向。这会导致切向动量减小,切向速度进一步减小,见图4.23。与轴向叶栅相比,进、出口之间径向速度的变化使给定叶片几何上最终的速度和压力分布更难想象。

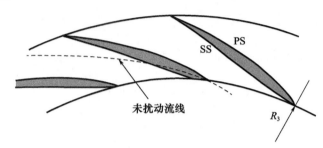

图 4.23　径向扩压器中扩压器叶片对流动的影响

奇点法(Imbach,1964;Kannemans,1977)非常适用于分析弯曲叶片扩压器中的二维流动。这种无黏方法简便、快捷,但仅限于均匀来流的二维势流。几何保角变换是另一种二维方法,其能将流动与直叶栅的试验或理论结果联系起来(Pampreen,1972;Yoshinaga 等,1980)。

二维不可压缩流的几何变换非常简单(图4.24):

$$x = \ln R, y = \theta \tag{4.35}$$

在线性叶栅和扩压器中的速度分量存在如下关系:

$$V_x = R \cdot V_R, V_y = R \cdot V_u \tag{4.36}$$

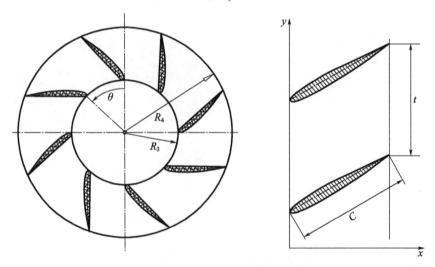

图 4.24　叶片扩压器转化为直叶栅

可压缩流动的变换更加困难,因为需要对马赫数进行修正。此外,径向扩压器的安装角比较大,直叶栅可获取的有用试验数据非常有限。这种方法仅限于势流,也不适用于跨声速流动,除非存在较大的无叶区域。

由于更精确的求解器和功能更强大的计算机问世,研究人员逐渐对这些近似方法失去了兴趣。它们仅在开始 Navier – Stokes 详细分析之前进行初步设计。

多排或者串列扩压器旨在获得更高的压升。将叶片排放置于另一排的后面,使每排叶片上边界层都重新开始发展,因此在分离之前可以实现气流更多的减速(Pampreen,1972;Startsev 等,2015;Oh 等,2011a)。Pampreen 使用保角变换技术设计了一个 3 级串列叶片的径向扩压器,见图 4.25。使用第 1 排叶片的目的是将气流转向最有利于第二排和第三排叶片工作的方向,而扩压主要在第 2、3 排中进行。测量得到压气机效率仅有小幅提升,但稳定工况范围得到了很大改善。串列叶片一个重要的设计参数是下游叶片相对于上游叶片的周向位置。下游叶片的前缘不应位于上游叶片的尾迹内,因为这样将削弱下游叶片的边界层(Oh,2011a)。这种扩压器的主要缺点是所需叶片数较多和径向长度较长。

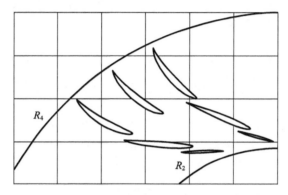

图 4.25　串列叶栅在径向扩压器中的应用(Pampreen,1972)

叶片扩压器比无叶扩压器具有更高效的潜力,但其工作范围更小,这是由于扩压器喉部截面的堵塞限制了最大质量流量,以及在高攻角时前缘失速而限制了最小质量流量。Senoo(1983)和 Pampreen(1989)的研究表明,采用低稠度扩压器(LSD)可以避免这些不利因素,其可获得更宽的流量范围和更高的效率。LSD 的叶片不重叠,因此没有明确几何喉道,堵塞流量可以像无叶扩压器那样大,见图 4.26。

小的径向速度,再加上低流量时大切向速度所导致的高径向压力梯度,两者共同作用的结果是流体在侧壁上向内流动。LSD 的稳定性增加是因为抑制了近壁区域大范围回流区的发展,见图 4.27。效率的增加是因为叶中位置气流偏转更靠近径向,使流线长度减小,压升增大。

图 4.26　低稠度扩压器（Senoo 等，1983）

图 4.27　失速极限时 LSD 中的流线（Bonaiuti 等，2002）

4.2.2　通道扩压器

通道扩压器主要用在高压比压气机中，其扩压器入口马赫数为高亚声速或超声速。典型的通道扩压器几何形状如图 4.28 所示，可以将其划分为三个流动区域：

①转子出口（R_2）和扩压器前缘（R_3）之间的无叶空间；
②扩压器前缘（R_3）和喉部（th）截面之间的半无叶空间；
③喉部（th）和出口（R_4）之间的扩压器通道。

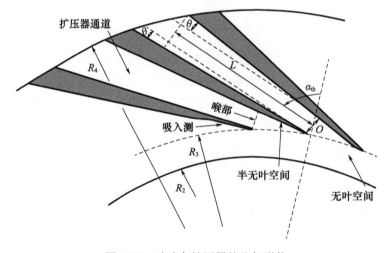

图 4.28　叶片岛扩压器的几何形状

在低出口压力下,喉部发生堵塞($M=1$),超声速流在扩张通道中加速,直到通过正激波进行减速。低出口压力时的低效率是由高激波损失和随后的流动分离造成的,见图4.29(a)。随着背压升高,激波向前运动。激波上游的马赫数降低,损失也随之降低。只要喉部的流动保持声速,激波就会存在于扩张通道中。质量流量以及喉部上游的流动状况保持不变,这对应着特性线中的垂直段,见图4.29(b)。

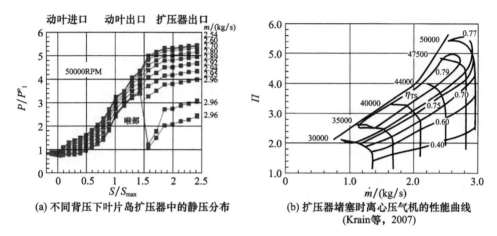

(a) 不同背压下叶片岛扩压器中的静压分布　　(b) 扩压器堵塞时离心压气机的性能曲线
(Krain等,2007)

图4.29　静压分布及性能曲线

在等转速工作线上喉部没有堵塞且扩张通道内全部为亚声速流动对应的那一段。静压会向着扩张通道出口方向连续增加,除非受到流动分离的限制。无叶和半无叶空间的气流、压力以及质量流量随扩压器出口压力的增加而变化。叶轮和扩压器的冲角增加,叶轮入口和喉部之间的压升也是如此。最大压升出现在叶轮或扩压器失速时。在变冲角和变马赫数工况下,优化进口几何是叶片扩压器设计中最重要的部分,只有这样才能确保效率最高,以及失速和喘振之间的工况范围最大。

尽管三个部分中的流动是紧密相关的,但通常每部分的流动可以分别预测。不同部分之间关联通过相互边界上的流动条件表示。

4.2.3　无叶和半无叶空间

无叶和半无叶空间有以下几个参数的函数,即扩压器前缘和叶轮出口半径比(R_3/R_2)、叶片数、前缘和喉部之间的吸力面形状,见图4.30。Kenny(1970)、Verdonk(1978)、Teipel(1988)、Deniz等(2000)、Ziegler等(2003)、Filipenco等(2000)、S. Ibraki等(2007)及Trebinjac等(2009)用试验和数值方法研究了该区域的流动状况,然而到目前为止仍没有明确的设计准则。

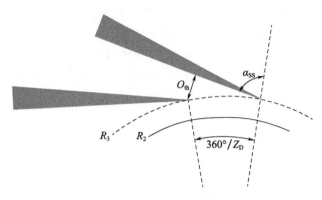

图 4.30　无叶和半无叶空间的几何

来流的展向不均匀性、叶轮出口相对流动的周向不均匀性导致绝对(扩压器)和相对(叶轮)参考系内流动的非定常性,以及扩压器叶片的上游影响,喉部截面上游的流动是非常复杂的。Trebinjac 等(2009)的数值结果显示,马赫数的分布依赖叶轮与扩压器的相对位置(图 4.31),且对于主叶片(MB)和分流叶片(SB)有所不同。非定常计算需要同时求解全部叶轮和扩压器内的流动,因此计算成本非常高(将在第 7 章详细介绍)。

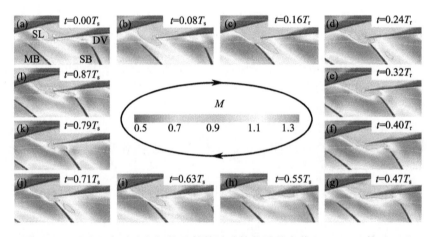

图 4.31　无叶和半无叶空间的马赫数随叶轮位置的变化(Trébinjac 等,2009)

叶轮和扩压器叶片数目较多会导致受限空间范围内的高频非定常流动,影响总体性能。所以,对于单个叶轮通道和单个扩压器通道,中间由混合平面连接的定常计算而言,其性能预测的误差很小,大多在可接受的容差范围内。3.3 节提出的中径分析方法也使用了同样的假设,即叶轮/扩压器界面处的流动瞬时周向混合。

无叶和半无叶空间存在以下四种损失:

(1)侧壁和叶片吸力侧边界层中的黏性损失,随着半径比的增加而增加;

(2) 射流和尾迹的混合损失(已在 4.1.2 节讨论);

(3) 跨声速流动时的激波和激波边界层干涉损失,随着当地绝对马赫数的增加而增加,且是半径比和吸力面形状的函数;

(4) 当前缘处的流动没有充分混合时,叶片冲角变化导致的非定常流损失。

图 4.32 给出了时间平均的等压线分布,其方向从进口处几乎周向的状态快速变化到在喉部截面和扩压器通道下游处几乎垂直于速度的状态。在一维性能预测中,尾迹/射流混合损失被认为是叶轮损失的一部分,叶轮出口和扩压器前缘之间的损失可以通过 4.1.1 节中无叶扩压器计算方法来逼近。由此忽略了扩压器叶片的上游影响。

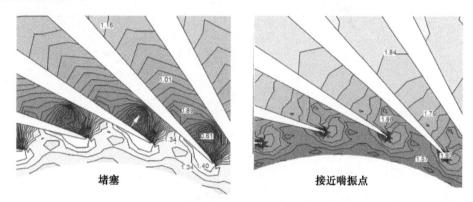

堵塞　　　　　　　　　　　　接近喘振点

图 4.32　在堵塞和接近喘振工况下无叶和半无叶空间内测量的
压力(P/P_1^o)分布(Kang 等,2000)

喉部静压和马赫数通过连续性方程来计算:

$$V_{th} = \frac{\dfrac{\dot{m}}{Z_D}}{A_{th}(1-\mathrm{bl})\rho_{th}} \quad (4.37)$$

$$T_{th} = T_2^o - \frac{V_{th}^2}{2C_p} \quad (4.38)$$

损失通过堵塞因子 bl 考虑,喉部静压是由无黏核心流动来确定,即

$$P_{th} = P_2^o \left(\frac{T_{th}}{T_2^o}\right)^{\frac{\kappa}{\kappa-1}} \quad (4.39)$$

喉部流动条件的计算是一个迭代过程。开始时初步猜测喉部堵塞,即可获得速度(式(4.37))、静温(式(4.38))和压力(式(4.39))的第一次逼近,从而可以更新喉部密度。

但仍有以下两个问题尚待解决:

① 作为入口流动条件的函数,喉部边界层堵塞系数(bl)的预测问题。

②扩压器前缘和喉部之间静压升极限值的确定。此时流动已经分离,不再是边界层堵塞函数。

Kenny(1970)把喉部堵塞和叶片前缘与喉部之间的静压升联系起来,(图4.33):

$$CP_{3-th} = \frac{P_{th} - P_3}{P_3^o - P_3} \quad (4.40)$$

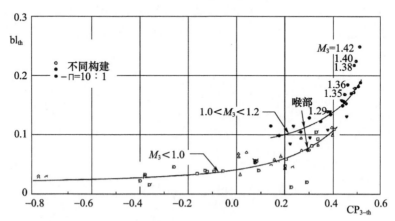

图4.33　喉部堵塞与叶片前缘至喉部之间静压升(Kenny,1970)

这样就可以在计算喉道处流动条件时更新喉道堵塞(式(4.37)~式(4.39))。

图4.33显示喉部堵塞随压升的增加而增加。在前缘为超声速马赫数时,会产生一道正激波,得到额外的压升,也伴随着激波边界层干涉造成的附加损失和喉部堵塞。

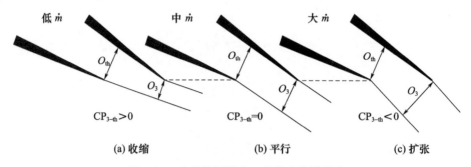

图4.34　叶片扩压器入口的滞止流线形式

在最大质量流量下,流体以负冲角进入扩压器,并在前缘和喉道之间加速,此时可能发生堵塞,见图4.34(c)。加速使压力降低($CP_{3-th}<0$),这就是喉部轻度堵塞的原因。

在质量流量减少时,流体以零或者正冲角切向进入扩压器,在前缘到喉部之间减速,见图 4.34(a)。$CP_{3-th} > 0$,导致喉部堵塞较大。正冲角时,流体在前缘处膨胀,随后向喉部截面减速,最终形成一道激波,这些都使喉部堵塞进一步增加。局部吸力面扩压比对应面积比的扩压要高得多。图 4.35 基于与图 4.33 相同的数据,显示最大冲角不能超过 +2°。

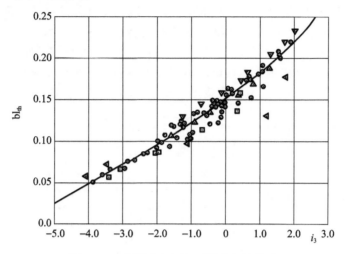

图 4.35 喉部堵塞与扩压器冲角的关系

Conrad 等(1980)研究了喉部堵塞与扩压器叶片吸力面角度 α_{ss} 的依赖关系。图 4.36 显示,叶片安装角较大会使喉部堵塞增加,这是由于来流更偏切向使流程更长所致。

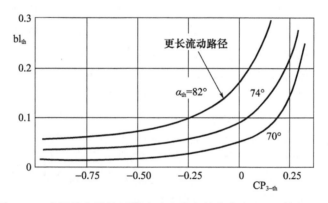

图 4.36 喉部堵塞随扩压器叶片安装角的变化(Conrad 等,1980)

最小质量流量(失速)取决于可达到的最高压升 CP_{3-th}(将在 8.5 节详细讨论)。Ribi 和 Dalbert(2000)提出了更为明确的方法,以考虑亚声速弯曲叶片扩压器非设计工况下堵塞和损失。

目前还没有完善的方法,既能定义半无叶空间的最优几何形状,又可预测其对性能和范围的影响。下面是一些相关流动特性关系式和发现的综述,以便更好地理解几何和性能之间的关系。

叶片岛扩压器的参数叶片数量 Z_D、位置 R_3、前缘厚度、吸力面角度 α_{SS} 和喉部面积 O_{th} 等是几何上关联的,一个参数发生了变化,至少对另一个参数产生直接的影响,见图 4.30。在 $R_3/R_2 = 1.05$、前缘叶片厚度为 0 并且前缘和喉部之间吸力面为直线的情况下,图 4.37 给出了喉部面积和安装角之间的关系。随着叶片数的减少,总喉部面积增加。喉部截面数量的减少被喉部面积的增加补偿。众所周知,堵塞流量与喉部面积直接相关。在给定的吸力面角度下,可通过减少扩压器叶片数量来增加堵塞流量,前提是最大质量流量不被叶轮堵塞所限制。

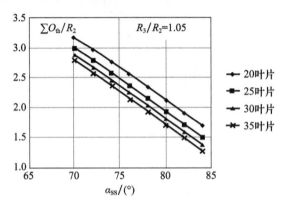

图 4.37　$R_3/R_2 = 1.05$ 时扩压器叶片数量、叶片安装角和喉部面积之间的关系

增大喉部面积和堵塞质量流量的另一种方法是减小叶片安装角 α_{SS}。这样做可能把失速极限移到高质量流量处,这是由于相应的扩压器冲角和压升系数 CP_{3-th} 的增加所致。稳定工作范围在失速和堵塞点之间,由于两者的移动量相同,都偏到更大的质量流量,工作范围将保持不变,但可以更好地适应叶轮的工作范围。当叶片数量固定时,增加叶片安装角,则情况相反。

可通过改变前缘和喉道之间的吸力面形状来影响图 4.30 所示的几何关系。在零冲角的对数螺旋线,即图 4.28 所示凹形的吸力面,在等效线性叶栅中等同于直吸力面。因此,流型与无扰动无叶空间中类似。直到喉口部分前气流速度一直减小且其正比于 $1/R$,喉口处的流动会变得不太均匀(吸力面的速度比压力面更低),这构成了下游扩散通道的一种进口畸变。

入口前缘和喉部之间的直吸力面对应于相应线性叶栅凸曲线吸力面,这种形状会沿着表面形成局部流动加速,并通过补偿前面所述的增加半径导致的流动减速,使喉部流动更加均匀。

通过吸力面上的外曲率进一步增加喉部面积,使该表面上流动进一步加速,见图 4.38。在高马赫数时,这会增强喉部区域上游和相邻扩压器叶片之间正激波的强度。加厚边界层,相应喉部堵塞的增加可能会大于喉部几何面积的增加。这与2.2.3节中对轴向导风轮的解释类似。有效的喉部面积可能小于直吸力面情况,堵塞的增加对于下游扩压器通道的压力升高也有不利影响,这一点将在后面进行讨论。

当轴流压气机在跨声速和超声速入口马赫数下工作时,为了在吸力面马赫数增加和喉部截面增加之间取最佳折中,通常将相应的曲率限制在几度以内(图2.31),在叶片扩压器中这与直吸力面相差无几。Bammert 等(1976、1983)和Clements 等(1989)通过试验研究了扩压器前缘形状的影响。他们推荐在叶片喉部上游采用直吸力面。

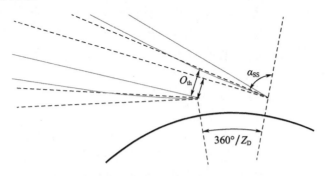

图4.38 吸力面曲率对扩压器喉部截面的影响

目前还没有明确的标准来定义扩压器进口前缘半径比的最优值。一般认为R_3/R_2在1.05~1.12之间。该值较低会导致一定的喉道堵塞,以及高的前缘马赫数和噪声,这是由于射流/尾迹干涉造成的。R_3/R_2值越大,扩压器前缘出流的混合越平稳,噪声水平也越低,见图4.39。

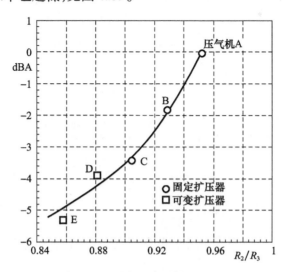

图4.39 声级随叶轮/扩压器间距的变化(Salvage,1998)

跨声速和非定常流动损失可以通过增加半径比来避免,使气流为亚声速且完全混合。当叶片数恒定且吸力面形状不变时,会使喉部面积成比例增加。增长喉部上游的流程,导致从叶轮出口到喉部的摩擦损失和压升增加。两者都对喉道堵塞有负面影响,如 8.5 节所示,后者还对失速极限有负面影响。无叶扩压器旋转失速的临界入口气流角也随无叶空间的径向延伸而减小(8.2 节)。喉部堵塞的增加减少了喉部截面几何增加对堵塞流量的影响,因此不能确定 R_3/R_2 增加对工况范围的影响。在固定的扩压器出口半径条件下,半无叶空间的增加会减小留给扩张通道的空间,从而使静压升变低。

Ziegler 等(2003a、2003b)和 Robinson 等(2012)研究了无叶空间径向延伸的影响。他们确认,在大多数情况下,较小的径向间隙会使扩压器压力恢复更高,从而提高压气机效率。在不改变出口半径的条件下,通过改变无叶空间的径向范围,改变了喉部截面积和扩压器通道的长度。Robinson 等(2012)在不改变叶片安装角和叶轮出口宽度的情况下,通过减少扩压器宽度来成比例减小喉部面积,以补偿较小前缘半径时的高速度。数值预测表明,总体静压更高,但总效率略有下降。

不能排除的是,减小叶轮出口和叶片前缘之间的距离时,叶片上游影响增大改变了叶轮的能量输入。因此,想要获得明确的结论是非常困难的。

管式扩压器也存在类似的几何关系。然而,由于喉部前进气锥的直径受到叶轮出口宽度的限制,因此还有额外的约束。增加进口锥的收敛度可以减小喉部面积。可以通过添加管道来增加喉部面积,但这会使它们在更大的半径处相交,故而形成更大的半无叶空间(Bennett 等,1988)。通过增加管径可以减少管道数目,要求扩压器壁面的侧壁膨胀大于叶轮出口宽度的值,或者使用椭圆形管道来代替圆形。Rodgers 和 Sapiro(1972)比较了管式和叶片通道扩压器的压升,后者的压升略高,喘振与堵塞之间的范围大很多。其他研究人员则认为管式扩压器具有更优异的性能(Kenny,1970),这说明了最佳叶片扩压器设计的复杂性。

4.2.4 扩压器通道

Reneau 等(1967)、Runstadler 等(1969)以及其他研究人员对直通道扩压器中喉部下游的流动进行了试验研究。他们发现压升系数

$$\mathrm{CP}_{\mathrm{th}-4} = \frac{P_4 - P_{\mathrm{th}}}{P_{\mathrm{th}}^{\mathrm{o}} - P_{\mathrm{th}}} \tag{4.41}$$

取决于喉部马赫数 M_{th}、喉部堵塞 bl、基于 V_{th} 和 O_{th} 的雷诺数、展弦比 AS $= b/O_{\mathrm{th}}$(图 4.40)、面积比 AR $= A_4/A_{\mathrm{th}}$、长宽比 LWR $= L/O_{\mathrm{th}}$ 和截面形状(圆形或者矩形)。

典型结果如图 4.41 所示,图中定义了静压升系数和上述参数之间的函数关系。

当扩张角较小($2\theta < 8°$)时,流体减速由边界层堵塞修正后的几何面积比控制。等 CP 线几乎和等 AR 线平行。在相同的面积比下,减小开度会使扩压器更长,因此边界层更厚,且 CP 值更低。

当扩张角较大时($2\theta \geqslant 20°$),对于小 AR 值,在扩压器入口已经发生流动分离,导致 CP 较低。在分离点的下游不会发生扩压,即使增长扩压器 CP 也不会再增大。此时等 CP 线平行于等开度线。CP 的值取决于分离点的压力。这与在叶轮流动计算中所解释的最大扩散比率概念相一致。

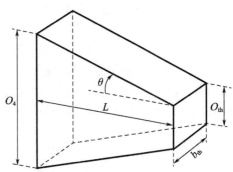

图 4.40 叶片扩压器通道几何

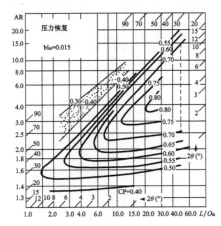 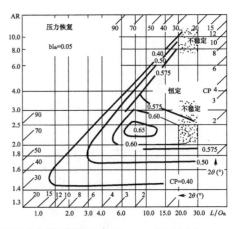

图 4.41 静压升与通道几何形状和入口堵塞之间的函数关系(Reneau 等,1967)

Reneau 等(1967)发现最大 CP 的位置和入口边界层堵塞无关。在长扩压器($L/O_{th} = 15$)中,最大扩压发生在小开度($2\theta = 6°$)时,而短扩压器($L/O_{th} = 2$)则发生在较大开度($2\theta = 18°$)。

最大 CP 的轨迹可能与喉部堵塞无关,但 CP 值则不然。Runstadler 等(1969)在多种入口流动条件下对不同扩压器几何进行了系统的研究。结果和 Reneau 等(1967)的结果相似,如图 4.42 所示。相关结果能够预测各种入口马赫数、入口阻力、雷诺数和展弦比条件下扩压器的性能。入口堵塞高时,静压升系数随着扩压器长度的增加而增加,直到摩擦引起的堵塞大于面积的增加,边界层增长阻止气流进一步减速为止。

CP 随着 L/O_{th} 的增加而增加。然而 L 是扩压器出口到喉部半径比 R_4/R_{th} 以及叶片吸力面角度 α_{ss} 的几何函数,见图 4.28。α_{ss} 在 L 恒定时,可以通过减少 O_{th} 来

增加 L/O_{th}，即通过增加扩压器通道数量，但这会导致 AS_{th} 的增加。图 4.43 总结了 Runstadler 等(1969) 的研究结果，可知，$AS_{th}=1$ 时，CP 最大。当理想 AS(最大 DH)出现在最大速度处，即喉部截面时，可以得到最高性能。当将 AS 增加到最佳值以上时，压升系数缓慢降低，这是因为由于通道的扩张，最优展弦比将出现在喉部下游。增加叶片数是提高扩压器性能的可能方式。图 4.37 表明，在 α_{ss} 不变时，增加扩压器叶片数会导致总喉部面积和堵塞流量减小。

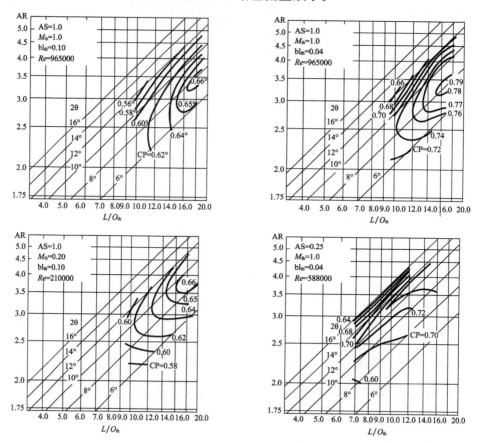

图 4.42　扩压器性能随入口马赫数、入口堵塞和雷诺数的变化(Runstadler 和 Dean,1969)

当 $AS_{th}<1$ 时，CP 可达到的最大值急剧降低(因为在小于最优值的情况下，AS 在扩压器通道内更远的下游处进一步减小)。L/O_{th} 降低，最终 AS 降低到低于最优值，这是通过减少叶片数来增加喉部面积的后果。

Clements 和 Artt(1987b) 观察到，将扩压器扩张角增加到发生瞬间失速时的极限值，级效率会增加，但工况范围会减小。他们认为，工况范围的减少是由于扩压器通道不能承受更高水平的喉部堵塞而不发生分离。以小于最优扩张角的值来设计扩压器，能给稳定运行留下一定裕度，尤其是当喉部堵塞随着质量流量减少而增加时。Clements 和 Artt(1978b)在 $L/O_{th} \approx 3.75$ 时,将喘振点最大喉部堵塞和扩压器通道扩张角联系起来,并发现该值不唯一,且取决于扩压器进口几何。

从这些观察中可以得出结论,通道扩压器的设计就是在给定 L/O_{th} 时确定的最优扩张角,并优化进口截面以最小化喉部堵塞。

对于给定的截面而不增加扩压器出口半径的前提下,通过在喉道后首先采用高于最优开度的值,然后通过安装分流叶片来减小扩张,与叶轮中通常做法类似,可以获得额外的压升(Benichou 和 Trébinjac,2015)。图 4.41 表明短扩压器通道中开度(2θ)可以更大,但长度和面积比受限。添加分流叶片可以使扩张角降低一半,这样可以继续扩压。需要注意的是,所产生的第二喉部不能限制堵塞流量。扩压器分流叶片通道比初始几何要短,但是喉道截面几乎为初始值的一半,因此 L/O_{th} 较大。新的边界层开始于分流叶片前缘,对第二喉道的堵塞影响很小。静压升是扩张较大的进口段和扩张较小的下游段压升之和。

Filipenco 等(2000)认为:"通常接受的扩压器静压恢复性能对入口流动畸变和边界层堵塞的敏感性在很大程度上归因于扩压器入口平均动压的不当量化。"然而他们的结论是基于扩压器前缘的流动条件,以及由侧壁吸附或吹除产生流动畸变所致的喉道堵塞。其并未指明堵塞是否是摩擦引起的总压降低或在总压基本恒定的情况下流动方向变化所造成的。

管式扩压器的优点是摩擦损失小,这是由于水力直径大,且最优展弦比可以一直保持到扩压器出口。

在喉部下游使用扩张侧壁可以提高通道扩压器的压力恢复系数,从而在整个通道中都保持最佳 AS,见图 4.44(Came 和 Herbert,1980)。然而这会使最终扩压器叶片的安装角调整变得复杂。

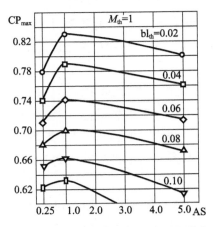

图 4.43　最大 CP 值随展弦比及喉部堵塞的变化(Runstadler 和 Dean,1969)

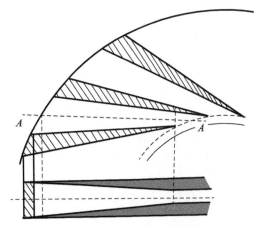

图 4.44　叶片扩压器中的侧壁面扩张

第 5 章
叶轮详细几何设计

目前,计算机流体力学 CFD 技术已被广泛应用于叶轮机械部件的设计和分析中。CFD 计算结果能提供流场内大量网格点上的压力、温度和速度分量的分布,但无法给出几何修改的具体信息,以达到性能提升或指定的目标性能参数。设计者需要依靠自身经验来进行判断。这就解释了为什么越来越多的学者不断研究各种数值技术,以加速设计过程,实现性能提升。

先进的设计系统必须能够完全利用所有三维几何特征来提高性能,如弯和掠等。只有出于力学、加工或者成本考虑才对几何施加限制。

如果设计时考虑了所有的实际流动现象,如基于三维 Navier–Stokes 方程求解器来进行精确流场分析,就可以保证实现最优性能。任何低精度的性能评估方法的使用都会导致非最优的几何。简化设计方法仅可用于初步设计,且后续必须有高精度的方法来补偿。

设计系统必须足够快,且能以可接受的时间和成本自动满足设计要求。人工几何修改、网格划分和流动分析的效率较低。准确的设计系统通常需要大量的计算机分析,因此有必要开展加速收敛技术的研究,从而在不妥协结果精度的基础上使工作量尽可能少。

设计系统所提供的真实设计方案应能够满足机械、几何约束要求,且保证设备所要求的使用寿命。满足以上所有要求,不仅需要进行多学科优化(包含声学、应力和传热分析等),还需要在多个互相矛盾的设计目标之间进行折中。此外,还必须在足够宽的工作范围内保证高的性能(需要进行多点优化和鲁棒性设计)。

下面介绍两种压气机元件设计的基本方法:

①反设计方法(简称反方法),即给定"最佳"的压力或速度分布,得到对应的几何;

②优化技术,即给定压比、流量以及最小工作范围等设计目标,同时施加几何和力学约束,探求使效率最大化的几何。

5.1 反设计方法

反设计方法的首要问题就是定义能保证最优性能且满足几何设计约束的"最优"速度或压力分布。显然，这需要深入理解流体力学。边界层和损失模型的研究，结合边界层逆命题方法，已经形成了一些结论，如轴流压气机的可控扩散叶型(Papailiou,1971)以及涡轮叶片的最优压力分布(Huo,1975)。对于轴流叶轮机械，在忽略二次流时，在二维流中找到一组最优参数分布形式是可行的。但是，对于离心叶轮而言，其流场存在强烈的三维效应以及流动分离等二次流现象，最优参数分布是何形式仍未可知。而确定的速度分布在非设计点(压气机冲角或跨声速涡轮背压变化)仍然要工作良好，显然这是额外的技术挑战。

此外，在给定"最优"速度或压力分布时，应当特别注意满足几何约束，如叶型厚度、弯度及弯等。对于给定的压力分布，除了不可压缩的二维势流(Lighthhill, 1945)，尚无严格的理论能够保证反方法解的存在性。没有一个明确的理论保证给定压力分布的解是存在的。针对轴流压气机已经形成了一些有关几何控制的理论(Van den Braembussche, 1994)，但对于径流叶轮研究基本为空白。从这个角度来说，修改现有几何的速度分布，而非全新定义，是一种行之有效的方法。

反设计方法的另一个问题是数值计算域通过问题求解得到，因此在设计开始时是未知的。这就给使用现有的数值工具带来了困难。较早的设计方法使用保角变换方法，或者将问题转化到速度相平面求解，然而这些方法的应用领域非常受限(仅适用于二维、无黏和亚声速流动)，所以也很难用于离心压气机中。

反设计方法的主要优点是能够详细地设计具体的叶片几何，如可控扩散叶片、无激波跨声速叶片等，而这些应用很难用其他方法来处理。

实际使用的反设计方法主要有两种类型：

第一种类型使用无黏解析方法将几何和目标速度分布联系起来。该方法只能给出近似解，因此只能用于设计初期阶段；

第二种方法基于已有几何，利用物理模型和CFD计算，迭代求解目标几何。该方法的结果与其采用的数值求解器(黏性/无黏、二维/三维)具有同样的精度。

5.1.1 反设计方法分析

反设计方法主要包括两种：一种方法是基于3.1节中描述的准三维流动模型。执行过程：首先从给定轮毂和轮盖处吸力面和压力面上的速度分布开始，见图3.3。在两个展向位置处，基于平均速度来定义子午型线，基于吸力面和压力面的速度差来定义局部叶片角。

式(3.3)可用于定义轴对称流线的子午曲率半径与平均速度 $\widetilde{W}$、梯度 $\frac{\delta \widetilde{W}}{\delta n}$ 和气流角预估值之间的函数，即

$$\Re_n = \frac{\widetilde{W}\cos^2\beta}{\frac{\delta \widetilde{W}}{\delta n} + \cos\lambda\sin\beta\left(\frac{\widetilde{W}\sin\beta}{R} + 2\Omega\right)} \tag{5.1}$$

轮毂和轮盖处的平均速度 $\widetilde{W}$ 可由从吸力面和压力面速度分布得到，见图3.3，其他展向处的值可通过线性插值得到。式中周向平均气流角 β 为初始预估值，也可由上一轮迭代的叶到叶计算中获取。

由 $(\widetilde{W}_S - \widetilde{W}_H)/\Delta n$ 逼近 $\delta \widetilde{W}/\delta n$，以及 $\widetilde{W} = 0.5(\widetilde{W}_S + \widetilde{W}_H)$，式(5.1)给定了轮毂和轮盖间平均流线处的曲率半径 $\Re_n$。假定轮盖处的曲率半径按 $\Re_n - \Delta n/2$ 计算，且轮盖处的 $(X_S(m+\Delta m), R_S(m+\Delta m))$ 坐标可通过图5.1所示的简单几何构造，即

$$\gamma_S(m+\Delta m) = \gamma_S(m) + \frac{\Delta m_S}{\Re_{n,S}}$$

其中

$$\Delta m_S = \Delta s_S \cos\beta_S \tag{5.2}$$

轮毂处对应点的坐标 $(X_H(m+\Delta m), R_H(m+\Delta m))$ 由轮毂和轮盖之间的距离 Δn 确定，且 $\Delta m_H = \Delta s_H \cos\beta_H$，见图3.3。

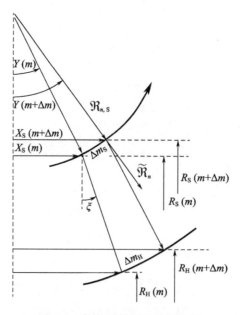

图5.1 轮盖和轮毂的几何限制

距离 Δn 可由准正交线上的连续性方程得到，即

$$\dot{m} = \int_{n_S}^{n_H} \left(2\pi R - \frac{Z_r \delta_{bl}}{\cos\beta}\right) \rho \widetilde{W} \cos\beta \cos(\gamma - \xi) \, dn \tag{5.3}$$

如果假设 δ_{bl}、$\widetilde{W}$ 和 β 在轮毂和轮盖之间是线性变化的，则式(5.3)可求解。

平均气流方向 $\widetilde{\beta}$ 是给定的吸力面和压力面速度分布的函数，在轮毂和轮盖处可通过积分式(3.13)得到。除了在尾缘处需要考虑滑移的角度修正，在其余各处认为叶片角等于气流角。这样叶片角即可通过对式(3.8)~式(3.12)反求得到。

一旦叶片角已知，叶片周向位置 θ 就可根据式(5.11)从前缘至尾缘的积分得到。考虑到给定的叶片厚度，通过直线连接轮毂和轮盖的对应点 $R(m)$、$X(m)$ 和 $\theta(m)$，则可确定三维叶片。

基于某原型叶轮准三维分析的速度分布，对其进行重新设计，原型和重新设计的叶轮除了在后缘处稍有偏差外，其余位置吻合较好（Van den Braembussche，1993）。

径流叶轮反设计的主要问题之一在于难以定义一种同时满足机械和几何约束的最佳速度分布。叶片形状和子午流道强烈耦合，速度分布的任何变化都会使两者同时发生变化。这可以通过某叶轮设计的例子来说明。该设计保持平均速度不变，速度分布由前加载变为后加载。速度分布按式

$$(W_{SS} - W_{PS})_{imposed} = (W_{SS} - W_{PS})_{original} - 10 SF \sin\left(2\pi \frac{s}{s_{max}}\right) \tag{5.4}$$

给定，结果如图5.2所示。

由于速度沿叶片长度给定，在轮盖上施加 $SF = 1$，轮盘上采用 $SF = \frac{s_{max,S}}{s_{max,H}}$，这样轮毂和轮盖处总的能量输入将不发生变化。对于该叶轮，给定的速度分布如图5.3所示。

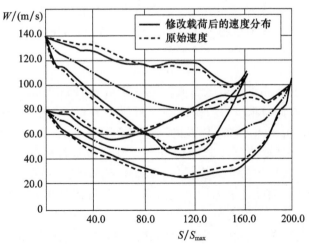

图5.2 修改载荷后的速度分布与原始速度分布对比

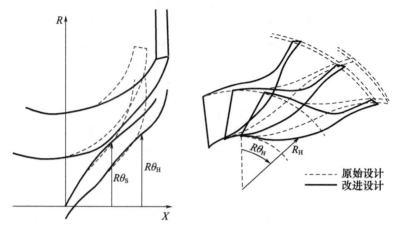

图 5.3 修改载荷后的几何形状与原始叶轮的对比

尽管轮毂和轮盖的平均速度没有变化,但重新设计的子午型线曲率更加平缓、轴向长度更长、叶轮出口半径更小。尽管前半部分叶片角几乎不变,由于载荷减小,半径增加更加平缓。叶片长度后半部分半径迅速增加,且叶片更偏径向,这是为了达到给定的载荷,同时补偿半径变小而必需的。

前面的例子表明,在给定离心叶轮轮盘和轮盖的速度分布时,几何约束的问题难以遵守。在不改变子午型线的情况下同时控制载荷和平均速度,实际上是很难实现的。因此,许多反设计体系保持子午型线不变,仅改变叶片载荷。这样轮毂和轮盖平均速度的流向变化就成为设计的结果。也就是说,不再控制扩散这个对压气机性能有着重要影响的因素(Lieblein,1960)。

常用的方法是用涡片表示叶片,涡强由轮毂和轮盖处周向平均环量 $R\widetilde{V}_u$ 沿子午型线的分布确定。该方法的主要优点是方便控制轮毂和轮盖处所加入的能量,并且可通过下式在叶片前缘施加零冲角条件,或者在后缘施加 Kutta 条件,即

$$\frac{\partial(R\widetilde{V}_u)}{\partial m}=0 \tag{5.5}$$

上述方法最初应用于不可压缩流轴流叶轮机械(Hawthorne 等,1984),之后被 Borges(1990)和 Zangeneh(1991)扩展到了可压流离心压气机,并进一步应用于带分流叶片情况(Zangeneh,1998)以及跨声速离心压气机中(Dang,1992)。

设计结果的好坏取决于轮毂和轮盖上环量分布是否最优以及叶型截面的积叠,而这些在公开文献中没有太多描述。Zangeneh 等(1998)提倡采用合适的环量分布和积叠线形式,使叶片吸力面上轮盘和轮盖的压差最小,因为这样可以减弱二次流,使叶轮出口参数的展向分布更加均匀。这与 Baljé(1981)提出的最优子午流道形式是一致的,相关内容在 3.2.1 节已有描述。为达到以上效果,需要在轮盘采用后加载,在轮盖采用前加载。但是后者可能导致严重的叶尖泄漏流,进口马赫数

高时还会形成强激波。

Shibata 等(2010)研究了载荷分布与子午型线联合变化的效果。他们得出以下结论:后加载增加喘振裕度,前加载增加堵塞裕度,加载方式对效率影响不大。通过联合使用带有更大相对速度扩散的后加载,以及更大的后弯,效率可提高3.8%,喘振裕度提高11%。

Zangeneh(1993)在迭代过程中引入了堵塞分布和与熵梯度相关的旋度项,以考虑叶片厚度和黏性效应的影响。堵塞和熵梯度可通过对前期的几何近似设计进行黏性分析获得。

黏性影响也可以通过另一种迭代过程来考虑,其中新设计要通过 Navier-Stokes 求解器进行分析。将计算出 RV_u 与目标 RV_u^* 进行比较,可以得到反设计的下一轮迭代中的环量分布。上述过程重复进行,直到 Navier-Stokes 求解器的结果与目标一致为止(Tiow、Zangeneh,2000)。

施加的环量分布和积叠线形式也可由优化得到。基于参数化的载荷分布,采用高精度的 Navier-Stokes 求解器,结合优化算法,可以得到具有最小损失的几何以及与之对应的参数设置(Tiow 等,2002;Yagi 等,2008;Zangeneh 等,2014)。与经典优化方法(5.2节)相比,该方法更容易保证所需的能量加入,这是因为载荷已知,在设计之初就可以对其积分而进行确认。目前仍然不清楚这种间接优化的优势是什么,毕竟还有许多其他的参数影响性能,如子午型线、分流叶片前缘位置等。反方法还难以保证满足机械约束的条件,而在经典优化体系中,在设计早期任何分析开始之前就可对其进行确认。

5.1.2 CFD 分析的反设计方法

第二种反设计方法是将流动求解器与物理模型结合起来,物理模型用来确定达到指定压力或速度分布所需的几何修正量。这种壁面运动方法非常有效,已经应用于大量设计问题中(Léonard,1992;Léonard 等,1992;Demeulenaere,1997;Demeulenaere 等,1997;Demeulenaere 等,1999)。

这种方法的核心是改进的三维欧拉方程时间推进求解,在瞬态计算时壁面是移动的,从而计算域也发生变化(Demeulenaere 等,1998a)。在每个时间步需要进行两次计算(图5.4):

第一步,在当前几何上施加目标压力分布,并计算所对应的流场。此时速度不与壁面相切,除非施加的压力分布与相同几何正问题计算结果相符。可穿透壁面边界条件使垂直于叶片壁面速度分量的计算成为可能,基于渗透模型,利用该速度分量可生成新的叶片几何。

第二步,考虑壁面和网格的移动,更新流场信息。

在这两步中间需要基于渗透模型进行几何修改。

渗透模型能够确定新的叶片几何与初始几何吸力面和压力面上计算的法向速度和施加的切向速度之间的内在关系,见图 5.5。从前缘积叠线开始,沿着压力面和吸力面分别推进至尾缘。滞止线可以保持不变,也可以修改以达到指定的弯掠效果。所有网格点,包括壁面网格点,都沿着轴对称网格面移动。移动的距离 Δn_{out} 通过新、旧叶片壁面之间的单元中应用连续性方程得到。基于求得的位移可计算出网格速度 W_g,并将其作为额外的一项添加到欧拉求解器中,以考虑壁面运动。叶片形状修改后,需要重新生成新的网格。

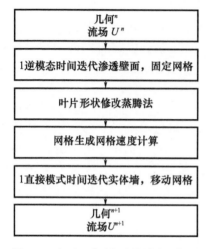

图 5.4　壁面运动反方法设计流程框图　　图 5.5　三维渗透模型(Demeulenaere 等,1998)

经验表明,只要目标压力对应于可行的几何,经过每个时间步,新几何的压力分布都会更接近目标。重复该过程,直至法向速度和渗透通量为零,即正问题获得的压力分布与目标值一致。

当几何收敛到期望值时,时间推进过程同时也会收敛到稳态渐近解。这种逐步改变到最终几何的过程使设计时很容易控制叶片形状,调整最终目标压力分布。

正叶片厚度的收敛解存在与否取决于设计要求,且不能事先保证。还可以给定轮毂和轮盖上压力面和吸力面上的平均压力,从而得到这些位置处的法向速度分布,将其输入渗透模型中用于当地叶片更新。

将该方法用于图 5.6 所示的离心叶轮设计。该叶轮基于一维快速设计,有 20 个扭叶片,转速为 18000r/min。叶片表面径向网格线共 12 条,每一条对应一个轴对称的拟 S1 网格面,在该表面上使用周期性 H 形网格进行离散,并计算叶片位移。

如 5.1.1 节所述,对于径向叶轮,很难指定一个全新的压力分布,并且据此得到真实可用的几何。因此,从现有几何出发进行设计,给定的轮毂和轮盖处的目标马赫数分布由对现有几何进行光顺得到,见图 5.7。设计过程中,保证叶轮出口/

扩压器进口为径向,平均速度由计算得到。

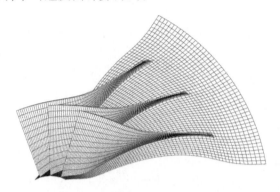

图 5.6　初始离心叶轮的三维视图

为了控制叶片通道中的平均速度水平和叶片载荷分布,子午型线和叶片几何的修改分别交替进行。考虑三维效应需要采用三维流动求解器(Demeulenaere 等,1998b),但用于叶片修改的法向速度也可由准三维求解来确定,前提是施加压力分布时考虑准三维和三维结果之间的差值(Passrucker 等,2000)。出于机械方面的考虑,径流叶轮的叶片厚度通常是确定的,只需对叶片中弧线重新设计即可。

图 5.7 显示了设计后叶轮的马赫数分布与和目标值完全一致。图 5.8 给出了初始和改型几何的子午型线对比,以及轮毂和轮盖间 4 个展向位置的叶型截面几何对比。利用 Navier - Stokes 求解器对改型叶轮进行分析,确认光滑后的速度分布对效率更有利(Demeulenaere 等,1998b)。

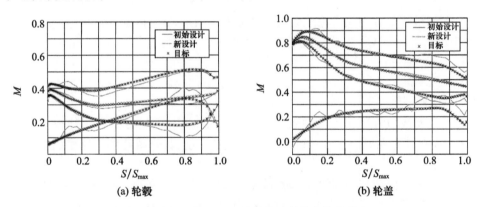

图 5.7　轮毂和轮盖的初始等熵马赫数和载荷分布

基于欧拉求解器的设计方法无法预测离心叶轮出口处的二次流和流动分离。但是,有研究表明(Ellis 和 Stanitz,1952),二次流对叶片表面压力分布影响不大,至少在叶轮通道上半部分如此,不会改变该方法的有效性。因此,Demeulenaere 等(1996、1999)在无激波跨声速压气机的研究中发现,该方法特别适合设计跨声速导风轮,见图 5.9。

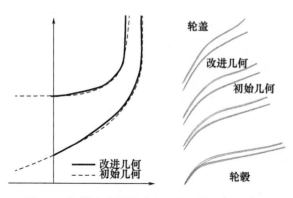
图 5.8 初始和重新设计的子午型线和叶片截面
(等角线贴图)

图 5.9 带激波的超声速诱导轮

从物理和数学的角度来看,将这种反方法扩展到带有无滑移固壁边界的黏性求解器是存在问题的。Demeulenaere 等(1997)以及 Léonard 和 Demeulenaere (1997)提出了一种扩展方法,即渗透模型所需的法向速度分布 W_n 不再从相容性方程中获得,而是由以下的简化表达式得到,即

$$W_n^{n+1} = \frac{P - P^*}{\rho a} \tag{5.6}$$

式中:P^* 为目标压力;P 为由 Navier–Stokes 求解器计算得到的当前几何的固壁压力。

不再需要单独的反方法求解器推进步骤。几何修改可由渗透原理得到,所需的切向速度由边界层外缘获取;也可直接根据法向速度计算(Daneshkhah 和 Ghaly, 2007),即

$$dn = R_f W_n dt$$

式中:R_f 为松弛因子。

叶片修改过程可作为用户自定义函数(UDF)与商业 CFD 程序结合。Arbabi 和 Ghaly(2013)在亚声速叶片改型设计过程中发现,其收敛速度比原始的 Euler 版本略慢。

对跨声速流和超声速流进行大量测试表明,上述方法存在严重的收敛问题,其原因可通过在 Laval 喷管的扩张段中分析式(5.6)来解决。如果所需的静压高于计算值,W_n 为负值,即流体进入计算域,喷管将变窄。这种情况仅对超声速流动成立;在亚声速流动中,对于相同的压差,喷嘴应变宽。边界层的存在不影响该结论。根据流动情况的不同,调整式(5.6)中的正负号对于直喷管可能有效,考虑到设计过程中亚声速和超声速流动的边界会发生运动,但是否适用于更复杂的叶轮机械尚不得而知。

为避免混淆,de Vito 等(2003)将黏性求解器和无黏反方法相结合。同样是两步交替进行:通过 Navier – Stokes 求解器进行分析,通过欧拉求解器进行反问题求解,但施加的压力分布 P^{imp} 由目标压力与 Navier – Stokes 获得的压力之差定义,即

$$P^{imp} = P_{inviscid} + (P^* - P)_{viscous} \quad (5.7)$$

第二步中确定的法向速度用于基于渗透模型进行叶片修改。应用于轴流涡轮叶片的改进设计会发现解不止一个,即对于给定的马赫数分布,存在多个几何满足要求。在压气机设计中尚未发现此问题。

如果目标压力分布为基于现有几何分析结果的修改版,那么基于上述方法进行叶片设计一般不会存在问题。如果目标几何形状与初始几何相距较远,那么需要采用亚松弛,但 CFD 反方法将迅速收敛到正确的叶片形状。

如果输入任意的吸力面和压力面压力分布,那么可能会存在收敛问题。原因可能是给定的压力分布与上下游边界条件不一致,或者不存在真实的叶型满足要求(以正的叶片厚度封闭)。通过参数化压力分布很容易调整压力分布满足自由流条件,同时满足机械约束条件。在设计过程中参数可以调整,直到几何也满足约束条件为止。但是,"可行"的压力分布可能不如最初施加的压力分布的好。

最直接的方法是混合方法,即指定叶片一个表面的压力分布以及叶片厚度分布(Demeulenaere 等,1998a)。

前述的基于 CFD 的叶片修改方法通过流线定义叶片形状,一般不存在表面相交的问题(负厚度),除非流线积分过程中引入了较大的数值误差。该方法通常能收敛到最接近的物理几何的解。

欧拉求解器无法考虑黏性效应,必须在叶片中减去吸力面和压力面上边界层的位移厚度才是真实叶片几何。由于设计开始时叶表马赫数分布已知,边界层位移厚度在最终几何确定前就可预先计算出来。尾缘的厚度和边界层位移厚度之和用作设计过程中需要施加的几何约束。

5.2 优化系统

优化方法定义了 n_D 个几何设计变量 $X(i=1,n_D)$,选择合适的设计变量使目标函数 $OF(U(X),X)$ 最小,其中 $U(X)$ 为流动方程 $R(U(X),X)=0$ 的解,并受到以下约束:n_A 个性能约束,$A_j(U(X),X) \leq 0 (j=1,\cdots,n_A)$;$n_G$ 个几何约束,$G_k(X) \leq 0 (k=1,\cdots,n_G)$。

数值优化过程包括的基本元素(图 5.10)如下:

(1) 参数化的几何定义,选择独立的设计参数,根据几何约束限制设计空间的可行区域。

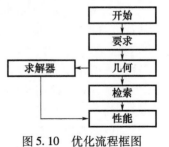

图 5.10 优化流程框图

(2)目标函数 OF,能够在数学上定量描述压比、流量、效率、噪声、应力、制造成本或者其他设计目标的满足程度。当以给定和到达的马赫数或压力分布之间的差值作为 OF 时,优化方法成为反方法。

(3)性能评估系统,包括自动网格生成和性能分析,为新几何的 OF 提供输入。

(4)一种搜索机制,用于找到设计参数的最佳组合,如在满足几何、机械或任何其他约束的前提下使对应 OF 最小。

5.2.1 叶轮几何的参数化定义

通过解析函数定义几何可以减少未知数个数。这里以叶轮的参数化来说明,类似方法也适用于扩压器、回转通道或任何其他压气机组件。

轮毂和轮盖的子午型线可通过 Bézier – Bernstein 多项式定义,前缘至尾缘一段,上下游延伸段各一段(图 5.11),即

$$x(u) = x_1 (1-u)^3 + 3x_2 u (1-u)^2 + 3x_3 u^2 (1-u) + x_4 u^3 \quad (5.8)$$

$$R(u) = R_1 (1-u)^3 + 3R_2 u (1-u)^2 + 3R_3 u^2 (1-u) + R_4 u^3 \quad (5.9)$$

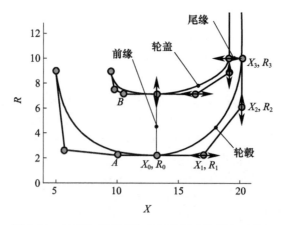

图 5.11 贝塞尔多项式定义的径流叶轮子午面几何

$(x_1, R_1) \sim (x_4, R_4)$ 是设计参数,也可使用更高阶多项式来定义。但经验表明,3 阶方程足以在很宽的范围内生成轮盖和轮盘的子午型线。点 A 和 B 是可调的,从而实现叶轮在轴向或径向段与其他部件连接的平滑过渡,扩压器也可用类似方法定义。

这种解析定义的主要优点是型线平滑、曲率连续、坐标计算简单。从前缘 $u=0$ 到尾缘 $u=1$,对 dx 和 dR 沿曲线进行的数值积分就可得到沿子午型线的坐标 m 的绝对值。

叶型由轮盘和轮盖以及中间截面的叶片角度分布 $\beta(u)$ 定义。典型的分布如

图 5.12(a)所示。

$$\beta_{bl}(u) = \beta_{1,bl}(1-u)^3 + 3\beta_{i1}u(1-u)^2 + 3\beta_{i2}u^2(1-u) + \beta_{2,bl}u^3 \quad (5.10)$$

式中：$\beta_{1,bl}$ 和 $\beta_{2,bl}$ 分别为前缘和尾缘的叶片角；β_{i1} 和 β_{i2} 分别为 $u=0.33$ 和 $u=0.66$ 控制点处的值。

通过增加式(5.8)~式(5.10)的阶次，可实现更复杂的几何定义。

叶片角坐标 θ 通过沿轮盘和轮盖积分 β 分布得到(图 5.12(b))：

$$\theta(m) = \int_1^2 \frac{1}{R}\tan\beta_{bl}(m)\,dm \quad (5.11)$$

式中：m 为子午型线的长度。

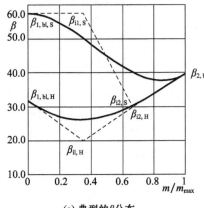
(a) 典型的 β 分布

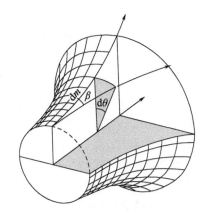
(b) 叶片中弧线与子午型线的函数关系定义

图 5.12 叶轮定义的典型分布

改变子午型线或轮盘轮盖处的 β 分布，可以影响包角 $\theta_2 - \theta_1$。轮盘与轮盖的相对周向位置是额外的设计变量，通常由前缘积叠线或尾缘倾角指定，见图 5.13。倾角可以向前(旋转方向为"+")或向后，通常限制为 $\pm 45°$，角度太大会增加湿面

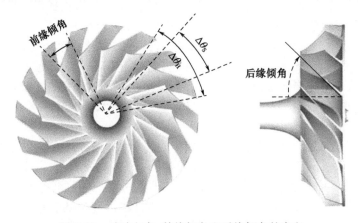

图 5.13 叶片包角、前缘倾角和后缘倾角的定义

积,从而增加摩擦损失。选择标准是效率最高,应力限制或通过影响二次流使得叶轮出口流动更均匀(参见3.2.4节)。

离心叶轮轮盘和轮盖处的叶片厚度分布形式通常比较简单,大部分区域厚度值基本不变,在前缘处通过给定长、短轴(LE_1和LE_2)的椭圆来圆整,尾缘按给定的厚度TE_2直切,见图5.14。考虑振动和应力,轮盘和轮盖的厚度值不同。分流叶片厚度的定义方式与主叶片类似,不一定必须为主叶片的截短版。

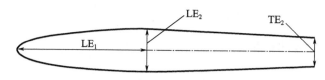

图 5.14　沿叶片中弧线的厚度分布
LE—前缘；TE—尾缘。

将叶片厚度分布叠加到中弧线上,并有直线连接轮盘和轮盖的对应点,可以得到三维叶片,这种叶片很容易通过侧铣来加工。吸力侧和压力侧母线几乎彼此平行,这样能避免根切问题。非线性积叠和在更多展向截面上给定 β 分布能够得到从轮毂到轮盖曲线变化的叶片,包括前掠或后掠(Sugumura 等,2012;Zheng 和 Lan,2014)。

在参数化中可以施加一些几何约束。然而重要的是优化不被约束于传统的次优设计,要允许过去未曾考虑过的非传统全新几何存在。任何几何的限制都可能使优化方法难以找到最优解,原因是参数化不允许生成这种几何。

5.2.2　搜索机制

搜索机制主要分为以下两类。

(1)一阶方法:基于性能评估的输出,以确定的方式计算所需的几何变化。常见的方法是最速下降法或梯度法,即沿着 OF 等值面上最大负梯度的路径接近 OF 最小值区域。这种方法需要计算 OF 最大梯度的方向和推进步长。

(2)零阶或随机搜索机制:这种方法仅需要函数评估。该类型即包含设计空间的随机或系统扫描,也涵盖基于进化论,如遗传算法(GA)或模拟退火算法(SA),找到最佳参数组合。零阶方法通常比梯度法需要更多的函数评估,但可以使用经过全面验证的CFD求解器,出现局部最小值的风险也较小。

1. 梯度法

梯度法广泛应用于工程实践中以找到设计参数的最佳组合。对于只有 $X(1)$ 和 $X(2)$ 两个变量的简化问题,其基本思路如图 5.15(a)所示。

图 5.15(a)中曲线为 OF 的等值线。虚线为约束,其限制了可接受几何的区域。从初始几何形状($X(1)^0,X(2)^0$)开始,该方法沿着最陡斜率方向推进,逐步接近($X(1),X(2)$)的最佳组合,趋向于 OF 的最小值。找到推进方向最简单方法

是通过对每个变量进行小扰动,评估对应的 OF 值。除了 $(X(1)^0, X(2)^0)$ 点的函数值,还需要 $X(1)^0 + \Delta X(1)$、$X(2)^0$ 和 $X(2)^0 + \Delta X(2)$ 才能确定 $(X(1), X(2))$ 在平面中的梯度。每个步骤都需要 $n_D + 2$ 次函数评估,包括一次在 X^2 处估算最佳步长的计算,见图 5.15(b)。拟合一条抛物线切线,过到通过 X^0 点和 X^2 点,且与 X^0 点相切,就可以沿该方向逼近 OF,从而找到最小值的近似位置。将上次找到的最小 OF 点作为起始点,同样的过程不断重复,直至达到零梯度的点,或最大梯度的直线越过约束为止。

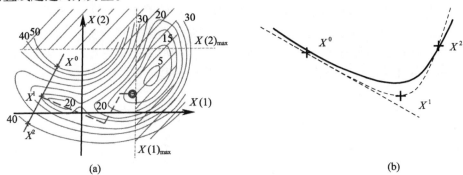

图 5.15 最速下降法

在函数评估存在噪声的情况下,梯度法性能较差,且容易陷入局部最小值。梯度法的精度可以通过有限差分法或复变量法来提高(Verstraete,2016a)。梯度法无法处理设计参数的不连续变化,如转子或静叶的叶片数。

假设优化共需进行 N 步,则一次优化将需要 $N \times (n_D + 2)$ 次函数评估。对于一个有 15 个设计参数的实际应用,优化进行 20 步,共需进行 340 次函数评估。因此,找到最佳方案所需的时间和工作量可能是难以承受的,这与单次函数评估所需的成本有关。

计算梯度还可利用其他方法,举例如下:

(1) 自动微分:该方法基于链式法则来计算 OF 的梯度。而且该方法作用于编程层面,可根据函数输入值的导数来计算该函数的值和导数(Gauger,2008)。微分软件可自动修改 C++(ADC;www.vivlabs.com/subpage ad v4.php)或 FORTRAN 代码(ADF;www.vivlabs.com/subpage adf v4.php)。

(2) 伴随方法:该方法起源于控制理论。控制变量即为设计参数。利用数值方法来求解所有变量的梯度,且其工作量与一次额外的正问题求解相当(Giannakoglou 等,2012)。该方法曾成功应用于某径向涡轮的优化(Verstraete 等,2017)。

与第一种方法相比,这两种方法需要的计算量更少。但是,它们需要修改函数评估程序,这意味着人们无法利用已有且准确的商业流动和应力分析软件。

2. 零阶搜索机制

零阶方法是梯度法的替代方法。最简单的零阶方法是对设计空间进行系统的扫掠,即在最大和最小限制中选取一系列设计变量,计算其 OF 的值,如图 5.16 所示。

这种方法仅需 3^{n_D} 次函数评估就可以很好地获取定义最佳几何形状的设计参数信息。该方法适用于设计变量数目较少的问题。对于 15 个设计变量,所需函数评估次数就会增加到 14348907。

3. 进化方法

人们已经开发了不同的策略来加速设计空间扫掠过程,即充分利用已完成分析的结果信息,以随机方式更加智能地选择新几何,来取代设计空间的系统性扫掠。随机使用先前分析中获得的信息,更智能地选择新的几何来代替样本库的搜索。这种方法是不确定的,也就是说,它不会总是收敛到同样的解。

单目标优化非常直接,如图 5.17 所示。新一代群体总是含有比上一代有希望表现更好的几何。最后一代中具有最低 OF 的几何被认为是最佳的。

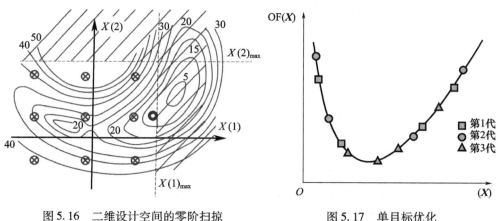

图 5.16　二维设计空间的零阶扫掠
（每个设计变量选 3 个值）

图 5.17　单目标优化

以下是一些进行新一代选择的高效技术,也就是能更快地收敛到最小 OF。

遗传算法是 Rechenberg(1973)开发的一种进化技术,它模仿了达尔文提出的"适者生存"的进化论。根据该理论,具有良好遗传特性(OF 较低)的个体(几何)很可能会产生更优的后代(OF 更低)。选择他们作为母代会使下一代中的个体比上一代表现更优的概率增加。

在标准遗传算法中,定义几何形状的 n_D 个实数 $X(i)$ 由长度为 L_i 的二进制字符串表示。子串长度越短,优化工作量越小,因为几何数量受到了限制,但由于精度不足,遗传算法无法准确定位最小值。

标准的遗传算法工作原理如图 5.18 所示。从 N 个几何构成的初始种群中选择成对的个体(母代)。随后遗传物质在它们之间交换(杂交)产生后代,即下一代成员。通过切换后代二进制字符串中的少量(通常为 0.1%)的数位将新的几何体引入种群中(变异),这样可以避免收敛到次优几何。在对 OF 进行评估后,几何将添加到新一代中。重复此过程,直到创建了 N 个新个体,此后整个过程再次从新一代开始。上一代中较低 OF 的个体称为精英,可利用精英取代新一代中的部分个体。这样可能加速收敛,但会增加收敛到次优几何的风险。

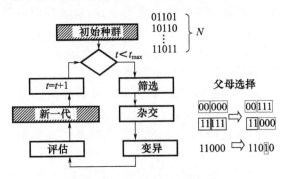

图 5.18　遗传算法示意图

遗传算法的一个重要问题是选择方法,常用的方法是轮盘法(图 5.19(a)),即个人被选择的概率与 1/OF 成正比。该方法偏向于最优个体作为母代,但避免过早收敛到局部最优解,也允许选择次优的几何。

在锦标赛选择方法(图 5.19(b))中,从种群中随机选择 S 个个体,其中 OF 最低的几何作为母代。第二个母代重复相同的过程。参数 S 称为锦标赛大小,可以在 $1 \sim N$ 之间取值。S 的值越大,最佳样本被选择中的概率越大,能够快速收敛到局部最优,但其结果也可能是早熟。S 的值越小,母代的选择就越随机。

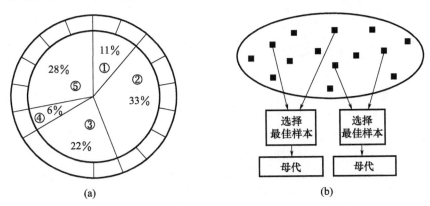

图 5.19　变量选择

遗传算法已被广泛使用(Goldberg,1989;Bäck,1996)。遗传算法优化程序的品质由以下参数表征:

①遗传算法效率,即所需的计算工作量,也就是找到最佳值所需的性能评估次数;

②遗传算法有效度,即最佳 OF 的值。Harinck 等(2005)讨论了如何调整遗传算法参数(N, L_i)以加速收敛。

模拟退火是一种从固体退火中衍生的技术,在给定温度下系统状态会随机变化。该过程可通过以足够的随机性扰动现有设计,从而覆盖设计空间来模拟(Van Laarhove 和 Aarts,1987)。如果 OF 更低,那么新的几何被接受,并取代旧几何。为了避免收敛到局部最优,也可接受具有较高 OF 的几何,但接受概率随温度而降低,这样随机性也缓慢降低,搜索变得更加集中。

粒子群优化方法基于鸟群或鱼群中的个体运动而提出(Kennedy 和 Eberhart,1995)。初始数据库的每个几何通过在设计空间中运动而发生改变,运动速度取决于自身几何以及最佳几何的属性。如果新几何具有更低的 OF,则其将替换旧几何。

微分进化是 Price 和 Storn(1997)开发的一种进化方法。对于任一个个体 X,新个体 Y 可通过组合其他 3 个随机选择的几何 $A \neq B \neq C \neq X$ 而得到。通过将 X 和 Y 组合起来,可以得到一个新的候选几何 Z,即

$$Z(i) = \begin{cases} Y(i) \text{若 } r_i \leq C^{te} \\ X(i) \text{若 } r_i \geq C^{te} \end{cases}$$

式中:r_i 为均匀分布的随机数($0 \leq r_i < 1, i-1, \cdots, n_D$);$C^{te}$ 为用户定义的某个 0~1 之间的值。若其性能更优(OF 较低),则 Z 替换 X。

在找到最优几何之前需要进行大量评估,因此该方法仅在评估量较低的情况下才有用,即与解析方法或快速近似方法(如 3.3 节所述的方法)结合使用(Verstraete,2016b)。

5.2.3 元模型辅助优化

零阶搜索方法即使得到进化理论的支持,仍然需要大量的性能评估。对于耗时很长的性能评估程序而言,这难以接受。降低计算量的方法之一是在不同复杂度水平上开展工作,并且要充分利用已开展设计获取的知识。为达到上述目的,可以先通过快速的近似预测方法找到最优几何,再通过更加精确但更为耗时的函数评估程序来进行验证。图 5.20 为元模型辅助优化系统流程图。快速但不太准确的优化循环显示在右侧,左侧为计算成本高但更加准确的循环。

元模型或代理模型实质上是插值器,使用数据库中包含的信息将性能与几何相关联,类似于函数评估程序的作用。它们与所取代的函数评估程序具有相同的输入和输出。在进行 Navier – Stokes 分析时,将几何和边界条件作为输入,损失、马赫数分布、气流方向等作为输出。一旦基于数据库中的数据对元模型完成了训练,它便可作为 GA 生成的大量几何的 OF 快速预测器,且计算量要比精确函数评估程序低很多。由于元模型不总是十分准确,优化结果必须通过更准确、耗时更长

的评估程序来验证。验证所得的新信息将添加到数据库中,并开始新的优化循环。可以预料的是,在扩展数据库上进行新学习过程将使元模型更加准确,且下一次 GA 优化的结果将更接近于实际最优值。一旦通过准确评估程序确认了元模型结果,优化循环就可以停止,这表明已使用精确的性能预测器进行了快速优化。

该迭代过程中一个重要的事实是,一旦系统收敛,元模型的预测结果将与精确评估获得的结果没有偏差。如果元模型采用经验关系式或简化求解器(Euler 或 Navier-Stokes),则上述一致性是不可能得到的,因为设计过程中的偏差无法减小。

使用元模型在计算量方面收益很大。对于 Navier-Stokes 函数评估程序,一次完整的优化迭代,包括元函数学习和 GA 优化,通常比单次 Navier-Stokes 分析所需的时间长 35%。

数据库的主要目的是向元模型提供几何和性能间的关系信息。此信息越通用和完整,元模型就越准确,由 GA 确定的第一次优化几何与实际最优值就越接近。

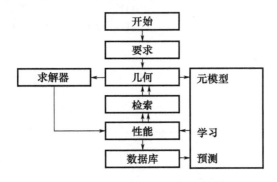

图 5.20 元模型辅助优化系统流程框图

建立数据库是一项昂贵的操作,因为它需要大量详细的函数评估。因此,让尽可能小的数据库包含关于整个设计域的尽可能多的信息就变得十分重要,即以最小的冗余度覆盖整个设计空间。

试验设计(DOE)指为减少试验次数而进行的规划过程,当使用统计方法分析时,合适的数据能得到有效、客观的结论。显然,减少数据库样本量会降低存储在其中的可用信息量,因此降低了基于该信息创建的人工神经网络(ANN)的准确性。Kostrewa 等(2003)已经证明,采样相等数量的样本,基于随机选择数据库训练的元模型的预测误差总是大于由 DOE 确定的数据库误差。

初始数据库中所需的样本数量随变量个数的增加而增加,优化工作也是如此。因此,建议仔细选择相关设计参数。在优化开始之前,还可以通过方差分析(ANOVA)来确定初始数据库中设计参数的相关性,ANOVA 是一种统计试验过程,用于揭示输入(设计参数)与结果(OF)之间的相关性。忽略对 OF 没有影响的设计参数能降低工作量,且不会影响结果。

数据库中任何信息的丢失都可能导致元模型偏差,从而使 GA 得到非最佳几何。但这不是问题,因为该几何的详细性能分析将提供丢失的那部分信息,并添加到数据库中。严重的情况是,不完整的数据库导致元模型错误地外插,预测到设计域中该部分的性能不佳(大 OF),但实际上是低 OF 区域。随后 GA 将不会选择相应的几何形状,实际最优值永远不会被检测到。因此,推荐的做法是,设计过程中在不确定性最大的区域向数据库中添加一定量的详细几何评估,并且确认数据库的质量。可以根据评价函数选择它们,有

$$m(X) = \mathrm{OF}(X) - w_m d_m(X)$$

式中:w_m 为设计空间未探索区域中点的权重因子;$d_m(X)$ 为备选几何与最近已知几何之间的距离。

当扩展数据库时,使评价函数最小将倾向于选择设计空间中探索较少区域的几何。图 5.21 展示了将评价函数应用于一维设计空间时数据点选择的演化过程。

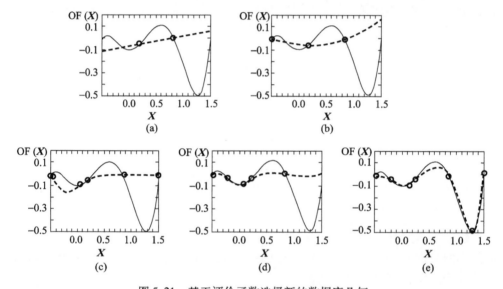

图 5.21 基于评价函数选择新的数据库几何

元模型的准确性是影响收敛到实际最优值的主要因素。该模型必须快速,以缩短分析大量样本所需的时间,同时必须准确,以限制迭代次数。任何近似函数都可用作元模型。目前流行的是响应面、ANN、径向基函数(RBF)及 Kriging 等。下面仅讨论最常用的方法。

ANN 由几个神经元或节点的基本处理单元组成。它们按层组织以不同的强度连接(突触),形成并行架构,见图 5.22,其中连接强度由连接权重 ω 定义。每个节点执行以下两项操作:

(1)所有输入信号的加权求和;
(2)在添加偏置 $b(j)$ 之后使用传递函数(TF)对信号进行转换,有

$$a(j) = \text{TF}\left(\sum_{i=1}^{n_D} w(i,j)X(i) + b(j)\right) \quad (5.12)$$

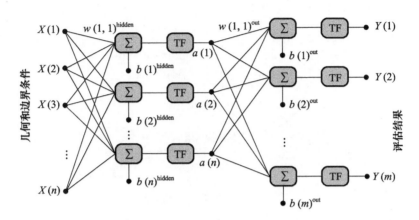

图 5.22　ANN 构架

对隐含层的输出执行同样的操作定义了下一个隐含层或输出层。

Sigmoid 函数通常作为激活函数,见图 5.23。它们引入了幂级数(以指数项的形式隐式给出),不需要输入和输出变量之间关系类型的任何假设。为了避免函数饱和,重要的一点是检查曲线中部非零斜率部分的变化。系数(ANN 的权重和偏置)由"学习"过程确定,即将数据库所有样本的输入层与输出层相关联起来。如果是 Navier-Stokes 评估程序,ANN 将把边界条件、设计参数 X 与 η、β_2 以及叶片表面 N_M 个点上的马赫数分布联系起来。

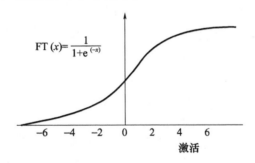

图 5.23　Sigmoid 函数

ANN 的目的不是以最高精度地复制现有数据库,而是预测新几何的性能,即进行泛化。可通过将可用样本划分为"训练""测试""验证"三个集合实现此目的。

训练集包含用于学习的样本,即用于定义 ANN 参数(权重和偏置)。测试集包含仅用于评估完全指定 ANN 性能(泛化)的样本。学习过程开始阶段训练集误差快速降低,随着网络向着极小值靠近,训练集误差会逐渐平缓,见图 5.24。

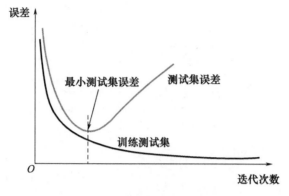

图 5.24　提前终止迭代方法

对测试集进行 ANN 的交叉验证可实现良好的泛化。在此步骤中,学习会定期停止(间隔多个训练时间段),并在测试集上验证网络的精度。当测试集达到最小误差时,学习将停止。

验证集包含可用于调整 ANN 架构(隐含节点和层的数量)的样本。

径向基函数网络为 3 层网络,输入层到隐含层为非线性映射,隐含层到输出层为线性映射,如图 5.25 所示。

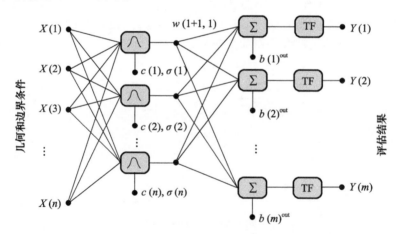

图 5.25　径向基函数网络架构

每个隐含神经元都与一个 RBF 中心 $C(j)$ 和 n_D 维设计空间中的一个点相关联,见图 5.26。RBF 神经元的输出正比于输入 $X(i)$ 和 RBF 中心之间的距离。该比例关系通常表示为中心为 $C(j)$、幅值为 $\sigma(j)$ 的高斯函数。幅值决定了激活范围,即神经元对隐含层输出有重要贡献的距离。与 ANN 类似,隐含神经元的输出是输出层等比例采样和传递函数的输入。RBF 网络的训练包括找到每个神经元的 RBF 中心 $C(j)$ 和幅值 $\sigma(j)$，使所有数据库样本的预测输出误差最小。RBF 的优点是具有更高的精度，这是因为输入参数对输出的影响具有可选择性。

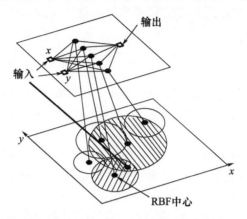

图 5.26　映射到 RBF 空间的二维 RBF 插值网络空间（Verstraete,2008）

Kriging 模型是由地质学家所开发，目的是基于可获取的少量数据来估算矿物质的浓度（Kridge,1951）。其主要优点是可以评估预测值的不确定性（图 5.27），从而可以对优化得到的几何给出更好的判断。

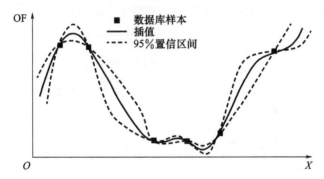

图 5.27　一维 Kriging 插值、数据点的精确值以及两者之间的不确定性

响应面模型通过多项式近似评估函数。二次方程的 ζ 值由最小二乘回归定义，以最小化 $\|\widetilde{\mathrm{OF}}_{\mathrm{meta}}(X) - \mathrm{OF}(X)\|$。

$$\begin{aligned}\mathrm{OF}_{\mathrm{meta}}(X) = &\zeta_0 + \zeta_1 X(1) + \cdots + \zeta_{n_\mathrm{D}} X(n_\mathrm{D}) + \zeta_{1,1} X(1)^2 \\ &+ \zeta_{1,2} X(1) X(2) + \zeta_{1,3} X(1) X(3) + \cdots + \zeta_{1,n_\mathrm{D}} X(1) X(n_\mathrm{D}) \\ &+ \zeta_{2,2} X(2)^2 + \zeta_{2,3} X(2) X(3) + \cdots + \zeta_{2,n_\mathrm{D}} X(2) X(n_\mathrm{D}) \\ &+ \cdots + \zeta_{n_\mathrm{D},n_\mathrm{D}} X(n_\mathrm{D})^2\end{aligned} \quad (5.13)$$

因此，样本数必须大于系数 ζ 的个数，以避免系统不完全确定。OF 的不同元素可以定义不同的响应面,每个响应面都有自己的系数。

这类元模型的主要优点是 OF 为解析定义,其最小值可以通过牛顿法找到。但使用二次函数或更高阶函数预先设定了近似函数的形状,此近似函数可能与实际函数不同。另一个缺点是所需的样本数量随设计变量的数量和响应面的阶次迅速增加。对于二次方程至少需要 $(n_D+2)(n_D+1)/2$ 个样本;对于三次响应面,这个数量增加到至少 $(n_D+3)(n_D+2)(n_D+1)/6$ 个样本。对于 10 参数设计空间,这意味着分别超过 66 和 286 个样本。

元模型优化系统很容易扩展到多学科应用,只需要在系统中添加相应的函数评估程序和元模型即可,如图 5.28 的流程图所示。计算工作量与所需的不同学科性能评估的数量成比例增加。

利用 GA 搜索对应多学科的最优几何,其输入来自有限元应力分析 FEA、Navier–Stokes(NS) 或传热(HT) 分析以及其他学科。这种方法的主要优点如下:

(1) 仅存在一个"主"几何,即由 GA 优化算法选择的几何参数所定义的几何。这就消除了将几何从一个学科传递到另一学科时可能出现的近似和误差。

(2) 如果每个学科都是独立的,即如果应力计算不需要叶片上的压力分布,或者在流动计算中几何变形的影响可以忽略,就有可能进行并行计算。

(3) 同时考虑所有设计方面,一起收敛到全局最优,而无须在气动最优和机械可接受的几何形状之间进行费时的迭代。在选择优化的新几何时,能考虑 OF 的所有方面。5.2.4 节将说明如何处理可能互相矛盾的目标。

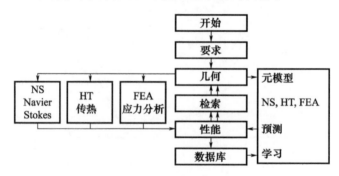

图 5.28 多学科优化流程框图

5.2.4 多目标和约束优化

多学科的优化产生了互相矛盾的目标和约束,如叶轮的惯性最小和耐腐蚀、长寿命和低噪声、应力和更紧凑的高速压气机等。其中某些约束容易满足,只需要对设计空间进行简单限制即可,但大多数需要进行详细分析。气动目标也可能是相互矛盾的,如在给定堵塞流量下效率最大与工作范围宽广等。不同目标之间的平衡可能不明确,使"最优"几何的选择复杂化。这就需要对备选几何进行排序。

1. 多目标排序

如果是两个 OF,种群成员可以在二维适应度空间中查看,从而在它们之间进行权衡,见图 5.29。下一代可能的备选个体应是非占优解,即对于这两个目标,没有其他几何图形具有更低的值。如果满足以下条件,则几何 A 优于几何 B,即

$$OF_1(A) < OF_1(B) \text{ 且 } OF_2(A) > OF_2(B) \tag{5.14}$$

如果至少一个满足 $OF(B) < OF(C)$,则几何 B 非占优于 C。非占优几何定义了 Pareto 前沿,也是下一代的备选成员。

若非占优几何的数量超过下一代的种群数量 N,则将彼此最接近的个体(最相似的几何)移除,以改善种群的多样性。若非占优解的个数小于下一个种群成员数量的要求,则将非占优几何第一序列设为秩 1,并将其从种群中删除。再次选择秩 2 的成员,依此类推,直到获得下一代的整个种群。

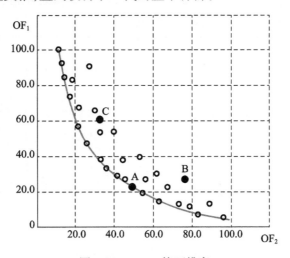

图 5.29 Pareto 锋面排序

当有两个以上目标时,对几何进行排序比较困难。三个 OF 可以在三维图形中显示,更多的目标可在自组织图(SOM)中查看(Obayashi 等,2005)。SOM 的输入为已分析过的几何以及 N_0 目标值。输出为 N_0 个二维图。基于几何之间的距离进行从多维空间到二维空间的转换。相似的几何体位于二维图中的相邻位置,也可以查看与之对应的目标函数值。

如图 5.30 所示,Sugimura 等(基于几何之间的距离)将 SOM 技术应用于查看闭式离心风机的优化结果。这四个 OF 涉及效率(OF_η)、噪声水平(OF_{noise})以及它们对制造不确定性的依赖关系(OF_η^σ)和(OF_{noise}^σ)。颜色随各自的 OF 值进行了缩放,为指定 OF 随几何类型的变化提供了直观的理解。图①和②区域的几何拥有

167

较长的叶片、更大的弯角,且前缘靠近轮盖间隙。它们的效率较低,噪声水平较高,但受几何误差的影响较小。⑤和⑥区域的几何叶片较短且弯度较小,前缘远离轮盖间隙。它们具有最高的效率和最低的噪声水平,以上特性对制造误差更加敏感。

处理多个相互冲突目标的另一种方法是定义一个伪 OF,即单个 OF 的加权和:

$$\mathrm{OF}(X) = w_1 \mathrm{OF}_1(X) + w_2 \mathrm{OF}_2(X) + \cdots \qquad (5.15)$$

不同目标之间的平衡由各自的权重因子定义。因此,优化过程变为找到使该伪 OF 最小的几何。

图 5.31 显示了两个贡献分量的伪 OF 与 Pareto 前沿之间的关系。由伪 OF 驱动的优化沿着等伪 OF 线与 Pareto 锋面切点的方向移动。其主要优点是仅分析少量的几何形状就能找到最优解。缺点是最优值取决于给定不同惩罚量的相对权重,如图 5.31 中的点画线所示。但是,一旦伪 OF 收敛到最小值,仍然可以修改各个权重,并沿着 Pareto 锋面找到其他最优值。

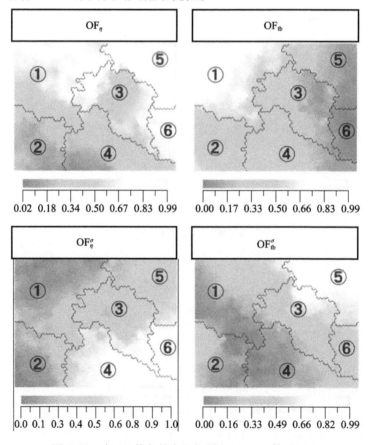

图 5.30　由 OF 着色的自组织图(Sugimura 等,2008)

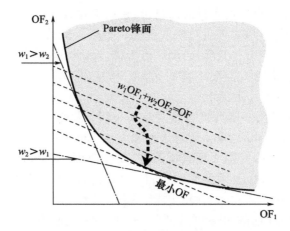

图 5.31 伪目标函数与 Pareto 锋面

2. 约束

约束由需要遵循的不等式表示。几何约束 $G_k(X)(k=1,\cdots,n_G)$ 在性能分析之前就能确认,且可通过限制设计空间轻松遵从。大多数性能和机械约束 $A_j(U(X),X)(j=1,\cdots,n_A)$ 需要经过详细的函数评估后才能获得输入参数。

在带有多目标排序的进化优化中必须优先考虑约束。如果新一代的个体更好地满足了约束,并且没有违反新约束,即使其 OF 大于前一代的 OF,其也能替换上一代的个体。

另一种考虑约束的方法是在伪 OF 中添加惩罚项,伪 OF 随着违反约束的程度而成比例增加,有

$$OF(X) = w_1 \cdot OF_1(X) + w_2 \cdot OF_2(X) + \cdots \\ + \sum_{j=1}^{n_A} w_j \delta_j (A_j(U(X),X))^2 \quad (5.16)$$

式中:δ_j 在可行域内为 0,在违反约束的域内为 1,见图 5.32。

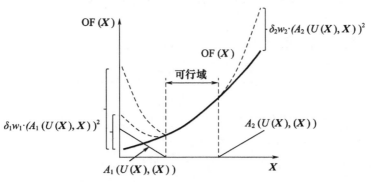

图 5.32 伪目标函数和约束

这不能保证每个个体约束都能满足,但有利于收敛到约束的最优值,这是因为 GA 在设计空间的可行域之外进行探索会受到阻碍。机械约束对叶轮机械完整性有直接影响,如最大应力和变形,必须严格考虑。因此,相应的权重因子应足够大,以保证 OF 在可行域外总是增加,如图 5.32 中的约束 $A_1(U(X),X)$ 所示。

3. 离心叶轮的多目标设计

使用伪 OF 对某离心压气机叶轮多学科、多目标优化,叶轮带分流叶片,直径为 20mm,转速为 500000r/min。设计质量流量为 20g/s。子午几何见图 5.11,仅 6 个贝塞尔曲线控制点坐标用于定义流道,其变化范围由箭头显示。β 分布为 3 阶多项式(式(5.10)),轮盘和轮盖的出口角相同。叶片厚度在轮盖处保持不变 $(0.3\text{mm} < LE_2 = TE_2 < 0.6\text{mm})$,$LE_1$ 固定,见图 5.14。

分流叶片由主叶片截断得到,其唯一的设计参数是前缘位置(20%~35%无量纲长度)。出于制造原因,叶片数固定为 7+7,叶尖间隙为出口宽度的 10%。轴向长度和出口直径固定。进气口的几何形状自动调整以确保光滑过渡。进行应力计算是在叶片和轮毂之间添加了固定值 0.25mm 的圆角半径。这样总共有 16 个独立的设计参数。

Navier – Stokes 求解器用于预测气动性能,而有限元分析(FEA)则用于应力计算。优化由以下伪 OF 驱动,即

$$OF(X) = w_\eta P_\eta(X) + w_{stress} P_{stress}(X) + w_{massflow} P_{massflow}(X)$$
$$+ w_{Mach} P_{Mach}(X) + w_{loading} P_{loading}(X) + w_{geom} P_{geom}(X) \quad (5.17)$$

第一项旨在使效率最大化,即

$$P_\eta(X) = \max(\eta_{req} - \eta, 0.0) \quad (5.18)$$

式中:η_{req} 为不可能达到的高值。

最大应力约束由以下伪惩罚代替,即

$$P_{stress}(X) = \max \frac{\sigma_{max} - \sigma_{allowed}}{\sigma_{allowed}} \quad (5.19)$$

式中:σ_{max} 为叶轮中最大的 von Mises 应力。当其值低于允许的极限值 $\sigma_{allowed}$ 时,惩罚为零,超过此限制则线性增加。

流量惩罚项允许与施加的质量流量有 0.3% 的偏差,即

$$P_{massflow} = \left(\max\left(\frac{|\dot{m}_{req} - \dot{m}|}{\dot{m}_{req}} - \frac{\dot{m}_{req}}{300}, 0.0 \right) \right) \quad (5.20)$$

马赫数的惩罚促使马赫数分布不但在设计点表现良好,在非设计点也尽可能好。它由两个贡献分量组成;一是对负载荷进行了惩罚,当压力面马赫数大于吸力面时,惩罚与吸压力面之间的面积成正比,见图 5.33。

$$P_{Mach} = \int_0^1 \max(M_{PS}(u) - M_{SS}(u), 0.0) du \quad (5.21)$$

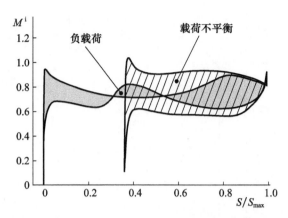

图 5.33 带有分流叶片的压气机中负载荷和载荷不平衡

二是对主叶片和分流叶片吸力面和压力面马赫数分布面积 A_{bl} 和 A_{sp} 之差进行了惩罚。该面积对不同叶片长度进行了修正,即

$$P_{\text{loading}} = \left(\frac{A_{bl} - A_{sp}}{A_{bl} + A_{sp}} \right)^2 \qquad (5.22)$$

Ibaraki 等(2014)通过惩罚前缘附近的峰值马赫数,以及该峰值下游的再次加速或非平稳减速,最终获得了较宽的运行范围。

伪 OF 可以进一步补充 $P_{\text{geom}}(X)$,即违反机械约束的惩罚,如最大惯性和重量。OF 的权重因子根据以往优化获取的经验来确定,也考虑对不同惩罚的重要性。目前设计中采用的值能达到以下效果:超过应力极限 6.6MPa 等同于效率下降 1%。

优化始于经过简单气动优化的结果,称为基准叶轮。尽管该几何效率很高,但其无法使用,因为应力分析表明 von Mises 应力超了 750 MPa。优化首先构建了包含 53 个几何的初始数据库。由 DOE 技术初始生成了 2^6 个初始几何,其中 13 个由于几何不可行,无法进行分析。额外添加了基准几何和所有几何参数都位于设计空间中点的几何。

仅需 10 次迭代(元模型优化,然后进行详细分析),即可在元模型与 Navier – Strokes 分析之间获得很好的一致性。再经过 15 次迭代,应力分析确认得到的几何满足机械要求。

如图 5.34 所示,不同数据库样本的效率和压力水平表现出很大的分散性,没有一个满足压力约束。在优化过程中创建的大多数几何都比数据库样本的效率要高,并且满足应力约束。通过比较基准叶轮与满足应力约束叶轮的效率,可以清楚地看出应力惩罚对优化的影响。将最大应力水平降低 370MPa 的代价是效率降低 2.3%。

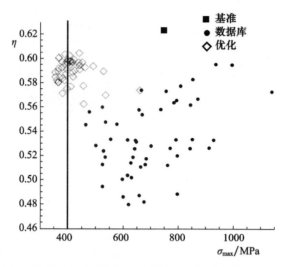

图 5.34　基准叶轮、数据库和优化几何的气动惩罚和应力惩罚

应力大幅度减少的原因如下：
(1) 降低前缘的叶片高度，从而降低前缘轮毂处的离心力；
(2) 轮毂处叶片厚度增加；
(3) 改变叶片曲率使弯曲应力更小。

需要说明的是，下文图 5.43 中结果为多点优化定义的几何，其清楚地表明了叶片倾角、应力和效率之间的关系。几个高效率的几何在 $-12°$ 倾角附近。倾角在高于 $-5°$ 或低于 $-20°$ 时都会导致效率下降。上述结果表明在该应用中，倾角大约为 $-10°$ 时叶轮性能更好。

5.2.5　多点优化

多点优化目的是最大化多个工作点的性能。最简单直接的方法是在不同工作条件下分析每个备选几何，并比较不同工作点上的性能加权值。变入口条件和变出口条件的设计应加以区分。当优化低稠度叶片扩压器时，仅进口条件可以指定，因为目的是最大化出口静压。在优化压气机时，应施加与目标质量流量相对应的出口压力，但是不能保证在此边界条件下 Navier–Stokes 求解器能收敛到稳定解。

1. 低稠度扩压器设计

低稠度扩压器（LSD）的主要目标是最大化静压升，并扩大工作范围（4.2.1 节）。因此在指定的入口条件下进行多点优化是合适的方法。表 5.1 中列出的进口气流角是在表中流量条件下从某研究压气机出口得到的。质量流量仅作参考，不需要满足，因为亚声速流下的扩压器压力升高主要取决于入口气流角，质量流的微小变化几乎不会影响无量纲值 CP_{2-4} 和 ω_{2-4} 的值。

表 5.1 在 3 个工作点处的扩压器入口条件

条件	低	设计	堵塞
$\alpha_2/(°)$	62.5	52.8	37.5
$\dot{m}/\dot{m}_{ref}$	0.775	1.0	1.27

扩压器叶片采用 NACA 厚度分布($th_{max}/c=0.1$)定义,叠加到四参数贝塞尔曲线定义的中弧线上。其余设计参数为厚度分布缩放因子(0.7~1.3)和叶片高度。后者从前缘到尾缘恒定,但可与叶轮出口宽度略有不同。

优化的目标是在三个工作点上最大化 CP_{2-4},同时使损失最小,如以下 OF 所示,即

$$OF = -(w_{low}CP_{low} + w_{design}CP_{design} + w_{choke}CP_{choke}) \\ + w_{low}\omega_{low} + w_{design}\omega_{design} + w_{choke}\omega_{choke} \quad (5.23)$$

权重系数 $w_{low} = w_{choke} = 0.25$ 以及 $w_{design} = 0.5$。

通道扩压器内的压升和损失主要取决于出口与入口的面积比以及实现扩压的方式(开度和长度)(Reneau 等,1967),这些几何特征在 LSD 中不存在,因为叶片不重叠。根据式(4.7),扩压系统的扩张可以用等熵压升系数 $CP^i \approx CP+\omega$ 来表征。

OF 的分量随 $CP+\omega$ 公式的变化如图 5.35 所示。对于 $CP+\omega<0.74$ 的所有几何形状,扩压器损失最小,CP 递增。就压升系数而言,所有低于此极限的几何都是次优的。在最小质量流量下,具有较大扩压度的几何形状会导致损耗增加,CP 降低。具有更大扩张的几何会使损失增加,最小流量下的 CP 降低。在相同横坐标下具有相同的扩张,但 CP 有很多散点,这是由于叶片形状和安装角的变化所致。第 17 次迭代的几何被认为是最优的,这是由于任何扩张的进一步增加都会导致小流量下的损失大幅度增加,且不能由其他工作点上压升的增加来补偿。

气流绕叶片的马赫数和速度矢量图如图 5.36 所示。由图可知,在小流量下存在小分离区,这对应于图 5.35 所示的损失增加。

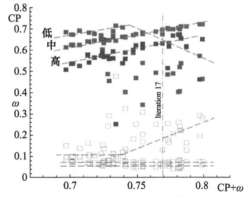

图 5.35 LSD 优化的性能标准
(Van den Braembussche,2010)

2. 叶轮多点设计

离心压气机的主要设计目标是确保施加的堵塞流量,能稳定工作到给定的最小流量,设计点附近效率最高,或至少离喘振点足够远,以及压比 - 流量曲线有足

够的负斜率段,以确保压缩系统的稳定性,见图 5.37。

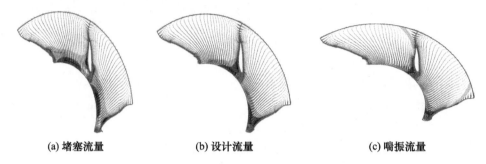

(a) 堵塞流量　　　　　　(b) 设计流量　　　　　　(c) 喘振流量

图 5.36　不同流量时优化几何形状中的速度分布

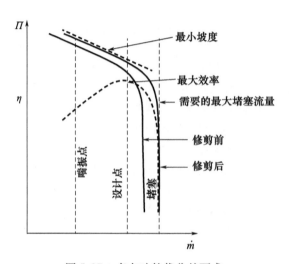

图 5.37　多点叶轮优化的要求

堵塞流量作为约束,可以通过低背压下的流动分析确定。这是对由元模型和 GA 优化的几何结构进行精确分析的首要目的。由于元模型在这方面并不总是非常准确,因此只有在详细的 Navier-Stokes 分析之后,才能发现达不到堵塞流量的情况。避免浪费元模型和 GA 大量优化工作的一种方法是缩放优化的几何形状以使其满足堵塞条件。

从前缘到尾缘调节叶片高度(也称为修剪)是微调质量流量的常用方法。叶轮喉部面积 dA_{th} 随 dR 的变化关系为

$$dA_{th} = \frac{2\pi}{Z_r} k_{bl} \cos\beta_{1,bl} R dR \tag{5.24}$$

假设从轮盘到轮盖前缘叶片角线性变化,这就允许根据计算和所需的堵塞流量之比确定新的轮盖前缘半径,见图 5.37 中修剪之前。进口部分的任何变化都需要叶轮出口宽度的等效变化,以保持相同的扩张和耗功,并在扩压器进口处保持相

同的速度三角形。可以预料,这种有限的几何变化不会改变设计的最优性。

还必须确认在堵塞和喘振流量之间的不同质量流量下的性能和流动稳定性。然而压气机中的质量流量是由可压缩流计算得出的,需首先估算对应的压比作为出口边界条件。事先并不知道在多大的压比或质量流量下压气机将喘振。不能保证 Navier-Stokes 求解器能够在每个要求的工作点上都能得到收敛解。按照轮盖修剪方法,将原始性能曲线向更大的质量流量简单移动,可以很好地逼近新的性能曲线,这样可以更可靠地定义可用压比,以便对缩放后的几何图形进行最终的详细分析。

基于上述步骤开展了某涡轮增压器压气机的多点优化,其分流叶片的几何形状与主叶片无关(Van den Braembussche 等,2012)。叶轮出口处分流叶片后缘位置固定于两个主叶片的中间,以减少扩压器来流的周向畸变。子午流道由具有 12 个独立控制点的 4 阶贝塞尔曲线定义。主叶片和分流叶片在轮盘和轮盖处的 β 分布由 3 阶多项式定义。所有叶片在轮盘和轮盖处的 $\beta_{2,\text{bl}}$ 相同。叶片数量和厚度分布采用其初始值并固定不变。算上分流叶片的长度,共有 31 个设计参数。

OF 与式(5.17)相同,还包含具有以下额外的惩罚项。通过惩罚分流叶片两侧的流量差,进一步增强扩压器来流的均匀性。正如 Ibaraki 等(2014)所证实的,这有助于均分主叶片和分流叶片之间的叶片载荷,即

$$P_{\Delta\text{massflow}}(\boldsymbol{X}) = w_{\Delta\text{massflow}}\left(\frac{\dot{m}_{\text{left}} - \dot{m}_{\text{right}}}{\dot{m}_{\text{left}} + \dot{m}_{\text{right}}}\right)^2 \tag{5.25}$$

以下附加项惩罚了叶轮出流的畸变和偏斜。其目的是提升扩压器稳定性并增加压升(Senoo,1984),即

$$P_{\text{dist-skew}}(\boldsymbol{X}) = w_{\text{dist}}|\text{dist}| + w_{\text{skew}}|\text{skew}| \tag{5.26}$$

式中:dist 和 skew 分别为畸变和偏斜度,且有

$$\text{dist} = \frac{2V_{0.5}}{V_{0.1} + V_{0.9}} - 1, \text{skew} = \frac{2(V_{0.1} - V_{0.9})}{V_{0.1} + V_{0.9}} \tag{5.27}$$

下标 0.1、0.5 和 0.9 表示提取速度的无量纲展向位置,见图 5.38。

在此多点优化中,采用以下罚函数取代了质量流量惩罚,即当设计质量流量下的压力低于设计要求值时罚函数变大,有

$$P_{\pi}(\boldsymbol{X}) = \max(0, \pi_{\text{req}} - \pi) \tag{5.28}$$

压力斜率惩罚项为

$$P_{\text{slope}}(\boldsymbol{X}) = \max(0, \text{slope} + \text{tol}) \tag{5.29}$$

当压升曲线的负斜率小于给定值 tol 时,惩罚项增加。

$$\text{slope} = \frac{P_{2,\text{surge}} - P_{2,\text{design}}}{p_1^0} \frac{\dot{m}_{\text{design}}}{\dot{m}_{2,\text{design}} - \dot{m}_{2,\text{surge}}} \tag{5.30}$$

Bertini 等(2014)对带叶片扩压器的径向叶轮进行了清晰的振动分析,结果表

明,当下式满足时,振动能量增加,即

$$nZ_D\Omega = \omega_m \quad (5.31)$$

$$\frac{nZ_D \pm d_m}{Z_r} = \text{integer} \quad (5.32)$$

当激振频率的 n 次谐波与叶轮的模态频率之一(ω_m)一致时,第一个条件成立,通常通过 Campbell 图来描述。当激振力与振动的阵型具有相同的形状时,第二个条件成立,这是向系统添加振动能量的必要条件。后者提供了每种模态直径数目下的关键激励频率,并且可通过 Singh 的高级频率评估(SAFE)图看到。

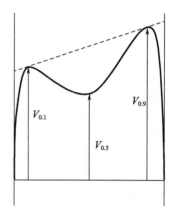

图 5.38 叶轮出流的畸变和偏斜

Perrone 等(2016)为 OF 添加了以下惩罚,以避免设计的特征频率在激励频率 5% 范围内,即

$$P_{\text{vibr}}(X) = w_{\text{freq}}\left(0.05 - \left|\frac{\omega_m}{\omega_{\text{exc}}} - 1\right|\right), \left|\frac{\omega_m}{\omega_{\text{exc}}} - 1\right| < 0.05 \quad (5.33)$$

前缘倾斜是在考虑最大应力的同时使效率最大化的结果,但限制尾缘倾角在 ±45° 极限范围是合适的,这样可以避免出口处的摩擦损失过大。优化过程的结果如图 5.39 所示,需要分析 150 个几何:缩放前后的 50 个初始数据库样本和两组各 50 个优化几何。完整的优化需要 600 次 Navier – Stokes 分析,但整个过程自动执行,无需设计人员的手动干预。

缩放和检验的堵塞流量之间一致性良好,说明了缩放程序的准确性。主叶片和分流叶片前缘与当地流动方向更好地对齐,再加上更均匀的载荷分布,这是效率大幅度提高和工作范围扩大的主要原因。

将四个高性能几何的主叶片和分流叶片的 β 分布与原始几何进行了对比,如图 5.40 所示。图 5.39 中的结果对应 IT 49 β 分布。所有结果均显示,β 在主叶片的轮盖侧前缘附近增加,随后向尾缘几乎呈线性下降。分流叶片比基准叶轮更短,其 β 角在轮盖附近大幅度增加,在轮毂处减小,更好地捕获了轮盖处从吸入面到压力面的旋流,和轮毂处从压力面到吸力面的旋流,如图 3.14 所示。

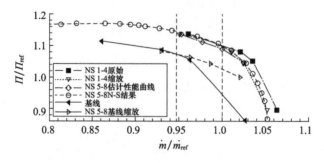

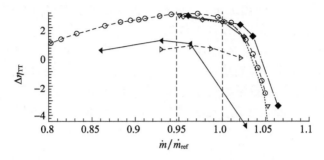

图 5.39 多点优化方案结果(Van den Braembussche 等,2012)

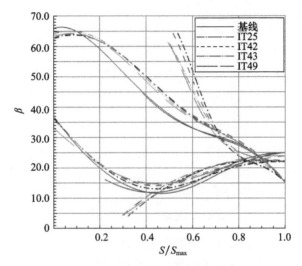

图 5.40 主叶片和分流叶片在轮毂和轮盖处优化的 β 分布
(Van den Braembussche 等,2012)

5.2.6 鲁棒优化

设计的鲁棒性表征了性能对设计参数、工作条件、制造误差、工作时的几何变化或分析程序误差等微小变化的不敏感性。当叶轮机械部件设计在失速边缘(极限扩散因子),或者工作在接近声速来流条件时,这些变化可能会引发性能的巨大变化。除非应用非常准确而昂贵的分析和制造技术;否则缺乏鲁棒性会限制几何的实际使用。

对于图 5.41 所示的例子,优化算子目的在于最小化 OF,应该到达图中 X_D 点。该几何的设计参数 X 发生微小变化便会导致性能大幅恶化。仅聚焦于最小化 OF 的优化也称为"确定性"优化,即便采用了进化理论这类非确定性技术仍然如此称谓。

鲁棒优化寻求对几何和工作变化不敏感的最小值。其得到几何 X_R 的 OF 可能会大于确定性优化的结果,但设计参数的变化对 OF 的影响要小得多。

增强鲁棒性的第一步是在伪 OF 中添加额外项,当知道马赫数或压力分布处于失速极限时,这些项的值要增加,或惩罚其他性能限制现象。额外项预测了由于设计参数的微小变化可能导致性能恶化的影响(Pierret,1999;Pierret 等,1999)。这种修改后的 OF 将驱动优化算子实现鲁棒性设计,如图 5.41 中的点划线所示。

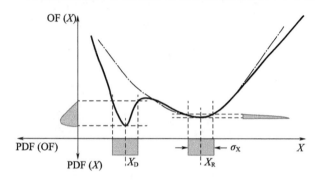

图 5.41　确定性设计与鲁棒设计

严格的鲁棒性设计方法是评估设计参数的不确定性对 OF 的影响。如图 5.41 所示,设计参数的变化可以由矩形、正态分布或其他概率密度函数(PDF)定义。对 OF 的影响可通过在不确定性范围内计算具有代表性几何形状和运行条件下的 OF 而统计评估得到。一旦所有模拟完成后,考虑到几何和运行不确定性的权重,可用蒙特卡罗技术定义平均值 $\overline{OF}$ 和标准偏差值 σ_{OF}。OF 的 PDF 可能会是偏态的,可能需要更多的输出时刻才能对其进行正确重构(Wunsch 等,2015)。

只有在不确定性分布均匀的情况下,不确定性域的线性采样才具备代表意义,见图 5.42(a)。在不确定性为任意概率密度分布的情况下,代表性的几何和运行条件应在累积密度函数 $CDF = \int PDF dx$ 上均匀分布,见图 5.42(b)。

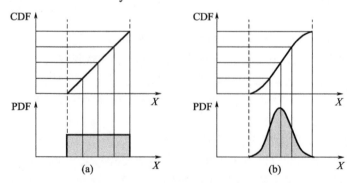

图 5.42　不确定变量采样随概率密度分布的变化

$\widehat{OF}$和值σ_{OF}都应实现最小化,这样单OF优化成为双目标优化。在Pareto图中观察这两个目标,可在性能和鲁棒性之间进行权衡。这里多目标优化的实现,或者需要在伪$OF = w_1 \widehat{OF} + w_2 \sigma_{OF}$中指定权重因子,或使用特殊的排序技术,如Sugimura等(2008)提出的方法,如图5.30所示。

评估不确定性的影响需要大量额外的函数评估。运行不确定性要求函数评估算子在相同的几何、不同的边界条件下运行。几何不确定性还需要修改几何形状和网格。使用详细的CFD和FEA进行此操作可能太过昂贵,即使通过DOE或其他统计方法减少所需函数评估次数后仍然如此。通过数据库的ANOVA敏感性分析,可以识别对解影响很小或没有影响的不确定性,从而达到减少设计维度数量的目的。

使用元模型是减少所需计算量的有效方法,前提是元模型足够准确。定义这样的模型比确定性优化问题更难处理,这是因为几何和运行参数不确定性的考量需要在数据库中提供额外的样本。Sugimura等(2008)证实了使用元函数对离心叶轮进行鲁棒优化的优势。除了最小化噪声和效率的$\widehat{OF}$外,两个σ_{OF}也被最小化,图5.30所示的四个OF中的每一个都采用单独的Kriging模型计算,并在扩展数据库中训练,该数据库是通过在两个设计变量的不确定性域,即叶片长度和中弧线,进行线性采样获得的。

确定性优化结束时可得到训练过的元模型,这就可以进行设计鲁棒性的后验估计。在设计过程中,基于接近最佳几何形状的精确分析结果进行训练,元模型被反复改进。可以预料的是,该模型将足够准确,可以评估最优点附近设计变量的微小变化对OF的影响,也可以计算σ_{OF}。这种分析所需计算量较少,在鲁棒性不足的情况下,可通过修改权重因子或重新定义设计空间继续进行优化。但是,这种方法没有考虑边界条件变化或用于构建数据库求解器的误差而导致的不确定性。

图5.43中的数据是某离心叶轮优化结束时数据库中可用几何结果(Verstraete等,2008)。所得出的结论是,前缘倾角在最优值附近±5°的变化几乎对应力或效率没有影响。对于其他设计参数和OF的贡献分量也可生成类似的图形。

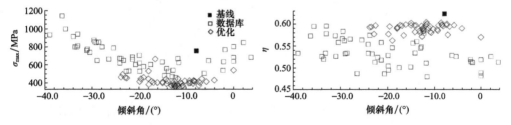

图5.43 数据库和优化几何的应力及效率与叶片倾角的关系(Verstraete等,2008)

第6章
蜗壳

本章简要综述了径向叶轮不同的非轴对称进口和出口几何。阐明了不同类型的优、缺点,并从性能和周向压力畸变两方面解释了几何和流场之间的关系。由于流场差异巨大,所以分别讨论进口和出口蜗壳。

出口蜗壳中的流动卷起,再加上内部剪切,形成了强制涡流动结构,见图6.1(a)。如6.2节解释的那样,流动结构和损失随叶轮运行工况的变化而变化。变工况运行是一个重要问题。

压气机吸入管中的气动流线可能是平行的,总压基本不变,这取决于上游几何。如图6.1(b)所示,除了在边界层和分离区域中产生的涡流外,无旋流进入进口蜗壳仍是无旋的,直至叶轮入口处。流速正比于质量流量,压缩性导致的速度变化很小。损失尺度正比于进口动压,还依赖于雷诺数和马赫数(Koch等,1995;Flathers等,1996)。在设计点表现良好的进气蜗壳很可能在其他流量下和叶轮转速下也表现出色。变工况运行时性能也会良好。

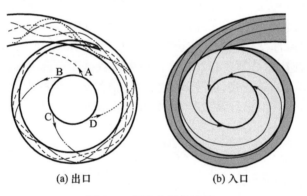

(a)出口　　　　　　　　(b)入口

图6.1　蜗壳内部的流线

本章还参考了大量泵蜗壳的相关研究,其与压气机进气蜗壳在几何和流动结构上都有相似性。两者之间的联系可进一步由压气机蜗壳中较低的马赫数来证实。因此,从泵蜗壳获得的大部分认知对于压气机同样有效。

6.1 进气蜗壳

采用非轴对称进气通道的主要后果是叶轮入口处存在展向和周向的压力、速度和气流角畸变。来流的展向畸变会导致沿叶高方向冲角不同。这可能会影响性能,但叶轮流场保持稳定,这是因为来流条件在旋转过程中不会发生变化。非轴对称来流会引起叶轮通道中冲角和流动形式的周向变化。除了会增加损失外,还会导致非定常叶片载荷,从而导致叶片振动和产生噪声(Reichl 等,2009)。其还会改变轴上的径向力,并可能导致过早的失速或改变堵塞极限,从而减小工况范围。

要准确预测进口蜗壳对叶轮性能的影响,就需要借助三维非稳态 N-S 求解器同时预测蜗壳和叶轮中的流动,计算量大,时间长。因此,数值预测通常仅限于非旋转部件的稳态流动。然而叶轮的存在会大大改变喷嘴中的流动,尤其是发生回流时(Tomica 等,1973),同样的问题也适用于进气蜗壳的试验研究。

入口蜗壳的计算因几何的复杂性而变得复杂,因此需要灵活的网格生成器。对称的几何形状将数值域限制为入口的一半。对数值结果进行深入发掘,需要深入了解流动和损失机理及其与几何的关系。以下各节旨在对此进行研究。

6.1.1 进口弯道

最简单的非轴向入口几何是具有圆形横截面的弯曲通道,它将进气管路与叶轮入口相连接,见图 6.2。出口气流的特征在于转弯处的内、外壁之间的通流速度不同,以及两个反向旋转的流向涡。还可能会导致流动分离,即位置 5 处的通流速度较低或为负值且总压力较低的区域,这取决于转弯半径与管路直径之比。由于此回流区造成的堵塞效应,流动在另一侧(位置 1~3)会加速。后果是会形成子午速度周向变化,因此导致叶轮相对进口气流角和冲角的变化。

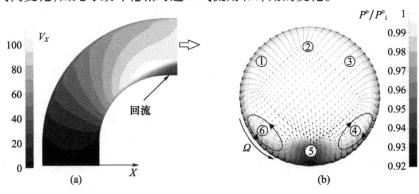

图 6.2 入口弯道的轴向速度分布和出口截面的流动结构

入口弯曲的第二个结果是在位置4和位置6处产生两个反向旋转的涡。其中一个与叶轮旋转方向一致。Yagi等(2010)解释了叶轮入口气流的不对称对叶轮性能的影响,如图6.3所示。与叶轮旋转方向相同的预旋($\alpha_1 > 0$)对叶轮入口气流条件的影响很小。入口相对速度较小,相对气流角的变化导致冲角减小或稍微增大。这会导致叶轮卸载、损失不变或减小。气流在相反侧(位置4)反向旋流($\alpha_1 < 0$),冲角和入口相对速度高于平均值。这两者都对叶轮性能有负面影响,尤其是入口马赫数增加导致激波损失增加,堵塞流量减小,上述效应已被Ueda等(2015)的数值结果所证实。

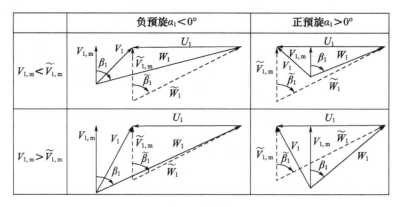

图6.3 子午速度和预旋对叶轮入口条件的影响

入口弯道的截面积和中心线的曲率半径可以变化。如图6.4所示(Matthias,1966),截面积沿流向减小对叶轮入口速度畸变带来的益处是非常显著的。截面积恒定,速度在平均值的0.6~1.15倍之间变化,气流角变化15°。气流在凸面上会首先加速;然后再向着叶轮入口减速,这是内壁上流动分离和速度亏损较大的根源。增加收缩率会大大提高叶轮入口速度的均匀性,如图6.4(b)和图6.4(c)所示。此处显示的结果是针对较薄入口边界层的情况。较厚的边界层将增强图6.2所示的两个反向旋转涡团。

入口弯道的设计方法是通过气流沿内、外壁的连续加速来减缓边界层增长,削弱二次流效应。如图6.5所示,恒定面积的进口弯道在凸面上流动加速,然后朝叶轮进口减速,后者是叶轮前缘上游气流分离的主要原因。凹面气流首先减速;然后在出口处重新加速到平均速度。气流分离的可能性较小,主要因为凹面上湍流的增强。通过逐渐减小横截面积可以使平均通流速度沿流向增加,以弥补局部的减速,且可能使到叶轮进口前两个面熵的速度都不断增加,如图6.5中虚线所示。

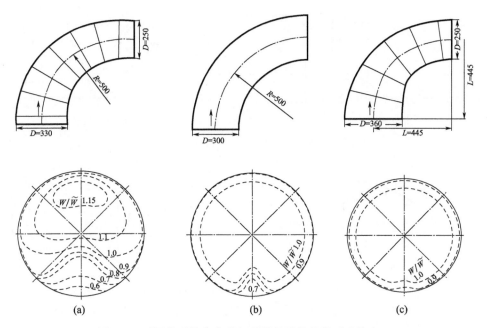

图6.4 不同类型的弯曲进气通道以及收敛度对叶轮入口
进气畸变的影响(Matthias,1966)

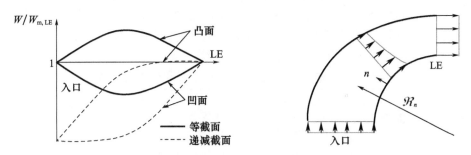

图6.5 弯曲通道收敛对内外壁速度分布的影响

减少进口弯道流动畸变和损失的另一种方法是增加弯道的曲率半径,或在叶轮前增加直的轴向段(Kim 等,2001)。两者都需要较大的轴向长度,如图6.6所示。也可通过在进口弯道中安装导流叶片,提高叶轮进口流动的均匀性。与入口气流更均匀所带来的叶轮性能收益相比,引入的摩擦损失就显得很小了。但是,叶片要延伸到弯道凸面上游足够远的地方,以避免流动分离(Pinckney,1965a、b)

Wilbur(1957)研究了轮毂上游延伸对损失和流动畸变的影响。图6.7(a)给出了一种优化的非对称整流罩,其不能与叶轮一起旋转。除非进口导流叶片(IGV)可以支撑异形整流罩;否则需要额外的支板(随之带来额外的损失)。

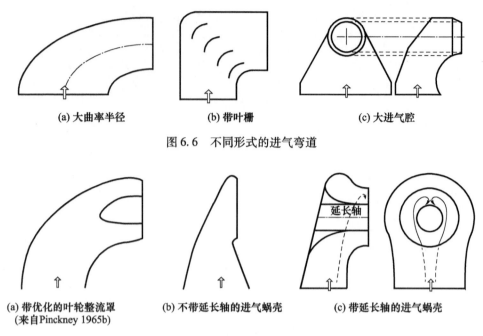

图 6.6 不同形式的进气弯道

(a) 带优化的叶轮整流罩（来自 Pinckney 1965b）   (b) 不带延长轴的进气蜗壳   (c) 带延长轴的进气蜗壳

图 6.7 进气弯道和进气蜗壳

Kovats(1979)估计了不同入口几何形状对损失和汽蚀余量(NPSHR;对入口流量畸变敏感的泵特性)的影响,结果如表 6.1 中所列。如图 6.4(c)和图 6.6(c)所示,某些几何形状的损失非常低,几乎没有气流畸变,但是对等截面进气弯道而言,损失可能会增加一个数量级,NPSHR 增加 30%。

表 6.1 进气蜗壳几何形状对损失和畸变的影响

形状	$\Delta H / \left(\dfrac{\rho V_0^2}{2}\right)$	$\Delta NPSHR/(\%)$
等截面弯道(图 6.4(a))	0.040	30.0
收敛弯道(图 6.4(c))	0.006	0.0
进气叶珊(图 6.6(b))	0.008	0.0
弱收敛度的入口蜗壳(图 6.11)	0.03	0.12
强收敛度的入口蜗壳(图 6.11)	0.02	2.0
大进气室(图 6.6(c))	0.004	0

Kim 等(2001)通过试验评估了进气畸变对压气机性能的影响,观察到在最小质量流量情况下效率降低 10%。由于预旋的对称性,能量输入几乎保持不变,但是额外的叶轮损失影响了总压比和效率。对于直的和弯曲进气通道而言,静压比几乎相同。Kim 等由此得出结论:进口畸变仅影响叶轮,而不影响扩压器,后者的

进口条件几乎不变。

Yang 等(2013)研究了进口弯管和出口蜗壳之间的时序效应,观察到当改变进口弯管相对于蜗壳的方位角时,在高质量流量的情况下压比的变化不可忽略。

6.1.2 进口蜗壳

轴向长度较长是进气弯管的主要缺点。设计进气几何时,由于尺寸限制,通常无法考虑最佳比例。凸壁和凹壁的曲率半径都可能会变得很小,如图 6.7(b)所示。有时为了容纳轴,轮毂型线需要向上游延伸,如图 6.7(c)所示,气流被进一步扭曲,导致气流先沿环形进口截面周向分配,然后在叶轮进口之前转为轴向,并最终在保护轴套下游发生分离。

大多数进气蜗壳是对称的,带有进气肋板将气流分开,流向延长轴的两侧,如图 6.8 所示。与入口($\theta=180°$)相对的是分流板,有时也称为"吸入挡板"。它可以是一块平板,防止来自两侧的流动发生碰撞,以减小稳压室中的切向流动振荡,或者调整型面以形成递减的蜗壳截面积,避免轮毂延伸段下游的过度流动分离。

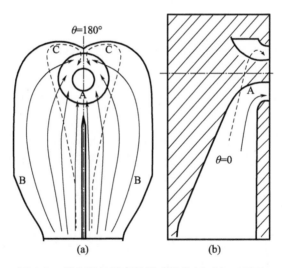

图 6.8　径向进气蜗壳的流动结构(Lüdtke,1985)

Lüdtke(1985)和 Yagi 等(2010)根据试验和数值研究提供了以下的流动图景。当气流以 $\theta=0°$ 靠近转轴时(图 6.8 中的实线),流动方向从径向急转为轴向。因此,位置 A 是第一个存在流动分离风险的位置,原因已经在进口弯道相关章节中说明。进气肋板的尾迹会增加这种风险。第二个可能发生分离的位置在轮毂延长段的上游进口附近(位置 B),这里进口通道扩张,圆周通道中速度减小,因此叶轮进口处的预旋也减小。凸起轮盖和轮毂延伸段的堵塞造成了局部加速,部分补偿了对应的减速过程。第三个分离区可能出现在轮毂延伸段后面的尾迹区域,即位置C,如图6.7(c)中的虚线所示,已被Han等(2012)的计算结果证实。

上述流动的结果是导致叶轮入口处速度不均匀,如图6.9所示。由于轮盖侧的流动分离,如图6.8中的位置A,气流主要从轮毂附近进入叶轮,在$\theta=0°$处气流无预旋。轴两侧进入叶轮的气流大部分都带有一定切线速度分量,这是流体沿蜗壳周向输运的结果。轮盖侧的分离可能会在θ为60°~90°和270°~300°处产生小的反向旋流。

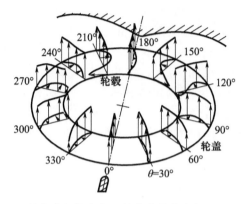

图6.9 径向进气蜗壳出口处的流量分布(Lüdtke,1985)

其余的气流绕轴流动,并充满$\theta=150°$和$\theta=210°$之间的底部区域。轮毂延伸段下游的分离在轮毂附近形成一个死水区,驱动来流流线推向盖侧,如图6.11所示。

撞击导叶的吸入挡板后,气流转向后流并填充轮毂附近的死水区。在轮盘侧与轮盖侧之间,切向速度分量是相反的,这就在挡板附近生成了两个反向旋转的涡。叶轮进口$\theta=150°$和$\theta=210°$之间的预旋与$\theta=90°$和$\theta=270°$处方向相反。根据Yagi等(2010)的数值计算表明,$\theta=150°$和$\theta=210°$附近涡的旋向和强度取决于轮盖几何。

图6.10(a)显示了叶轮入口处进口绝对气流角的变化,该变化与图6.9所示的流动模型一致。对于$60°<\theta<120°$和$270°<\theta<330°$区间,预旋角从轮盘侧的$±25°$(25%叶高)减小到轮盖侧附近的小于$±10°$(99%叶高)。由于子午面曲率的原因,轮毂子午面速度比叶顶处低;根据动量矩守恒($RV_u=C^{te}$),轮毂半径小,切向速度更大,因此轮毂处的旋流角较大。在θ为170°和190°,轮盖侧和轮盘侧的绝对气流角符号相反,对应底部死水区中心处的反向旋转流向涡。

如图6.10(b)所示,静压从轮盖侧到轮盘侧,从进口到出口逐渐增加,其中进口处在进入叶轮之前,气流沿着轮盖加速。最高静压在$\theta=180°$附近,这里底部肋板的存在阻止了周向输运速度。

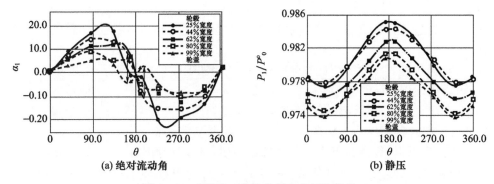

(a) 绝对流动角 (b) 静压

图 6.10 叶轮进口参数的周向和展向变化
(轮毂对应 0 展向位置)(Flathers 等,1996)

如果轴向长度允许,可通过在轮盖型线上添加喇叭口来改善流动的均匀性,如图 6.11 所示。喇叭口的概念可以追溯到 Stepanoff(1957),它有两个作用:一是避免在 $\theta = 0°$ 处流动由于轮盖曲率太小而分离;二是防止流体 $\theta = 90°$ 和 $\theta = 270°$ 处以较大的切向速度直接进入叶轮,如图 6.11 中实线所示。

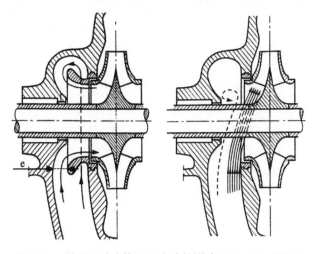

图 6.11 喇叭口对叶轮入口流动的影响(Neumann,1991)

进气蜗壳对叶轮性能的影响有两个方面:蜗壳中存在摩擦和分离损失;进气畸变增加叶轮损失。基于试验数据和数值计算,Flathers 等(1996)估算入口蜗壳的总压损失约为蜗壳入口动压的 45%,且集中在有分离风险的区域内。

Yagi 等(2010)试验证实,与进气畸变引起的叶轮额外损失相比,进气喷嘴的压力损失很小,且叶轮入口流动更加均匀,会使效率提高,这部分补偿了进气蜗壳的压力损失。通过优化径向进气蜗壳形状,使效率提高了 3.8%,达到了与轴向进气相当的水平。性能提升还来自于蜗壳损失的降低和改善的流动均匀性,分析如下。

(1)通过从入口管路到蜗壳更光滑的过渡,避免在图 6.8 中位置 B 处的流动分离。

(2)通过进气喷嘴出口的气流减速,以及增加喇叭口外部环形通道的截面积,使低速得以保持,这降低了喇叭口附近截面的气流速度。小的周向输送速度会在叶轮入口产生小的预旋流速度,两者之间通过切向动量守恒关联。小的输送速度允许气流向叶轮入口适当加速,这样能减少甚至避免分离损失。

(3)在紧贴叶轮入口的上游处增加收缩段。气流向叶轮入口加速不仅有助于减少损失,还能降低气流角畸变,因为子午速度分量增加且旋流速度分量不受影响。

Pazzi 和 Michelassi(2000)用数值评估了喇叭口唇口和轮毂壁面之间轴向距离 e 的影响,如图 6.11 所示。减小该间距会在 $\theta=0°$ 处产生流动阻碍作用,有助于质量流量和叶轮入口马赫数在圆周方向上分布更加均匀。然而,当流体在轮盖侧从径向转向轴向时,由于气流减速更加剧烈以及随后的流动分离,总压损失可能会增加。较大的间距 e 导致较小的分离损失,这是因为气流向叶轮进口时流动加速更加强烈。但是增加间距会缩短轮盖侧的轴向长度,减小曲率半径,可能诱导分离。此外,由于更多的流量在 $\theta=0°$ 处进入叶轮,子午速度圆周方向上的不均匀性增加。在 0°~180°的周向位置处增加 e 有助于更均匀的进口气流和更低的损失,但几何更为复杂。

Lüdtke(1985)和 Koch 等(1995)强调了入口蜗壳上游几何形状产生流动畸变可能的影响。进气弯道位于垂直于轴的平面内,其能引导气流至蜗壳的一侧或另一侧。进口弯道凸面上速度较高,见图 6.12,将气流引向进口蜗壳的上部,从而导致叶轮入口处的预旋增加,进而导致叶轮损失增加。大部分气流到达不了 $\theta=180°$ 处的挡板,而是以强涡团结束。轴平面中的入口弯道影响较小。气流被引向流向蜗壳的轮毂或轮盖侧,这不会改变流动的对称性,其结果与直的径向进气管路相当。

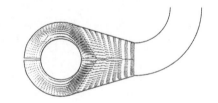

图 6.12　上游弯道对入口蜗壳内流动的影响(Koch 等,1995)

6.1.3　带叶片进气蜗壳

为使叶轮入口来流均匀,更复杂和昂贵的方法是安装导向叶片。叶片可仅安装在径向段(Tan 等,2010),或延伸到叶轮入口(Koch 等,1995)。喇叭口中放置直叶片能限制旋流的幅值和周向扩展。但高冲角和随之而来的叶片吸力面流动分离会导致盖侧附近形成大涡团,如图 6.13 所示。

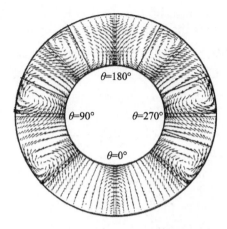

图 6.13　计算的带直叶片入口段出口处的速度矢量图(Koch 等,1995)

　　Flathers 等(1996)和 Xin 等(2016)设计了带弯度导向叶片,其前缘与局部展向平均入口气流角相适应,如图 6.10(a)所示。圆形前缘允许冲角从轮盘侧到轮盖侧发生变化,如图 6.14 所示。每个叶片的弯度意在保证出口无旋流。叶片下游处流量均分,仅叶片附近存在局部压力畸变,旋流角变化在 ±2° 以内。总体的总压损失只比无叶片进气段高 11%,但入口气流更均匀,使叶轮性能得到很大改善,弥补并超过了损失的增加。

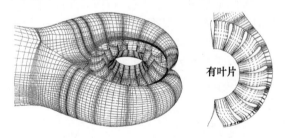

图 6.14　带弯度叶片的加速蜗壳和计算得到的叶片
入口截面速度矢量(Flathers 等,1996)

6.1.4　切向进气蜗壳

　　切向蜗壳的中心线不与叶轮轴线交叉,而是沿螺旋线与进气环形通道的轮盖侧相切,如图 6.15 所示。当有空间限制或便于安装和拆卸水平拆分的压气机时,非对称或切向蜗壳可能是径向蜗壳的有效替代方案。用切向蜗壳代替径向蜗壳的另一个提高之处是能避免流动的周向不对称性,因为径向蜗壳入口两侧旋流速度相反,而替代为切向蜗壳,旋流速度只有一个方向,且更加均匀。但这是以增加预旋和改变压比为代价(Neumann,1991)。如有必要,可以通过修改叶轮来补偿能量输入的变化。Michelassi 等(2001)采用冻结转子类型掺混面进行了计算,结果表明,取决于蜗壳产生的旋流,叶轮的焓增最多降低10%,但对失速极限没有影响。他们的计算还表明,改变吸气挡板的位置可以大幅度减少旋流量,但总压损失会增加50%。

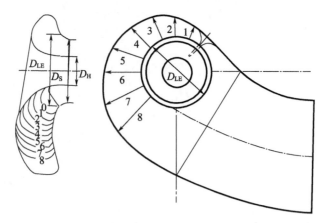

图6.15 典型的切向进气蜗壳几何(Neumann,1991)

切向入口喷嘴有以下不同之处:进气管路的方向,将气流一分为二的弯曲进气肋板形状,以及吸气挡板的形状和周向位置,如图6.16所示。后者对切向流动分量有强烈影响。图6.16中共有两个不同的流动区域:一个位于转弯的凸面附近,气流在这里几乎径向流向环形空间;另一个呈现出准螺旋线形式,位于转弯的外侧,向环形空间的顶部进气。该部分的横截面逐渐减小,以补偿圆周方向上质量流量的降低。目的是保持使叶轮孔入口周围的总压和切向速度恒定。

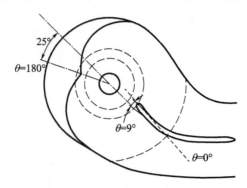

图6.16 以最小旋流为目标的切向进气蜗壳优化(Lüdtke,1985)

Lüdtke(1985)进行了优化工作,以最小化总体的旋流和损失,最终得到了与常规几何迥异的结构,如图6.16所示。与原来的径向入口相比,优化结构能提供周向上更加均匀的切向和子午气流,且损失更小。

切向蜗壳上游弯道的影响与对称蜗壳上游弯道的影响相似,即依赖于弯道的方向,气流可能会移向一侧或另一侧。

6.2 排气蜗壳

出口蜗壳可视为只有一个叶片且栅距为整周的静子部件(如果是双蜗壳,则栅距为180°的两个叶片)。布局取决于前缘(蜗舌)吸力面角度,因此在每条转速线上仅对一个质量流量适应性最好。在非设计工况运行时,出口蜗壳会产生周向静压变化。主要后果是叶轮流场不稳定,质量流量和叶片载荷在周向上发生变化。

本节的主要目的是提供对流动结构的深刻理解,并给出能改善性能或修复问题的几何修改方法。首先介绍不同类型出口蜗壳中的流动;然后对性能预测模型和设计程序进行批判性地反思。这里介绍的流动模型有助于更好地理解 CFD 输出结果。

出口蜗壳主要通过以下两种方式影响压气机和泵的性能。

(1)流体的摩擦和非等熵减速直接导致效率降低。相应的损失正比于蜗壳入口处的可用动能,损失的来源和预测模型是本章的主要问题。

(2)蜗壳非设计工况运行而导致的周向压力变化,会间接降低叶轮效率和工作范围。本章给出了压力畸变的起源,第 7 章将介绍其对叶轮流动的影响。

6.2.1 蜗壳流动模型

如图 6.17(b)所示,对于设计良好的蜗壳,每条等转速线只有一个工作点能在扩压器出口处施加周向均匀的压力。在小流量情况下,蜗壳太大,此时其与扩压器作用相同,会导致静压在蜗壳入口(蜗舌)和出口之间上升,如图 6.17(c)所示。在工作流量大于设计流量的情况下,蜗壳太小,气流向出口加速,导致从蜗壳入口到出口压力降低,如图 6.17(a)所示。主要后果是额外的损失以及扩压器和叶轮出口处的周向压力变化。

周向压力畸变的真正成因可通过将叶轮(11 个叶片)和蜗壳(1 个叶片)保角变换为当量叶栅来理解,如图 6.18 所示。在给定的圆周速度 $\varOmega R_2$ 下,对应某个流量,气流以与叶片相切(零冲角)的方式进入静子,对应的速度如图 6.18 中箭头 b 所示。气流不会偏离蜗壳壁面,并且从蜗舌到出口压力保持恒定。此工作点称为蜗壳设计质量流量,在较高的质量流量下(见图 6.18 中的箭头 a),流动以负冲角进入静子叶片。气流首先在前缘吸力面减速;然后在该面下游进一步加速。负冲角会使流体在压力面前缘附近膨胀,形成一个低压区。两种效果结合起来,压力从

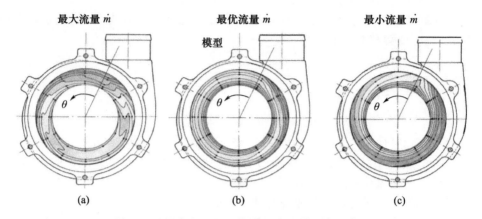

图 6.17　蜗壳变工况运行而导致的周向静压畸变

吸力面到压力面(即沿着蜗壳)降低。在较低的质量流量下(图 6.18 中的箭头 c),流量以正冲角接近蜗舌。气流在吸力面前缘加速,在蜗舌的压力面减速,这解释了从蜗舌到蜗壳出口静压上升的原因。

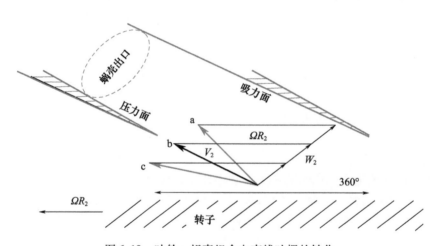

图 6.18　叶轮-蜗壳组合向直线叶栅的转化

蜗壳静压变化作用于扩压器出口。在无叶片扩压器情况下,该压力变化向上游传播,并导致旋转叶轮的周期性出口条件。在没有扩压器的情况下,畸变直接作用于叶轮出口。叶片扩压器起到过滤器的作用,可以减弱甚至消除畸变。

叶轮出口畸变的主要后果如下。

(1)径向力。叶轮出口压力的周向变化会导致速度和叶片载荷的周向变化,进而产生作用在叶轮轴上的净径向力,此径向力的另一个作用是存在非轴对称静压作用于在叶轮出口系截面以及轮盖和轮毂外壁。

(2)损失。每转一圈,叶轮通道中流场的周期性变化会导致额外的能量消耗。扩压器进口处周向流动的不均匀性会在外缘施加不相等的动量,从而在扩压器和蜗壳中产生混合损失和额外的剪切。

(3)噪声和振动。旋转叶轮所产生的压力脉动是噪声和振动的根源,在蜗舌附近振幅最大,表明蜗舌与叶轮的干涉是噪声和振动的主要来源。

6.2.2 主要几何参数

大多数蜗壳具有复杂的三维几何,通常制造起来困难且昂贵,以下的几何参数对流动有显著影响。

(1)蜗壳尺寸。与标准蜗壳相比,小蜗壳能产生更高的压比和更陡峭的性能曲线,而大蜗壳则压比更低,性能曲线更平坦(Whitfield 和 Robert,1983;Mishina 和 Gyobu,1978)。

图 6.19 显示了使用相同的叶轮和无叶片扩压器但两个不同的蜗壳获得性能的比较。图 6.19(a)所示的蜗壳针对压比 3.8 进行了优化,而图 6.19(b)所示的蜗壳针对压比 6 进行的优化,且尺寸小 30%。最大的蜗壳在低转速时有较大的工作范围,但在较高的压比下流动变得不稳定,可通过波浪形的压升曲线来反映。较小的蜗壳在所有压比下均具有稳定的流场,但由于低压比下会发生堵塞,因此工作范围较窄。

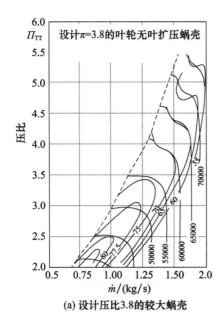
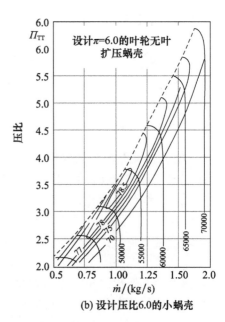

(a) 设计压比3.8的较大蜗壳　　　(b) 设计压比6.0的小蜗壳

图 6.19　蜗壳尺寸对径流压气机特性图的影响(Stiefel,1972)

(2)横截面的形状和位置。横截面可以是对称或不对称的、圆形、椭圆形或矩形的,其中心半径可以恒定、递增或递减,如图 6.20 所示。Mishina 和 Gyobu(1978)证明,这对蜗壳的损失有重要影响,如图 6.21 所示。将在下面对此进行详细讨论。

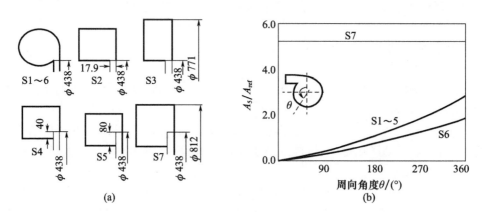

图 6.20　不同蜗壳横截面形状的定义(Mishina 和 Gyobu,1978)

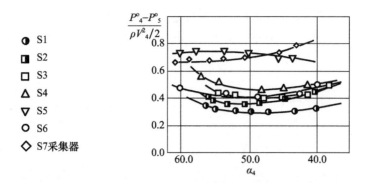

图 6.21　蜗壳横截面形状和径向位置对蜗壳损失系数的影响(Mishina 和 Gyobu,1978)

(3)蜗壳横截面的周向变化。即使对于具有周向和轴向均匀来流条件的二维蜗壳而言,其横截面的流动也是不均匀的,如图 6.22(a)所示。流量连续确定了沿流线的径向速度分量变化,即

$$\rho b R V_R = C^{\text{te}} \tag{6.1}$$

切线速度的降低由角动量守恒定义,即

$$R V_T = C^{\text{te}} \tag{6.2}$$

两者都随半径而变化。每个点的当地速度取决于流线起点(叶轮出口)的切线速度和半径沿流线的变化。叶轮后缘处均匀的 V_{u2} 分布将会形成二维截面 A 上通流速度 V_T 的自由涡分布,如图 6.22(b)所示。低于或高于最优质量流量时,叶轮出

口处的周向速度分布会分别形成如图 6.22(a)和图 6.22(c)所示的速度分布。

在高质量流量下,蜗壳入口附近的切线速度较大,尽管半径增大很多,但仍导致截面 A 外壁附近的通流速度较大,如图 6.22(c)所示。在定义蜗壳横截面时,应考虑到速度随半径的这种变化。

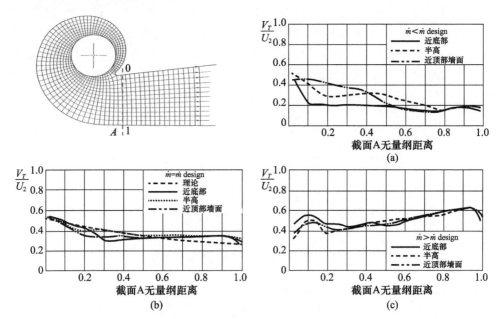

图 6.22　二维蜗壳横截面 A 中的通流速度分布(Bowerman 和 Acosta,1957)

(4)蜗舌。Lipski(1979)详细研究了蜗舌对性能的影响。流动可视化(Brownell 和 Flack,1984;Elholm 等,1992)表明,当质量流量增加时,蜗舌上的滞止点从排气侧移向叶轮侧。蜗舌与叶轮出口之间的距离对周向压力变化有重要影响,较大间距能为最终流动和压力畸变的衰减提供了更多空间。但是,从无叶扩压器出口到叶轮出口,压力畸变幅值可能会增加(Sideris 等,1987a、b;Yang 等,2010)。似乎扰动速度也遵守质量和动量守恒定律(式(6.1)和式(6.2)),压力扰动幅值与速度扰动的平方成反比。

6.2.3　蜗壳中的详细三维流动结构

下面将详细介绍蜗壳流动模型以及基于不同形状的简化和实际蜗壳的测量结果进行的验证。主要目的是理清蜗壳流动、蜗壳几何形状和进口流动条件之间的关系。这是建立蜗壳预测模型的基础。

蜗壳中的流动与经典涡管的流动大不相同,在涡管中,流体从外径向中心迁移,这就使旋流速度 V_S 增大。因此,涡管在外壁处为自由涡环量 $rV_S = C^{\text{te}}$,而在中

心为强制涡环量 $V_S = rC^{te}$。对于锥形扩压器,当旋流流体从进口处的小半径迁移到出口处的大半径时,自由涡旋流也会出现(Senoo 等,1978)。

相比之下,蜗壳中涡团结构则取决于入口径向速度的周向变化,通过蜗壳的线性模型很容易加以解释,如图 6.23 所示。流体从靠近蜗舌的小半径处进入蜗壳,并充满蜗壳中心。旋转一圈后,新的流体被吸入,并以较大的半径进入蜗壳更下游的位置,开始绕着上游流体旋转。半径增大的涡管互相包裹,并且流体的每个部分几乎仍处于其进入蜗壳时的半径。因此给定截面位置处的旋流速度 V_S 取决于来流的径向速度 V_R。蜗壳内部流动的其他属性,如 T^o 和 P^o,取决于来流以及蜗壳内部剪切力导致的涡旋结构变化。

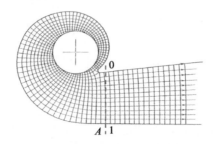

图 6.23　离心压气机出口蜗壳中的流动结构

该模型源自 Van den Braembussche 和 Hände(1990)在典型悬臂蜗壳的简化模型中进行的三维流动试验研究。如图 6.24 所示,平行壁进口和锥形通道代表一个径向扩压器,其与进气通道一侧相连,后接不对称蜗壳。模型与实际蜗壳的主要区别是入口总压力恒定,以及蜗舌与出口之间没有周向曲率。但该曲率半径(由蜗壳中心线半径定义)通常比蜗壳横截面半径大得多,其对流动的影响将在后面讨论。

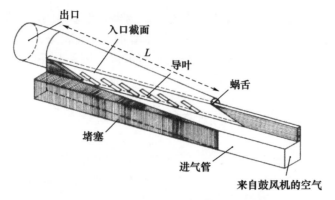

图 6.24　直扩压器和蜗壳的三维视图和尺寸

鼓风机向矩形进气道上游的沉降室提供空气。入口管道中的可变堵塞可调节蜗壳入口处的进气压力分布。使用经验步骤来调整叶片的安装角和阻塞,直到获得所需的蜗壳入口流量条件,对应于最大、最佳或最小质量流量。图 6.25(a)～图 6.25(c)显示了在 3 种工况下蜗壳壁面上 4 个横向和 11 个纵向位置的静压。

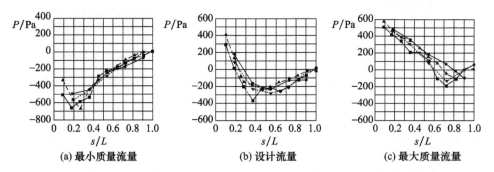

(a) 最小质量流量　　　　(b) 设计流量　　　　(c) 最大质量流量

图 6.25　不同工况下纵向和周向静压变化(Van den Braembussche 和 Hände,1990)

图 6.28、图 6.31 和图 6.34 显示了 3 个工作点下 5 个纵向位置处的旋流速度 V_S 和通流速度 V_T 的横向变化,以及静、总压力分布。在每个横截面处仅进行一次横扫,因为可以假定流动在锥形通道中是轴对称的。

6.2.3.1　设计质量流量运行

理论上,沿圆周方向恒定的叶轮出口径向速度和沿蜗壳入口的总压力,如图 6.26 所示,会产生具有恒定旋流速度 V_S 和恒定总压的涡分布,如图 6.27(a)所示。但实际上由于中心会产生很大的剪切力,因此不存在这种流动。动能会被耗散掉,直到中心出现自由涡结构才停止,对应于无摩擦的自由固体旋转,如图 6.27(b)所示。剪切力产生损失,并导致中心处总压的降低。

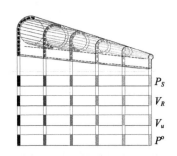

图 6.26　设计流量时蜗壳进口条件

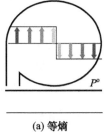

(a) 等熵　　　　(b) 实际

图 6.27　设计流量时的蜗壳流动结构

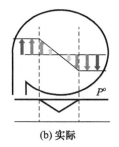

图 6.28 所示的试验结果证实了这种流动结构,靠近壁面处的旋流速度几乎恒定,在中心有强制涡流动结构。除了在中心的较小区域外,由于强制涡的形成导致了局部能量耗散,大部分区域总压几乎恒定。

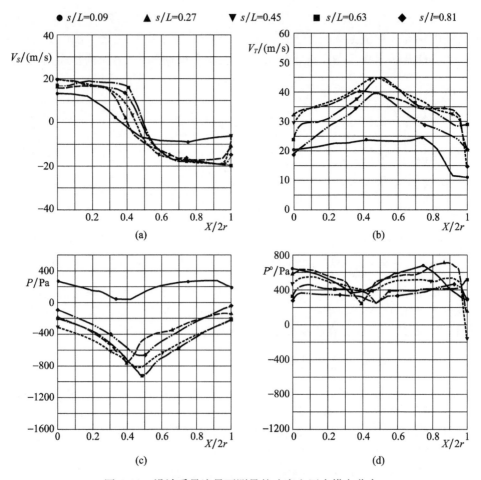

图 6.28 设计质量流量下测量的速度和压力横向分布
(Van den Braembussche and Hände,1990)

旋流速度和静压之间的径向平衡使中心区域有以下静压分布,即

$$\frac{dP}{dr} = \rho \frac{V_S^2}{r} \tag{6.3}$$

通流速度根据当地动能减去旋流能量后的剩余能量定义,即

$$\rho \frac{V_T^2}{2} = P^\circ - P_S - \rho \frac{V_S^2}{2} \tag{6.4}$$

除了进口附近的畸变外,展向平均的 V_T 在蜗壳入口几乎恒定,在设计质量流量下这是可以预料到的。通流速度的任何减速或加速将导致静压的增加或减少,从而与设计点运行的定义相冲突。近乎恒定的总压,加上中心处的低静压和低旋流,导致向着蜗壳中心 V_T 大幅增加。

6.2.3.2 小于设计流量

如图 6.29 所示,在小于最佳质量流量的情况下,在蜗壳入口圆周方向上径向速度减小,切向速度和总压增大产生接近于自由涡的流型,蜗壳中心的涡旋速度最大,外壁附近的总压力最大,如图 6.30(a)所示。多余的动能在蜗壳中心被耗散,使流型由最大速度在中心的自由涡转化为中心速度为 0 的强制涡。对应的剪切损失造成了中心处总压的进一步降低。小的旋流速度使横截面静压分布更均匀(式(6.3))。结合中心较低的 P^o,就会导致向着蜗壳中心 V_r 逐渐降低(式(6.4))。如图 6.31 所示,小于设计质量流量的试验结果证实了这一点。旋流速度首先从壁向中心增大,然后由于剪切力在中心形成的强制涡结构,其再次减小。

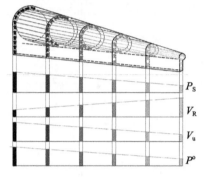

图 6.29 低于设计流量时蜗壳进口情况

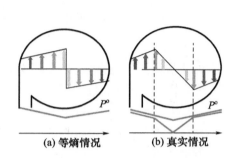

图 6.30 小于设计流量时蜗壳中的流动结构

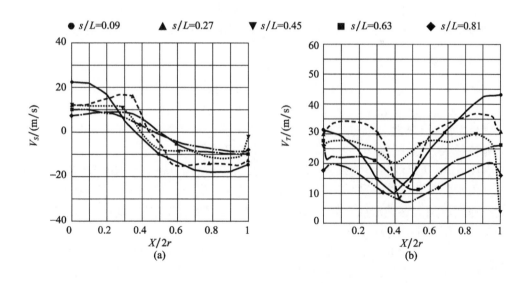

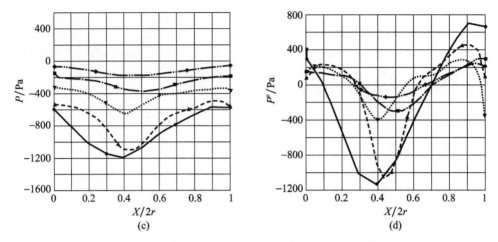

图6.31 在小于设计质量流量情况下测得的横向速度和压力分布
(Van den Braembussche 和 Hände,1990)

在低质量流量下,流体以较大的切向速度分量 V_u 进入蜗壳,然而流量连续要求在蜗壳内 V_T 较小。于是切向速度发生减速,此时蜗壳的作用就像扩压器。由图6.31可知,从蜗舌到出口,平均通流速度 V_T 减小,平均静压增大。旋流分量使流动向壁面聚集,低通流速度和低 P^o 区域仍处于中心。这就减小了有效截面积,降低了静压恢复,避免了壁面处的流动分离。由于涡旋速度小、静压梯度低,再加上中心处的低总压,可能导致出口扩压器中心处的 V_T 为负。

最小质量流量工况下,前两个位置处观察到的强烈不对称性是由蜗舌处的冲角造成的,因为真实蜗壳中没有泄漏流,当来流几乎为切向方向时,需要一段距离才能将流体充满蜗壳。通过与新来流的掺混,相应的中心高损失逐渐消失。

6.2.3.3 高于设计流量

如图6.32所示,高于最优质量流量运行时,蜗壳入口沿圆周方向上的径向速度增加,切向速度和总压减小,理论上会导致接近强制涡的流型,最大旋流速度出现在外壁附近,最大总压在中心,如图6.33(a)所示。在蜗壳中心处,仅有少量的动能被耗散,产生强制涡,因此损失很小,总压仍然很高。

图6.34所示的试验结果再次证实了理论流动结构,从蜗舌到出口平均静压降低。由于扩压器出口/蜗壳入口的径向速度增加,从 $s/L=0.09$ 到 $s/L=0.81$ 之间旋流速度增加。这是沿周向静压降低的结果。由于特定的进气条件,在所有位置处涡流速度向中心方向减小。

图6.33所描述的预期中的中心处总压增加在实际中未观测到,这是因为所采用的线性化蜗壳试验设备与真实的蜗壳/叶轮组合存在差异。沿着蜗壳入口静压降低,但总压没有降低,这与叶轮情况不同。因此,无黏总压在入口和整个截面都是恒定的。

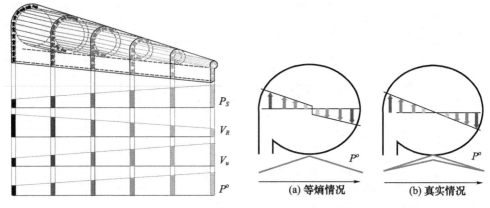

图 6.32 大于设计流量下的蜗壳入口条件

图 6.33 大于设计流量时蜗壳内的流动结构

如图 6.34 所示,通流速度 V_T 的径向分布表现为从壁面上的小值增加到蜗壳中心的较大值,这是由于 P^o 几乎不变,且中心处大旋流导致 P 降低很多所造成的。蜗壳中心的高通流速度导致实际流量大于使用蜗壳壁面压力测量值预测的质量流量。这类似于 Hübl(1975) 对蜗壳进行数值分析时的"负堵塞",Stiefel(1972) 在试验中也观察到了类似现象,他指出"蜗壳面积比无摩擦计算值低 10% ~ 15% 时,蜗壳工作最佳"。

试验结果表明,壁面附近的边界层非常薄,这是从扩压器出来的新流体在横截面中每转一圈,都会被边界层不断吸入的后果,如图 6.35 所示,且凹面上边界层的流动掺混同时增强,如 3.2.3 节所述。吸入边界层降低了蜗壳中心的总压。

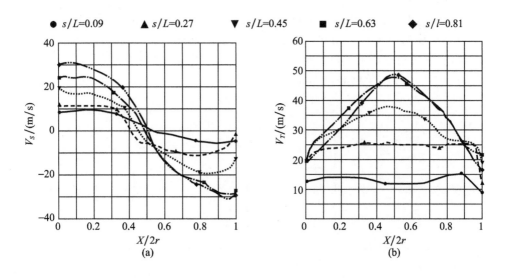

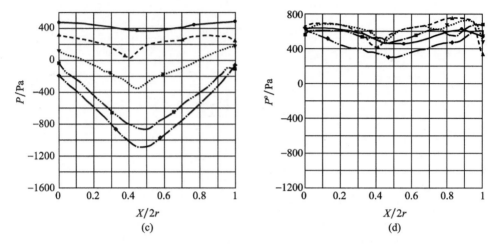

图 6.34 在大于设计质量流量时测得的速度和压力的横向分布
(Van den Braembussche 和 Hände,1990)

前面的考虑形成了以下的蜗壳流动模型。

(1)内部摩擦和/或蜗壳入口处的径向速度分布生成了旋流速度的强制涡分布。第一种机制来源于横截面中心的高损失和低总压;第二种机制产生的损失要低得多,这时总压是蜗壳入口处总压分布的函数。但是,全部旋流速度最终将被壁面摩擦耗散掉,这解释了最大质量流量下总压损失较高的现象。

(2)静压分布取决于横截面中旋流速度产生的离心力。实际蜗壳中,流线从扩压器出口就开始弯曲,通流速度沿着蜗壳周向会产生离心力,因此也存在径向压力梯度。

(3)横向通流速度分布是由横截面上的总压力和静压力变化产生的,可能与平均值有较大差别。

接下来将在不同类型的实际蜗壳上验证该模型。这些蜗壳的横截面形状和横截面中心的径向位置互不相同,如图 6.36 所示。外部蜗壳的内壁半径恒定(扩压器出口)。由于在扩压器出口和蜗壳中心线之间发生了额外的扩压,因此它显示出更高的压比和效率。但随着截面积的增加,外径也沿着周向增加,因此它尺寸更大。

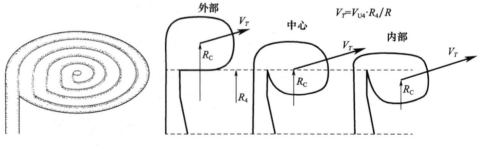

图 6.35 新来流体吸收蜗壳边界层

图 6.36 外部、中心和内部蜗壳几何

离心压气机的最大体积与尺寸成正比,通常受到可用空间以及材料和制造成本的限制。这些要求倾向于使用内部蜗壳,即外径恒定且横截面中心的半径小于扩压器出口值的蜗壳。内部蜗壳的主要缺点是静压升较低,总压损失较大。扩压器内的静压升主要由速度降低达成,而内部蜗壳中心线半径减小,随后气流会加速,因此扩压效果被减弱。

6.2.4 中心椭圆蜗壳

前面所描述的蜗壳内三维流动图景已被一系列椭圆截面中心蜗壳的详细试验测量所证实,这些蜗壳采用 Brown 和 Bradshaw(1947)的方法设计,如图 6.37 所示。测量结果在 Ayder 等(1991、1993、1994)的文章中有详细描述。试验中使用了一低比转速叶轮,其外径为 256mm,叶片数 19 个,叶轮出口为径向,且匹配了半径比为 2.24 的窄无叶扩压器。标准入口条件下压气机的性能如图 6.37 所示。试验在高、中和低流量的 3 个工作点进行了测量。

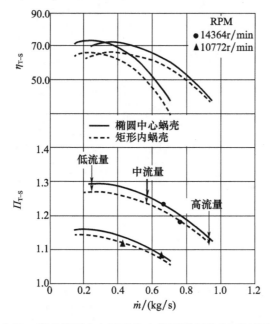

图 6.37 带有椭圆中心蜗壳和内部矩形蜗壳的压气机特性

在 8 个周向位置测量了扩压器出口的径向和切向速度以及总温度和总压的展向分布,如图 6.38 所示。使用五孔压力探头通过 3~5 次径向横扫、通过 7 个横截面的一次横扫来测量三维流场。相对于蜗壳出口静压来测量总静压。正值表示压力高于出口大气压力。

3个工作点下质量平均流动特性的周向变化如图6.39所示。沿程静压下降,如图6.39(b)所示,对于高于最优质量流量的工况。低质量流量下静压恒定,表明在此流量下蜗壳与叶轮匹配良好。由于叶轮稳定性的原因,不可能在更小流量下进行测量。

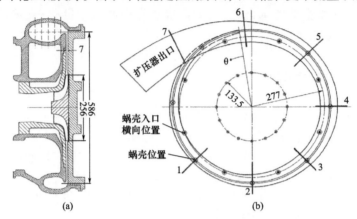

图6.38 椭圆形蜗壳的几何形状和测量位置(Ayder等,1993)

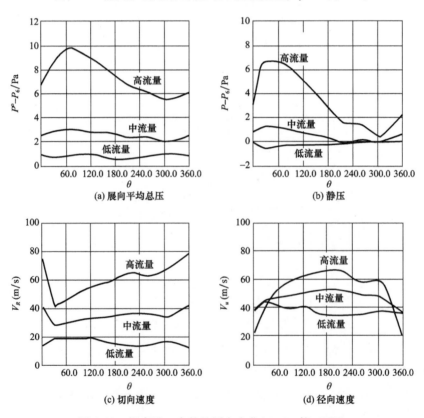

图6.39 蜗壳进口参数的周向变化(Ayder等,1993)

横截面上详细的蜗壳流场测量结果如图 6.40～图 6.47 所示。

6.2.4.1 高质量流量工作点测量结果

根据前文所述的流动模型,蜗舌附近的流体进入蜗壳就开始绕横截面的中心旋动,并在中心处产生较大的切应力。由于此耗散的存在,在第一个横截面的中心观察到一个明显的高总压损失点,如图 6.40 所示。

如图 6.39 所示,蜗壳入口处径向速度从蜗舌到蜗壳出口沿周向增加,导致旋流速度随横截面半径而增加。因此,在蜗壳下游截面的刚体旋转,如图 6.41 所示,是特定蜗壳入口流速分布的后果,并且仅受中心切应力的轻微影响。因此,总压分布主要取决于进口气流。蜗壳进口从蜗舌到蜗壳出口总压降低,导致从蜗壳中心到蜗壳截面外径总压降低,如图 6.40 所示。因此,通过蜗壳中心横截面上的总压高于气流在当地横截面上的总压。

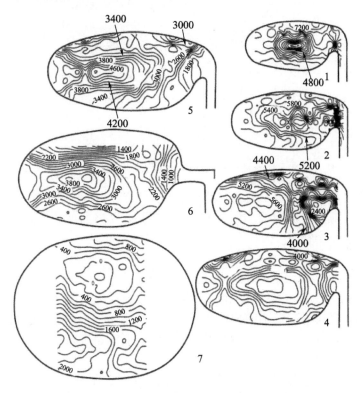

图 6.40 在高质量流量情况下各横截面总压变化

在刚体旋流(强制涡)中,内部切应力为零。旋流速度的进一步降低只可能由于蜗壳壁面上的摩擦,或出口扩压器中半径的增加。图 6.41 显示,垂直于椭圆横截面的长轴方向上旋流速度较低,垂直于短轴方向上旋流速度较大。这是由于在椭圆截面中旋流的角动量守恒所致。

涡团中心位置在截面5和6之间发生了变化,这是由于蜗壳中心线的轴向偏移以及中心线半径的增加所致。由于测量是在平行于 x 轴的平面上进行的,因此探针会测量额外的轴向和径向速度分量,以及涡团中心向左下角的明显偏移。

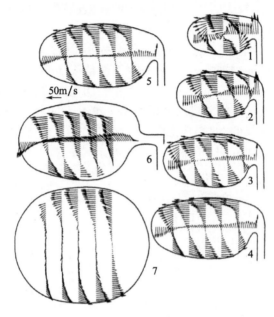

图6.41 在高质量流量下蜗壳横截面的旋流速度分布(Ayder等,1993)

横截面上测得的静压变化是由蜗壳通道的旋流和圆周曲率造成的。最大的静压梯度是由旋流速度引起的(式(6.3))。内壁和外壁之间的压力梯度取决于通流速度和蜗壳中心半径 R_C,即

$$\frac{dP}{dR} = \rho \frac{V_T^2}{R_C} \tag{6.5}$$

如图6.42所示,测量表明,在蜗舌附近的小横截面上静压的变化主要由大旋流速度和小半径再加上低通流速度决定的。在下游截面上内、外壁之间的压力变化逐渐增大,这是由于通流速度增加(式(6.5))、旋流速度减小以及内外壁距离变大所导致。

横截面上通流速度的变化(图6.43)是静压和总压分布的函数(式(6.4))。在蜗壳进口的横截面处,P° 和 P 从蜗壳壁面向中心减小,使通流速度分布近乎均匀。在下游截面上,总压向着中心处增加,而静压减小。这就使中心处的通流速度达到蜗壳进口的2倍。对应的动能是进口处的4倍,在截面6和7之间被部分耗散掉,这是造成高排气锥损失的原因。一维蜗壳模型认为,气流在横截面上均匀分布,要考虑这种现象需要异常高的损失系数,后续将在6.2.7节中进一步解释。

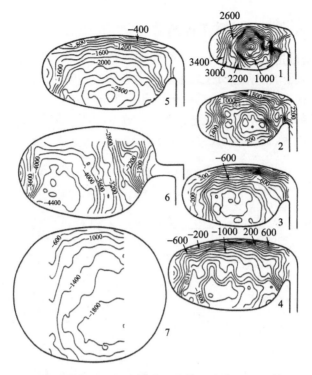

图 6.42 高质量流量下蜗壳横截面的静压变化（Ayder 等，1993）

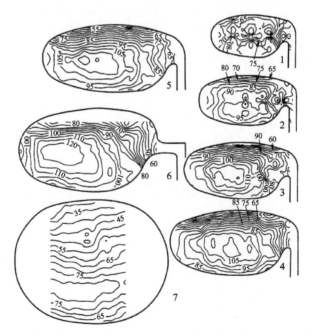

图 6.43 高质量流量下蜗壳横截面的通流变化（Ayder 等，1993）

6.2.4.2 中等和小流量工况测量

中等和小流量情况下,周向压力畸变程度低,蜗壳近乎工作在设计状态。如图 6.45 所示,小流量下蜗壳进口径向速度小,从而旋流速度也小,横向静压梯度也是如此。壁面处旋流速度几乎不变,这是由于蜗壳进口径向速度比较均匀。中心的强制涡分布可归咎于内部剪切。对应的能量耗散会导致中心处局部总压略微降低,如图 6.44 所示。截面 3 下游,强制涡核的尺寸逐渐增加,在下游测量截面覆盖了整个横截面。

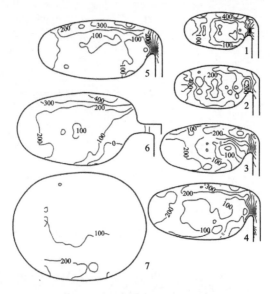

图 6.44 低质量流量下蜗壳横截面的总压变化(Ayder 等,1993)

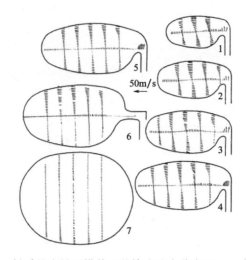

图 6.45 低质量流量下横截面的旋流速度分布(Ayder 等,1993)

小旋流速度对静压和通流速度的影响很小。后者几乎完全由蜗壳通道的周向曲率确定,如图 6.46 和图 6.47 所示,在最后的直线段处曲率为 0。

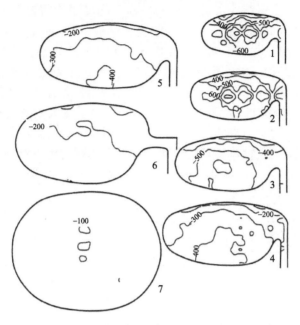

图 6.46 低质量流量下横截面的静压变化(Pa)(Ayder 等,1993)

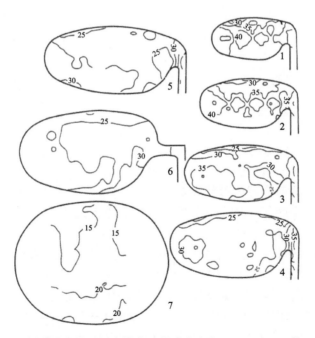

图 6.47 低质量流量时蜗壳横截面的通流速度(m/s)(Ayder 等,1993)

6.2.4.3 蜗壳出口测量

蜗壳偏离设计点运行时叶轮出口的周向压力变形会导致能量输入的周向变化,进而导致总温的周向变化。流体在蜗壳内掺混不强,如图6.1所示,入口温度一直保持到蜗壳出口,如图6.48(a)和图6.48(b)所示。蜗壳出口处流动的不均匀性对性能测量很重要,因为后者会随出口压力和温度测量位置而变化。最大温升在低质量流量下出现,这是由于此时叶轮对流体有更高能量的传递。如图6.48(c)所示,叶轮出口处静压和温度均匀,排除了在低质量流量下测得的温度变化是加功量变化所致结果的可能性。唯一的可能是壁面附近集中的低速区或分离区的热损失所致。这种非物理的变化强调了在测试过程中对模型进行隔热的必要性。

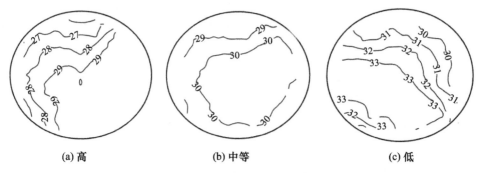

(a) 高　　　　　　　　(b) 中等　　　　　　　　(c) 低

图6.48　在不通质量流量的情况下压气机出口部分的总温
$(T^o - T_1^o)$变化(Ayder,1993)

6.2.5　内部矩形蜗壳

同一叶轮匹配较短的无叶扩压器,并与下游的矩形截面内部蜗壳结合在一起,如图6.49所示。内部蜗壳用于减小压气机的尺寸和重量。矩形蜗壳更易于制造(通过焊接)。下面对横截面形状和扩压器出口R_4与蜗壳中心线R_C之间半径的减小对图6.20和图6.21所示蜗壳损失的影响进行说明。由于扩压器($R_4/R_2 = 1.75$)比椭圆形蜗壳情况($R_4/R_2 = 2.24$)短得多,蜗壳入口速度会更大。

图6.37阐明了这些几何形状变化对性能的影响。效率较低是由于扩压器中较低的静压升以及蜗壳中较高损失的原因,扩压器出口处较大的径向速度是大旋流损耗的根源。内部蜗壳中横截面中心线半径的减小使流体通流速度增加,抵消了无叶扩压器中实现的部分静压升。矩形横截面中较大的通流和旋流速度以及较小的水力直径,进一步导致了较大的摩擦损失。

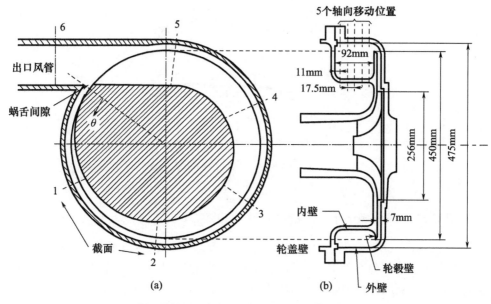

图 6.49 带矩形截面内部蜗壳的压气机的几何(Ayder 等,1991)

蜗壳横截面与扩压器出口半径之比较大,和沿周向减小的中心半径,使蜗壳适合在设计流量或小于设计质量流量运行。这可由扩压器进、出口静压的周向变化来说明,见图 6.50。如图 6.50(a)所示,除了出口管附近的扰动外($\theta = 300° \sim 360°$),在高质量流量运行过程中观察到压力分布几乎不变,表明矩形蜗壳运行于设计点工况。如图 6.50(b)所示,在中等质量流量下,沿蜗壳周向,静压不断升高,这是由蜗舌与 $\theta = 300°$ 之间发生的流动减速造成。如图 6.50(c)所示,在低质量流量下,在蜗壳的前 1/3 长度内静压增加。由于流动分离,蜗壳下游静压几乎不变,这可以从详细的测量中明显看出来。

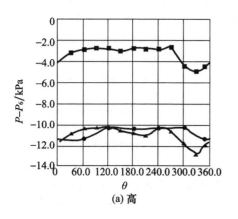

(a) 高

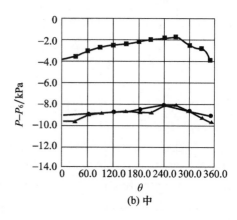

(b) 中

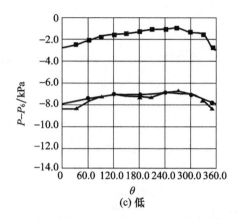

(c) 低

图 6.50 不同流量下叶轮出口和扩压器出口处静压的周向变化(Ayder 等,1991)

对于 300°~360°之间的 θ 值,在 3 个质量流量下都观察到压力的扰动,这是因为扩压器出口的部分直接与出口管路相连,如图 6.49 所示。扩压器出口的局部压力由蜗壳出口管路内、外壁之间的压力变化确定。$\theta=270°$ 时的高压是由于弯曲管道中的离心力,在 $\theta=360°$ 时弯曲消失,此时静压在横截面上均匀分布。在这两个截面之间的等截面通道中有额外流体进入,进一步增强静压降低的趋势。

蜗壳截面中的三维流场是在图 6.49 所示的 6 个周向位置处测量的。在 5 个轴向位置处进行径向横扫,几乎覆盖了整个流动区域。下面将详细说明质量流量结果。

6.2.5.1 高质量流量测量

在横截面 1~5 中测量的速度和压力分布与椭圆形横截面蜗壳中观察到的流动结构非常相似,即气流绕着中心旋转。

以下观测结果需要特别注意。

(1)流体以通流分量 V_T(垂直于横截面)流向拐角,V_T 通常比旋流速度分量 V_S 大得多。因此,气流所经历的转角度远大于 90°,如图 6.51 所示,并且角涡旋非常弱。

中心处存在类似强制涡的速度分布,如图 6.52 所示,与旋流相对应的离心力与从中心到壁面静压增加相平衡。

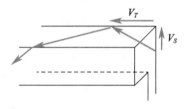

图 6.51 矩形蜗壳拐角处的流动

(2)在扩压器出口处静压周向均匀,见图 6.50(a),而从蜗壳入口到出口横截面中静压降低,见图 6.53(a),这两者之间存在明显的不一致。最小压力从截面 1 的 -1200Pa 变化到截面 5 的 -3000Pa,对应通流速度从截面 1 的 60m/s 增加到截面 5 的 95m/s。从蜗壳外壁到内壁的速度增加是由角动量守恒定义的(式(6.2))。相应地,静压降低是内部蜗壳效率低的首要原因。

(3)在轮毂-内壁角区存在低能流体的积聚和顺时针涡团。这是蜗壳周向曲率导致的二次流所造成的。蜗壳中的径向压力梯度是无黏的通流速度 V_T 和蜗壳周向曲率 R_c 的函数。边界层中的流体具有较小的 V_T，但受到较大的自由流 V_T 施加的径向压力梯度。因此，流体将沿着流线以较小曲率半径移动到内壁。如图 6.52(a) 中的截面 2~5 所示，轮毂壁面上的低速流体向后迁移到半径更小的位置，并在轮毂-内壁角区中形成与主旋流相反的涡团。这是该区域中低总压流体积聚的根源。在盖侧壁面上，流体运动方向与主旋流速度相同，这有利于低速流体沿着壁面输运，流向轮毂-内壁拐角，如图 6.53(b) 所示的截面 4~5。

蜗舌下方的泄漏流方向取决于横截面 5 和 1 之间的压差，如图 6.49 所示。当截面 5~6 之间内壁上的静压力远低于截面 1 时，如图 6.53(b) 所示，流体将从蜗壳入口逃离，流向出口通道。因此，无法阻止扩压器出流以扩压器中的高能流体填充蜗壳空白进口截面。结果是在截面 1 中形成了不对称涡团和高总压。

在 $315°<\theta<360°$ 处离开扩压器的流体直接从截面 5~6 之间的轮盘侧进入蜗壳，如图 6.49 所示，并将高总压损失和低通流速度区域吹向截面 6 的轮盖-内壁角区，如图 6.53(b) 和图 6.52(b) 所示。

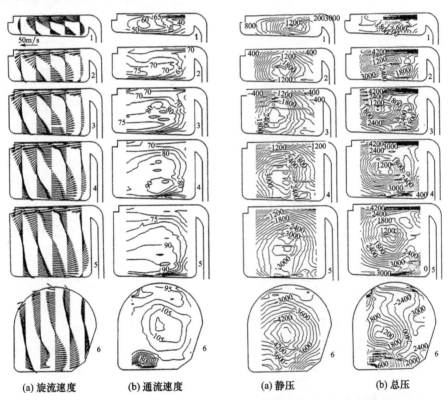

(a) 旋流速度　　(b) 通流速度　　　(a) 静压　　　(b) 总压

图 6.52　高质量流量下蜗壳横截面　　图 6.53　高质量流量下蜗壳横截面上
　　的参数变化(Ayder 等,1991)　　　　　的压力分布(Ayder 等,1991)

6.2.5.2 中等质量流量测量

对于当前蜗壳,中等质量流量小于其最优流量值。入口静压沿周向增大,入口速度径向分量较低,这些都对流动形式有很大影响。对于任一截面,静压梯度几乎全是从内壁到外壁,这是由于小的旋流速度带来的影响要小于通流流速和周向曲率的影响,如图6.55(a)所示。

如图6.54(a)和图6.54(b)所示,截面1轮盖存在一大块高通流速度但几乎无旋流的低总压流体区,如图6.55(b)所示。由于截面5内壁的静压比截面1高,这种结构来源于从蜗舌间隙进入蜗壳的泄漏流。低能流体迁移到轮毂-内壁角区(截面2~5),这是因为从内壁到外壁的静压梯度阻止其继续运动,正如已经解释的那样,这是轮毂-内壁角区处的顺时针涡团的根源。

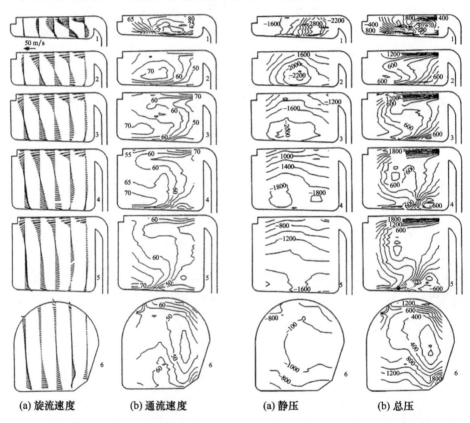

(a) 旋流速度　　(b) 通流速度　　　　(a) 静压　　　(b) 总压

图6.54　在中等质量流量下蜗壳横截面的速度变化(Ayder等,1991)

图6.55　在中等质量流量下蜗壳横截面上的压力变化(Ayder等,1991)

低能流体在截面6中完全消失,如图6.55(a)所示。它从蜗舌间隙被吸到蜗壳入口,因为截面1的平均静压低于截面5内壁上的压力。这是截面1的轮盖侧

P^o 极低且没有涡流的原因,如图 6.54(a)所示。

预期中因半径减小通流速度增加(式(6.2))所导致的静压降低被气流沿蜗壳的扩散所抵消。结果是静压沿蜗壳外壁(扩压器出口处也是如此)在周向上增加,而沿蜗壳内壁增加较少。凹曲率阻止了外壁上的流体分离。尽管内壁呈凸形,气流沿内壁的少量加速仍可防止流体分离。

6.2.5.3 低质量流量测量

低质量流量时流动的特征是极低的旋流速度和较大的蜗舌泄漏流,以及较大的进口切向速度。进口切向速度沿外壁面逐渐减小,导致静压的不断增加,并直到截面 3 结束。从这里开始,压力基本保持恒定,这是由于凸形内壁上的流动分离。离心力将高速流体推向外壁,使在靠近内壁处形成低能流体的发展区域,并由蜗舌处的泄漏流填充(图 6.56)。在截面 6 中可以清楚地看到一个大的分离流区,没有明确的结构,并且总压为负(因为它与探针方向相反)。这是因为大流量泄漏通过蜗舌间隙,在截面 5~6 之间形成了额外的扩散。

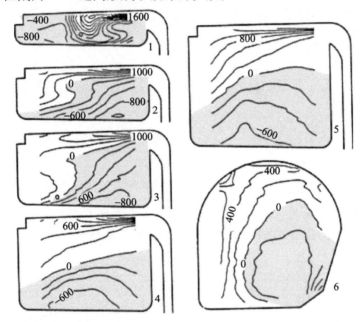

图 6.56 在低质量流量下蜗壳横截面上的总压力分布(Ayder 等,1991)

总之,内部矩形蜗壳和椭圆中心蜗壳之间的主要区别如下。

(1)由径向压力梯度在轮毂/内壁拐角处产生的反旋涡并不存在于中心和外部蜗壳中,反旋涡使低能流体倾向于在内壁积聚。再加上内部曲率半径减小,这里成为低质量流量时流动分离的源头。

(2)在将扩压器与内部蜗壳分开的壁面上存在摩擦,从而给内部蜗壳带来额外的损失。正如 6.3.1 节讨论的那样，可通过缩短蜗壳上游的无叶扩压器来减少这些损失。

（3）内部蜗壳的出口流道与扩压器出口相连，这种特殊方式会导致在 $300° < \theta < 360°$ 区间内周向压力分布存在局部扰动，即使在设计流量下也是如此。

更改蜗壳中心线半径时，横截面积应适应速度变化（Mojaddam 等，2012）。

6.2.6 蜗壳横截面形状

对称蜗壳中的三维流动取决于蜗壳的几何形状以及叶轮出口气流的展向变化（Peck，1951；Hübl，1975）。图 6.57 显示了不同工作点的涡流结构。在切断流量时观察到的弱非对称涡（图 6.57（a））在设计质量流量（图 6.57（b））下会变为两个对称涡，在大质量流量（图 6.57（c））时变回强非对称涡。非对称涡的旋转方向取决于入口条件的展向变化。图 6.57（c）中的涡是叶轮出口轮盘处径向速度较大造成的，根据柯恩达效应，它将保持附着在该壁面上。不同的流动形式有着不同的损失，从一种类型切换到另一种类型可能会导致性能曲线的不连续。

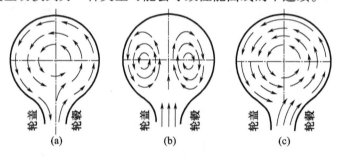

图 6.57 对称蜗壳不同工作点时的涡旋结构（Peck，1951）

对称的蜗壳可用两个非对称的蜗壳进行近似，如图 6.58 所示，只要蜗壳两侧的结构相同。对能量输入的影响很小，但效率比偏心蜗壳低 2.5%（Hübl，1975）。

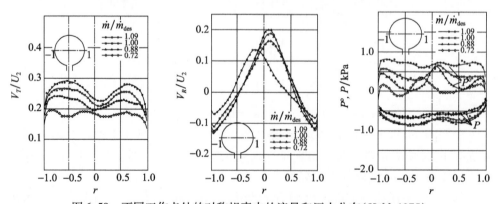

图 6.58 不同工作点处的对称蜗壳中的流量和压力分布（Hübl，1975）

Heinrich 和 Schwarze(2017)证实了先前的观察结果,他们还对蜗壳横截面形状进行了数值优化。稍微偏心的蜗壳可以获得最佳性能,如图 6.59 所示。从扩压器流出的流体不会被主涡挤压到一起,低的径向速度会导致较低的径向速度排气损失。

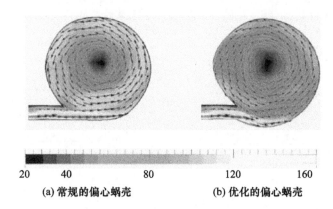

(a) 常规的偏心蜗壳　　　　　(b) 优化的偏心蜗壳

图 6.59　不同横截面蜗壳速度分布(Heinrich 和 Schwarze,2017)

6.2.7　蜗壳性能

蜗壳的总体性能可用以下参数来表征。静压恢复系数为

$$\mathrm{CP} = \frac{\widetilde{P}_6 - \widetilde{P}_4}{\widetilde{P}_4^0 - \widetilde{P}_4} \tag{6.6}$$

总压损失系数根据蜗壳入口和出口处的平均气流参数来计算,即

$$\omega = \frac{\widetilde{P}_4^o - \widetilde{P}_6^o}{\widetilde{P}_4^o - \widetilde{P}_4} \tag{6.7}$$

式(4.8)表明,对于给定的入口截面和流动条件以及固定出口部分,$\mathrm{CP} + \omega$ 为常数,且与进出口之间的流动结构无关。这为蜗壳出口与入口速度比提供了近似表达式,即

$$1 - (\omega + \mathrm{CP}) = \frac{V_6^2}{V_4^2} \tag{6.8}$$

6.2.7.1　试验结果

椭圆形蜗壳的总体性能如图 6.60(a)所示,基于截面 4 和截面 6 处的平均流动参数计算。可以看出,在所有质量流量下静压都降低($\mathrm{CP} < 0$),这是因为存在摩擦损失,且该蜗壳对所有工作点而言尺寸都太小,因此没有扩压。在高质量流量下,椭圆形蜗壳中的损失甚至大于入口处可用的动能($\omega > 1$)。再加上式(6.8)中动能的增加($\omega + \mathrm{CP} < 0$),这导致静压的大幅降低($\mathrm{CP} = -2$)。

内部矩形蜗壳的总体性能如图 6.60(b)所示,其静压升高于椭圆形蜗壳,从而在最小质量流量下 CP 为正。总压损失较低,在所有工作点气流都减速($\omega+CP>0$)。需要注意的是,不能从高的静压恢复系数就得出"内部矩形蜗壳优于椭圆蜗壳"的结论。当前的矩形蜗壳只是更好地适应叶轮和无叶扩压器而已。对于实验叶轮而言,在(太)长无叶扩压器中存在较大的扩压,椭圆蜗壳显得太小了。

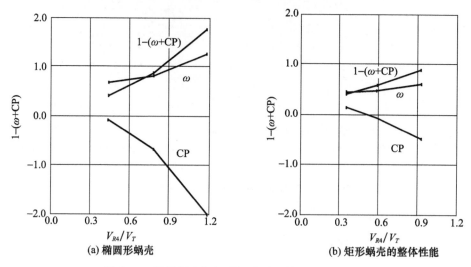

图 6.60 椭圆蜗壳与矩形蜗壳的整体性能试验结果

6.2.7.2 性能预测

图 6.61 显示了另一种看待蜗壳与叶轮干涉的方式,这有助于理解损失。低于最优质量流量时,离开叶轮或无叶扩压器的气流具有较小的径向和较大的切向速度分量。在蜗壳中输运这样少量的流体仅需要较小的通流速度 V_T,从扩压器出口

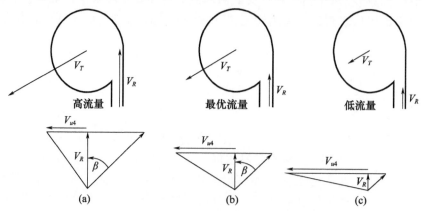

图 6.61 叶轮出口和蜗壳之间的切向和径向速度的加速和扩散

到蜗壳横截面中心,流速从 V_{u4} 减小至 V_T,并导致压力上升和扩压损失。较小的径向速度在蜗壳中产生较小的旋流运动,而后者被内部剪切力和壁面摩擦耗散掉,这是蜗壳损失的第二个原因。

高于最优质量流量时,离开叶轮或无叶扩压器的流量具有较大的径向速度和较小的切向速度。在蜗壳中输送这样大量流体需要较大的通流速度。从扩压器出口到蜗壳横截面中心,流速从 V_{u4} 增加至 V_T,并导致压力降低。在扩压器中发生的扩压被部分破坏,还会导致额外的摩擦损失。由大的径向速度分量所产生的旋流能量终将被耗散掉,产生了比低质量流量下大得多的损失。

前面各节中讨论的试验结果表明,验证损失预测模型并没有太大的意义,因为模型中假设流动均匀而未考虑蜗壳横截面旋流。考虑了蜗壳内主要流动特征的模型之一是 Japikse(1982)的模型,由 Weber 和 Koronowski(1986)进行了扩展。其损失由以下几个部分构成。

(1)子午速度排气损失 $\Delta P_{\text{MVDL}}^{\text{o}}$;
(2)摩擦损失 $\Delta P_{\text{f}}^{\text{o}}$;
(3)切向速度排气损失 $\Delta P_{\text{TVDL}}^{\text{o}}$。

子午速度排气损失是基于以下假设:蜗壳入口处子午速度所产生的旋流动能被耗散掉。这部分损失表示为

$$\Delta P_{\text{TVDL}}^{\text{o}} = \frac{\rho V_{R4}^2}{2} \tag{6.9}$$

Senoo 和 Kawaguchi(1983)提到了通过增加周向围栏,将气流转为周向,来减少收集器中旋流损失的可能性。

摩擦损失是壁面粗糙度,蜗壳通道的水力直径 D_H,蜗壳内流体的路径长度 L_H(假设等于蜗壳通道的长度)和通流速度 V_T 的函数。之所以仅考虑后者的摩擦损耗,是因为旋流速度的耗散已经由子午速度排气损耗考虑,即

$$\Delta P_{\text{f}}^{\text{o}} = C_{\text{f}} \frac{L_H \rho V_T^2}{D_H \ 2} \tag{6.10}$$

摩擦系数 C_{f} 取决于雷诺数和相对表面粗糙度。可以从管道的标准摩擦图(式(1.16))获得。Javed 和 Kamphues(2014)研究了蜗壳表面粗糙度对涡轮增压器压气机性能的影响。上游部件(叶轮和扩压器)实际上是摩擦熵增的主要原因,他们通过试验验证了蜗壳粗糙度从 $45\mu m$ 增加到 $100\mu m$ 导致效率下降了 1%,这个值是 CFD 预测的 2 倍。

在高质量流量时切向速度排气损失为零,此时切向速度从扩压器出口加速到蜗壳出口($V_{u4} < V_{T5}$)。在低质量流量($V_{u4} > V_{T5}$)下,假定总压损失等于与突扩膨胀掺混过程的损失相等,即

$$\Delta P_{\text{TVDL}}^{\text{o}} = \omega_T \frac{\rho \ (V_{u4} - V_{T5})^2}{2} \tag{6.11}$$

式中:$\omega_T = 1$ 表示减速,而 $\omega_T = 0$ 表示加速。

蜗壳和压气机出口之间的排气锥损失为锥形扩压器的损失,即

$$\Delta P_{EC}^o = \omega_{EC} \frac{\rho (V_{T5} - V_{T6})^2}{2} \qquad (6.12)$$

当流体完全分离时,ω_{EC} 的从 0.15~1.1 量级(开度为 60°)变化,前者对应开度为 10°的缓慢膨胀,后者对应气流完全分离。由于设计良好的蜗壳排气锥的开度不应超过 10°,因此 Weber 和 Koronowski(1986)采取了恒定值 0.15。当剩余的旋流使气流附着在出口锥壁上时,较大的开度是有可能的。然而过大的旋流可能会导致静压过低,甚至在中心产生回流。

图 6.62 显示了 CP 和 ω 随进气旋流参数 V_{u4}/V_{R4} 的变化,其中包含了不同出口面积与进口面积比 AR 的涡轮增压器蜗壳的计算值和试验值。参数 AR 定义为

$$AR = \frac{r_5^2}{2R_4 b_4} \qquad (6.13)$$

从图 6.62 可以看出,以上模型为预测蜗壳静压升提供了基础,但在损失方面准确性较差。对于高质量流量(V_{u4}/V_{R4} 的较小值),损失系数 ω 的高估可能是由于蜗壳出口处的残余涡旋并未包括在试验损失中,而是假设已在模型中完全耗散。在低质量流量工况下,涡流损失不太重要,这解释了为什么 V_{u4}/V_{R4} 较大时的预测精度较高。

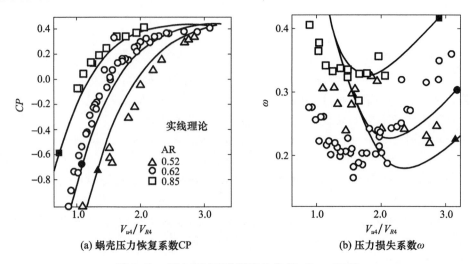

(a) 蜗壳压力恢复系数CP (b) 压力损失系数ω

图 6.62 理论和试验数据的比较(Japikse,1982)

Weber 和 Koronowski(1986)的试验和理论研究发现,未考虑蜗壳通道中心半径的变化进行切向速度排气损失的建模,会导致损失预测错误,特别是对内部型的蜗壳($R_C < R_4$)。因此,他们提出在蜗壳通道的 50%采集点(50%的质量流量已进入蜗壳的位置)引入一个中间站。假设横截面的速度均匀,则中间站(截面 4.5)和

蜗壳出口(截面5)处的通流速度可根据流量连续计算,即

$$V_{T4.5} = \frac{\dot{m}}{2\rho A_{4.5}}; V_{T5} = \frac{\dot{m}}{\rho A_5} \tag{6.14}$$

进入蜗壳两半的气流虚拟切向速度($V_{u(4-4.5)}$和$V_{u(4-5)}$)根据计算站(截面4.5和截面5)与蜗壳入口(截面4)之间的角动量守恒计算,即

$$\begin{cases} V_{u(4-4.5)} = \dfrac{V_{T4.5}R_{4.5}}{R_4} \\ V_{u(4-5)} = \dfrac{V_{T5}R_5}{R_4} \end{cases} \tag{6.15}$$

在此扩展模型中,质量流前半部分的切向速度排气损失定义如下。

(1)如果蜗壳入口处的切向速度V_{u4}大于虚拟切向速度$V_{u(4-4.5)}$,则流动在蜗壳的第一部分中减速,其对损失的贡献为

$$\Delta P^{o}_{\text{TVDL4.5}} = \omega_T \frac{\rho(V_{u4}^2 - V_{u(4-4.5)}^2)}{4} \tag{6.16}$$

式中:对蜗壳$\omega_T = 0.5$,充气腔为1.0。

(2)如果$V_{u4} < V_{u(4-4.5)}$,即当气流加速时,会引入以下损失,即

$$\Delta P^{o}_{\text{TVDL4.5}} = \frac{\rho(V_{u4} - V_{u(4-4.5)})^2}{4} \tag{6.17}$$

同样的公式也适用于流入蜗壳更远下游的质量流量第二部分,式中压力损失$\Delta P^{0}_{\text{TVDL4.5}}$是$V_{u4}$和$V_{u(4-5)}$的函数。总的切向速度排气损失为

$$\Delta P^{o}_{\text{TVDL}} = \Delta P^{o}_{\text{TVDL4.5}} + \Delta P^{o}_{\text{TVDL5}} \tag{6.18}$$

排气锥损失由式(6.12)给定。Weber和Koronowski(1986)将该模型与涡轮增压器和工业压气机的若干可用试验数据进行了比较。与Japikse(1982)的简单模型相比,切向速度排气损失的预测显示出更好的一致性,但是他们得出结论:该方法有待进一步改进。Eynon和Whitfield(2000)对扩压器出口和蜗舌之间的额外扩散以及蜗舌上的非零冲角进行了修正。

6.2.7.3 蜗壳损失模型的详细评估

预测和试验之间的主要差异是由于蜗壳入口和出口处流动均匀的假设所导致,该假设条件在非设计工况时无法满足。使用6.2.4节中椭圆蜗壳的详细试验数据对上述模型进行评估,并寻找试验和预测之间差异的可能来源(Ayder等,1993),结果如表6.2中所列。

每个流量下的第一列损失为根据式(6.9)~式(6.12)的一维分析模型计算得到,并假设进口气流周向均匀。第二列与第一列不同,其子午速度排气损失是使用蜗壳进口展向质量平均的速度,通过周向积分式(6.9)定义的损失而得到。这样计算得到的损失明显高于周向均匀速度得到的值(第1列)。两者的径向速度分

布都对应于相同的质量流量,但气流的不均匀性会导致更高的旋流损失,如图 6.63 所示。大于平均 V_R 的区域不仅损失更高,其质量流量也更高,因此难以被低 V_R 区域中的更小的涡流损失所补偿,因为其对应的质量流量更小。由此可见,两种方法之间的差异可能非常大。

表 6.2 蜗壳和排气锥总压损失(Pa)的测量和计算结果

参数	高质量流量			中质量流量			低质量流量		
	计算		测量	计算		测量	计算		测量
	一维	数据	测量	一维	数据	测量	一维	数据	测量
ΔP_f^o	2483	2483	2483	982	982	982	281	281	281
ΔP_{MVDL}^o	1453	2486	1939	492	791	674	94	157.5	126
ΔP_{TVDL}^o	98	98	98	9	9	9	215	215	215
ω_T	0.2			0.2			0.5		
ω_T	4034	5067	4520	1478	1777	1660	590	653	622
ΔP_{MC}^o			547			177			31
ΔP_{EC}^o	2414	1381	1381	696	397	397	89	26	26
$(V_5-V_6)^2$	2230	2230	5654	754	754	1517	145	145	329
ω_{EC}	1.1	0.62	0.24	0.92	0.53	0.26	0.61	0.18	0.08
ΔP_{TO}^o	6448	6448	6448	2174	2174	2174	679	679	679
CP_{EC}			0.578			0.483			0.55

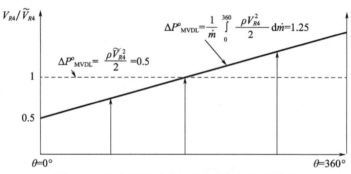

图 6.63 周向畸变对子午速度排气损失的影响

第三列包含测得的蜗壳旋流损失,它们比第二列的值小了量 ΔP_{MC}^o,该量对应蜗壳出口处残余旋流损失。在蜗壳出口涡流尚未被完全耗散,将在更下游的排气锥和管道中继续耗散。

从测得的总蜗壳损耗 ΔP_{4-5}^o 中减去测得的(第 3 列)ΔP_{MVDL}^o,可以量化得到摩擦和切向速度排气损失。摩擦损失由式(6.10)定义,式中 $C_f=0.019$,平均雷诺数 $Re=3.10^5$,相对表面粗糙度 $k_s/D_H=0.001$。3 次计算中都使用相同的 C_f 值。认为剩余的损失为切向速度排气损失（$\Delta P^\circ_{\text{TVDL}}$）。根据理论，后者在中高质量流量下应该为零，因为速度从蜗壳入口到出口逐渐增加。但正如6.2.3节解释的那样，高质量流量下的强旋流造成了通流速度大畸变，且仅有 V_T 平均值可能无法提供正确的损失评估。将平均 V_T 代入式（6.11）可得到 $\omega_T = 0.2$，这对于中高质量流量的加速流动是合理的。无论如何，这部分损失比蜗壳总损失的1.5%还小，很可能是其他损失估算不正确所导致的。在气流减速（低质量流量）的情况下，产生的切向气流损失可通过假设 $\omega_T = 0.5$ 来预测，该系数与Weber和Koronowski（1986）提出的用于扩散流动的系数相同。

排气锥损失仅考虑扩散损失，不包括残余旋流损失，它们是通过从测得的总损失中减去蜗壳损失获得的，其准确性取决于其他蜗壳损失的预测值。式（6.12）并未考虑流动的不均匀性。因此，损失与进、出口的质量平均动能变化相关联。利用一维模型（第一列）预测排气锥损失需要非常高的损失系数，这是由于低估了上游损失和排气锥进口的动能。

通过改进的蜗壳损失（第二列）来计算试验的排气锥体损失随入口动压的变化，能给出更合理的值（在最大和中等质量流量下，$\omega_{EC} = 0.62$ 和 0.53）。结果比第三列中的值高，这是因为忽略了蜗壳出口，即排气锥入口流动的不均匀性，因此损失计算时的动压基数更低。

低质量流量下，排气锥损失非常小。基于测量数据的 ω_{EC} 值与其他工作点的值不一致。这很可能是由于入口气流扰动或 V_T 值较低时测量精度降低所致。

在所有工作点上始终观察到静压升系数 CP_{EC} 的值较大。这可以归咎于锥形扩压器中旋流的稳定作用。如3.2.2节所述，旋流在半径为 r 的凹壁上产生速度分量，增加了边界层的湍流度，降低了流动分离的危险。

可以得出结论，一维蜗壳预测模型的主要缺点是由于缺少不同横截面上的实际速度分布信息而造成的。根据工作点的不同，旋流和通流速度可能是不均匀的，每个横截面处的可用动能要大于均匀流动的计算值。在损失模型中考虑这些畸变能大大改善预测结果。

蜗壳非设计点运行时如何准确预测周向压力和流动畸变是一个主要难点，这需要叶轮的响应模型。7.4节将讨论一个更完整的模型，考虑了周向压力畸变和横向流动不均匀性。

6.2.8 蜗壳气流三维分析

由于影响离心压气机蜗壳性能的参数较多，以及复杂三维几何高昂的制造成本，使系统的流动试验研究难以开展。因此，可靠的分析方法将为确定不同设计参数对蜗壳流动和损失的影响提供很大帮助。

现代CFD求解器计算前面几节中描述的旋转流动没有任何问题。它们都能给出符合物理特征的解,如涡团中心的旋流速度为零,压力、密度和轴向速度为有限值等(Reunanen,2001;Steglich 等,2008;Javed 和 Kamphues,2014;Giachi 等,2014)。主要问题是蜗壳几何和数值网格的定义。

试验结果表明,蜗壳流动受核心区损失的影响大于壁面边界层。因此,在横截面中心要有足够细的网格,以正确捕获局部剪切力。边界层非常薄,其影响可能仅限于壁面的剪切力。

以下结果是由简化流动求解器获得的(Denton,1986),其中黏性效应采用二阶耗散项和壁面剪切力来模拟。该方法的详细描述、边界条件和人工耗散见 Ayder 等(1994)。下面将证实,该方法提供了正确的流动图景,此处重点将放在与蜗壳相关的特定问题上。

数值模拟采用椭圆形蜗壳内部的三维旋流流动来验证,试验结果已在6.2.4节中介绍。流场向上游延伸到叶轮出口,以尽可能地减少入口条件对蜗舌和蜗壳流动的影响,如图6.64所示。展向均匀入口边界条件(P_2^o、T_2^o 和 V_{u2}/V_{R2})的周向变化由蜗壳入口处的测量值得到,并针对扩压器入口和出口之间的半径变化进行了校正。由于扩压器中的切线速度会造成总压和总温的周向偏移,由7.4节中描述的扩压器模型予以考虑。

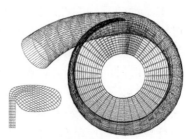

图6.64 离散后椭圆形蜗壳和扩压器的三维视图

排气锥出口处的非均匀静压由压力和离心力之间的径向平衡确定。

扩压器和蜗壳入口处的径向速度 V_R 和静压 P 的周向变化可从计算结果中获取。图6.65中对比了蜗壳入口处的展向平均结果与试验值,在所有运行条件下两者吻合很好。

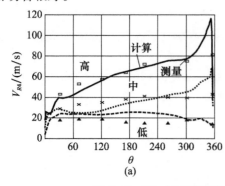
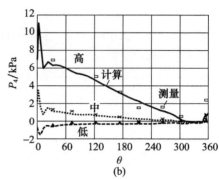

图6.65 高、中和低质量流量下蜗壳入口处径向速度和静压计算值与试验值的对比(Ayder 等,1994)

截面1、5和7上,如图6.66和图6.67所示,计算的旋流速度 V_S、通流速度 V_T、总压力 P^o 和静压 P 与图6.40~图6.43所示的试验结果吻合良好。横截面5处,总压和静压略微偏高,如图 6.67 所示。截面 7 的测量值并未覆盖整个横截面,因此无法找出较高试验损失的起因。可能是由于蜗舌分离造成的。

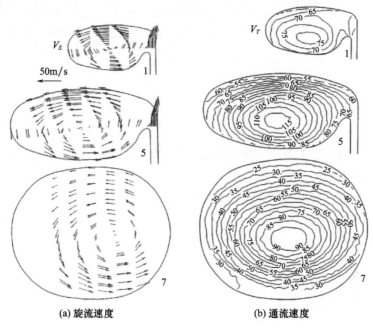

图 6.66　高质量流量下的速度计算结果(Ayder 等,1994)

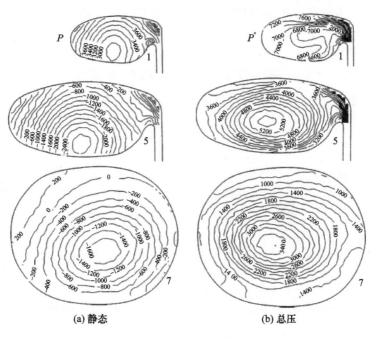

图 6.67　高质量流量下的压力计算结果(Ayder 等,1994)

计算结果能够可视化中等质量流量下扩压器和蜗壳内部的流线,其从扩压器入口的4个圆周位置开始,如图6.1(a)所示。可以观察到,流体在靠近蜗舌(A)的位置进入蜗壳,一直处于蜗壳中心,直到流出压气机。进入更蜗壳下游(B、C和D)的流体在更大的半径处打旋,确认了6.2.3节所描述的蜗壳流动模型的准确性。

6.3 蜗壳–扩压器优化

扩压器和蜗壳之间存在强烈的相互作用,表现在周向压力畸变和损失方面,因此应同时设计/优化二者。

此外,当蜗壳工作在周向畸变较大的非设计状态时,边界条件并不容易得到。在压气机集成设计方法的背景下,讨论两种用于改进性能的几何形状修改方法(Steglich等,2008),二者都已应用于带有内部蜗壳的压气机(Hagelstein等,2000)。

6.3.1 非对称扩压器

扩压器/内部蜗壳组合中的主要损失来源是蜗壳中的流体在扩压器中减速后的重新加速。无叶扩压器和内部蜗壳之间的壁面不会导致压力增加,但两侧的摩擦会导致额外的损失,此部分损失可通过移除相应部分壁面来消除。这就会形成非对称的无叶片扩压器,如图6.68(b)所示,其中无叶片扩压器的半径比R_4/R_2从θ为小值的1.5降低到$\theta=300°$时的1.07。除了减少摩擦损失外,还会导致蜗壳横截面积的小幅增加,而整体尺寸没有变化。两者之间没有了壁面,扩压器和蜗壳中的径向压力梯度将一致起来。

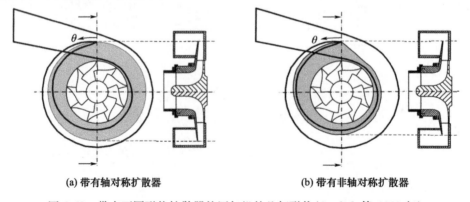

(a) 带有轴对称扩散器　　　　　(b) 带有非轴对称扩散器

图6.68 带有不同形状扩散器的压气机的几何形状(Steglich等,2008年)

根据式(6.8)，$(CP+\omega)_{2-6}$仅取决于扩压器入口和蜗壳出口速度，与它们之间的几何无关。在压气机出口法兰处测量性能，法兰面积对所有几何均相同，且扩压器或蜗壳损失系数的任何减小都会导致静压系数的等量增大。

缩短无叶扩压器，可将内部蜗壳转变成部分外部的蜗壳，如图6.68(b)所示，其中蜗壳中的额外压升弥补了扩压器中较低的压升。这两种效果的结合可提高中、高质量流量下的性能，如图6.69所示。设计点效率和压比明显高于使用同心扩压器的测量结果。在最小质量流量下，较高的蜗壳入口切向速度和蜗壳横截面积的增加导致短扩压器下游发生流动分离。在质量流量较低时，扩压器中较低的压力恢复不再被蜗壳中的高压升所补偿，同时此工作点成了压升/质量流量曲线的正斜率的起点。将质量流量的有用工作范围限制在最大压升和堵塞之间，可以得出，较高的效率和压比是以较小的工作范围为代价的。

非轴对称扩压器所产生的另一个后果是，当远离名义工作点时会产生周向静压畸变，从而在叶片和轴承上产生更高的动态载荷。

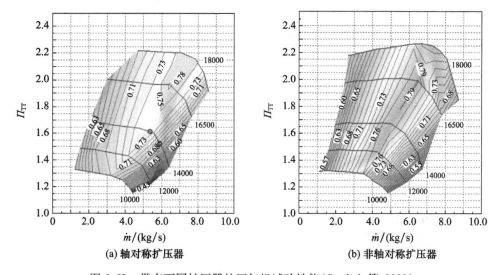

图6.69 带有不同扩压器的压气机试验性能(Steglich 等,2008)

6.3.2 增加扩压器出口宽度

6.2.7节中的一维损失模型表明，摩擦损失、切向速度排气损失和径向速度排气损失是蜗壳损失的主要因素。摩擦损失、切向速度排气损失正比于与扩压器出口切线速度的平方，并受周向蜗壳横截面积的影响，径向速度排气损失与扩压器出口径向速度的平方成正比。它对蜗壳损失的贡献与扩压器出口宽度直接相关，在高质量流量时尤其重要。然而，增加扩压器出口宽度以减小径向速度分量会对无叶片扩压器稳定性产生负面影响(8.2节)。

叶片扩压器具有较强的稳定性,因为压力梯度与速度匹配更好。其通过减小切向速度分量实现更大的压升,即将流动更多地转为径向。在扩压器宽度不变的情况下,径向出口速度 V_{R4} 将保持不变,因此径向速度排气损失也是如此,但密度增加会带来小幅影响。

切向速度分量小幅减小会导致较小的扩压器压升,但同时允许径向速度大幅度降低,因此可以通过增加扩压器宽度来降低径向速度排气损失。蜗壳入口切线速度越大,蜗壳横截面越小,摩擦损失会增加。

增加扩压器出口宽度而不减小工作范围是有可能的,可以通过安装低稠度叶片来实现,如图6.70所示。当前采用的收敛无叶片扩压器,其出口半径比 $R_4/R_2 = 1.5$,面积仅增加13%,将其改为平行扩压器,面积增加可达50%。这些改进导致扩压器出口处的切向和径向速度分量均减小,同时不会对扩压器稳定性造成影响,减少 V_T 或 V_R 时仍有优化空间。

如图6.71所示,试验结果显示,转子和扩压器出口之间的静压升 CP_{2-4} 增加。这与低 $\dot{m}$ 时出口动能的降低和总压力损失系数 ω_{2-4} 的增加有关,此时低稠度扩散器(LSD)叶片存在冲角损失。

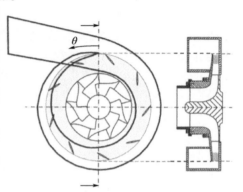

图6.70 带有低稠度扩压器的压气机几何
(Steglich 等,2008)

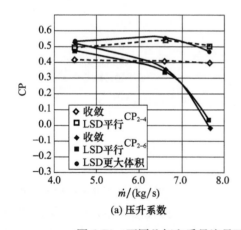

(a) 压升系数

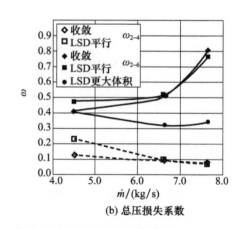

(b) 总压损失系数

图6.71 不同几何和质量流量下预测的压升系数和总压损失系数

扩压器出口处较低的切向速度 V_{T4} 不足以通过较高的气流密度来补偿不合适的蜗壳横截面会使流体重新加速,从而导致静压在周向降低,蜗壳中摩擦损失增加中获得的额外静压升在蜗壳中被抵消。结果如图 6.71 所示,尽管扩压器压升 CP_{2-4} 更大,但总静压升 CP_{2-6} 几乎等于收缩无叶片扩压器的值。在目前应用中,为使蜗壳尺寸适应 LSD 出口流动条件,需要将横截面增加34%。将图 6.72(a) 中的试验性能与两个无叶片扩压器的结果进行比较时(图 6.69),发现 LSD 与更大蜗壳的组合提升很大,压比和工况范围接近具有较大外部蜗壳的同心扩压器的结果,如图 6.72(b) 所示。

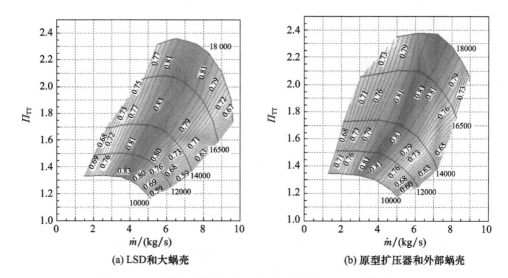

图 6.72　不同扩压器时压气机的试验性能(Steglich 等,2008)

如图 6.72(b) 所示,外部蜗壳的较高性能是由于扩压器出口和蜗壳截面中心之间的半径增加而产生的额外减速所致。当气流通过 LSD 叶片折转时,蜗壳上游已经发生了类似的减速。这解释了为何使用小的 LSD 内部蜗壳组合获得与外部蜗壳相当的压比。蜗壳横截面中较弱的二次流也会达成较小的阻塞和损失。

当转速从 14000r/min 增加到 16500r/min 时,喘振极限向高质量流量移动,这是由于随着来流马赫数的增加,LSD 冲角范围变窄。由于相同的原因,在低 RPM 时 LSD 和内部蜗壳效率较高,而高转速时效率较低。此外,堵塞流量明显增加,这是因为改进了试验设备,使测试在更低的出口压力下进行。

通过优化叶片相对蜗舌的圆周位置,可以进一步提高性能(Iancu 等,2008)。

增加叶片扩压器的稠度,蜗壳入口处的速度分量可进一步降低,代价是扩压器摩擦损失增加、工作范围减小。分别优化扩压器和蜗壳的性能,可能会导致互相矛盾的设计变动,因此建议同时对两者进行优化。

第7章
出口畸变下的叶轮响应

由扩压器叶片引发的流体扰动、非设计工况下的蜗壳和发生在扩压器内的旋转失速是离心叶轮下游周向压力畸变的主要来源。叶轮出口周向压力畸变则会导致旋转的叶片通道中出现非定常流动、非定常作用力(相对参考系下)以及扩压器进口处流动速度的周向变化(绝对参考系下)。本章主要针对蜗壳在非设计工况下工作时所引发的叶轮下游压力畸变类型,研究该种情况下的叶轮非定常响应。本章首先简要概述部分试验数据,并将从以下几个方面展开讨论。

(1)主导非定常不可压缩和可压缩流动的流动机理;

(2)一维和全三维非定常流动计算模型,包括冻结转子模型;

(3)作用在叶轮轴和叶片上的力,以及叶轮几何形状对其产生的影响。

流动畸变产生的作用力与流体密度成正比,因此该种畸变作用力的大小在泵中要远高于压气机中,这也就解释了为什么研究者们在泵领域对畸变作用力展开了大量的研究,而在压气机领域则研究较少。但是,在进口压力较高的情况下,压气机中也会产生较大的畸变作用力,由于电磁轴承和挤压油膜阻尼轴承的径向和轴向承载能力有限,因此同样有必要来研究压气机中的畸变作用力。

虽然在可压缩和不可压缩流动中,非定常现象及特征有所不同,但本章仍提供了一些泵蜗壳的试验数据作为参考。由于泵和压气机的几何具有相似性,通过分析泵的试验数据有助于理解压气机中的非定常现象。除非另有说明,否则本章所有数据和讨论均针对可压缩流动。

压气机级内部件(叶轮、扩压器、蜗壳)之间的非定常干涉作用非常重要,其会引起以下现象。

(1)由转子非定常流动造成的额外损失和非均匀来流引起的扩压器内的涡量增加;

(2)叶片负载局部增加和由涡量增加引起的扩压器内不稳定流动均会导致工作范围减小;

(3)在叶轮出口存在周向压力畸变的情况下,周向不均匀叶片力无法相互平衡,进而导致轴径向受力;

(4)因流动和叶片力随时间变化而产生的噪声和振动。

研究这些现象的合理方法取决于流动的不稳定程度。对于不可压缩流动,不稳定性由折合频率表征(图7.1),即

$$\Omega_R = \frac{fL}{V} \tag{7.1}$$

式中:L 为流道的长度;V 为扰动传播速度;f 为扰动频率。

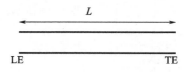

图7.1 叶到叶流道示意图

对于可压缩流动,其中压力扰动以声速传播,因此采用声学中的 Strouhal 数更适合表征其非定常性。Strouhal 数由折合频率和马赫数的乘积定义,即

$$Sr = \Omega_R M = \frac{fL}{a} \tag{7.2}$$

该特征参数将压力波以声速 a 传播距离 L 所需的时间与压力扰动周期 $1/f$ 联系起来,在叶轮中,L 定义为叶片通道的长度,f 定义为

$$f = (\Omega - \omega_\sigma)N_s \tag{7.3}$$

式中:Ω 为叶轮的旋转速度;ω_σ 为扰动(旋转失速团)的旋转速度,在叶片式扩压器或蜗壳致压力畸变的情况下为零;N_s 为失速团的数量或静子叶片数量(蜗壳的 $N_s = 1$)。

当 $Sr < 0.1$ 时,非定常效应很小,可以通过稳态计算对流动进行近似。当 $Sr > 0.1$ 时,只有通过非定常计算才能获得准确的结果。流场扰动幅值可能会增长到 $Sr = 0.5$,对于更大的 Sr 数值,扰动幅值有可能再次减小。当 $Sr > 1$ 时,叶片式扩压器与叶轮的相互作用会引起高频压力振荡。这种高频压力振荡作用在叶轮流道上的时间更短、影响更小,且仅限于叶轮与扩压器之间的交界面附近(Baghdadi, 1977; Dawes, 1995)。

7.1 试验观察

许多研究介绍了在叶轮出口处测得的周向压力畸变,然而仅有少数研究展示了速度、气流角等的周向变化(Binder 和 Knapp, 1936; Pfau, 1967; Thomas 和 Salas, 1986; Sideris, 1988)。Pfau(1967)比较分析了压气机叶轮出口处不同周向位置静压升、总压升与总温升随流量的变化趋势,如图7.2所示,认为叶轮入口存在的一对对转涡(由于叶轮上游总涡量为零,所以为对转涡),导致 $P°$ 和 $T°$ 在蜗舌附近的异相变化。这是由于在高于最佳质量流量的情况下,其中一个漩涡会产生负预旋,

导致攻角增加,并进而使温升增加,但由于冲角损失的增加,压升减小;另一个漩涡导致攻角减小(较低的温升,效率提高,压升增大)。因此,总压升与总温升的变化趋势不同。

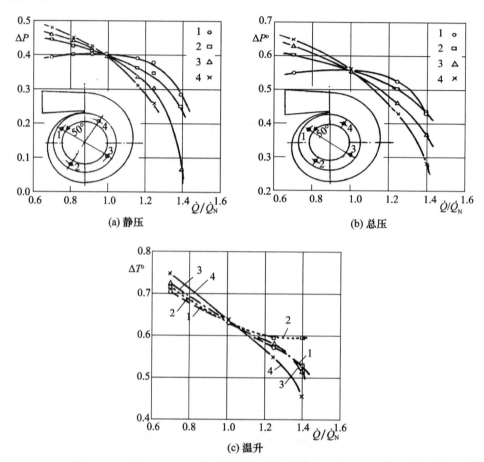

图7.2 R/R_2 为1.15时的带蜗壳离心叶轮静压、总压及温升分布

Uchida 等(1987)证实了畸变会向上游传播,如图7.3所示,并表明在扩压器出口处,有以下情况。

(1)在最小质量流量下,从蜗舌到蜗壳出口存在典型的几乎呈线性上升的静压分布;

(2)在中等质量流量下,相应压力分布近乎保持恒定,此时对应于蜗壳设计点工况;

(3)在最大质量流量下,压力几乎呈线性下降分布,紧接蜗舌区域压力突然上升。

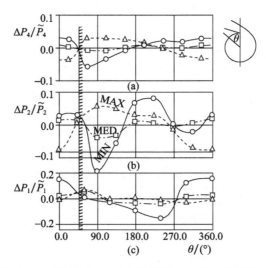

图 7.3　叶轮进出口、无叶扩压器出口周向静压分布

从图 7.3 中还可以看出，叶轮出口静压的波动幅度要比扩压器出口大，这与 Pfau(1967) 所述的漩涡强度一致。同时，叶轮进口畸变仅在低于最佳质量流量时才能观察到。在大流量工况时，诱导轮堵塞可能起到了过滤器的作用，阻止畸变向上游传播。

Worster(1963) 通过理论思考得出结论，蜗壳的流动畸变会引发叶轮中的局部回流。这种回流会导致流动损失增加，同时使尾缘变为前缘，进一步导致叶轮对流体流动的引导作用减弱。回流的冲角是蜗壳形状或蜗舌施加的绝对气流角的函数，不再由叶片尾缘形状(出口叶片几何构造角 $\beta_{2,\text{bl}}$)和滑移系数定义。

基于泵叶轮对周向压力畸变响应的理论分析与思考，Bowerman 和 Acosta (1957) 认为，在叶轮出口周向压力畸变条件下，后弯叶片不能在所有周向位置实现对流动的理想引导($\beta_{2,\text{fl}} = C^{\text{te}}$)，即相对出口气流角 $\beta_{2,\text{fl}}$ 沿圆周方向无法保持一致。假设相对出口气流角 $\beta_{2,\text{fl}}$ 恒定，径向速度的局部增加将导致质量流量的相应增加以及输入功的减小，如图 7.4 中的 $U_2 V_{u2} < U_2 \widetilde{V}_{u2}$ 所示。当一小部分质量流量以较低的径向速度离开叶轮，恒定的 $\beta_{2,\text{fl}}$ 会导致输入功的局部增加($U_2 V_{u2} > U_2 \widetilde{V}_{u2}$)。质量流量和焓升的乘积表示能量的输入。显然，叶轮出口压力畸变条件下较低质量流量和较高质量流量区域的能量输入之和小于均匀出口压力条件下平均绝对速度切向分量 $\widetilde{V}_{u2}$ 和平均径向速度 $\widetilde{V}_{R2}$ 时的能量输入之和。因此，在叶轮出口流动畸变发生时扭矩会减小，这与 Bowerman 和 Acosta(1957) 的测量结果相矛盾。Bowerman 和 Acosta 观察到在周向流动畸变时扭矩增加，并总结认为 $\beta_{2,\text{fl}}$ 沿圆周方向不能保持均匀一致。虽然在蜗壳的非设计工况下(叶轮出口畸变较强)泵的总输入能量增加，但由于流动损失加剧，导致泵的测量扬程减小。

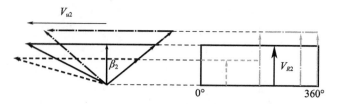

图 7.4 在不同质量流量和恒定 $\beta_{2,fl}$ 下叶轮出口速度三角形

Sideris 等(1987)在离心叶轮出口进行了交叉热线测量,该叶轮有 20 个后弯 40°的全高叶片,出口直径为 370mm,转速为 10000r/min,对应 $Sr=0.1$。无叶扩压器半径比为 1.67,后接蜗壳,如图 7.5 所示。

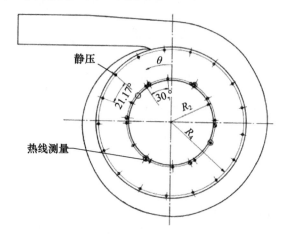

图 7.5 离心压气机叶轮和蜗壳剖面图(Sideris,1987a)

如图 7.6 所示,最小、中等和最大质量流量工况下的周向压力分布表明,蜗壳能很好地适配最小质量流量流动。图 7.7 给出了展向平均的 V_{R2}、V_{u2}($\tilde{V}_{R2}$、$\tilde{V}_{u2}$)和相对气流角 $\beta_{2,fl}$ 沿周向的变化曲线。在最大质量流量工况下,$\tilde{V}_{R2}$ 的变化远大于 $\tilde{V}_{u2}$ 的变化,并且不同于图 7.4 中的恒定 $\beta_{2,fl}$ 模型,$\tilde{V}_{u2}$ 随着 $\tilde{V}_{R2}$ 的增加而增加。$\beta_{2,fl}$ 在最小质量流量工况下几乎是一个常数,类似于周向均匀压力情况,但在最大质量流量工况时相对气流角会出现 15°的变化量。

通过上述测量结果可以得出以下结论。

(1)叶轮非定常响应导致相对出口气流角 $\beta_{2,fl}$ 发生变化,从而 V_{u2} 几乎不受 V_{R2} 变化的影响。

(2)出口压力畸变会引起两个反向旋转的漩涡,从而影响叶轮入口流动。叶轮阻塞可能会阻止这种畸变向上游传播。

(3)与大多数理论模型中的假定相反,出口周向压力畸变条件下所需的能量输入要大于均匀出口条件下的能量输入。

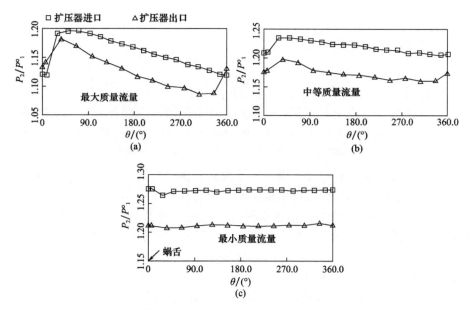

图 7.6 扩压器进、出口周向静压变化(Sideris,1987a)

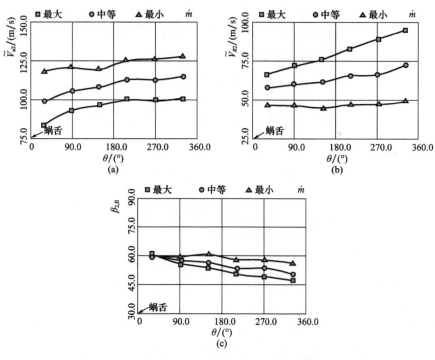

图 7.7 不同质量流量下扩压器进口展向平均的径向速度分量和
切向速度分量以及相对气流角的周向变化

7.2 理论预测

叶轮机的叶片排之间主要有以下两种干涉机制。

(1) 尾迹干涉是由上游叶片排尾迹对流进入下游叶片排而产生的。如果距离足够小，旋转叶轮的尾迹在彻底掺混之前就被下游的扩压器叶片截断，如图7.8所示，这会产生熵波，从而影响扩压器中黏性流动（湍流和损失）。

(2) 由静压畸变引发的势干涉。静压畸变由某个叶片排中的叶片载荷作用于相邻叶片排（上游/下游）中的流动所引起。由此相邻压力场的相对运动会导致叶轮和扩压器内的非定常流动。这可以通过3个流场分量的叠加来描述，即一个定常的轴对称流场、一个转子参考系下的非均匀定常流场和一个静子参考系下的非均匀定常流场（Giles,1991）。在相对参考坐标系中定常的非均匀压力场在绝对坐标系中是非定常的。绝对参考系中的非均匀定常压力场在相对参考坐标系中同样是非定常的。上述势干涉在流动中主要表现在速度和载荷沿圆周方向和时间上的变化，因此作用在叶轮叶片和扩压器叶片上的力也随之变化。

图7.8 离心压气机级间叶轮-扩压器尾迹干涉作用

随着间距比（节距/叶片排间隙）的增加，这种势干涉作用变得更加突出，原因如下。

(1) 较大的节距允许在非设计工况下产生较大的周向压力畸变，从而对相邻叶片排的影响更加持久。

(2) 叶片排之间的间隙较小时周向畸变很难有显著衰减。

因此，蜗壳和叶轮之间的干涉作用非常强，并在叶片和轴上产生很大的作用力。

当需要更多的叶片通道以获得畸变情况下的周期性计算域时,这种叶片排非定常干涉作用的计算成本变得很高,对于静子的节距跨越转子整个圆周的蜗壳来说尤其如此。因此,必须对所有转子叶片与整个扩压器和蜗壳同时进行分析。此外,由于尾迹在扩压器中会迅速混合,势干涉作用在这些部件的流动中具有主导效应。

尽管真实的流动过程是非定常的,为了节约时间和成本,大多数计算都采用定常方法进行,定常计算能够给出蜗壳设计工况下或带叶片式扩压器情况下(此时叶轮与叶片式扩压器势干涉作用较弱)的合理近似。然而,对于无叶扩压器的情况(此时叶轮与蜗壳势干涉较强),当下游蜗壳工作在非设计工况下时,定常计算误差可能特别大。

不同于非定常不可压缩流动,在可压缩流动中,非定常性表现为压力波以声速在流场中传播并且在边界上反射。非定常特性由斯特劳哈尔数(式(7.2))表征。不可压缩流体的非定常流动需要整个流场的速度在每个瞬时时刻同时改变,以满足质量连续性要求。基于刚性柱理论,不可压缩流动情况下叶轮出口速度的任何变化都将导致进口速度成比例变化。因此,不可压缩流体动量随时间的变化($\rho V \Delta V$)可能非常大,导致较大的压力脉动。

下面给出了用于预测周向压力畸变对叶轮中流场影响的不同模型,并重点关注不同模型所做的近似假设及其对结果准确性的影响。

7.2.1 一维模型

Frigne 等(1985)提出了一种一维模型,该模型用于评估扩压器旋转失速导致的叶轮内非定常流动。Lorett 和 Gopalakrishnan(1986)提出了类似的模型来评估泵叶轮对蜗壳非设计工况所致压力畸变的响应。该模型假定流动是二维、不可压缩且无黏的,一个通道中的全部流体会同时加速或减速,该模型针对给定的叶轮出口周向静压分布 $P_2(\theta)$ 预测叶轮出口径向速度随时间的变化。当叶轮中的瞬时压升大于局部施加的出口压力与进口压力之差时,流体加速;而当叶轮中的瞬时压升小于局部施加的出口压力与进口压力之差时,流体减速,有

$$\frac{\partial V_{R2}}{\partial t} = -\frac{U_2}{R_2}\frac{\partial V_{R2}}{\partial \theta} + \frac{\cos\beta_{bl}}{\mathrm{EL}}\left(U_2 V_{u2} - U_1 V_{u1} + \frac{P_1^o - P_2(\theta)}{\rho} - \frac{V_{R2}^2 + V_{u2}^2}{2}\right) \quad (7.4)$$

式中:EL 为流道内的有效长度,可表示为

$$\mathrm{EL} = \int_1^2 \frac{A_2}{A}\mathrm{d}L \quad (7.5)$$

V_{u2} 为出口绝对切向速度,可定义为

$$V_{u2} = U_2 - V_{R2}\tan\beta_{2,\mathrm{fl}} \quad (7.6)$$

使用显式单步 Lax – Wendroff 离散化方法,通过时间上的数值积分来获得径向速度变化,即

$$V_{R2,j}^{k+1} = V_{R2,j}^{k} - \frac{\text{CFL}}{2}(V_{R2,j+1}^{k} - V_{R2,j-1}^{k}) + \frac{\text{CFL}^2}{2}(V_{R2,j+1}^{k} - 2V_{R2,j}^{k} + V_{R2,j-1}^{k})$$

$$+ \frac{\cos\beta_{\text{bl}}}{\text{EL}}\Delta t \left[U_2 V_{u2,j}^{k} - U_1 V_{u1,j}^{k} + \frac{P_1^{o}}{\rho} - \frac{P_{2j}^{k}}{\rho} - 0.5(V_{R2,j}^{2k} + V_{u2,j}^{2k}) \right] \quad (7.7)$$

式中:$\Delta t = \Delta\theta/\Omega$ 为时间精度;k 为时间步;$\Delta\theta = 2\pi/\text{NUEL}$,为叶轮在每个时间步长的角位移;$j$ 为需要进行速度计算的周向位置点编号。

图 7.9 显示了叶轮出口处不同压力畸变情况下试验和计算得到的 V_{R2} 和 V_{u2} 分布比较,此处预测计算基于式(7.6)中的气流角 $\beta_{2,\text{fl}}$ 恒定假设。从图中可以看出,计算与试验的结果差异较为明显,最大误差在压力畸变最大时产生,此时对应最小流量工况。实际上,V_{u2} 的测量值几乎与径向速度的变化无关,表明 $\beta_2 \neq C^{\text{te}}$。

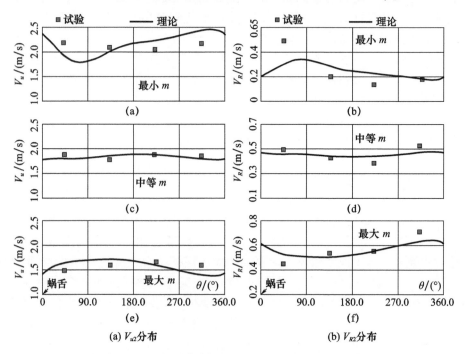

图 7.9 对于恒定 β_2 下 3 种不同质量流量下测量和计算的 V_{u2} 分布和 V_{R2} 分布比较

采用试验 α_2 分布如图 7.10(a)所示,进行计算(对应于几乎恒定的 $d\Delta P$),得到的速度分布与试验结果显示出很好的一致性,如图 7.10(b)所示。这证明了出口速度的变化一部分是由于相对速度模量的变化导致;另一部分是由于叶轮出口气流角的变化所导致,对此尚无可用的解析预测模型。对于上述计算,最佳的近似为随着径向速度的变化,切向速度保持恒定。

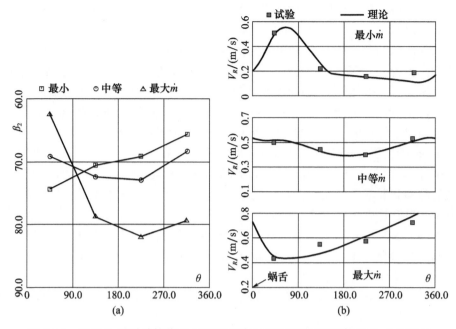

图7.10 采用 β_2 测量计算值时3种不同质量流量下测量和计算的 V_{R2} 分布比较

7.2.2 混合平面法

计算流体力学需要求解连接旋转和非旋转叶片排的网格单元上的流动方程。耦合它们最简单的方法就是混合平面法,该方法将其中一级(叶轮、扩压器或蜗壳)进口/出口处的周向平均流动参量作为相邻级的出口/进口边界条件。混合平面的优点是仅进行定常计算,根据流动的周期性特性可将数值计算域限定为每个叶片排中的一个节距(单通道)。其主要缺点是不能考虑由于扩压器叶片或蜗壳引起的周向流场畸变,只能预测定常的叶片力。同时周向的周期性假设消除了轴上所受合力的径向分量。该方法目前已为业界所熟知并且广泛应用于设计过程中,因此将不进行详细讨论。

另外,必须注意对流动参量进行周向平均过程中可能导致的非物理流动现象,数值域的入口和出口的信息传递受特征理论支配。上游区域出口处,沿圆周方向平均的总流动条件(P° 和 T°)以及流动方向或切向动量作为下游区域的入口边界条件。计算得到的下游区域入口周向平均静压作为上游区域出口边界条件,只要交界面处的流动速度存在下游方向的分量(即在叶轮-扩压器交界面 $V_R > 0$),这种方法在物理上便是正确的。然而,当叶轮流出的速度变化导致扩压器入口的轮盘或轮盖侧出现回流时,情况便有所改变。当真实流动重新进入数值域时,继续施加静压也不再符合特征理论,因此在物理上这是不正确的,并可能导致对动压头和效率的错误预测。

刘等(2010)将采用混合平面法的定常计算结果与时间精确的非定常计算结果进行比较,他们证明了叶轮/叶片式扩压器交界面的混合平面耦合可以很好地预测设计工况下的整体性能,但误差在非设计工况下会有所增加。扩压器入口和下游扩压通道的马赫数分布在所有工况点均显示出较大差异。他们将这些局部差异归因于周向平均抹除了扩压器压力畸变对上游叶轮流场的影响。在无叶段较短的情况下,扩压器压力畸变对上游流场的影响不可忽略。特别是在跨声速叶片式扩压器中,由于上游激波向沿着垂直于叶片吸力侧的方向扩展,这时压力畸变对上游流场的影响会非常大。他们估算后认为,扩压器对上游质量平均总压的影响区域超过了叶轮叶片弦长的30%。

Benichou 和 Trébinjac(2016)证实了非定常计算和混合平面计算在非设计工况下预测的马赫数分布之间的巨大差异,包括对分离流动位置的判定。这样的差异可能对预测稳定边界产生显著影响。

Everitt 和 Spakovszky(2013)强调了物理上正确平均叶轮出口流动条件的重要性。他们主张根据叶轮出口处的质量、动量和能量守恒来计算扩压器入口条件(3.3.4节),并施加 $\alpha = \arctan(\tilde{V}_u/\tilde{V}_R)$ 扩压器入口气流角边界条件。Holmes(2008)详细讨论了不同的流场参量平均方法以及质量、动量和能量传递误差的最小化方法。

Everitt 和 Spakovszky(2013)的研究表明,仅计算单独的扩压器比采用混合平面法耦合计算提供了更精确的叶片式扩压器流动预测,如图7.11所示。单独的扩压器计算入口条件从给定的均匀背压边界条件的单通道叶轮计算中提取得到。这种方法由于进一步消除了展向非均匀性,因此与混合平面方法的计算结果有所不同。结果表明,这种方法能够更好地捕捉吸力侧膨胀过程,并且没有出现像混合平面计算中预测的叶片压力侧分离区过大的现象。

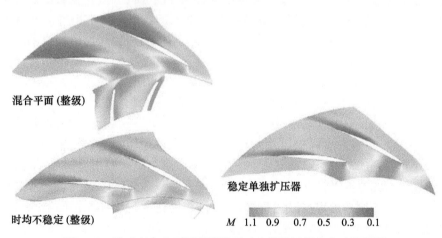

图7.11 沿叶高方向不同预测模型对叶片扩压器内流动的预测

Baghdadi(1977)和Dawes(1995)的试验和数值观察结果证实,周向平均后,叶轮出口展向的变化对混合平面计算的影响要大于由叶轮出口流动周向不均匀引起的高频非定常性,因为叶轮出口流动的展向变化可能是叶轮轮毂或轮盖侧产生局部回流的主要原因。

在上游叶轮的出口边界处施加周向平均静压,意味着该压力与下一叶片排入口处计算出的静压存在局部差异,并且在等压曲线上会出现非物理的间断。对于施加在相邻数值域的入口或出口边界的其他平均流动条件也是如此。

7.2.3 三维非稳态流动计算

为正确预测转静干涉,必须采用全三维非定常N-S计算。其难点在于流动非周期性的模拟,以及如何确定时间步长以保证精度。为确保时间精度,时间步长在整个数值域中必须相同,同时其具体数值也与转子的转速相关,即

$$\Delta t = \frac{2\pi}{\Omega \text{NUEL}} \tag{7.8}$$

下游静压的周向不均匀会导致周期性网格线上的流动变量产生差异,因此经典的周期性条件将不再适用。只有在转过下游压力畸变的一个周期后,叶轮叶片才会再次具有相同的出口流动条件。

为模拟这种非周期性流动现象,通常存在3种基本的数值方法。第一种方法通过在圆周方向上扩展数值域获得流动周期性边界。例如,在叶轮蜗壳干涉的情况下,流动最小周期扩展到了360°,因此数值域必须覆盖整个叶轮和蜗壳。但是,由于数值模拟要求存储网格点的所有流动变量,对于三维流动,全周模拟则需要足够大的计算存储空间。相位延迟周期边界条件法假定流动非定常性仅由叶轮旋转引起,从而允许采用单个叶片通道作为数值计算域(Erdos和Alzner,1977)。应用该方法时,存储某一时刻每个叶轮位置周期性边界附近的流动参量,作为前一相邻叶片通道转动一个节距或下一相邻叶片通道转动一周减去一个节距时的边界条件。Sideris等(1987a)认为对于该方法,当数值域扩展到一个以上的叶片通道时,计算收敛性会得到改善。

第二种方法为时间局部倾斜方法该方法是由Giles,1988、1991)开发的一种用于转静干涉计算的数值方法,该方法无须同时分析整个数值域(Zhou和Cai,2007)。倾斜时间用于改变特征波的相对速度。尽管该方法最初是为转静干涉而开发的,但也可用于加速数值格式的收敛。

第三种方法,非线性谐波耦合是一种能够大幅降低多级叶轮机非定常计算量的方法。该方法的基础是求解时间平均流和时间谐波的定常流输运方程。通过对与叶片通过频率和高次谐波相关的输运方程进行时间推进,获得其准稳态解,从而实现在频域中对叶片排周期性扰动的计算。其中,谐波数(最多5个)可由用户输

入。与时间精确的非定常计算相比,该方法可以在 CPU 中获得 2～3 个数量级的计算效能增益。但是,该方法仅限于计算具有显著周期性特征的级间干涉作用,并不适用于旋转失速的模拟(He 和 Ning,1998;Vilmin 等,2006、2013)。

下面给出了通过三维非定常可压缩欧拉求解器获得的计算结果(Fatsis,1995)。尽管现有的计算能力允许通过 Navier – Stokes 求解器在可接受的时间内实现更加精确的计算,但是,简化为无黏流动能够避免黏性现象的干扰,从而更清楚地说明其中的流体动力学特性。图 7.12 显示了两个不同叶轮的几何结构。

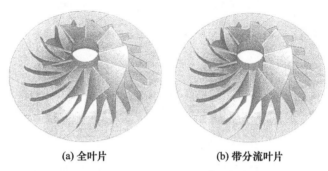

(a) 全叶片　　　　　　　　(b) 带分流叶片

图 7.12　离心叶轮三维视图

7.2.3.1　20 个全叶片的叶轮

图 7.12(a)中叶轮具有 20 个后弯 40°的全叶片(Fatsis,1995),以试验获得的最大质量流量条件下周向静压分布,如图 7.6 所示,作为叶轮出口边界条件进行全三维非定常无黏计算。图 7.13 显示了在 $Sr = 0.25$ 时,叶轮旋转一周过程中计算得到的轮盖侧马赫数沿弦向分布的变化。参数的弦向分布形式在周向发生了变化,这是由于在叶轮旋转一周的过程时,叶片通道中压力波向上游和下游传播了两次。

由图 7.13 可知,在 $0° < \theta_r < 90°$ 的周向位置区域,气流在轮盖流面发生了堵塞。在这种情况下,蜗舌压力突增,由此产生的压力波向上游传播,并通过影响激波的位置和强度改变了超声速流动区域的范围。当压力波传播到叶片前缘时,在 $\theta_r = 135°$ 周向位置处激波消失,此时整个流场变为亚声流动。随着 θ_r 继续增大,流动逐渐开始再加速,并在 $\theta_r = 270°$ 周向位置处再次出现堵塞,但堵塞持续时间变短。尽管在叶轮旋转一周的过程中,所施加的出口压力畸变只有一个最大值,但从图 7.13 所示马赫数弦向分布沿周向的变化中可以观察到两个最大值,θ_r 分别位于 45°和 270°周向位置处。这说明在叶轮旋转一周过程中,压力波在前缘和尾缘处发生了反射,分别向上游和下游传播了两次。这与声波的斯特劳哈尔数(Sr)= 0.25 的值一致,该值表示当叶轮旋转一周时压力波可以传播叶片通道长度的 4 倍距离。

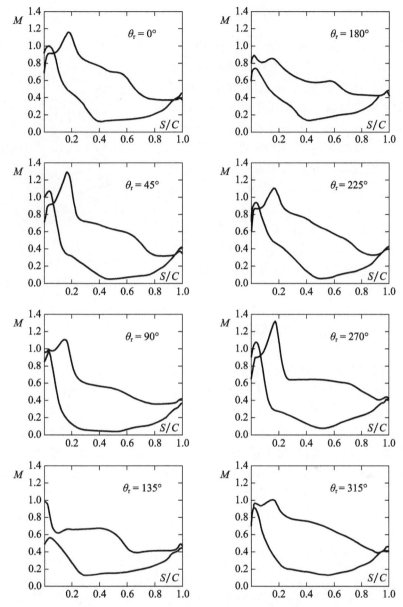

图 7.13 在最大质量流量且 $Sr=0.25$ 的条件下 20 个全叶片叶轮轮盖流面相对马赫数沿弦向方向的变化(Fatsis,1995)

此时经典的周期性条件(马赫数或压力在尾缘处吸力面、压力面相等)不再满足。这是因为计算在单个通道中进行,相应的如图 7.13 所示,马赫数分布来自某一叶片的压力侧和相邻叶片的吸力侧。

7.2.3.2 带分流叶片的叶轮

图 7.12(b) 中显示的离心叶轮具有 10 个全叶片和 10 个分流叶片,后弯 30°。图 7.14 所示为叶轮-蜗壳组合体的轮毂表面上某一时刻的静压等值线云图,此工况下的质量流量大于最佳质量流量。观察图中静压分布可以推测不同圆周位置之间马赫数变化显著。$\theta_r = 0°$ 处的前缘最大马赫数和 $\theta_r = 180°$ 处的较小的第二个马赫数是叶轮旋转一圈时压力波在叶片通道的上游和下游两次传播的结果,与 $Sr = 0.25$ 的结果一致。

图 7.14 在大于最佳质量流量且 $Sr = 0.25$ 的情况下带分流叶片叶轮轮毂流面压力等值线云图

相比于全叶片叶轮,在带有分流叶片的叶轮中,向上游和下游传播的波的可见性更差。这是因为它们受到分流叶片前缘处反射以及两侧波间相位差的干扰。

7.2.4 进、出口流场畸变

对于图 7.12(a) 中带有 20 个全叶片的叶轮,其叶轮流场对出口压力周向畸变会产生波动响应。如图 7.15 所示,此时叶轮处于最大质量流量工况,$Sr = 0.25$,上述波动响应清楚地体现在 $R/R_2 = 1.028$ 处展向质量平均的相对气流角 β_2、绝对气流角 α_2、径向速度 V_{R2} 和绝对切向速度 V_{u2} 的周向分布上。图 7.15 中 33° 周向位置处的虚线表示蜗舌的位置,星号(*)表示以畸变压力当地分布作为出口边界条件时,采用三维定常单通道计算得到的准稳态结果。由图可见,即使在相对较低的 $Sr = 0.25$ 下,相比于非定常计算,准稳态计算也无法给出可靠的结果。

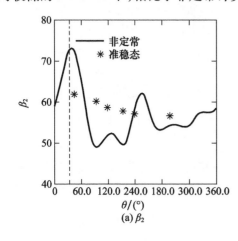
(a) β_2

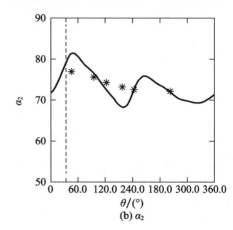
(b) α_2

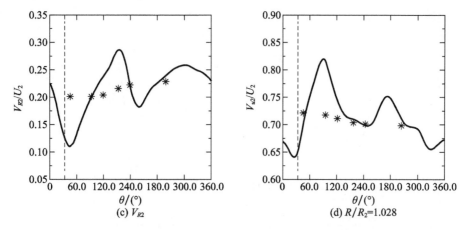

图7.15 叶轮工作于最大质量流量且 $Sr=0.25$ 的情况下
展向质量平均的 β_2、α_2、V_{R2} 和 $R/R_2=1.028$ 处 V_{u2} 的周向畸变

图7.15(a)中非定常计算结果显示 β_2 在靠近蜗舌处发生显著变化,这是由于该位置静压突然增加所致。随后在 $\theta_r=200°$ 周向位置处出现 β_2 的第二个峰值,但该处施加的出口静压变化平稳,因此第二个峰值的出现归因于叶轮通道进口和出口处压力波的反射。同时,由图可见,由于叶片通道的阻尼作用,β_2 的第二个峰值点幅值低于第一个。在叶轮旋转一周过程中,其他流动参数的非定常计算结果同样显示出双峰的变化规律,且其波动幅度大于准稳态计算结果。这些结果表明,采用一维模型中通用的恒定出口相对气流角假设将无法对叶轮在出口压力畸变条件下的响应提供准确预测。参考前述分析可知,在 $Sr>0.1$ 的情况下,选择恒定的 $V_{u,2}$ 是一个合理的替代方案。

Uchida(1987)和Yang等(2010)通过试验观察到了类似的现象,即在出口单波压力畸变条件下,叶轮通道内会出现双峰流动现象,如图7.3所示,这进一步证实了流动非定常性是由叶轮通道内向上、下游传播的压力波主导的。尽管基于三维非定常无黏模型的预测可能会高估真实非定常流动变化,但它们并非不切实际,因为 Liu 等的非定常 Navier-Stokes 计算表明,叶片式扩压器进口绝对气流角的变化与非定常无黏计算结果具有相同的数量级。

从图7.16可以观察到在叶轮前缘处,质量平均后的 β_1、α_1 和无量纲 V_{x1},V_{u1} 沿周向发生大幅变化。结合图7.13,尽管在 $0°<\theta<120°$ 周向范围轮盖侧流动存在堵塞,但从图7.16(c)中仍然可以看出平均进口轴向速度略有增加。这是由于经过蜗壳引起的压力畸变后(大于33°),来流负预旋增加,如图7.16(d)所示,同时相对气流角减小,如图7.16(a)所示,因此质量流量的增加是可能的。需要说明的是,上述参数的值均为沿叶高的平均值,因此即使轮盖部分流动发生阻塞,轮毂处的轴向速度仍然可以增加。

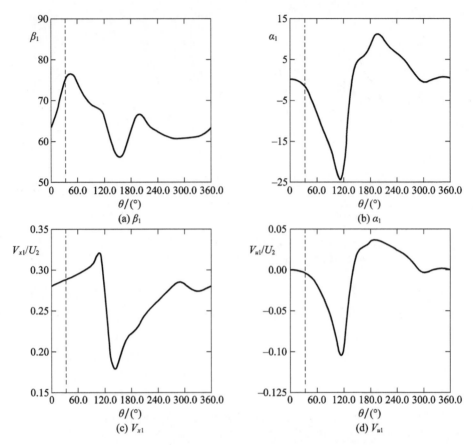

图 7.16 最大质量流量工况下带 20 个全叶片的叶轮前缘质量平均的 β_1、α_1、V_{x1} 和 V_{u1} 周向变化($Sr=0.25$)(Fatsis,1995)

图 7.16(c)中 $\theta=120°$ 周向位置处轴向速度突然下降,这是由于 $\theta=30°$ 时从尾缘开始的压力波在此时已传播至前缘,导致叶轮堵塞消失。在压力波传播的过程中,叶轮同时旋转,由此导致了最小出口径向速度点与前缘最小轴向速度点之间的 90°相移。随后轴向速度逐渐增加,直到 $\theta=270°$ 周向位置处流动再次发生堵塞。

在图 7.16(d)中,绝对切向速度出现了正负交替,这是由于叶轮在旋转过程中依次经过了上游的一对对转涡。叶轮进口处总环量并未改变,这些发现与 Pfau(1967)的观察相符。

7.2.4.1 参数研究

Fatsis(1995)通过在带有 20 个全叶片叶轮出口处施加沿圆周分布的正弦压力波,分析了叶轮流场随声波 Sr 数的变化。计算中包含了对该叶轮在全亚声工况

(10000r/min)和跨声工况(25000r/min)下的模拟。当在叶轮全周给定一个扰动波时,全亚声转速下的 Sr 为 0.1,跨声转速下的 Sr 为 0.25。进一步通过改变叶轮全周波数可以获得不同的 Sr 数。

当叶轮工作在全亚声工况时(10000r/min),$\Delta\beta_2$ 和 ΔV_{R2} 在半径 $R/R_2 = 1.028$ 处随 Sr 的变化如图 7.17 所示。从 $Sr = 0$ 开始,$\Delta\beta_2$ 逐渐增大,$Sr = 0.5$ 时达到最大,此时压力波来回传播的时间等于叶轮旋转一周的时间。在这种情况下,压力波在叶轮每旋转一周的过程中都会被加强,其幅值仅受黏性阻尼的限制。而在较高或较低的 Sr 数下,返回到出口的膨胀波抵消了周向压力扰动波,因此压力波幅值减小。

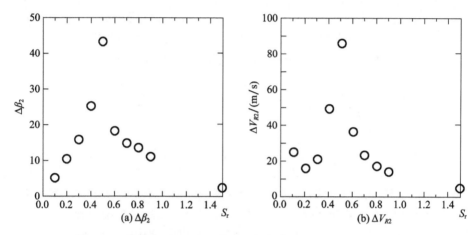

图 7.17 叶轮以 10000RPM 旋转时振幅 $\Delta\beta_2$ 和 ΔV_{R2} 随 Sr 的变化

在 $Sr = 0.1$ 时,压力波导致径向速度变化较大,相比之下,β_2 的变化则很小。在较高 Sr 时,这种准稳态特征已完全消失。

$Sr > 1$ 对应于具有 10 个或更多叶片的扩压器扰动,如图 7.17 所示,此时其对叶轮出口气流角的影响迅速减小。这与 Dawes(1995)和 Baghdadi(1977)的观察结果一致,即叶轮出口处沿节距方向的流动扰动所引起的有叶扩压器高频非定常性对扩压器的流动影响很小。

相比于全亚声速工况,当叶轮工作在跨声速工况时(25000r/min),$\Delta\beta_2$ 随 Sr 的变化有所不同。如图 7.18 所示,$\Delta\beta_2$ 存在两个峰值,分别位于 $Sr = 0.5$ 和 $Sr = 1.0$ 处,且其最大幅值约为亚声速叶轮流动的一半。由于流动超声速,在叶轮下游边界产生的压力波无法传播到前缘,由此引起了入口堵塞,从而限制了出口径向速度的变化。因此,相比于全亚声速工况,跨声速工况下 $\Delta\beta_2$ 变化较小。只有在靠近轮毂的亚声速流动部分,压力波才能到达前缘,由此导致 $\Delta\beta_2$ 在 $Sr = 0.5$ 处仅出现一个较小的峰值。$\Delta\beta_2$ 在 $Sr = 1.0$ 处的第二个峰值可能是压力波在通道中间的激波上反射的结果,其随激波位移衰减。

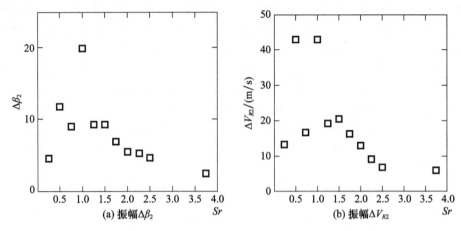

图 7.18 叶轮以 25000r/min 旋转时振幅 $\Delta\beta_2$ 和 ΔV_{R2} 随 Sr 的变化

7.2.5 冻结转子方法

冻结转子方法在大多数叶轮机械的求解器中均有植入,目前已有学者主张将其用于估计周向流动畸变对叶轮性能和受力的影响。该方法主要用于非设计工况下的叶轮-蜗壳计算,此时蜗壳的加入会使整个圆周上产生很大的周向压力畸变。冻结转子将级内流动耦合连接在交界面上,此时每个叶片排都位于固定的方位角。该方法在应用时,忽略非定常流动引起的惯性力,仅考虑叶片定常载荷产生的压力梯度。

类似于非定常计算,该方法需要数值域同时满足转子和静子的周期性条件。因此,计算域的周向扩展范围显著大于混合平面方法。在该方法中,交界面的信息传递通过逐点连接两侧流动条件来实现,其同时需要依据交界面处局部流动方向来满足特征方程定义的物理边界条件(Holmes,2008)。

对于冻结转子法,主要的争论在于,其与非定常计算相比是否能够真正大大节省计算成本。部分学者认为针对静子和转子的不同相对位置,重复采用冻结转子方法计算可得出流场和力随时间的近似演化。但是,冻结转子计算并不能解释非定常惯性效应,并且不同转静相对位置的计算结果都与时间精确的非定常计算结果不同。目前,尚不清楚如何将冻结转子计算结果转置成为真实非定常解。在每个转静相对位置采用冻结转子计算所花费的时间都少于时间精确的非定常计算,但是在不同的相对位置多次计算的时间成本是否比一次非定常计算更经济,这一点仍然存在疑问。

Hillewaert、Yi 和 He 等提出采用冻结转子法进行近似计算的第二个误差来源,即静止域和转动域不正确耦合所导致的额外压力损失(Hillewaert,2000;Yi 和 He,

2015)。以 Baun 和 Flack(1999)设计的叶轮-蜗壳组合为分析对象,该结论可以通过比较冻结转子和非定常计算结果得到阐释。两种计算均采用相同的入口滞止条件和出口静参数条件,使用无黏求解器进行,并提供一个没有总压损失的纯势干涉。

非定常计算和冻结转子计算在蜗壳设计流量下(即没有周向压力畸变的情况下),预测出了相似的静压和总压分布。图 7.19 和图 7.20 分别给出了两种计算方法在 82% 设计流量下得到的静压和总压分布云图。由于叶轮和蜗壳之间的间隙很小,流场可能会由于静压势干涉以及尾迹撞击蜗舌与否而大幅变化,因此上述分布云图是在相同的叶轮空间位置处提取得到。

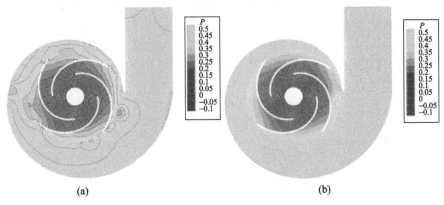

图 7.19　在 82% 设计流量下静压分布冻结转子计算非定常计算
(Van den Braembussche 等,2015)

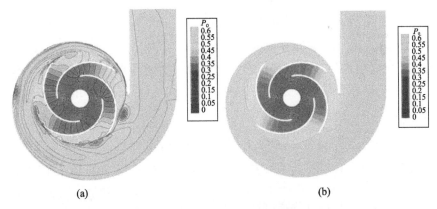

图 7.20　在 82% 设计流量下总压分布冻结转子计算非定常计算
(Van den Braembussche 等,2015)

图 7.20 中结果表明,非定常计算得到的叶轮通道内静压分布光滑且具有周期

249

性,这与设计流量工况下的分布非常相似,流场几乎不受压力畸变的影响。原因是在流体从前缘流到尾缘的时间内,旋转叶片通道中的流体受不同出口压力影响,而流体惯性减少了背压变化的影响。因此,在变化的出口条件下所得到的流场在某种程度上也是时间平均值。Dick 等(2001)表示,在40% 标称流量时,图 7.19 和图 7.20 所示叶轮通道内流体的输运时间接近叶轮旋转一周的时间。

冻结转子计算显示出转子静压分布具有不对称性。原因是每个叶片通道中的流动受恒定的高、低出口压力影响。相邻通道仅通过入口和出口条件周期变化相互影响。

尽管使用无黏欧拉求解器进行了计算,在冻结转子的总压分布中观察到了重要的类似尾迹的非均匀流动现象,如图 7.20 所示,这是其出口总压预测值低于非定常计算的根源。

Hillewaert 等(2000)认为,类似于尾迹的畸变是冻结转子系统耦合不一致的结果,转子的相对速度 W 可用转子圆周速度 U、绝对速度 V 表示,将其代入相对参考系下的非定常动量方程,即

$$\rho\left(\frac{\partial \boldsymbol{W}}{\partial t}\right)_r + \rho \boldsymbol{W} \cdot \nabla \boldsymbol{W} + \nabla P = 0$$

因此,交界面处的绝对速度满足以下关系,即

$$\rho\left(\frac{\partial \boldsymbol{V}}{\partial t}\right)_r - \rho \boldsymbol{U} \cdot \nabla \boldsymbol{V} + \rho \boldsymbol{V} \cdot \nabla \boldsymbol{V} + \nabla P = 0 \tag{7.9}$$

式(7.9)应等同于绝对参考系中的公式,即

$$\rho\left(\frac{\partial \boldsymbol{V}}{\partial t}\right)_a + \rho \boldsymbol{V} \cdot \nabla \boldsymbol{V} + \nabla P = 0 \tag{7.10}$$

式中:下标 a 和 r 分别表示绝对和相对参考系。

将式(7.9)与式(7.10)进行比较,显然,忽略非定常项后,耦合相对参考系与绝对参考系下的定常流动会导致不相容。这是由绝对切向速度的周向变化引起的,即

$$-\rho \boldsymbol{U} \cdot \nabla \boldsymbol{V} = -\rho U \frac{\partial V_u}{R \partial \theta} \tag{7.11}$$

在无黏计算中,这种变化与叶片载荷即势干涉有关。在亚声速流中,叶片载荷的影响在上游和下游延伸了大约一个叶片节距的距离。蜗壳节距为整个圆周,畸变向上游传播得足够远,从而使叶轮中的压力和速度场产生畸变。

考虑式(1.47),相对参考系中的相对滞止压力 P_r^o 也可以写成

$$P_r^o = P + \rho\frac{W^2}{2} = P + \rho\frac{V^2}{2} + \rho\frac{U^2}{2} - \rho U V_u = P_a^o + \rho\frac{U^2}{2} - \rho U V_u$$

从而将 P_r^o 与静止参考系中的总压 P_a^o 相关联。一般参考系中的非定常伯努利方程式为

$$\rho \frac{\partial (W^2/2)}{\partial t} + W \cdot \nabla P_r^0 = 0 \tag{7.12}$$

式中：P_r^o 为相对参考系下的滞止压力。

对于转子域中相对定常流动，式(7.12)表示 P_r^o 沿流线方向的输送。由于 P_r^o 在入口边界上是恒定的，它在无黏计算出口边界上也必须是恒定的。因此，在蜗壳入口处观察到的绝对滞止压力沿节距方向变化 ∂P_a^o 是由交界面处的切向绝对速度变化引起的(式(7.12))：

$$\partial P_a^o = \rho U \partial V_u \tag{7.13}$$

因此，上述采用冻结转子耦合转、静区域带来的误差通过定常流动向下游传递，并造成蜗壳中沿流向类似尾迹的畸变。

冻结转子耦合的不相容性也反映在交界处静压的非物理变化上，即图 7.19 所示交界面处等压线斜率的不连续变化。离交界面越远，静压畸变越小。

如果扩压器足够长，叶轮的尾迹在到达蜗壳之前即被掺混，因而在蜗舌处不产生扰动，则冻结转子计算可以合理近似蜗壳压力畸变向上游的传播，但无法正确预测叶轮对出口畸变的非定常响应。

杨等(2010)研究了 $Sr=0.3$ 的压气机中压力畸变的周向偏移现象。他们通过试验观察到扩压器进口最小压力位置与分流叶片前缘最小压力位置之间的周向相位差约 120°，而实际几何距离的相位差仅约 15°，如图 7.21 所示。这种周向偏移现象是由于在压力波以 $a-W$ 的速度从出口传播到分流叶片前缘的过程中，叶轮同时在旋转。相比于试验，冻结转子计算结果显示出微小的偏移和较大的畸变幅度，这会引起径向力大小和方向的计算误差(7.3 节)。

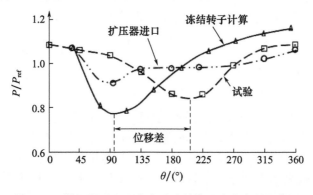

图 7.21 扩压器进口和分流叶片前缘压力分布的相位差

Dick 等(2001)采用商业 Navier–Stokes(纳威–斯托克斯，N–S)求解器评估了采用不同模拟方法对泵性能预测的影响。非定常计算结果表明，随着流量的减

小,扬程的高估程度不断增加,如图 7.22 所示。这可能因为计算并未考虑轮盖泄漏流量,其对性能的影响随流量的减小而增加。冻结转子计算结果显示,由于交界面处的数值误差以及交界面伪尾迹产生的额外损失,导致压升被整体低估。由于采用该方法使泵的性能被低估,并且计算性能随转子位置而变化,因此取不同转子位置的计算结果平均值,精度仍然无法得到改善。

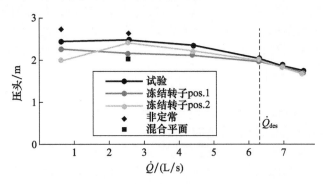

图 7.22　压头随不同耦合系统获得的体积流量的关系

从图中可以看出,采用混合平面法同样会导致非设计工况下泵的扬程被低估。这首先是由于混合平面方法会将交界面两侧流动突然掺混,从而错误预测尾迹的发展。Dick 等(2001)的进一步评估表明,当减少泵的质量流量时,每个叶片通道内的回流会增加。若此时在有回流的叶片通道位置仍然施加静压作为出口边界条件,会由于未充分考虑物理边界条件而产生计算误差。Everitt 和 Spakovsky(2013)提出了一种可能的解决办法,即分别独立计算叶轮和扩压器以考虑交界面处物理特性。

此外,Bowerman 和 Acosta(1957)通过试验验证,叶轮在周向非均匀出口压力条件下运行时能量输入会有所增加。对于混合平面和冻结转子方法,由于其假定叶轮流动近似定常,因此无法对上述现象做出预测。

7.3　径向力

叶轮出口压力的周向变化会导致叶片载荷不同,因此每个叶片受力也不同。这些力无法相互抵消,从而导致轴上非零的径向力。并且径向力的大小随着叶轮和蜗壳之间距离的减小而增加。Jaatinen 等(2009)的测量表明,当安装叶片式扩压器时,径向力急剧减少,并且其减小的程度几乎不随扩压器稠度和质量流量而变化。

7.3.1　试验观察

Agostinelli(1960)、Okamura(1980)、Chamieh(1985)、Kawata(1983)、Moore 和

Flathers(1998)及 Reunanen(2001)等均对径向力测量系统进行过相关研发。由于泵内流体的密度更高,其径向力可能比压气机大3个数量级,因此其中大多数测量系统用于泵的径向力测量。对于压气机,某些应用场景下同样需要控制径向力,如挤压油膜阻尼器轴承可以更好地控制在高进口压力条件下运行的压气机中的次同步和同步振动。但这类阻尼器仅依靠油的阻尼作用,轴承会在轴承箱中自由移动,因此径向力必须受到控制。对于电磁轴承关注的增多是控制径向力的另一个诱因,因为电磁轴承只能产生有限的连续径向推力。

配备电磁轴承的压气机可以直接测量轴承的受力。而更早的轴承系统需要通过固定其上的应变仪天平来测量受力,如图 7.23 所示。测量中需要特别注意避免由于转子重量、密封件和耦合力引起的误差。Meier - Grotrian(1972)同样提及当叶轮出口压力畸变时,叶轮背板上会出现轴向力 F_x 沿周向的不均匀分布,从而导致测量误差。

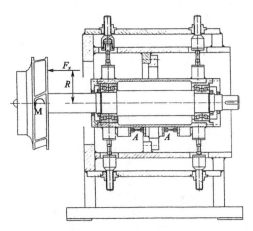

图 7.23 测量叶轮上径向力的应变仪天平示意图(Meier – Grotrian, 1972)

径向力可采用下列任意方式进行表示。

(1)径向力大小和方向 θ 随体积流量的变化如图 7.24 所示。从图中可以观察到,在设计点附近径向力最小,对应蜗壳处于最佳质量流量工况,此时无周向压力畸变产生,继续增加或减小体积流量时径向力呈线性增加。对于泵,径向力朝着截断流量方向趋于平稳。在离心压气机中,因为通常无法获得如此小的质量流量,仍未观察到这一现象。

(2)图 7.25 给出了径向力矢量的大小和方向随体积流量的变化(由矢量端点在不同体积流量下定义)。当蜗壳在低于最佳质量流量工况下工作时,径向力的方向从 $\theta \approx 80°$ 改变,沿周向方向不断增大的压力将叶轮推向蜗壳进口。而当 $\theta \approx 340°$,蜗壳工作在高于最佳质量流量工况下,沿圆周方向不断减小的压力将叶轮吸向蜗壳出口。

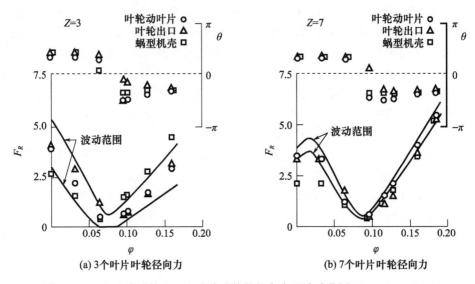

图 7.24 3 个叶片叶轮和 7 个叶片叶轮的径向力和波动范围(Hasegawa,1990)

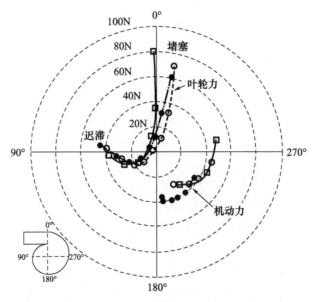

图 7.25 两个不同蜗壳的径向力矢量随体积流量的变化(Reunanen,2001)

径向力的方向和大小在很大程度上取决于叶轮的几何形状,如图 7.26 所示。低 NS_C 叶轮的径向力方向 θ 比高 NS_C 叶轮的大将近 90°。对于高 $NS_C = 112$ 的泵,径向力随流量的变化规律与图 7.25 中的 $NS_C = 116$ 压气机相似,这表明叶轮几何形状对径向力的影响机制在泵和压气机中是相同的。不同于泵,压气机的工作范围及受力受失速的限制。

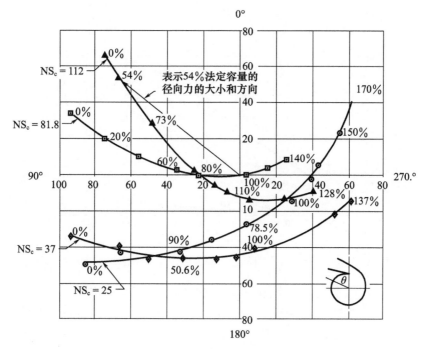

图 7.26 不同比转速叶轮上径向力的极坐标图(Agostinelli,1960)

Hasegawa 等(1990)的试验研究了叶片数对径向力大小的影响。图 7.24 比较了带 7 个叶片的叶轮和带 3 个叶片的叶轮的径向力。从图中可以看出径向力为零的点发生了变化。7 个叶片叶轮的径向力大于 3 个叶片叶轮的径向力,然而后者的波动幅度是前者的 2 倍。

Stepanoff(1957)提出以下表达式来预测径向力,即

$$F_R = K\rho\Delta H^i D_2 b_2 \qquad (7.14)$$

式中:K 为经验系数,定义为

$$K = K_0\left(1 - \frac{\dot{Q}}{\dot{Q}_N}\right)^2 \qquad (7.15)$$

式中:K_0 为质量流量为零时的 K 值($K_0 = 0.36$)。

Agostinelli 等(1960)根据试验观察提出了取决于比转速的 K_0 值,如图 7.27 所示。对于不同的 NS_c 值,在 0 体积流量下的 K 值可以更好地近似 K_0。

Biheller(1965)提出了一种更详细的考虑了蜗壳几何形状的离心叶轮径向力表达式,即

$$F_R = 0.22061 U_2 \rho D_2 b_2 10^{-1.13 A_{th}/A_s}$$

$$* \left[1 + k^2 \left(\frac{\dot{Q}}{\dot{Q}_N} \right)^2 - 2k \frac{\dot{Q}}{\dot{Q}_N} \cos \left(\frac{3}{8} \theta_V - \frac{\pi}{2} + \left(\frac{\pi}{2} - \frac{\theta_V}{4} \right) \frac{\dot{Q}}{\dot{Q}_N} \right) \right] \qquad (7.16)$$

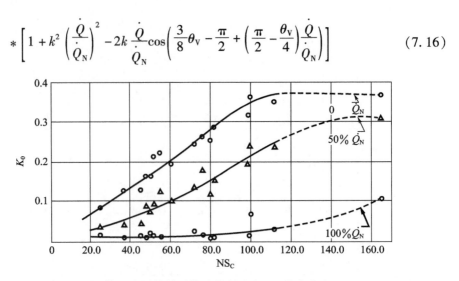

图 7.27 对于不同的体积流量值其系数随特定速度 NS_C 的变化（Agostinelli,1960）

式(7.16)适用于螺旋蜗壳($\theta_V = 0$)、完全同心的环形蜗室($\theta_V = 2\pi$)或同心蜗室($0 < \theta < \theta_V$)与螺旋蜗壳的组合($\theta_V < \theta < 2\pi$)。A_{th}为蜗舌处蜗壳最小横截面积，而A_6是蜗壳出口的横截面积。

对于3种不同的蜗壳,建议使用以下k值,即

$$\begin{cases} k = 1 \, (\theta_V = 0) \\ k = 4.7 \, (\theta_V = 2\pi) \\ K = 0.304 \times 10^{1.13 A_{th}/A_s} \, (0 < \theta_V < 2\pi) \end{cases}$$

定义径向力的方向,即

$$\begin{cases} \alpha_F = \frac{\pi}{2} - \frac{\dot{Q}}{\dot{Q}_N} \left(0 < \frac{\dot{Q}}{\dot{Q}_N} < 1 \right) \\ \alpha_F = -\frac{\pi}{2} - \frac{\dot{Q}}{\dot{Q}_N} \left(1 > \frac{\dot{Q}}{\dot{Q}_N} < 1.75 \right) \end{cases}$$

部分学者建议也可通过将整个叶轮出口域上的畸变压力与轮毂、轮盖上的压力一并积分来估算径向力。采用这种方法比直接测量径向力要容易得多,但忽略了叶轮内的流体流动对出口压力畸变的反应(见7.3.2节),因此估算得到的径向力矢量大小和方向都不准确。Aoki(1984)在单叶片叶轮上观察到由试验测得的径向轴承力与由叶轮出口上的压力积分所获得的径向力之间存在很大差异,如图7.28所示。这是由于叶轮流动畸变较大,导致叶轮出口和入口处径向动量和切向动量的周向变化剧烈。这种差异随着叶片数量的增加而减小。

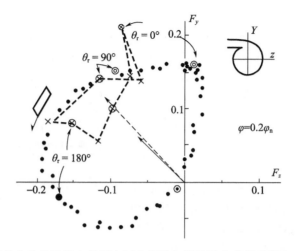

图7.28 通过单个叶片叶轮上的周向压力积分与测轴承力获得的径向力(Aoki,1984)

7.3.2 径向力的计算

下面讲述单个叶片和叶轮轴上的力均在笛卡儿坐标系上定义,从轴心朝向蜗舌为 y 轴, z 轴则垂直于蜗舌,如图7.28所示。

可以采用两种方法计算叶片和叶轮轴上的力。第一种方法将整个叶轮表面的压力进行积分,对于无轮盖的叶轮,叶轮表面包含叶片、背板和轮毂;对于带轮盖的叶轮,叶轮表面包含叶片以及轮盖的内外壁。忽略叶轮相对蜗壳或叶片扩压器旋转产生的力的变化、流体的重量及黏性力,该方法计算公式为

$$\boldsymbol{F} = \iint_{S_{i,j,k}} P_{i,j,k} \mathrm{d}\boldsymbol{S}_{i,j,k} \tag{7.17}$$

采用式(7.17)时,轮盖和背板腔中的压力并非总由CFD分析计算得出,如Childs(1986、1992)和Will(2011)等提出了相应的适用模型。Iverson等(1960)则强调了扩压器和轮盖之间的间隙对径向力的影响。

对压力沿表面 d$\boldsymbol{S}$ 在 x、y、z 方向的投影进行积分,可获得叶片和叶轮轴受力的对应分量,其中径向力由下式计算,即

$$\boldsymbol{F}_R = \boldsymbol{F}_y + \boldsymbol{F}_z \tag{7.18}$$

径向背板上的压力对径向力的贡献可能很小,但对轴向力的贡献较大,因为其较大的表面积上被施加了很高的压力(几乎等于叶轮出口处的压力)。这可以通过在轴和叶轮外半径之间的径向位置安装篦齿密封件进行控制,从而将高压区域与最终连接到入口部分的低压区域分开,如图7.29所示。减小轮毂和后腔之间压力差的另一种方法是在背板上钻压力平衡孔。但是,从高压区域泄漏到低压区域的流体会扰动叶轮的流场。另外,轴向力还受到叶片吸力面和压力面压差产生的

叶片力的影响。

第二种方法计算叶轮轴向和径向力的方法是在控制体上施加动量和压力平衡,该控制体为叶轮入口和出口之间的空间,其边界包含轮毂和轮盖表面,有

$$\frac{\partial}{\partial t}\Big[\iiint_{Vol} V\rho d(Vol)\Big] + \iint_3 d\dot{m}V + \iint_1 d\dot{m}V +$$

$$\iint_S PdS + \iint_S \tau dS = G \qquad (7.19)$$

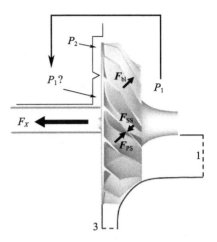

图 7.29 力和控制面的计算

式中:第一项是由于速度的非定常变化所导致的控制体中动量的变化率,在叶轮蜗壳相互干涉的情况下,速度非定常变化的频率为叶片通过频率,因此这一项可以忽略;第二到第四项代表控制体入口和出口之间的动量变化以及控制体所有壁面上的压力之和;最后两项是控制体中剪切力和流体重量对动量变化率的贡献。

忽略流体的剪切力和重量,叶轮上的时均 F 可分为

$$F = F_{\Delta M_x} + F_{\Delta M_R} + F_{\Delta M_u} + F_P \qquad (7.20)$$

式中:$F_{\Delta M_x}$、$F_{\Delta M_R}$、$F_{\Delta M_u}$ 为由入口(1)和出口(3)之间的轴向、径向和切向动量变化产生的力;F_P 则由进、出口、轮盖和非旋转部分的轮毂以及扩压器表面的静压产生。

对式(7.20)中各项进行求和,径向力(不包括背板上的径向力)可表达为

$$(\sum_k \sum_j \rho V dS V_R)_3 + (\sum_k \sum_j \rho V dS V_R)_1 + (\sum_k \sum_j \rho V dS V_u)_3$$

$$+ (\sum_k \sum_j \rho V dS V_u)_1 + (\sum_k \sum_j P dS_R)_3 + (\sum_k \sum_j P dS_R)_1$$

$$+ (\sum_i \sum_j P dS_R)_S + (\sum_i \sum_j P dS_R)_{H^{nr}} = F_R \qquad (7.21)$$

式中:指数 i、j、k 分别表示子午方向、圆周方向和展向;S 为轮盖型线;H^{nr} 为轮毂的非旋转部分(如果存在);每个圆周位置的速度和静压是通过非定常计算获得的流场瞬时值。轴向力(不包括背板上的力)则由下式给出,即

$$(\sum_k \sum_j \rho V dS Vx)_3 + (\sum_k \sum_j \rho V dS V_x)_1 + (\sum_k \sum_j P dS_x)_3$$

$$+ (\sum_i \sum_j P dS_x)_1 + (\sum_i \sum_j P dS_x)_S + (\sum_i \sum_j P dS_x)_{H^{nr}} = F_x \qquad (7.22)$$

动量平衡方法无法提供叶片振动分析所需的单个叶片上的力,但可以更好地理解压力畸变和动量变化如何通过几何形状影响径向力。

7.3.2.1 叶轮几何的影响

通过比较带有20个后弯40°全叶片叶轮上的径向力(图7.12)和带有20个径

向末端叶片的 Eckardt O 形叶轮上的径向力(图7.30),可以评估叶轮几何形状对径向力的影响。前者以 11000r/min 运行;后者以 14000r/min 运行。非定常计算结果如图7.6所示,计算考虑了计算流量高于最佳质量流量时的周向压力畸变。图7.31显示了不同动量项和压力项对径向力的影响,均为除以各自叶轮出口面积后的结果。其中实线代表后弯叶轮,虚线代表带有径向末端叶片的叶轮。

图7.30 Eckardt O 形叶轮三维示意图

由图7.31可以看出,径向末端叶轮上出口静压对径向力的影响在很大程度上被径向动量的变化(出口处径向速度的变化)抵消。其切向动量变化所引起的径向力也远大于后弯叶轮,且方向垂直于由径向动量变化所引起的径向力。由于 $V_u \approx U_2$,因此切向动量变化不是绝对速度切向分量沿圆周方向变化的结果,而是由径向速度的周向变化引起的。同时,径向末端叶轮最终的径向力大小约为后弯叶轮的一半。

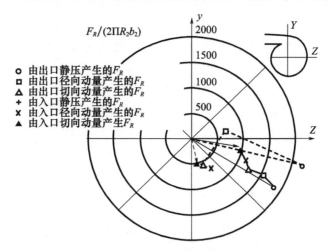

图7.31 具有后掠40°的20个全叶片叶轮和质量高于最佳质量流量的带20个径向末端叶片的 Eckardt O 形叶轮中径向力的分量(Fatsis,1995)

相比径向末端叶轮,后弯叶轮的径向力明显更大,这是因为其径向动量变化的补偿作用更小,如图7.32所示。叶轮中的压升与施加的出口压力之间的局部不平衡会导致径向速度发生局部变化。当后弯叶轮在 $S_R \approx 0.1$ 下运行时,流动大体与叶片出口角度相切。因此,出口压力减小,径向速度增加引起绝对切向速度减小,从而导致叶轮压升减小。施加的出口静压和叶轮压升之间的不平衡得以减小。这种校正作用导致径向速度变化较小,因此径向动量的周向变化对径向力的影响较小。

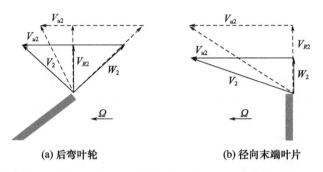

(a) 后弯叶轮　　　　　　(b) 径向末端叶片

图 7.32　后弯叶轮和径向末端叶片对出口压力畸变的响应差异

如图 7.32 可以看出，由于 V_{R2} 的变化不会导致 V_{u2} 的明显变化，因此径向末端叶轮的压升几乎与径向速度无关。该叶轮缺少后弯叶轮中的上述校正机制，无法减少叶轮中压升与施加的出口压力之间的不平衡。因此，相比于后弯叶轮，径向末端叶轮中的径向速度变化以及相对应的径向动量变化均明显更大。

出于相同的原因，后弯叶轮出口切向动量对径向力的影响较小。即当局部静压降低，径向速度增加导致后弯叶轮出口处绝对速度切向分量降低。式(7.19)中 $\dot{m}V_{u2}$ 的乘积沿后弯叶轮圆周几乎恒定，因此切向动量对径向力的影响可忽略不计。

对于径向末端叶片，流量的增加不会改变绝对速度切向分量 V_{u2}，如图 7.32 (b)中的虚线速度三角形所示。但是，由于 V_{R2} 的变化较大，因此 $\dot{m}V_{u2}$ 的乘积不是恒定的。出口切向动量的变化几乎垂直于径向。

后弯程度越大，非压力相关项对径向力的影响越小(压力项对径向力的影响越大)。这解释了在后弯角非常大(最高达到少见的 70°)的泵叶轮中，为什么可以通过对出口静压进行积分来近似估算其中的径向力。对于闭式叶轮，这种近似精度进一步提升，因为压力项也作用在轮盖外壁的轴向部分，其作用变得更加重要。

通过冻结转子方法计算获得的结果则有所不同。在该方法中，固定的压力畸变持续施加在同一流道上，导致对流动响应以及相应的速度变化的过度预测，进而造成对径向载荷低估，如同 Flathers 和 Bache(1999)所观察到的。改变进口边界条件，可使数值结果得到改善。如假设将质量流量强加在更靠近前缘的数值域入口处，流动畸变的幅度应当会受到限制，从而减小其对径向力的影响。

Flathers 和 Bache(1999)也说明了在轮盖和轮毂壁腔中的压力畸变的巨大影响，考虑到涉及的表面面积较大，闭式叶轮的动量变化误差带来的影响将比半开式叶轮小。

由于高比转速叶轮(流量大，叶片出口/扩压器宽度大，叶片出口外径低，叶轮出口相对宽度大)可能比低比转速叶轮具有更多的径向末端(末端径向)叶片，因此从大比转速叶轮到小比转速叶轮(图 7.26)与从径向末端叶轮到后弯叶轮(图 7.31)的相似之处。

对 7.2.5 节讨论的低 NS_C 叶轮，分别进行了非定常和冻结转子计算，图 7.33

给出了两种方法预测得到的无量纲时均力。在非设计工况下,它们的大小和方向尽管有所不同,但误差相当小。这是由于在后弯较大的叶轮中,周向压力分布的影响占主导作用,而在此处的计算中这两种方法的周向压力分布几乎相同。对于后弯较小的叶轮,预计会有更大的差异。

为减小作用在大型离心泵轴上的径向力,通常在泵中采用双蜗壳结构,其设计和制造更加复杂,带来的流动损失也更大。

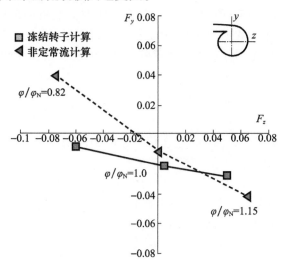

图7.33 不同质量流量下的时间平均非稳态和冻结转子计算得到的力的比较(Aksoy,2002)

7.4 非设计工况性能预测

对非设计工况下叶轮和蜗壳性能进行CFD需要详细的几何信息,同时需要付出昂贵的非定常计算成本。本节对适用于初步设计或优化过程的分析方法进行介绍,旨在说明叶轮与蜗壳之间流动的干涉机理。

叶轮 – 蜗壳的非设计工况性能分析模型必须包括以下内容。

(1)叶轮对出口周向不均匀压力分布的响应建模,该模型输出扩压器入口处的总压周向变化以及切向和径向速度。

(2)进口流动不均匀情况下扩压器中非轴对称流动计算模型,该模型输出蜗壳进口处的速度和总压分布。

(3)考虑进口流动周向变化的蜗壳三维流动预测模型,该模型输出蜗壳入口/扩压器出口处的周向静压分布。

(4)蜗壳致扩压器出口压力分布情况下,叶轮出口周向压力畸变预测模型。蜗壳在扩压器出口处施加的压力扰动分布会向上游传播,在叶轮出口处形成周向压力畸变,这一模型用于预测在此压力扰动分布的情况下,叶轮出口处的周向静压畸变。

上述每个模型通过边界条件连接,下面将对其进行更详细的描述。

Hübl(1975)、Lorett 和 Gopalakrishnan(1986)及 Chochua(2005)等提出了一种简化的一维蜗壳-叶轮流动相互作用模型。该模型是 Iverson 等(1960)的蜗壳流动预测方法的扩展,即考虑了蜗壳入口流动条件沿周向的变化。后者是通过叶轮响应模型预测的。

Van den Braembussche 等(1999)提出了一种类似但更详细的分析计算方法,考虑了前面各节中描述的损失和流动机理。该方法使用迭代的方式来计算叶轮—扩压器—蜗壳的干涉作用。它由以下模块组成,这些模块重复执行直到交界面的流动条件保持不变。

7.4.1 叶轮响应模型

Lorett 和 Gopalakrishnan 率先使用了 7.2.1 节中阐述的叶轮响应解析模型来估算叶轮出口速度对出口压力周向畸变的响应。此处给出一种叶轮响应计算模型,该模型假设稳态性能曲线的局部线性化可以用于评估每个周向位置的叶轮流场,如图 7.34 所示。

叶轮出口处的局部径向速度 $V_R(\theta)$ 和总压分布定义为平均值 $\widetilde{P}_2$、α_2、$\widetilde{\dot{m}}$ 的函数,同时忽略密度变化,θ 位置处的局部质量流量 $\dot{m}(\theta)$ 是叶轮出口局部径向速度 $V_R(\theta)$ 的量度,因此上述函数关系可表达为

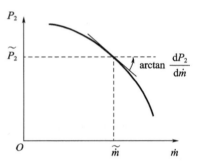

图 7.34 叶轮性能曲线的局部线性化

$$\dot{m}(\theta) = \frac{\widetilde{\dot{m}} + (P_2(\theta) - \widetilde{P}_2)}{\dfrac{\mathrm{d}P_2}{\mathrm{d}\dot{m}}} \tag{7.23}$$

$$P_2^o(\theta) = \frac{\widetilde{P}_2^o + (\dot{m}(\theta) - \widetilde{\dot{m}})}{\dfrac{\mathrm{d}P_2^o}{\mathrm{d}\dot{m}}} \tag{7.24}$$

式中:$\dfrac{\mathrm{d}P_2}{\mathrm{d}\dot{m}}$ 和 $\dfrac{\mathrm{d}P_2^o}{\mathrm{d}\dot{m}}$ 与叶轮整体性能曲线相切。

根据 Sideris 等(1987a)的试验数据,可进一步假设叶轮出口切向速度不随周向压力畸变变化,因此总温比恒定,即

$$\frac{T_2^o}{T_1^o} = 1 + \frac{\widetilde{P}_2^{o\left(\frac{\kappa-1}{\kappa}\right)} - 1}{\eta_{\mathrm{TT}}} \tag{7.25}$$

以此方式,将扩压器入口流动条件定义为叶轮出口圆周 NUEL 个等距点处局部静压的函数。

7.4.2 扩压器响应模型

扩压器的计算基于以下简化假设,即扩压器圆周方向上不同流线(图7.35)互不影响。沿流线的流动可通过使用 4.1.1 节中所述的一维方法对径向连续、动量和能量方程进行积分得到。基于叶轮响应模型输出的扩压器入口条件,采用上述方法可预测蜗壳入口处 NUEL 个点的速度分量和压力,从而得到扩压器入口和出口之间的总压和温度的周向偏移以及蜗壳入口处速度畸变的近似值。

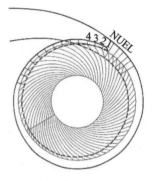

7.4.3 蜗壳计算模型

蜗壳横截面上的压力和速度变化可以通过压力的径向变化、涡旋和通流速度变化的校正项来解释

图7.35 无叶扩压器计算

(Hübl,1975)。以下内容基于 6.2.3 节描述的流动模型,通过圆周方向的等距角截面(图7.36),将蜗壳通道分为 NUEL 段。每个横截面由半径 $r_w(a)$ 和 $r_w(b)$ 定义的椭圆表示。

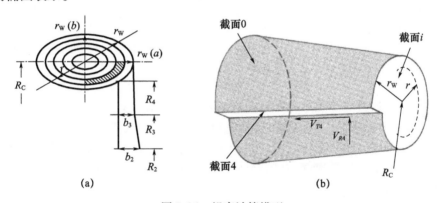

图7.36 蜗壳计算模型

流动参数在等距角截面的分布变化预测基于以下观察:靠近蜗舌处进入蜗壳的颗粒停留在中心,以较大 θ 值进入蜗壳的颗粒则围绕先前的颗粒盘旋。在无黏流动的情况下,通过该假设能够根据蜗壳入口处 θ' 位置的径向速度确定位置 θ'' 截面中的速度分布。每个半径处的旋流速度则通过角动量守恒与位置 θ' 处的径向速度关联(图7.37),有

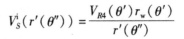

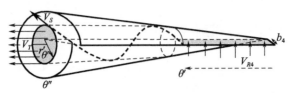

图 7.37 蜗壳中螺旋流的示意图

流体进入蜗壳的位置 θ' 与横截面 θ'' 处的径向位置 r' 之间的关系满足连续性方程。假设在 $r<r'(\theta')$ 范围的质量流量等于进入 0 和 θ' 之间范围的蜗壳的质量流量,有

$$\int_0^{\theta'} \rho_4(\theta) b_4 R_4 V_{R4}(\theta) \mathrm{d}\theta = \int_0^{r'(\theta')} \rho V_T 2\pi r \mathrm{d}r \tag{7.26}$$

进入蜗壳的流体与其在横截面上的位置之间的关系用于定义每个横截面上的等熵总压和温度分布。$V_S^i(r'(\theta''), r')$ 在横截面上的变化如图 7.38 中的虚线所示;图 7.38 中的实线显示了实际的强迫涡旋旋流分布。

试验表明,截面中的实际旋流分布具有强迫涡旋分布特征。对于给定的壁面旋流速度 $V_S(\theta'', r_w)$,其定义为

$$V_S(\theta'', r) = V_S(\theta'', r_w) \frac{r(\theta'')}{r_w(\theta'')} \tag{7.27}$$

无黏旋流分布与实际旋流分布之间的差异定义了由于内部剪切力引起的总压损失,即

$$P^o(\theta'', r) = P^{o,i}(\theta'', r) - 0.5 P(\theta'', r) \cdot (V_S^{i,2}(\theta'', r) - V_S^2(\theta'', r)) \tag{7.28}$$

离心力(由于旋涡产生)与横截面上的径向压力梯度之间的径向平衡,有

$$\frac{\mathrm{d}P}{\mathrm{d}r} = \rho \frac{V_S^2(\theta'', r)}{r(\theta'')} \tag{7.29}$$

首先定义横截面的静压分布作为壁面静压的函数;然后通过迭代过程调整壁面静压直至满足连续性方程为止;最后通过下式定义通流速度分布,即

$$0.5\rho(\theta'', r) V_T^2(\theta'', r) = P^o(\theta'', r) - P(\theta'', r) - 0.5\rho(\theta'', r) V_S^2(\theta'', r) \tag{7.30}$$

调整壁面上的旋流速度,直到壁面上的通流速度 $(V_T(\theta'', r_w))$ 和扩压器出口切向速度 $(V_{T3}(\theta''))$ 满足

$$V_T(\theta'', r_w) = V_{T4} \frac{R_4}{R_C(\theta'')} \tag{7.31}$$

调节通流速度后,无黏总压和旋流速度分布的计算将重复进行。

在蜗壳的 NUEL 个单元上应用切向动量方程(图 7.39),用于计算每个蜗壳单元 θ_0 出口处的校正静压,作为在蜗壳进口 θ_i、外壁面 ow 和内壁面 iw 处流动参数的函数(图 7.39)为

$$\rho_4 V_{R4} 2\pi R_4^2 b_4 V_{T4} + R_C(\theta_i) A(\theta_i)(P_C(\theta_i) + \widetilde{\rho}(\theta_i) \widetilde{V}_T^2(\theta_i))$$
$$+ dA_{iw}(P_C(\theta_i) - \widetilde{\rho}(\theta_i) \widetilde{V}_T^2(\theta_i) \frac{R_C - R_{Ciw}}{R_{Ciw}}) R_{Ciw} \quad (7.32)$$
$$- dA_{ow}(P_C(\theta_o) - \widetilde{\rho}(\theta_o) \widetilde{V}_T^2(\theta_o) \frac{R_C - R_{Cow}}{R_{Cow}}) R_{Cow}$$
$$= R_C(\theta_o) A(\theta_o)(P_C(\theta_o) + \widetilde{\rho}(\theta_o) \widetilde{V}_T^2(\theta_o))$$

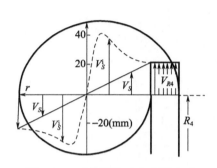

图 7.38 无黏性流动和实际流动的旋流速度分布

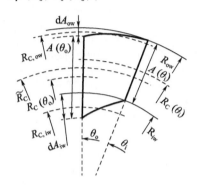

图 7.39 定义切向动量方程中各项的蜗壳元素

该计算利用了在每个截面的平均径向位置处计算的平均流动参量。计算主要得到周向静压分布和总压损失。由于离心力,扩压器出口静压等于考虑了 R_C 和 R_4 之间压差校正的蜗壳中心静压力,即

$$P_4(\theta) = P_C(\theta) - 2\rho(\theta) \frac{V_T^2(\theta)}{R_C(\theta) + R_4}(R_4 - R_C(\theta))$$

7.4.4 叶轮出口压力畸变

在无叶扩压器中,扩压器出口的静压畸变会向上游传播,并在叶轮出口形成新的周向静压畸变。根据试验观察,假设叶轮出口的周向静压畸变幅度等于扩压器出口的静压畸变幅度,即

$$P_2(\theta) = \widetilde{P}_2 + (P_4(\theta) - \widetilde{P}_4)$$

从叶轮出口处新定义的周向静压分布开始,对上述 4 个模块进行迭代计算即可。

7.4.5 评估与结论

Vanden Braembussche 等(1999)提出的叶轮-蜗壳非设计工况性能分析模型已通过在椭圆形蜗壳中进行计算得到了验证,相关试验数据已在 6.2.4 节中给出。将计算出的径向速度周向变化以及扩压器出口静压和总压与图 7.40 中的试验值进行比较。图中仅比较了最大流量即周向静压畸变强度最大的工况点。

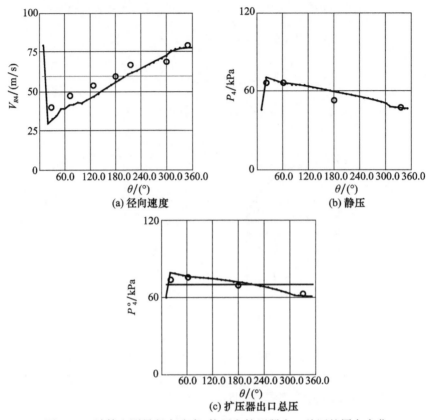

图 7.40 计算和测量径向速度、静压和扩压器出口总压的周向变化

图 7.41 对测量和计算的静压升与总压损失系数进行了比较,图中实线为试验结果,虚线为计算结果。由图可观察到,测量和计算的结果具有良好的一致性。在最小流量下,由于蜗壳和扩压器出口处的流动分离,导致损失增加,静压升减小,但计算方法并未对此加以考虑。此外,该计算方法不仅限于椭圆形蜗壳,也可适用于矩形横截面的蜗壳。

在应用该模型时,唯一的经验参数为无叶扩压器和蜗壳中的摩擦系数,主要几何参数通过解析定义。试验值与预测值之间的良好一致性表明,模型正确地捕获了与旋流和内部剪切有关的主要流动现象以及不同部件之间的强烈相互干涉作用。

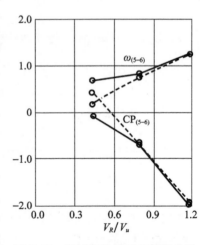

图 7.41 测试和计算的总静压升和总压损失系数之间的比较

第8章
稳定性与工况范围

离心式压气机的一个主要设计指标便是足够宽的工况范围。在大多数情况下,它受到堵塞点与喘振点的限制。然而,当压比较高时,工况范围也可能受到旋转失速或流体的动力激励引起的流致振动的限制(Bonciani 等,1980)。

大多数预测方法对堵塞工况预测相对准确,但在小流量工况的预测方面往往存在较大差异。这与所涉及现象的复杂性以及它们之间的相互作用有关。

虽然喘振和失速是非常不同的现象,但这两个名称在使用中经常混淆,因此需要有一个明确的定义。

速度不断降低的流体中伴随着逆压梯度。由于边界层中的动能比自由流中的动能小得多,这部分流体可能无法克服由自由流固有的压力梯度,从而导致回流或通流速度分量的反向变化。从宏观的角度来看,重新确定的流动方向可能是稳定的即稳定失速,也可能是不稳定的即旋转失速。

在稳定失速中,以双区模型为例,分离区与叶轮以相同的速度旋转,在叶轮叶片上不产生动载荷(图 3.40)。旋转失速是指当流体流动的轴对称特性被高能和低能流动或是被分离流动所取代,此时分离区同叶轮具有不同的旋转速度,如图 8.1 所示。压气机的周向平均流量保持不变,但局部流量随时间变化。

旋转失速现象发生的位置不限于压升曲线的正斜率或零斜率区域,而且在负斜率一侧也经常出现。流动的不稳定不仅导致压气机性能的恶化,而且还构成了叶片与主轴的机械激励源。但同时只要叶片负荷变化在可接受的范围内或此时性能曲线依然平滑,旋转失速仍是可以接受的。旋转失速现象也可能导致压气机噪声水平的增加。然而与此同时,根据工况条件和叶轮实际几何形状,旋转失速可能会因为引发压气机振动问题而限制其运行工况范围(Haupt 等,1985)。值得注意的是,在进口压力较高的情况下,需要更加关注旋转失速现象。因为一方面与流速相关的力随着工作流体密度的增加而增加(Bonciani 等,1980);另一方面失速频率有可能会与压气机部件的共振频率相对应。

喘振是使整个压气机系统变得不稳定的一种流动状态,会导致入口和出口条件发生剧烈变化,并伴有典型的低频噪声,从而导致整体质量流量随时间变化,如图 8.2 所示。它可以被描述为一种自持振荡现象,其中叶轮充当激励器,其他部件

(入口和出口段、节流阀和管道)充当谐振器。

  这些振荡的开始和频率取决于压升曲线的形状、进出口管道的长度、集气箱的体积和节流装置的特性。喘振通常发生在性能曲线的零或正斜率处($d\Delta P_C/d\dot{m}_C \geqslant 0$)。

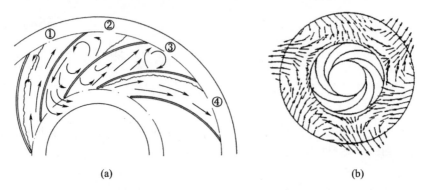

图 8.1 叶轮和扩压器流量的周向变形(Lennemann 和 Howard,1970;Yoshida 等,1993)

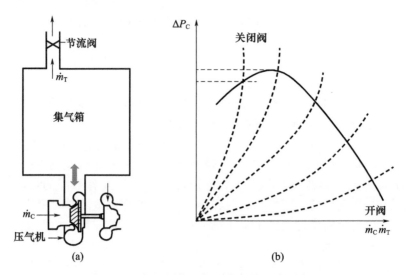

图 8.2 压气机系统和与流量调节方式示意图

  喘振是一种系统整体不稳定现象,而失速是一种局部现象。这并不排除失速可能是喘振的触发机制,但并非必要条件。本章在理论描述和不稳定现象主要特征的基础上,对喘振和失速进行了更为详细的定义。同时,这也是对不同现象进行逻辑分类的一种尝试。同时,结合预测方法及相应关系式进行了相关补充,尽管这些方法与关系式并不总是适合于理论模型,但也能给出很好的结果。

  本章详细讨论了能够避免或推迟这些不稳定性现象发生或减少其影响的干预措施。

8.1 不同类型旋转失速的区别

旋转失速可能是由叶轮、扩压器的失稳,或叶轮和扩压器之间的非定常干涉引起的。Frigne(1982)通过一系列试验很好地说明了不同的原因将导致不同的失稳类型,同时 Frigne(1984)也在具有不同静子结构的叶轮上对此进行了阐述,在此根据蜗壳形状及压气机入口连接配置如图8.3和图8.7所示。

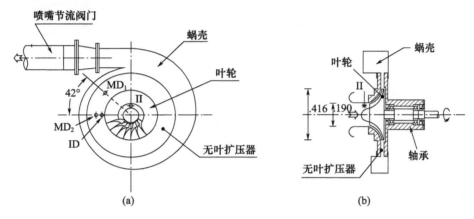

图8.3 离心压气机测试系统布置(A类结构)(Frigne 等,1984)

以一个具有20个径向末端叶片的离心叶轮为例,其 $b_2/R_2=0.077$,其后连接一个半径比(R_4/R_2)为1.62的无叶扩压器(A类结构)。扩压器后面安装矩形截面的蜗壳、测量质量流量的孔板和节流阀。压气机入口通过一个较短的圆柱形管道与外部环境相连。除了用于测量整体性能的常规压力和温度探针外,还安装了4个热线探针:一个位于叶轮入口(II)检测来流的扰动;一个位于扩压器入口(ID);另两个位于扩压器内的 $R/R_2=1.3$ 处($MD_{1,2}$),且周向角度位置相隔42°,用以确定失速单元的周向传播速度 ω_σ 及数量 λ。

假设失速单元的旋转方向与叶轮相同,则单元的数量 λ 可以定义为信号周期 τ_2 和两个信号 MD_1 和 MD_2 之间的相位移 τ_1(图8.4)的函数,即

$$\lambda = \frac{360}{42} \frac{\tau_2 - \tau_1}{\tau_2} \tag{8.1}$$

角速度 ω_σ 由下式定义,即

$$\omega_\sigma = \frac{2\pi}{\lambda \tau_2} \tag{8.2}$$

上述结构 A 的叶轮、扩压器及压气机整机在3个转速下的静压上升系数 CP 值如图8.5所示。如后面所展示的,绝对入口气流角是扩压器稳定性的关键参数,

故取 α_2 值作为横坐标。α_2 值与滑移系数相关,并根据测量得到的总温升进行验证。由于叶轮和节流阀之间的紧密耦合,压气机可以达到压力上升曲线的正斜率处,并在非常小的无喘振流量工况下运行。

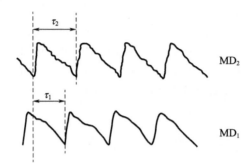

图 8.4　热线信号在 MD_1 和 MD_2 中计算单元数和转速

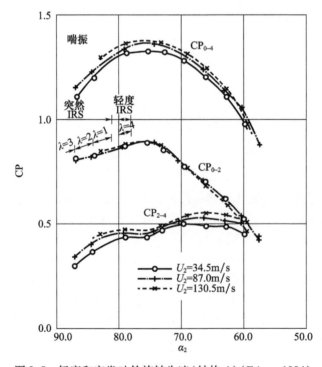

图 8.5　轻度和突发叶轮旋转失速(结构 A)(Frigne,1984)

在 $\alpha_2 = 78°$ 处观察到第一种具有小幅压力振荡的旋转失速,出现在叶轮与扩压器的进口处,因此称为轻度叶轮旋转失速,即图 8.6 中的 MIRS。大量失速团($\lambda = 4 \sim 5$)以 $\omega_\sigma / \Omega = 0.14$ 的转子转速旋转。在流量减小时,速度振荡的幅值不断增大,最大为平均速度的 6.5%。速度变化几乎成为正弦波的形式(无高次谐波)。在其他压气机中也观察到这种轻度叶轮旋转失速现象,但其影响很小,不作进一步讨论。对此现象目前还没有明确的理论解释,但是在其他类型的失速发生前,出现轻度叶轮旋转失速的情况并不少见。

减小流量使气流角进一步增大到 $\alpha_2 = 81.5°$ 时,第二种类型的旋转失速突然出现。失速团的数量在 1~3 之间(λ = 1~3)变化,其旋转速度在叶轮转速为 20%~30%。速度振荡的幅值约为平均速度的 30%,且不随质量流量变化而变化。因为这种旋转失速振幅较高且突然出现在叶轮上游和下游处,因此被称为突然叶轮旋转失速,即图 8.6 中的突发型叶轮旋转失速(AIRS)。在结合低频旋转失速模式(Abdelhamid,1981)后,Abdelhamid 和 Bertrand(1979)也观察到这种现象。

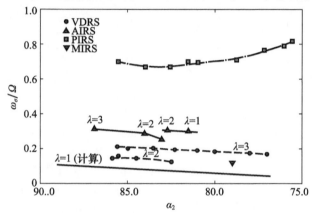

图 8.6 失速单元的相对速度的变化

为了消除蜗壳周向压力扰动的可能影响,并研究扩压器出口与进口半径比的影响,在对几何结构进行以下修改后再次进行了一系列试验,如图 8.7 所示。相关修改包括:在压气机进口处安装节流阀和孔板;结合大型进口沉降室,使扩压器半径比提高到 $R_4/R_2 = 1.92$;同时扩压器出口为周向均匀的外界大气压。

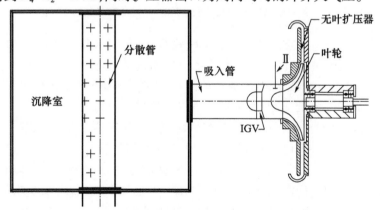

图 8.7 改进的零出口畸变试验装置(采用 B 类与 C 类结构)

图 8.8(a)所示总体性能曲线(结构 B)与之前的性能曲线非常相似,不同之处在于 $\alpha_2 = 81°$ 时静压升系数(CP)出现最小值,同时在 U_2 最大值也是最大压升处会发生喘振现象。

在最低转速线上,可在 $\alpha_2 = 76°$ 处观察到叶轮进口和扩压器进口处的旋转失速(VDRS)。此时,有 1~3 个数量的失速团,且周向传播速度 ω_σ 约为转子转速 Ω 的 0.7~0.8。当叶轮静压升系数最小时,速度振荡的幅值从平均速度的 5% 最大增加到 10%。由于振幅逐渐增大,这种不稳定性称为渐进式叶轮旋转失速,即图 8.6 中的 PIRS。其诱因在于叶轮中分离流动区的不稳定传播,类似于轴流压气机中的旋转失速。

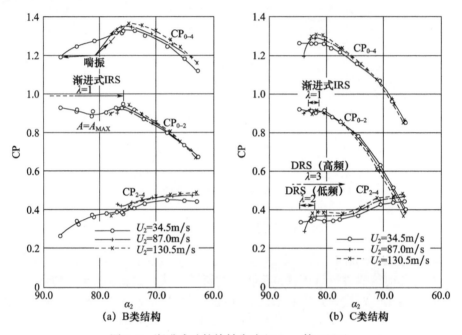

图 8.8 渐进式叶轮旋转失速(Frigne 等,1984)

通过在叶轮进口给定 40° 来流预旋减轻载荷时,可在第三种结构中观察到无叶扩压器内的旋转失速(VDRS),此时允许在相同的叶轮进口相对气流角下通过较低的质量流量。在未破坏叶轮流动稳定性的情况下,压升曲线移向了更大的扩压器绝对入口气流角工况,如图 8.8(b)中的结构 C 所示。

仅在 $\alpha_2 = 77°$ 时扩压器中开始观察到旋转失速(对应于扩压器压力恢复的最小值),其中有 3 个失速团以 $0.17 < \omega_\sigma < 0.21$ 的相对速度进行旋转。速度变化的相对振幅达 10%,且几乎不随流量变化。速度信号的频谱分析结果表明,叶轮入口没有高次谐波和不稳定现象。同时,在 $\alpha_2 = 83.6°$ 时观察到类似类型的失速,但有两个失速团以 ω_σ 为 0.13~0.16 的相对速度旋转。此时,同样为扩压器内的旋

转失速,与前一种失速类型具有相同的发生起始点,稍后将详细说明。

在这些试验研究中观察到的不同类型的旋转失速如表 8.1 所列,它包含离心压气机中除叶片扩压器和弯道回流器以外的主要旋转失速类型。以下章节将从理论和试验的角度详细讨论每一种旋转失速类型。

表 8.1 旋转失速分类及特征(Frigne 等,1984)

类型 特征 配置	扩压器旋转失速			叶轮旋转失速	
	轻微的 A	突然的 B	循序渐进的 B 和 C	高频 C	低频 C
扩散器的 振幅 A	$\alpha_2 \nearrow \gg A \nearrow$ $A_{max} \searrow$ $A_{max} = 0.065$ $U_2 = 43.5 \text{m/s}$	$\alpha_2 \gg A \nearrow =$ Cte $A_{max} = 0.30$ $U_2 = 43.5 \text{m/s}$	$\alpha_2 \gg A \nearrow$ $A_{max} \searrow$ $A_{max} = 0.10$ $U_2 = 43.5 \text{m/s}$	$\alpha_2 \gg A \nearrow =$ Cte	$\alpha_2 \gg A \nearrow$ $A_{max} \searrow$ $A_{max} = 0.10$ $U_2 = 43.5 \text{m/s}$
单元格 数量 λ	$\lambda = 5(U_2 = 43.5 \text{m/s})$ $\lambda = 4(U^2 = 87.0 \text{m/s})$ $\lambda = 4(U^2 = 130.5 \text{m/s})$ 无谐波	$81° < \alpha_2 < 84°:$ $\lambda = 1$ $81° < \alpha_2 < 84°:$ $\lambda = 2$ $81° < \alpha_2 < 84°:$ $\lambda = 3$ $\lambda = 1 \text{ at}$ $U_2 = 130.5 \text{m/s}$	$\lambda = 1$ (总是占主导地位) $\lambda = 2$ (高谐波) $\lambda = 2$ (高谐波)	$\lambda = 3$(无谐波)	$\lambda = 2$(无谐波)
$\alpha_2 \nearrow$ 时 ω_σ/Ω	0.14 连续的	$0.26 \rightarrow 0.31$ $\omega_\sigma/\Omega \nearrow$	$0.82 \rightarrow 0.67$ $\omega_\sigma/\Omega \searrow$ 最小值 $\nearrow$	$0.17 \rightarrow 0.21$ $\omega_\sigma/\Omega \nearrow$	$0.13 \rightarrow 0.16$ $\omega_\sigma/\Omega \nearrow$

8.2 无叶扩压器内的旋转失速

无叶扩压器内的旋转失速是指扩压器内的周向周期性流动模式(这里指失速区)以次同步速度旋转的现象。这一现象是因为流动进入失速区及大流量区后流场被重新组织导致的。Tsujimoto 等(1994)的试验和数值结果说明了这一点,图 8.9 显示了旋转失速期间的速度和压力波动。速度的周向变化清楚地显示了两个对转涡影响产生的低流速区域。

同时,部分区域流通速度的降低,必然会引起其他区域流量的增加,从而该区域会产生更大的径向速度,并使局部稳定性增强。图 8.9 所述流型与 Wachter 和 Rieder(1985)得出的结果一致,他们在低速(失速流)下测量到了高静压值,在高速(流出)下测量到了低静压值。

Jansen(1964b)、Senoo 和 Kinoshita(1978)、Abdelhamid 等(1979)、Abdelhamid 等(1981),Imaichi 和 Tsurusaki(1979)、Van den Braem Bussech 等(1980)、Kinoshita

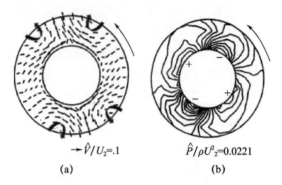

图8.9 通过试验方式绘制的无叶扩压器内旋转失速时的速度和压力分布(Tsujimoto 等,1994)

和 Senoo(1985)、Nishida 等(1988、1991)及 Kobayashi 等(1990)都对无叶扩压器旋转失速(VDRS)现象进行了观测与分析。

Jansen(1964b)首次证明了无叶扩压器中径向速度分量的局部反演可以触发扩压器旋转失速,而无须与叶轮相互作用。其针对非定常、无黏和不可压缩流动,从径向和切向的连续及动量方程出发进行了理论分析。Jansen 认为,流场可由一个稳定的轴对称自由涡流来描述,且非定常扰动可以进行叠加。下面的线性化波动方程描述了无叶扩压器周向平面内流函数的非定常分量,即

$$\frac{R}{V_u}\frac{\partial \nabla^2 \Psi}{\partial t} + \frac{1}{R\tan\alpha}\frac{\partial \nabla^2 \Psi}{\partial R} + \frac{1}{R^2}\frac{\partial \nabla^2 \Psi}{\partial \theta} = 0 \qquad (8.3)$$

通过在流函数方程 Ψ 中的径向与切向方向指定扰动速度 $\hat{V}_R$ 和 $\hat{V}_\theta$ 可自动满足连续性,即

$$\hat{V}_R = \frac{1}{R}\frac{\partial \Psi}{\partial \theta};\hat{V}_u = -\frac{\partial \Psi}{\partial R}$$

扩压器出口边界条件为均匀压力出口(图8.10),即

$$\frac{\partial P}{\partial \theta}=0;\frac{\partial \hat{P}}{\partial R}=0$$

式中:$\hat{P}$ 为压力扰动项,入口边界条件为稳定均匀流动,即

$$\hat{V}_R = 0;\hat{V}_u = 0$$

周期性扰动可用下式描述,即

$$\Psi = A_\Psi(R)\,\mathrm{e}^{\mathrm{i}\lambda\theta}\mathrm{e}^{st} \qquad (8.4)$$

式中:$A_\Psi(R)$ 定义了振幅的径向变化;λ 为周向波数。

将式(8.4)代入式(8.3)后,可以得到扰动指数增长率 S 的公式,即

$$S = -\left(\frac{A_\sigma}{\tan\alpha} - \mathrm{i}F(\tan\alpha)\right)\frac{\lambda V_{u,2}R_2}{R_4^2} \qquad (8.5)$$

该体系在增长率 S 的实部变为正数的条件下运行时,如 $A_\sigma/\tan\alpha < 0$ 或 $\alpha > 90°$ 会表现出不稳定(速度扰动幅度会增加)。

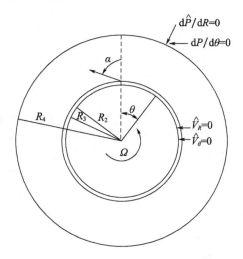

图 8.10　无叶扩压器稳定性计算模型

该分析将无叶扩压器中非定常周期运动的成因归结于局部回流的存在,相关试验数据(Jansen,1964b)还表明,速度波动的幅度在扩压器的中心处最大,并向着出口方向减弱,如图 8.11(a)所示。

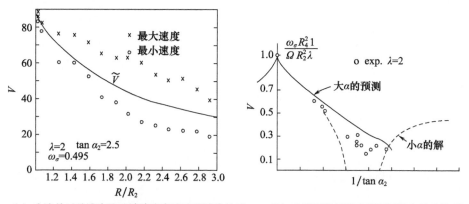

(a) 失速单元的速度脉动试验速度波动的试验结果　　(b) 失速团传播速度的预测值和试验值对比

图 8.11　失速单元的速度脉动实验速度波动的试验结果以及
失速团传播速度的预测值和试验值对比(Jansen,1964b)

扰动的转速 ω_σ 由增长率 S 的虚部定义,即

$$\frac{\omega_\sigma}{\Omega} = \mathrm{i}F(\tan\alpha)\frac{\lambda R_2^2}{R_4^2} \tag{8.6}$$

式(8.6)揭示了相对转速 ω_σ/Ω 与波数 λ、半径比 R_4/R_2 和流动角 α 之间的一种依赖关系。$\lambda=2$ 时的函数 $F(\tan\alpha)$ 与试验值的比较如图 8.11(b) 所示。

这一理论的主要结论如下：

(1) 旋转失速由扩压器中的局部回流触发；

(2) 旋转失速可以在周向均匀的速度进口和压力出口下存在；

(3) 旋转速度的 ω_σ 值在 Ω 的 5%~22% 之间，与失速团数量成比例。

在径向压力梯度的影响下，边界层的流线比扩压器通道中部更向内弯曲，因此回流最先发生的位置很可能位于边界层内。尽管无叶扩压器旋转失速的触发是由边界层（局部回流和阻塞增加）引起的，Jansen(1964b) 的无黏计算表明，失速动态特性（失速团数和传播速度）取决于流动的无黏部分。

Frigne 等(1985) 通过扩压器中心无黏核心流与壁面非定常边界层间强烈干涉的时间演化计算证实了边界层的这种失稳效应。根据扩压器入口流动角 α_2 和初始扰动波数 λ，通过计算预测到了两种流动模式：当 $\lambda=1$、$\alpha_2=80°$ 时，流场依然可以返回到稳定的轴对称流动；而当 $\lambda=3$、$\alpha_2=80°$ 时，会出现旋转的非均匀流动模式，且扰动的幅度会逐渐增长，如图 8.12 所示。

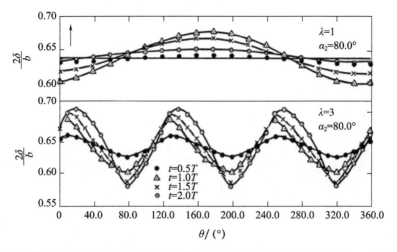

图 8.12　扰动幅度的增大或减小取决于波数 λ 和扩压器入口气流角 (Frigne 等, 1985)

8.2.1　稳定性理论计算方法

将 Jansen 的理论与黏性流计算方法相结合来预测边界层的回流，可得到一个实用的稳定性判据。Jansen(1964a) 基于该思路在通道中心采用无黏核心流动假设，结合壁面附近三维边界层计算进行了相关研究。然而，由于无法准确得到边界层的剖面位置，从而导致只要扩压器两个边界层扩展到整个流道，就会预测到壁面附近的回流现象。因此,该方法在流道较窄扩压器的稳定性预测中限制较大。

Senoo 和 Kinoshita(1977)边界层计算报告中(4.1.3 节)预测了一个极限入口气流角 $\alpha_{2,\text{ret}} = 80°$,该气流角是扩压器宽度的函数,当流动超过此极限入口气流角时,扩压器中会出现回流。其中展向对称流的典型计算结果如图 8.13 所示。

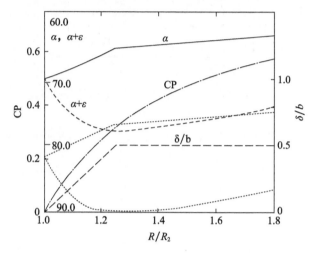

图 8.13　基于两种不同来流角度的气流角及边界层的变化
(Senoo 和 Kinoshita,1977)

自由流气流角 α 随半径比的增大而不断减小。壁面流线的角度 $\alpha + \varepsilon$ 随着半径比的增大先增大,直到边界层发展到扩压器整个通道截面时($\delta_S + \delta_H = b$),壁面流线的角度 $\alpha + \varepsilon$ 又开始随着半径比的增大逐渐减小。回流发生在 $\alpha + \varepsilon$ 超过 90°时,因此它在较大的进口气流角下更有可能发生,如图 8.13 中 $\alpha_2 = 82°$ 时所示的虚线。

通过与试验数据的比较,Senoo 和 Kinoshita(1978)得出结论:无叶扩压器旋转失速发生在扩压器入口气流角超过下式定义的临界值 α_{2C} 时,即

$$\frac{90° - \alpha_{2C}}{90° - \alpha_{2,\text{ret}}} = 0.88 \tag{8.7}$$

式中:α_{ret} 为扩压器入口流动角,在该角度下扩压器下游将发生回流。

三维边界层计算还允许评估气动和几何参数对无叶扩压器稳定性的影响。如图 8.14 所示,窄流道扩压器在旋转失速前允许有较大的 α_2 值,因此窄流道扩压器比宽流道扩压器更稳定。

不同雷诺数下的计算表明,宽流道扩压器在雷诺数增大后稳定性更强,但雷诺数对窄扩压器没有影响,如图 8.15 所示。雷诺数越大,宽流道扩压器的稳定性越

高,这是因为雷诺数越大,湍流壁面边界层对径向压力梯度的抵抗能力就越强。

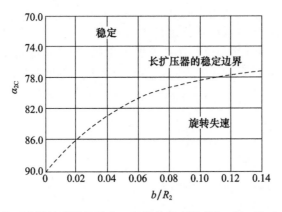

图 8.14 基于流量计算的临界入口气流角的变化(Kinoshita 和 Senoo,1985)

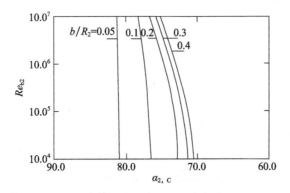

图 8.15 临界入口气流角随扩压器宽度及雷诺数的变化(Senoo 和 Kinoshita,1977)

如图 8.16 所示,进口畸变导致的入口速度分量不均匀性会对 α_{2C} 产生影响。入口径向速度分量的不均匀性对流道宽度不同的扩压器均有重要影响。相比之下,切向速度扰动的影响较小,特别是对于窄流道扩压器而言。同时,由于叶轮出

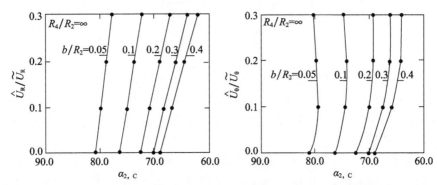

图 8.16 进口畸变对引起回流发生时的进气角的影响(摘自 Senoo 和 Kinoshita,1977)

口速度的不均匀性(射流尾迹影响)、蜗壳周向压力畸变及叶轮向扩压器过渡时通道宽度的突然变化,进口流道流动会发生畸变。因此,评估进口畸变对流道宽度不同扩压器的影响,最主要的问题是难以预测扩压器入口的流动状况。该现象将在8.2.3 节中进行更详细的讨论。

图 8.17 所示为对于流道宽度不同的扩压器,α_{2C} 随进口马赫数(Ma)的变化而变化。由于压缩性引起的附加压力上升,α_{2C} 随着 Ma 的增加而减小。

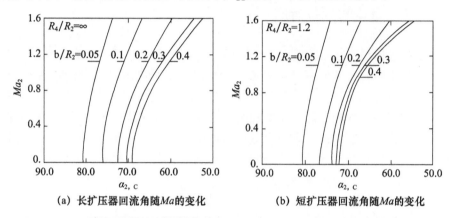

(a) 长扩压器回流角随Ma的变化   (b) 短扩压器回流角随Ma的变化

图 8.17　对不同流道宽度的扩压器 α_{2C} 随进口 Ma 的变化(Senoo 和 Kinoshita,1977)

图 8.18 总结了不可压缩并具有均匀进气扩压器的稳定性与半径比 R_4/R_2 的关系。此图允许在 b_2/R_2 值给定的情况下对入口流动角的分离区范围进行估算。对于窄流道扩压器,回流在靠近扩压器入口处出现,但在下游消失。充分发展的边界层($\delta_H + \delta_S = b$)会对气流产生一定稳定作用,对于窄流道扩压器,该稳定作用在入口附近即可显现,而对于流道较宽的扩压器,该稳定作用在下游处才会显现出来。图 8.18 中的垂直虚线表示对于 $b_2/R_2 = 0.05$ 的扩压器,在 $\alpha_2 = 82°$(大于临界进口气流角 α_{2C})时回流区的径向范围。在宽流道扩压器中,回流在较大的半径比处才会出现。该图还显示,对于宽流道扩压器,通过减小半径比,可以增大回流发生时的进口气流角。这就解释了为什么短扩压器比长扩压器更稳定,以及为什么在不触发旋转失速的情况下,在叶片扩

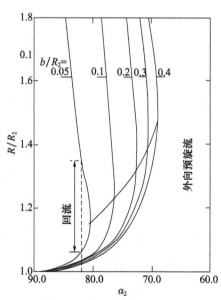

图 8.18　扩压器宽度和长度对回流位置的影响
(Senoo 和 Kinoshita,1978)

压器上游较短的无叶空间内可以容忍很高的进气角。对于流道更窄的扩压器,半径比影响不太明显,因为它们回流发生的区域更接近扩压器入口。Watanabe 等(1994)针对间歇旋转失速(小回流的区域,对扩压器的性能影响很小)和持续旋转失速(在延伸到叶轮出口的大范围区域中,导致较大的振幅变化和扩压器压力恢复的不连续下降)进行了区分。

8.2.2 理论与试验对比

将试验数据与 Senoo 的理论预测结果进行比较的前提是,测量到的失稳类型为无叶扩压器旋转失速而不是突发型叶轮旋转失速(AIRS)。这两种旋转失速现象均出现于压气机低转速工况下,因此很容易混淆。受限于数据完整程度,在公开文献测量数据中通常难以区分这两种失稳现象。区分这两种失稳现象的标准在于无叶扩压器旋转失速中速度和压力变化的幅值比突发型叶轮旋转失速中小,并且在无叶扩压器旋转失速起始时压升曲线保持连续。在压气机压升曲线的负斜率侧也可以观察到无叶扩压器旋转失速。

图 8.19 比较了试验和理论预测得到的扩压器临界入口气流角 α_{2C},该临界气流角可以用于区分稳定流区($\alpha_2 < \alpha_{2C}$)与无叶扩压器旋转失速区($\alpha_2 > \alpha_{2C}$)。图中虚线为低马赫数、均匀来流条件下,Kinoshita 和 Senoo(1985)根据式(8.7)预测得

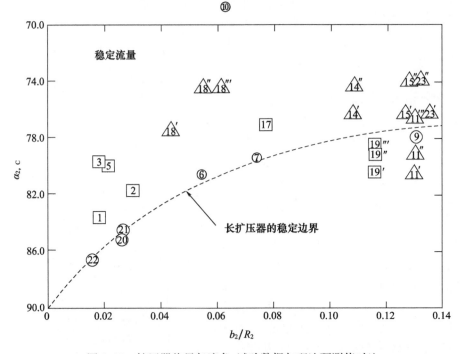

图 8.19 扩压器临界气流角:试验数据与理论预测值对比

到的无限长扩压器($R_4/R_2 > 2$)的临界入口气流角。对于图 8.19 中所有试验数据,表 8.2 均列出了相关参考文献,其中提供了更多试验细节。

图 8.19 中的气流角根据不同方式进行定义:圆圈为根据测量流量和滑移系数计算得出的临界气流角,正方形为根据测量温升计算得到的临界气流角,三角形为直接测量气流角。不同的数据处理方法会导致试验测得的气流角之间存在差异,这是试验数据与理论预测值存在误差的第一个原因。

表 8.2 图 8.19 试验数据来源

测试点	参考书目	测试点	参考书目
0	Jansen(1964b)	1-2-3-5	Van den Braembussche 等(1980)
6-7-9	Senoo 和 Kinoshita(1977、1978)	10-11	Abdelhamid 等(1979)
14-15	Abdelhamid 和 Kinoshita(1979)	17	Frigne 等(1984)
18	Wachter 和 Rieder(1985)	19	Abdelhamid(1981)
20-21-22	Kinoshita 和 Senoo(1985)	23	Kammer 和 Rautenberg(1986)
24	Imaichi 和 Tsurusaki(1979)		

图 8.19 中数据点 6、7、9、20、21 和 22 用于标定公式(8.7)中的常数,因此与理论预测结果吻合度非常高。这些试验数据点是在低 Ma 工况下从低负载叶轮($W_2/W_1 \approx 1$)中测量得到的。该低负载叶轮出口到扩压器入口平滑过渡,没有弯道回流器。

图 8.19 中数据点 1~5 数据来自于窄叶轮流道工业压气机。该压气机扩压器入口较大的不连续性引起的流动扰动会导致流动失稳,这将在 8.2.3 节中讨论。数据点 2、3 和 5 为低 Re 下测量得到。数据点 1 与数据点 3 为同一台压气机上测得的数据,但数据点 1 对应的 Re 显著高于数据点 3(数据点 1 对应 $Re 1.7 \times 10^6$,数据点 3 对应 $Re 1.1 \times 10^4$)。虽然理论表明,Re 对窄流道扩压器流动稳定性无直接影响,但它会影响由叶轮叶片载荷导致的扩压器进口畸变($\hat{V}_R/\tilde{V}_R \neq 0$),从而可能间接影响扩压器流动稳定性。

图 8.19 中数据点 10 与理论预测值的差异最大。预测在这种情况下回流器匹配较差是导致扩压器稳定性下降的原因。

图 8.19 中数据点 17 对应于 8.1 节中讨论的无叶扩压器旋转失速。考虑到叶轮载荷及扩压器进口临界气流角 α_{2C} 定义方式的不同,该试验点与理论预测值间的吻合程度满足要求。

图 8.19 中数据点 19′~19‴ 展示了扩压器半径比的变化对宽流道扩压器稳定性的影响。其中,短扩压器 19′($R_5/R_2 = 1.6$)相较长扩压器 19‴($R_5/R_2 = 1.93$)更稳定,而 19‴ 对应的稳定边界则与无限长扩压器稳定边界吻合较好。

图 8.19 中数据点 14′ 和 15′($R_4/R_2 = 1.55$)以及数据点 14″ 和 15″($R_4/R_2 =$

1.83)之间存在类似的稳定边界偏移。上述系列试验均在同一叶轮上进行,但由于流道展向宽度突然减小,导致扩压器进口存在速度扰动,从而导致数据点 14′与理论预测值误差较 15′更大。若进一步减小扩压器宽度,则会导致突发型叶轮旋转失速现象。

图 8.19 中数据点 18″和 18‴的试验中采用了与点 18′相同的叶轮,但其扩压器进口处存在突然扩张,导致与理论预测值存在较大差异。此外,数据点 18′~18‴的气流角测量点位于半径比 1.3 处,而非扩压器进口,这是因为该半径比位置处气流角已经受边界层发展影响而减小。

图 8.19 中数据点 11′~11‴展示了扩压器进口 Ma 对稳定性的影响。数据点 11′是相对宽短的扩压器($R_4/R_2 = 1.52$),因此比理论预测的无限长扩压器更稳定。当进口 Ma 从 0.5 增加到 1.1 时,扩压器临界进口气流角 α_{2C} 减小 4°,这与图 8.17(a)中预测结果完全相同。

图 8.19 中数据点 23′对应于高进口 Ma 下的扩压器旋转失速工况,但通过节流环将扩压器半径比限制在了 1.5。随着 Ma 的增加,临界进口气流角减小会导致稳定性下降,此时可以通过减小扩压器半径比来增强其稳定性。数据点 23″表明,在移除节流环之后扩压器半径比增大至 2,其临界气流角比数据点 23′更低。此时测得的速度扰动振幅较大,表明这可能是蜗壳内扰动向上游传播至叶轮处诱发的突发型叶轮旋转失速。

通过上述分析可以得出结论,如能修正 Re、Ma、扩压器半径比和进气畸变带来的影响,则利用图 8.19 所示的稳定边界可以对无叶扩压器旋转失速进行可靠预测。

Jansen(1964b)预测失速团的传播速度 ω_σ 是扩压器半径比、进口气流角和失速团数量的函数(式(8.6)),此关系仅适用于无叶扩压器旋转失速发生时的大扩压器进口气流角工况。

图 8.20 比较了试验测量和理论预测的失速团旋转速度,标"o"的数据点是 Jansen(1964b)在扩压器入口测得的试验数据,该处存在由旋转片产生的旋流。其他数据点是在叶轮中测得的,且试验数据点编号与图 8.19 和表 8.2 相同。理论预测与试验测量值并非完全吻合,但对比结果清楚表明,失速团旋转速度随着($\tan\alpha_2$)值的增加而增加。该图表明通过失速团相对旋转速度除以失速团的数量,能够实现试验数据理论预测值的吻合。

8.2.3 扩压器进口形状及与叶轮连接形式的影响

在高压比压气机中,偶尔会观察到低次同步频率的轴振动。对振动频率(在 2%~8% 转子转速之间)的分析表明,该轴振动现象可能与单失速团($\lambda = 1$)无叶扩压器旋转失速有关。这是最危险的无叶扩压器旋转失速模式,因为此时失速团

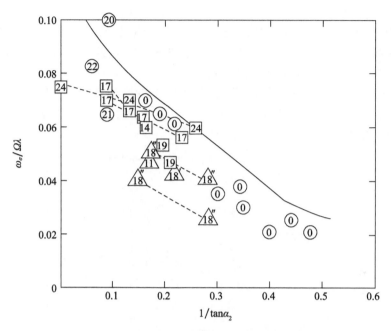

图 8.20 失速团转速在试验数据与理论预测之间的比较

可能产生径向力且无法被平衡掉。同时在低比转速的情况下，Senoo 的稳定性准则无法预测这些不稳定性现象的发生，因此需要对其开展进一步研究。

叶轮出口和扩压器进口间流道宽度变化（即径向间隙和扩压器的进口段）以及叶轮出口和扩压器进口过渡方式（圆角半径）曾被认为可能会影响流动稳定性。对于窄流道扩压器而言，这些几何特征对稳定性的影响可能特别大，这是因为以下几点：

(1) 即使宽度的微小变化也会导致流道面积发生显著的相对变化；

(2) 窄流道扩压器失稳首先发生在进口附近（图 8.18），由此可以推断间隙与圆角影响可能性较大。

Nishida1 等(1988、1989、1991)与 Kobayashi 等(1990)对这个问题进行了详细的研究。Cellai 等(2003a、b)、Ferrara 等(2002a、b，2006)和 Carnevale 等(2006)也做了类似的研究，但本书仅详细讨论 Nishida1 与 Kobayashi 等的研究。在图 8.21 所示的试验台上，对 4 种不同类型的叶轮（A 形、B 形、C 形和 D 形）采用非定常压力传感器和热线风速仪进行失速特性测量。这 4 种叶轮出口宽度分别为 5.5mm、7.3mm、10mm 及 3.5mm，对应的无叶扩压器进口流道宽度比 b_2/R_2 值分别为 0.0366、0.0486、0.0666 与 0.0233。叶轮 B 为非标准叶轮（叶片尾缘厚度为 1cm）。由于叶轮 B 的结果与其他类型叶轮试验结果一致，因此不再对其进行讨论。

在进行研究时，将上述 3 种叶轮与不同进口流道宽度及进口不同形式的扩压器通过以下方式组合。

①叶轮 D：VL2.1T，VL2.7T，VL3.5T，VL3.5A，VL3.5B。

②叶轮 A：VL5.5T，VL5.5A，VL5.5B，VL2.8T，VL3.8T。

③叶轮 C：VL10T，VL10A，VL6.7T，4.7T。

上面字母 VL 代表无叶扩压器，数字大小代表扩压器进口流道宽度（单位为 mm），最后一个字母 T、A、B 对应图 8.22 给出的扩压器进口形状类型（如 VL3.8T 为 3.8mm 宽 T 形进口流道无叶扩压器）。

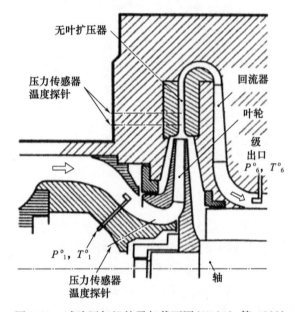

图 8.21 试验压气机的子午截面图（Nishida 等，1988）

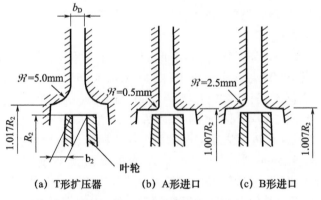

(a) T 形扩压器　　(b) A 形进口　　(c) B 形进口

图 8.22 扩压器的入口形状（Kobayashi 等，1990）

扩压器的进口段与叶轮连接部分对其工作范围的影响如图 8.23 所示,所有数据均来源于 T 形进口扩压器。扩压器进口宽度 b_D 从初始的 5.5mm(等于叶轮 A 的出口宽度)减小到接近一半时,使稳定工作范围得到显著拓宽。对更宽的叶轮 C 进行相同的试验研究,同样观察到相近的扩稳效果。对于窄叶轮,将 T 形无叶扩压器进口宽度从 3.5mm 减小到 2.1mm 时,相比叶轮 A(A 形叶轮)和 C(C 形叶轮)扩稳效果有所下降。

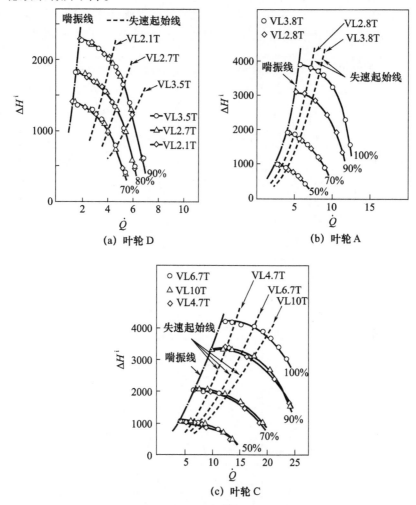

图 8.23 扩压器宽度对性能与失速边界的影响(Kobayashi 等,1990;Nishida 等,1988)

对于任何一种无叶扩压器结构,均无法使压气机稳定工作范围拓展至喘振边界,但这并不一定限制压气机实际工作范围。这是因为尽管工作在旋转失速状态时,压气机噪声水平可能会有所增加,但在低负荷工况时,旋转失速对叶片和轴振动的影响通常很小。稳健性好的工业压气机可以保证在旋转失速工况下安全运行。然而,对于薄叶片先进高比转速压气机或高负荷压气机,上述结论不再适用。此时,扩压器中相同的压力相对波动水平会导致叶轮和轴上产生较大的旋转径向力,因此必须将压气机工作范围限制在非失速区以防止振动水平过高。

图 8.24 展示了扩压器流道宽度保持不变时,入口连接方式对 D 形、A 形和 C 形 3 种叶轮稳定工作范围的影响。由图可以看出,减小扩压器入口圆角半径可以拓宽压气机失速边界。对于 D 形窄叶轮($b_2/R_2 = 0.0233$),扩压器入口连接方式由 T 形变为 B 形时,失速边界几乎没有变化。只有当圆角半径减小至 0.5mm,即 A 形连接方式时,压气机稳定运行范围才能得到较大的拓展,但此时的失速边界距

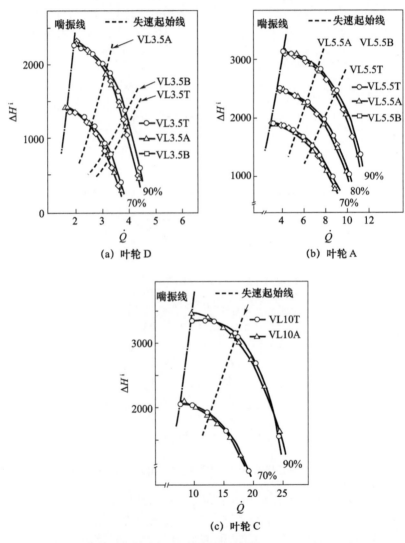

图 8.24 扩压器入口形状对性能和失速边界的影响(Kobayashi 等,1990)

离喘振边界仍然较远。将 A 形或 B 形进口扩压器与更宽的 A 形叶轮(b_2/R_2 = 0.0366)组合时扩稳效果更明显。采用这两种进口扩压器时失速边界流量均比 T 形扩压器明显更小。从图中可以看出，将 A 形或 T 形扩压器与宽叶轮 C 组合时，它们的失速边界基本重合。

通过上述分析可知，扩压器进口圆角半径对窄流道扩压器稳定性影响较大，但对宽流道叶轮和扩压器组合体的稳定性几乎无影响。由图 8.24 和图 8.23 可知，改变圆角半径和改变扩压器宽度对 A 形叶轮失速边界的影响大致相同。同时改变扩压器宽度对压气机性能无明显影响，但采用 T 形扩压器会得到相比其他两种扩压器更高的压气机压升特性，如图 8.24 所示。目前尚无法对此进行解释，其中一个可能的原因是由于扩压器入口区域速度达到最高且摩擦力最大，而此处的流动分离现象导致摩擦损失减小，从而使压升变高。

如图 8.25 所示，将 Kobayashi 等的试验数据与 Senoo 的扩压器旋转失速理论预测模型进行比较时，发现了较大差异。图中实线展示了在扩压器进口宽度与叶轮出口比 b_D/b_2 取不同值时，不同扩压器进口形状与临界进口气流角之间的关系。实线最右侧的点表示扩压器进口宽度等于叶轮出口宽度(b_D/b_2 = 1)。在进口无畸变时，旋转失速的起始点应位于 Senoo 预测的虚线上。对于叶轮 C，临界进口气流角试验测量值与理论预测值吻合较好，且与扩压器进口形状无关。对于叶轮 A，当其与小圆角半径扩压器(A 形和 B 形扩压器)组合时，试验与预测结果同样吻合较好。然而，当其与 T 形扩压器组合时，临界进口气流角试验与预测结果差异接近 4°。

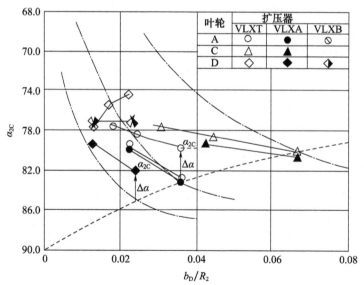

图 8.25　临界气流角的试验值：扩压器入口形状的影响(Kobayashi 等,1990)

扩压器与叶轮 D 所有组合的稳定边界均不符合 Senoo 提出的相关准则,尽管叶轮出口到 A 形扩压器进口几乎平滑过渡(在叶轮出口和扩压器进口之间仅存在小圆角半径和 1.05mm 的径向间隙),但是如图 8.25 所示,旋转失速发生时进口临界气流角 α_{2C} 试验值比预测值低 3.5°。

无进气畸变条件下叶轮出口至扩压器进口平滑过渡是 Senoo 模型的应用条件之一(Kinoshita 和 Senoo,1985)。试验值与预测值之间的差异明显取决于扩压器进口形状。大圆角半径的 B 形和 T 形扩压器进口附近存在空腔,从而使扩压器进口流道宽度突然增大。这导致绝对气流角 α_D 的局部增大并造成强烈的进气畸变。窄流道扩压器流动对这种进口流动扰动非常敏感,因为回流发生区域靠近扩压器进口(图 8.18)。这就解释了为何在叶轮流道宽度减小(叶轮 C 到叶轮 D)时预测的临界气流角与试验值误差增大。随着圆角半径的增大(A 形扩压器到 T 形扩压器),该误差继续增大。当 T 形扩压器与叶轮 D 组合时,该误差增加到了 10°。同时,当扩压器进口宽度小于叶轮出口宽度时,该误差进一步增大。

对于更宽的叶轮和扩压器,其内部流动对扩压器入口形状更不敏感,因为回流发生区域位于较大半径比 R/R_2 位置处。因此,在畸变流动尚未到达回流发生区之前,存在足够的时间使其内从进口畸变中恢复,进而降低了触发旋转失速的可能性。这就解释了为何叶轮 C 与 T 形和 A 形扩压器组合以及叶轮 A 与 A 形和 B 形扩压器组合时试验与预测值间吻合较好。

当扩压器进口宽度小于叶轮出口宽度($b_D < b_2$)时,所有几何形状的临界入口气流角均减小。图 8.25 中的实线表示扩压器进口宽度小于叶轮出口宽度($b_D < b_2$)时临界进口气流角的变化;点画线表示质量流量不变时,减小扩压器进口宽度直到使其小于叶轮出口宽度过程中扩压器进口气流角的变化。由于叶轮 C 与收缩流道扩压器组合时代表稳定边界的实线始终低于图中的点画线(气流角小于临界气流角,此时稳定),因此在一定范围内(点画线与实线之间的区域),当质量流量小于 $b_D = b_2$ 处的流量时,扩压器也处于稳定状态。

对于叶轮 A,通过收缩扩压器流道来实现扩稳更困难。临界流动角与流动角的变化趋势一开始相同(A 形和 B 形扩压器试验数据构成的实线几乎与点画线重合)。只有在扩压器流道宽度减小到 $b_D/R_2 < 0.03$ 之后,才可能实现扩稳。

当叶轮 A 与 T 形扩压器组合,且扩压器流道宽度与叶轮出口宽度相等,即 $b_D = b_2$ 时,其发生旋转失速时的流量远远大于 Senoo 的预测结果($\alpha_2 < \alpha_{2C}$)。如图 8.25 所示,对于该种组合,需要将扩压器宽度减小到原始值的 60% 以下,此时才能保证发生失速的流量小于点画线对应的工作流量,从而使压气机稳定工作。

当叶轮 D 与 A 形扩压器组合,临界气流角试验测量值与 Senoo 理论预测值误差迅速增大,至少需要将扩压器进口宽度减小 50% 才能使扩压器内部流动稳定。对于窄叶轮(图 8.25 中的叶轮 D),扩压器进口收缩段采用小圆角半径会导致效率降低。其原因是小圆角半径会导致叶轮出口与扩压器进口截面不连续。离开叶轮的径向流在进入扩压器之前先转变为轴向流动,然后进入扩压器时变回径向流,如图 8.26(b)所示。这种剧烈弯折流动会产生局部速度峰值,在扩压器进口处更容易发生流动分离。随着扩压器进口宽度的减小,流动分离越剧烈,对效率的影响增大。

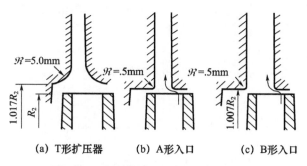

(a) T形扩压器　　(b) A形入口　　(c) B形入口

图 8.26　窄流道扩压器入口处流动方式

当由于装配误差或长轴的热膨胀导致叶轮出口与扩压器进口未对准时,低比转速叶轮也会出现类似流动分离现象,如图 8.26(c)所示。这将导致稳定性下降。

Kobayashi 等(1990)认为,当 $\Delta R/R_2 > 0.1$ 时,Senoo 的预测模型仍然有效,其中 ΔR 为圆角后的扩压器平行段起点与回流区起点之间的距离。由于图 8.18 仅对进口宽度与半径比 $b_D/R_2 \geqslant 0.05$ 的扩压器给出了回流发生的半径比,为使该模型扩展应用到更窄的扩压器,需要给出相应的 ΔR 值来确定回流区范围(图 8.27),同时对于圆角半径较大的扩压器也需要给出 ΔR 值。Kobayashi 等认为,对于 $\Delta R/R_2 < 0.1$ 的扩压器,Senoo 理论预测的临界角 α_C 应通过减去图 8.28 中的 $\Delta \alpha_C$ 来修正。

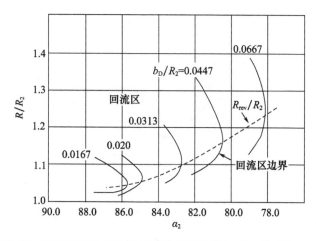

图 8.27　窄流道无叶片叶轮扩压器的回流起点(Nishida 等,1991)

当扩压器进口宽度与叶轮出口宽度比 $b_D/b_2 < 1$ 时,修正后的临界气流角 α_{2C}^{corr} 为 b_2/R_2 的函数,即

$$\alpha_{2C}^{corr} = 76 + (\alpha_{2C} - \Delta\alpha - 76)\frac{b_D}{b_2} \tag{8.8}$$

式中:α_{2C} 为根据 Senoo 模型(式(8.7))在 $b_D/b_2 = 1$ 时预测的扩压器临界流动角; $\Delta\alpha$ 为采用图 8.28 进行修正后的结果。

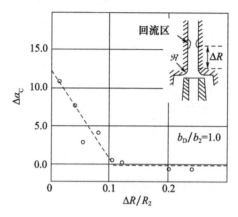

图 8.28 扩压器回流起点对旋转失速开始的影响(Kobayashi 等,1990)

式(8.8)对应图 8.29 中相交于进口临界气流角 $\alpha_{2C} = 76°$ 这一点的虚线簇。

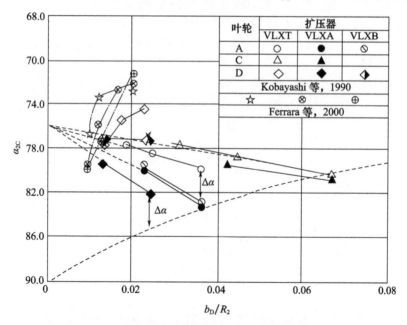

图 8.29 不同入口形式的进口段的稳定边界的试验结果(Kobayashi 等,1990)

当窄叶轮 D 与 T 形扩压器组合时,随着扩压器流道宽度减小,稳定边界发生了明显变化。图 8.29 展示了 Ferrara 等的研究结果(2002a),表明当窄流道扩压器进口圆角半径足够大时,压气机稳定性得到改善。Nishida 等(1989)通过测量的非定常压力信号发现以 $\omega_\sigma \approx 0.07\Omega$ 转速旋转的 1~2 个失速团与经典的无叶扩压器旋转失速相似。如图 8.26(a)所示,大圆角半径 T 和空腔容积减小使叶轮出口流道与扩压器的过渡更为平滑,这可能是进口临界气流角 α_{2C} 增大的原因。平滑过渡带来的气流再加速改善了气流的均匀性,使试验测量值与 Senoo 模型预测值误差减小,但仍较为显著。如图 8.26(b)所示(A 形进口),当扩压器进口圆角半径过小时不会发生上述情况,因为它会造成进气畸变。

Nishida 等(1989)、Frigne 等(1984)和 Ferrara 等(2002a、b)通过测量发现失速团的转速(ω_σ/Ω)随着扩压器进口气流角的增加而略微增加,并且与失速团的数量 λ 成正比,与 Jansen(1964b)模型预测结果一致,如图 8.30 所示。次同步振动在 5%~9% 叶轮转速的频率范围内最为剧烈,该频率范围对应单失速团产生的激励。这是因为相比于单个失速团,两个或多个旋转失速团产生的径向力会在某种程度上相互抵偿,并产生 2 倍或 3 倍频率的高频小幅振动。因此,大振幅振动可能是由单个失速团扩压器旋转失速造成的。然而,到目前为止还没有一种理论能够可靠地预测无叶扩压器旋转失速中失速团的数量。

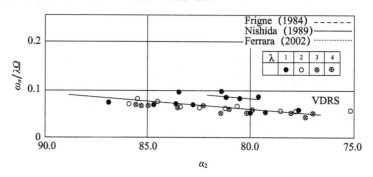

图 8.30　无叶片叶轮扩压器的旋转失速转速

8.3　突发型叶轮旋转失速

突发型叶轮旋转失速的特点是叶轮和无叶扩压器内出现速度与压力的大振幅扰动。它既可能发生在压升曲线的正斜率侧,也可能发生在负斜率侧,由于其振幅突然增加,通常导致压升曲线不连续。对于该类失速,失速团转速为 20%~30% 的叶轮转速,且与扩压器进口气流角基本无关。其中速度和压力变化的频谱表现为高次谐波形式。

8.3.1 理论预测模型

Abdelhamid(1980)采用与 Jansen(1964b)相似的方法对无叶扩压器内的流动稳定性进行了理论研究,但是考虑了扩压器进口周向畸变的影响。该理论假设扩压器内径向和切向速度变化以及静压扰动与平均值相比很小,且在切向和径向满足连续和动量方程,同时在扩压器出口通过施加恒定静压分布进行相关研究。该模型与 Jansen 理论模型的主要区别在于,它考虑了扩压器和叶轮之间的流动干涉,即通过以下扩压器进口特征参数表征:

$$Z_p = \frac{\mathrm{d}P_2}{\mathrm{d}V_{R2}} \tag{8.9}$$

$$Z_u = \frac{\mathrm{d}V_{u2}}{\mathrm{d}V_{R2}} \tag{8.10}$$

这两个参数是将压升和能量输入与局部径向速度变化联系起来的复数,对于准定常流动,在叶轮压升曲线的负斜率侧($\mathrm{d}\psi_2/\mathrm{d}\phi<0$)$Z_p<0$,如图 8.31(a)所示;正斜率侧($\mathrm{d}\psi_2/\mathrm{d}\phi>0$)$Z_p>0$,如图 8.31(b)所示。当流动受到强烈扰动且瞬时压力变化不再沿稳态性能曲线变化时,负斜率侧也会出现正的 Z_p 值。

叶轮传递给流体的能量是关于时间的积分 $\phi\psi$。如果是非定常流,其定义为

$$\int(\tilde{\phi}+\mathrm{d}\phi)(\tilde{\psi}+\mathrm{d}\psi)\mathrm{d}t = \int(\tilde{\phi}\tilde{\psi}+\tilde{\phi}\mathrm{d}\psi+\tilde{\psi}\mathrm{d}\phi+\mathrm{d}\phi\mathrm{d}\psi)\mathrm{d}t \tag{8.11}$$

式(8.11)右端的第二项和第三项积分为零;当 $\mathrm{d}\psi$ 和 $\mathrm{d}\phi$ 同号时,将产生额外的非定常能量注入,即当 $Z_p>0$ 时,不稳定扰动振幅将会增大,直到附加能量与阻尼达到平衡为止。

如图 8.32 所示,对于准定常流动,Z_u 可近似为

$$Z_u = -\tan\beta_{2,\mathrm{fl}} \tag{8.12}$$

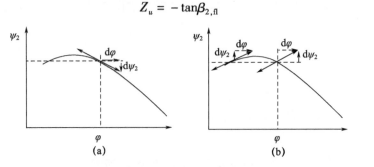

图 8.31 参数值 Z_p 的影响

由图 8.32 可以看出,准稳态流动中,径向末端或后弯叶轮($\beta_{2,\mathrm{fl}}>0$)Z_u 为负,前弯叶轮 Z_u 为正。当蜗壳-叶轮间的流动干涉或叶轮出口的局部堵塞产生强扰动或引发局部回流时,叶轮出口流动不再与叶片尾缘相切,此时后弯叶轮中也可能

出现 Z_u 为正的情况,如图 8.32(a) 所示。

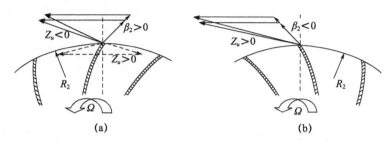

图 8.32 参数值 Z_u 的影响

Abdelhamid 针对不同失速团数量 λ、扩压器半径比 R_4/R_2、转速 ω_σ/Ω 以及进口气流角 α_2 的扩压器研究了稳定边界和特性与 Z_p 和 Z_u 的关系,结果如图 8.33 所示。Z_u 为正和负时均会出现不稳定现象,但其特点并不相同,如表 8.3 所列。

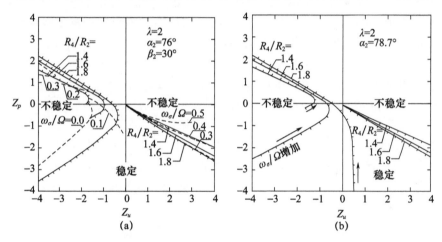

图 8.33 扩压器半径比、入口气流角、失速团数量对扩压器流动稳定性和转速的影响(Abdelhamid,1980)

表 8.3 稳定边界与 Z_u 的关系

$Z_u < 0$	$Z_u > 0$
短扩压器比长扩压器更稳定 Z_p 为正和负都有可能出现旋转失速	稳定性几乎与扩压器半径比无关 $Z_p > 0$ 时流动总是不稳定的 Z_p 为负时出现旋转失速
稳定性随进口气流角 α_2 的增加而降低	稳定性几乎与进口气流角 α_2 无关
失速团转速 ω_σ/Ω 处于 0.1~0.3 之间,并且随着 Z_p 的增加而增加	失速团转速 ω_σ/Ω 处于 0.3~0.5 之间,随扩压器半径比 R_4/R_2 的减小而略有增加
失速团的数量处于 1~3 之间	失速团的数量处于 1~3 之间

$Z_u<0$ 时失稳特征与 Senoo 和 Kinoshita(1978)理论所描述的无叶片叶轮扩压器旋转失速非常相似。Jansen(1964b)模型认为,叶轮内为稳态流动时后弯叶轮的 Z_u 为负值,其出口流动与叶轮尾缘相切。Abdelhamid 模型的控制方程用于描述无黏流动,因此适用于边界层可忽略的宽流道扩压器流动,也因此该模型无法预测由黏性效应诱发的失稳现象,但可以预测无叶扩压器旋转失速,因为无叶扩压器旋转失速由无黏流动导引。

表 8.3 所列 $Z_u>0$ 时失稳现象的特点与 8.3 节所述的突发型叶轮旋转失速相似。失速团转速较高,且随扩压器半径比的增大而略有下降,这与式(8.20)所阐述规律类似,即叶轮与有叶片叶轮扩压器流场相互干涉而产生的失速团转速与叶轮体积占压气机总体积比例成正比。尽管无叶片叶轮扩压器不满足使用该方程的所有条件,但失速团转速变化趋势与有叶扩压器相同,随着扩压器径向尺寸的减小而增加。

如图 8.32(b)所示,一般来说前弯叶轮 $Z_u>0$。然而,当叶轮出口流动因出口有畸变或产生局部回流而不再与叶片尾缘相切时,该种不稳定现象也可能发生在后弯型或径向叶片叶轮中。在产生局部回流时,流动不再由叶片引导,Z_u 的值甚至与 β_2 无关,如图 8.32(a)所示。

当下游蜗壳在非设计工况下运行时,可能会导致叶轮出口流动产生强烈扰动,并造成周向压力畸变。这一点已经为 Mizuki 等(1978)证实,其研究表明周向压力畸变可能导致叶轮出口,甚至叶轮进口出现回流区域,如图 8.34 所示。Frigne 等(1984)在试验台 A 中观察到,通过采用轴对称出口替代蜗壳消除周向压力畸变后,突发型叶轮旋转失速现象消失。叶轮和扩压器之间展向宽度不均匀会导致流动畸变,从而引发突发型叶轮旋转失速。Abdelhanid 和 Bertrand(1979)对这一现象进行了研究。

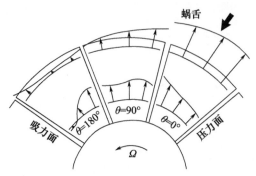

图 8.34 蜗壳非设计工况下叶轮进出口速度的变化(Mizuki 等,1978)

突发型叶轮旋转失速的特点主要包括失速团转速恒定、扰动幅值较大、叶轮进口流动存在不稳定性以及存在高次谐波等,这体现了叶轮叶片在其中发挥的重要作用。在叶片负荷较高或 $\beta_2 b_1$ 接近于零时,扩压器和叶轮之间存在的强烈流动干

涉使 Z_u 更可能为正值,如图 8.32(a)所示。Tsujimoto 等通过计算叶轮出口压力畸变对径向末端和后弯 70°叶轮的流动影响证实了这一点。如图 8.35 所示,在叶轮叶片为径向出口的情况下,叶轮出口流量有较大变化,而后弯 70°的叶轮叶片几乎没有变化。由此可以得出结论,β_2 较小时叶轮更易产生出口气流角畸变,进而更容易发生突发型叶轮旋转失速。

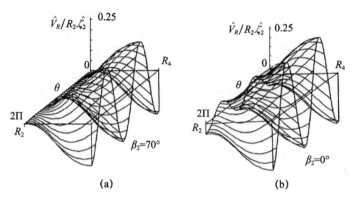

图 8.35　扩压器周向扰动引起的叶轮出口速度的变化
($\hat{\zeta}_2$ 为叶轮出口非定常涡度)(Tsujimoto 等,1994)

图 8.33 表明,突发型叶轮旋转失速稳定边界几乎与扩压器半径比无关。然而,蜗壳非设计工况下工作会产生压力畸变,因此 Z_u 的值可能会随着半径比的减小而增加。

Abdelhamid 模型同时预测 Z_p 为正值时不稳定性现象为无叶扩压器旋转失速。在这些条件下无叶扩压器旋转失速是否能够存在,或者式(8.11)中所示的振动能量增加是否会导致任何不稳定性都发展成为大振幅的突发型叶轮旋转失速现象,都仍是未解决的问题。因为图 8.8(b)测得的无叶扩压器旋转失速仅在叶轮压力上升曲线的负斜率侧($Z_p<0$)发生,且当叶轮压力上升曲线斜率不小于零时其会转变为喘振。

叶轮与无叶扩压器之间的流动干涉作用会导致不稳定流动的发生,Moore (1989、1991)从理论上对其进行了研究,并分析了径向叶轮与无叶扩压器组合的动力学特性。在叶轮与扩压器交界面处,通过结合径向速度扰动与周向均匀切向速度来给定边界条件,即相对流动与叶片不再相切。这是叶轮存在出口畸变并产生非定常响应时的典型边界条件,此时扩压器进口存在涡流。Moore 的模型类似于 Abdelhamid 模型,但通过解析方法求解。该模型表明,不稳定现象由压力和速度变化之间的相移导致的额外能量注入引起。研究结果表明,在中等半径比和低流量系数($\phi_2 = V_{R2}/U_2$)下,该不稳定现象的转速与突发型叶轮旋转失速相似。Moore 将这种不稳定现象描述为旋转波,因为其产生并不需要叶轮或扩压器发生失速。Abdelhamid 和 Moore 的理论使描述这种试验观察到的现象成为可能,但是实际中无法准确评估叶轮与扩压器相互干涉产生的影响，如无法估计交界面的流动条件。

8.3.2 与试验结果的对比

无叶扩压器旋转失速和突发型叶轮旋转失速有时很难进行区分。Abdelhamid 和 Bertrand(1979)研究了 27°后弯叶轮出口处几何不连续对旋转失速的影响。研究发现，扩压器宽度不变或小幅减小时，无叶扩压器旋转失速现象从连续压升曲线的负斜率侧开始出现，如图 8.19 中的点 14 和 15。另外，扩压器进口处的剧烈收缩会导致高转速不稳定现象发生时压升曲线不连续。此外，失速团的旋转速度随着扩压器径向尺寸的增加而降低。所有这些现象表明，扩压器进口处存在的较大流动扰动触发了突发型叶轮旋转失速。

Abdelhamid(1981)通过降低压气机质量流量，在高、低转速下均观察到了上述由扰动引发的突发型叶轮旋转失速。由于上述观测结果基于功率谱得到，而该功率谱通过对 128 个预估结果的平均值分析得出，因此无法验证两种失稳模式是同时存在还是交替存在。扩压器径向尺寸改变带来的影响是通过在半径比为 1.94、1.6 和 1.4 的扩压器中测量得到的。当扩压器半径比为 1.4 时，失速团旋转速度必定高于 Jansen(1964b)的理论预测值。但是，必须承认，除了非定常压力信号中出现的高转速扰动和高次谐波外。另外一些迹象表明，某些不稳定现象可能为无叶扩压器旋转失速。因为对于宽流道扩压器，失速团最低旋转速度及扩压器临界进口角随半径比的变化规律遵循 Senoo 和 Kinoshita(1978)预测模型。

8.4 渐进型叶轮旋转失速

离心式叶轮具有非常复杂的三维几何形状，叶轮表面曲率的存在产生了严重的二次流，这些二次流被科里奥利力和间隙流进一步放大(Fowler,1968)。因此，准确预测离心式叶轮的稳定边界要比无叶扩压器困难得多。这就解释了为什么对叶轮旋转失速的大多数预测分析中，定性分析多于定量分析，并且准确性较差。

Day(1993)研究了叶轮旋转失速的两种模式。尽管该研究基于轴流压气机旋转失速，但的确为叶轮旋转失速的起因和机理提供了参考。不过，目前人们对离心式叶轮的旋转失速仍然知之甚少。

最早的失稳模型由 Emmons 等(1955)提出，并由 Graham 和 Guentert(1965)在 NACA 的二维叶栅模型中作了进一步研究。该模型认为，在最大攻角时发生旋转失速，此时上游来流的局部小扰动会造成瞬时过载，并在其中一个流道中诱发流动分离现象，如图 8.36(a)所示。分离现象的发生导致该流道的部分流体流到下一个通道中,导致该通道来流攻角同样过大,从而也出现分离现象。同时部分流体会流到上一个叶片通道中,导致该通道的来流攻角减小,从而分离消失。这便导致失速团会以和转子旋转方向相反、速度低于叶轮转速的方式传播;而在静子中,失速团沿旋转方向移动。失速团的上述传播特征会导致叶片载荷周期性变化。此外,失速团可以占据一个或多个叶片通道,并且沿周向可以存在多个失速团。在压力上升曲线的负斜率侧也能观察到这种现象,称为突尖型失速。

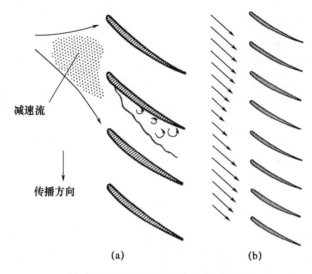

图 8.36　轴流压气机旋转失速模型

Emmons 等(1955)提出的第二个模型描述了以低于转子转速旋转的小波形式流动扰动引起的旋转失速,如图 8.36(b)所示。当压气机质量流量减小时,这些波的振幅会增大,并且旋转速度变化不大。相比突尖型失速,这种旋转失速出现时间可能更早,占据的叶片通道数也更多,同时不会显著改变压升,并且在开节流阀时不会出现迟滞现象。Day(1993)的研究表明,模态波会形成较大的失速团。在轴流压气机中,这种失速通常从最大压升点附近开始。该现象类似于 Moore(1989)在离心叶轮中预测的"快速波动",但"快速波动"可能与叶轮进气畸变有关。当其发生时,即便与非常短的扩压器匹配,叶轮中也会存在"快速波动",并且其具有几乎恒定的旋转速度,与突尖型失速大不相同。

Lenneman 和 Howard(1970)观察到了径向叶轮中的旋转失速现象。他们利用氢气泡来可视化叶轮旋转失速时通道中的流动情况。图 8.37(a)显示了失速是如何由流道①中叶片吸力面流动分离、流道出口堵塞以及流道内的回流等现象引发的。发生回流后,流体开始朝着诱导轮方向从通道流出,如图 8.37(a)中流道②所示,导致叶片压力面下游出现流动分离。这种回流与科里奥利力相结合会产生与叶轮旋转方向相同的通道涡。一旦通道②中的回流现象消失,流动恢复时,通道涡的旋转方向就会发生改变,与叶轮旋转方向相反,如图8.37(a)中通道③所示。当进气条件改善后,通道内流动将会恢复,回流将出现在叶片吸力面。然后,叶片吸力面边界层再次发展,如图8.37(a)中通道④所示,而后进入下一次循环。失速的测量结果表明,当质量流量减小时,失速团的旋转速度从50%转子速度增加到70%。

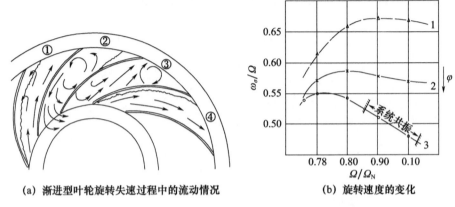

(a) 渐进型叶轮旋转失速过程中的流动情况　　(b) 旋转速度的变化

图8.37　径向叶轮中的旋转失速(Lenneman和Howard,1970)

如图8.38所示,Mizuki等(1978)在一台离心式压气机上的试验测量结果展示了与图8.37中相似的失速团转速。失速团相对转速 ω_σ/Ω 的值甚至可能从失速起始时的50%增加到最小质量流量时的100%。在此过程中,失速团从叶顶发展到叶根,并逐渐占据整个通道,这解释了发生渐进型叶轮旋转失速(PIRS)时(8.1节),测得的速度扰动幅值为何会逐渐增加(8.1节)。Kämmer和Rautenberg(1982)同样研究了起始于诱导轮的叶轮旋转失速现象,并测得了两个以44%转子转速旋转的失速团。

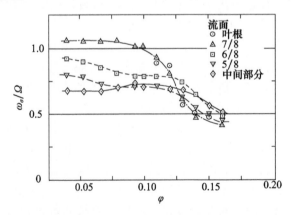

图8.38　叶轮失速团的转速与流量系数的关系(Mizuki等,1978)

Chen 等(1993、1994)对一个30°后弯叶轮旋转失速过程中的非定常压力流场进行了研究,而 Haseman 等(1993)对一个带有径向出口叶片的叶轮进行了研究。图8.39显示了在刚进入旋转失速时,沿后掠叶轮的轮毂处采集的瞬时压力场。8张图表示一个完整失速周期中不同时刻的压力分布。浅色阴影区域为低压区,深色阴影区域为高压区。

图8.39(a)对应于作者所说的正常工况。在离心力和科里奥利力的共同作用下,导风轮中的等压线呈现倾斜分布,此时流动方向为正向。大攻角下叶片前缘附近气流膨胀,导致诱导轮叶片吸力面存在一个很大的低压区。

图8.39(b)和图8.39(c)处于失速的起始时刻。高压区在压力面开始变大,并朝向入口移动。

图8.39(d)中展示了整个流道处于失速状态时的均匀高压区。当通流速度很小甚至接近于零时,叶片无载荷,也不存在科里奥利力,仅存在径向压升,因此导风轮中的等压线几乎与等半径线重合。图8.39(d)中的诱导轮内压力大幅上升,表征了流体突然减速时惯性所引起的不稳定现象。

图8.39(e)显示导风轮吸力面附近的等压线出现了负斜率,这是 Lenman 和 Howard 观察到的沿吸力面局部回流现象导致的,该回流与叶轮同向旋转的通道涡一致,如图8.37所示。

在离心力将高压区域吹出后,整个通道中的流体速度突然增加。这种高速流动导致吸力面与压力面之间巨大的压力梯度和较大的低压区,该低压区几乎延伸到了整个通道,如图8.39(f)所示。

当叶片负载逐渐恢复正常时,在全叶片压力面附近,可以看到导风轮中的等压线呈现均匀倾斜,如图8.39(h)所示,全叶片吸力面等半径处的等压线表明该区域速度较小。

随后,整个流场中压力面与吸力面的压差逐渐重新建立,如图8.39(j)所示。在图8.39(a)所示的出口附近,沿吸力面压力的快速上升将导致吸力面的流动分离,此后,失速团再次发展。

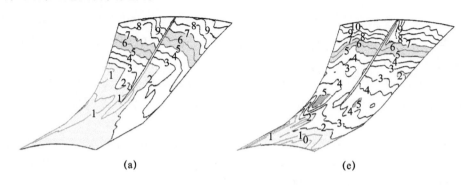

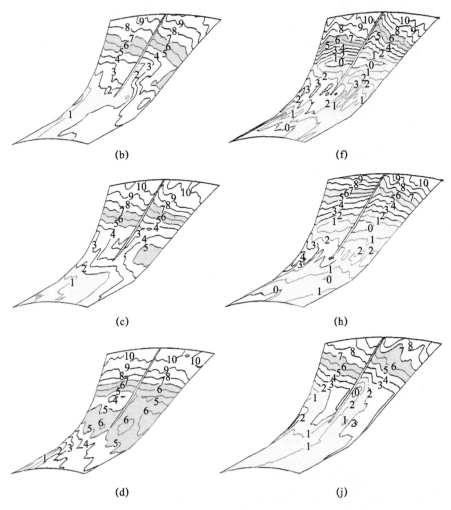

图 8.39 带分流叶片的叶轮不同流道旋转失速过程中的等压线分布图(Chen 等,1993)

由于流动分离和回流现象在旋转失速的起始机制中起着重要的作用,应将出口与入口速度比的极值作为判断叶轮旋转失速开始的依据。图 8.40 中的数据来自大量不同的叶轮试验(Rodgers,1977、1978)。它们将最大总体扩散率与(图 8.40(a))叶片载荷或(图 8.40(b))子午线曲率联系起来。它们的关系能定性地显示出一定趋势,但是由于分布较为分散,所以无法用来可靠地预测稳定边界。

叶轮旋转失速更多地取决于诱导轮中的分离,而非导风轮中的扩散程度。因此,将叶轮的这两个部分分开预测结果会更准确。Yoshinaka(1977)将叶轮失速与叶轮前缘和喉部之间的无量纲静压升联系起来。

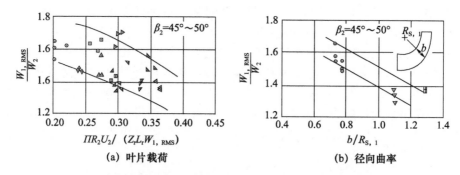

图 8.40 渐进型叶轮旋转失速函数开始时的入口到出口速度比率
与叶片载荷和径向曲率的关系(Rodgers,1978)

Kosuge 等(1982)采用类似的方法将叶轮旋转失速的发生与诱导轮前缘与喉部速度之比联系起来,该速度比是叶顶进口马赫数的函数,如图 8.41 所示。两个叶轮的试验数据显示出很好的一致性。但是,图 8.41 中展示的 Kämmer、Rautenberg(1986)与 Ejir 等(1983)的其他试验数据无法验证该关系的普遍有效性。

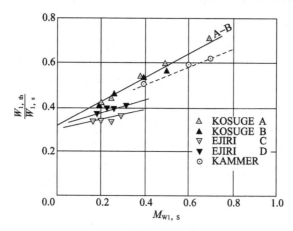

图 8.41 渐进型叶轮旋转失速发生时喉道速度与前缘速度比(Kosuge 等,1982)

Japikse(1996)提出的模型将压气机稳定边界与诱导轮叶顶攻角进行了关联,并区分了先进压气机和普通压气机设计的差异,如图 8.42 所示。可以发现图中的点均较为分散,这无法通过扩压器和导风轮的几何差异来解释。最大进口攻角可以阐述为均匀来流下,最优设计时可达到的一个极限指标。该模型并未明确考虑叶片厚度和前缘角对最佳失速攻角的影响,如图 2.25 所示。

Ariga 等(1987)研究了进气畸变对叶轮旋转失速的影响。图 8.43 显示了失速团周向传播速度随(图 8.43(a))周向进气畸变与(图 8.43(b))径向进气畸变的变化趋势。在无畸变的情况下,可以观察到当流量系数减小时,失速团旋转速度从开始时 50% 叶轮转速迅速增加到 70% 左右叶轮转速。速度变化的幅值随着流量系数的减小而逐渐增加,这与 Frigne 等(1984)对渐进型叶轮旋转失速的研究十分吻合(8.1节)。当失速团转速降至30%时,速度变化的幅值会突然增加。Ariga 等(1987)认为这是由扩压器引起的"大尺度失速"。实际上,由于叶轮和扩压器之间的强耦合作用,速度变化幅值的突然升高和转速降低都是可以在突发型叶轮旋转失速发生时观察到的。失速恢复过程中会观察到一定的迟滞现象,因为失速一旦开始,扩压器的大尺度失速会暂时抑制渐进型叶轮旋转失速。周向畸变的影响主要体现在压气机从大尺度失速恢复到小尺度失速时,不再出现均匀来流下的迟滞现象。

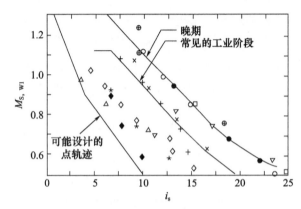

图 8.42　渐进型叶轮旋转失速发生时的冲角值(Japikse,1996)

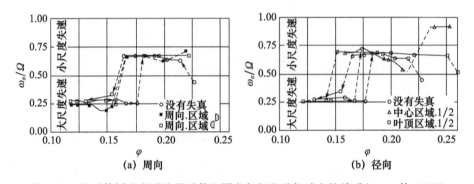

图 8.43　绝对传播速度随流量系数和周向与径向进气畸变的关系(Ariga 等,1987)

叶顶或者叶根径向进气畸变会使压气机稳定裕度衰减,如图 8.43(b)所示。在轮毂畸变条件下,失速团转速(ω_σ/Ω)从 90% 开始,突然下降到接近 50%,此后随着质量流量的降低,转速又逐渐增加。叶顶畸变还会使失速起始点流量系数变大,但是同时延后了流动向大失速的转变,使对应大失速流量系数变小。相较于更强的渐进型叶轮旋转失速,突发型叶轮旋转失速很难起主导作用,因为突发型叶轮旋转失速与叶轮对周向畸变的非定常响应有关。

相比于周向畸变，叶轮对径向畸变更为敏感，因为径向畸变始终存在，气流攻角一直很大。而在周向畸变条件下，气流攻角短暂超过最大攻角的非定常过程对叶轮并不会产生显著影响。

8.5 有叶扩压器内的旋转失速

有叶扩压器旋转失速与叶轮旋转失速类似，但是，由于有叶扩压器内部流动沿展向存在强烈非均匀性，且角度更偏切向，并在静止坐标系和旋转坐标系均表现出非定常特征，因此其进口来流更为复杂。通常进口气流角的波动幅度为在 10° ~ 15°，但沿展向的最大幅度可达 25°（Krain，1981；Liu 等，2010）。高频非定常性（$Sr>2$）和流动的快速掺混解释了为什么有叶扩压器对叶片到叶流动周向畸变不敏感。相较之下，叶高方向的不均匀性被认为是主要的流动不稳定因素，因为其对有叶扩压器的入射角产生持续的影响（7.2.2 节）。

Hunziker 和 Gyarmathy（1994）测量了有叶扩压器各个组成部分（无叶和半无叶区域、槽道区和扩压器出口）的压升及总体压升，结果如图 8.44 所示。无叶和半无叶区（曲线 2）的压升与流量系数的关系曲线在整个工况范围内均平滑过渡并表现为负斜率，在最小流量时趋于平稳。有叶扩压器通道内（曲线 4）和出口部分（曲线 4-5）的压升曲线均表现为正斜率，这是有叶扩压器设计时需重点考虑的部分，因为压升与流量系数曲线呈正斜率会诱发旋转系统流动不稳定现象。从前面分析可知（8.3.1 节），质量流量的任何变化都会增加扰动的能量，从而增大扰动的振幅。

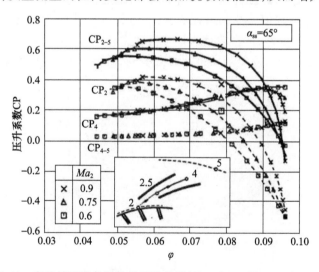

图 8.44 有叶扩压器各组件的压升曲线（Hunziker and Gyarmathy，1994）

但是,在非旋转系统中并没有能量输入,仅有能量损耗,因此扩压器内的流动比叶轮更不稳定。通常非旋转部件压升曲线为正斜率时会改变压气机整体性能曲线的斜率,从而影响系统的稳定性。

随着流量的减小,扩压器入口压升增加,导致喉道堵塞增加,从而使下游各个流道的压升降低,如图 4.35 及图 4.43 所示。但是,只要半无叶空间的压升增加大于下游各个流道的压升降低,有叶扩压器仍可能保持稳定。尽管叶轮出口和扩压器喉道之间的压升曲线为负斜率,但由于对下游流动有重要影响,因此目前普遍认为其是扩压器稳定性分析的关键部分。

图 8.18 显示了无叶扩压器稳定性与入口气流角、径向尺寸与宽径比之间的关系。受有叶扩压器中叶片的影响,其进口来流会产生畸变,此时上述关系是否仍然准确难以证实,但在设计无叶空间的径向尺寸时仍然有参考价值。

与轴流压气机类似,离心压气机失稳类型可分为模态型与突尖型。模态扰动对整体性能的影响很小,需用专用仪器检测。根据工况的不同,初始扰动的振幅将以可逆的方式随时间增大或减小(Day,1993)。Longley(1994)提出的压缩系统模型能够通过考虑叶轮-扩压器相互干涉作用评估模态型失稳。

对压气机节流时,模态波可能会不可逆地转变为突尖型旋转失速。突尖型失速团传播速度通常比前者大得多。但是,模态扰动并不一定会导致失速团的形成。通过对振幅增长率的早期检测,模态扰动是可能被控制的。

突尖型失速很可能是来流与扩压器叶片前缘的不可逆干涉作用引起的。由于发生非常迅速,这类失速往往难以控制。Everitt 和 Spakovszky(2013)认为,突尖型失速的机制来自有叶扩压器的自激非定常不稳定性,与叶轮干涉作用无关。图 8.45 中对扩压器的数值计算结果证实了这一点。在叶轮单通道定常计算中,进口设置为轴对称边界条件,但在轮盖附近径向速度分量有所减小,这会在扩压器叶片的轮盖侧产生较大的攻角。当质量流量减少时,在叶片吸力面前缘会形成一个分

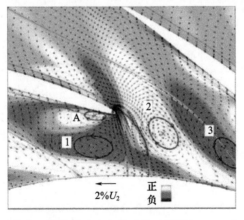

图 8.45 有叶扩压器进口轮盖附近小流量时的对转涡(Everitt 和 Spakovszky,2013)

离泡,该分离泡会在扩压器的入口产生局部堵塞,从而在径向速度已经很小或为负的区域产生回流。根据 Everitt 和 Spakovszky(2013)的研究,涡旋在壁面产生并向下游对流至无叶空间,因此会增加流体湍流程度,导致无叶空间和半无叶空间堵塞加剧。这进一步破坏了扩压器中的流动稳定性,并产生大的突尖型失速团。

这种突尖型失速更可能在最高转速下发生,因为此时攻角较高和径向畸变较大。各类损失对整体性能均有相当大的影响,并可能在压气机整体性能曲线负斜率的绝对值较小时诱发喘振。而模态型旋转失速更可能发生在较低转速和均匀来流情况下。

尽管扩压器叶片前缘气流攻角是其发生旋转失速的关键参数,但这并非衡量稳定性的常用判据。因为当来流波动且径向分布不均时,很难确定攻角的大小。因此,大多数失速判据基于叶片前缘到喉部的静压升,这部分静压升很大程度上取决于来流攻角。来流攻角为正时,气流在叶片前缘附近加速,到达喉部之前需要额外的扩压。Rodgers(1961)指出,当入口 $Ma > 0.85$ 时,大多数离心压气机的扩压器几乎无法在任何正攻角下稳定工作,并且攻角达到 $0° \sim +2°$ 时就可能发生失速,图 4.35 中的试验数据证实了这一点。

扩压器的最大静压升受失速限制,因为失速时喉部过度堵塞,导致整个扩压器的性能下降。目前实际应用的预测方法无法区分深度失速和喘振,因为前者很可能会触发后者。如图 8.46 所示,Kenny(1970)给出了扩压器内的静压升极限。对于亚声速流动,最大静压升系数约为 0.4,而在超声速流动中,由于经过激波会产生额外的静压升,因此最大静压升系数会增加。图 8.46 中的结果表明,管式扩压器的性能优于有叶岛状扩压器。但是,其他数据显示,有叶岛状扩压器的最大静压升能够和管式扩压器相媲美(Came 和 Herbert,1980),甚至同时在压升和工况范围方面表现更优(Rodgers 和 Sapiro,1972)。

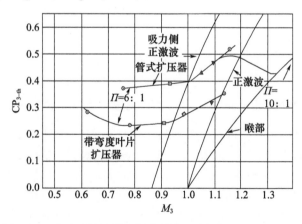

图 8.46 半无叶扩压器空间中的静压升极限(Kenny,1970)

Japikse 和 Osborne(1986)将不同扩压器最大静压升 CP_2 的试验值与图 8.46 中的数据进行了比较,发现两者差异较大。这反映出进口边界条件、扩压器前缘攻角和叶片几何会影响无叶和半无叶空间的流动,并解释了试验值离散分布的原因。Conrad 等(1980)校正了最大压升与叶片吸力面角度的关系。

不同研究人员指出,叶轮与扩压器叶片数之比对流动有影响。主要是因为流动与叶轮出口的尾流宽度与叶片通道的节距比有关。大攻角情况下,栅距较大的扩压器不太可能被叶轮尾迹堵塞,而小栅距扩压器可能被完全堵塞。有人认为,增加叶轮叶片的数量具有扩稳效果,因为这样会减小尾迹,并且增加扩压器入口的扰动频率。

Elder 和 Gill(1984)将 Baghdadi 和 McDonald(1975)以及 Came 和 Herbert(1980)的思想拓宽,并总结其中的相关性,如图 8.47 所示,将失速(喘振)时的最大静压升与半无叶空间通流面积 A_w 与扩压器喉部面积 A_{th} 之比、叶轮叶片的数目(包括分流叶片)关联起来。通流面积随着扩压器前缘半径的增加和扩压器叶片数量的减少而增加。通流面积越大,流体到达扩压器喉部之前的掺混时间就越长,不稳定程度也就越小。该关联还表明,不能无限制地增加通流面积,即叶片数量的减少不能超过极限。扩压器叶片数量过少会增加无叶和半无叶空间旋转失速的风险。当扩压器长度不变时,它也会降低扩压通道的 L/O_{th} 之比。

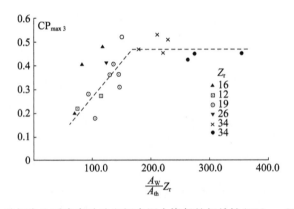

图 8.47 喘振发生时半高叶片空间中压力恢复的相关性(ElderandGill,1984)

减少扩压器叶片的数量可以在不改变喉部面积的情况下增加叶片吸力面角度,即不改变堵塞点,如图 4.37 所示。将扩压器失速边界与零攻角工况联系起来,表明减少扩压器叶片的数量可以将稳定工况拓宽至小流量处,实现扩稳。这也是 Japikse(1980)将扩压器叶片的数量从 34 个减少到 17 个时(图 8.48)工况范围扩大的可能原因之一。他还提到激波压力恢复的增加有利于增大喉部上游的最大压力。不过除叶片数量外,他并未指出是否还更改了其他参数,如喉部总面积和叶片安装角等。

扩压器喉部的堵塞效应对半无叶空间的影响很大。试验证明，喉部堵塞面积会改变 CP 的值，但不会改变最大 CP 值的位置(4.2.4 节)。

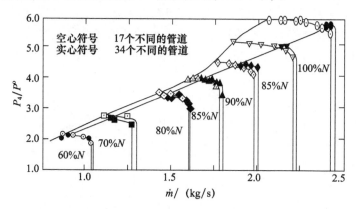

图 8.48　压气机叶片数对稳定性的影响(Japikse,1980)

因此，喉部堵塞面积的逐渐增加不会引起性能的突变，而会导致下游扩压通道压升逐渐减小。由于叶片前缘流动分离导致的喉部堵塞面积的非连续增加，被认为是突尖型旋转失速的主要诱因。因此，扩压通道不是失速的主要诱因，而应结合考虑无叶和半无叶空间的影响。

Clements 和 Artt(1987a、b,1988)提到失速边界取决于扩压通道的扩张角。增大扩张角可以最大化 CP 值(Reneau 等,1967)，同时也会使扩压器对进气条件的变化更加敏感，可以通过修改壁面轮廓优化扩压通道，如图 8.49 所示。基于边界层的考虑，Huo(1975)得出结论，当流体迅速减速至接近分离的工况并以较低的速率进一步减速至出口时，即受控扩压，损失最小，这需要采用钟形扩压器。Carlson 等(1967)的研究表明，以这种方式修改侧壁形状时性能得到小幅改善。但是，各处流体尤其是扩压通道入口都接近分离，因此入口流动条件的微小变化可能会导致压升的大幅下降。基于稳定性角度考虑，Came 和 Herbert(1980)建议使用喇叭形扩压通道。他们希望通过在扩压器入口堵塞增加时预留一定裕度以便提高非设计工况稳定性。这样最终使分离发生在出口附近，从而对稳定性的影响较小。但是，这将导致摩擦损失增大，因为在很长一段距离，流速都比较高。经验表明，常用的直壁扩压器和钟形扩压器几乎没有区别。

有叶扩压器离心压气机中失速团的旋转速度与轴流式压气机计算方法相同(Cumpsty 和 Greitzer,1982;Gyarmathy,1996)。以失速团为参考系观察系统中的流动，转子将以速度 $\Omega-\omega_\sigma$ 旋转，下游扩压器以速度 ω_σ 反向旋转。图 8.50 给出了失速团中流体的流线示意图。由于扩压器出口被失速团堵塞，流体会在叶轮前缘(失速团前方)突然减速，这种突然减速使叶轮出口处的压力增加。当失速流体积累了足以吹散扩压器中失速团的压升时，叶轮已经旋转了 $\Delta T(\Omega-\omega_\sigma)$ 的距离，即失速团周向扩展的距离。一旦失速团进入扩压器,它便开始以相反的方向旋转到叶片扩压器的失速区域,并且被叶轮失速团出口高压区外推。同时扩压器携同失速团已经旋转一段距离,即 $\Delta T\omega_\sigma$。要达到能将失速团吹出扩压器通道所需要的叶轮出口静压,其对应的叶轮通道数量取决于相应通道流体的动量。扩压器通道与叶轮通道(失速团流经的)的比值可用来衡量叶轮和扩压器中失速团的相对速度。

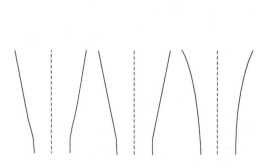

图 8.49 不同扩压器的流道形式

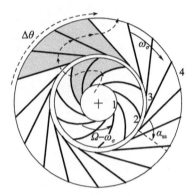

图 8.50 在失速团固定参考系中观察到的单旋转失速团流线(Gyarmathy,1996)

管道中非定常不可压缩无黏流体的动量方程为

$$\frac{\partial V}{\partial t} + V\frac{\partial V}{\partial s} = -\frac{1}{\rho}\frac{dP}{dl} \tag{8.13}$$

假设在失速区域的边界,非定常加速度 $\left(\frac{\partial V}{\partial t}\right)$ 远大于对流加速度 $\left(V\frac{\partial V}{\partial s}\right)$,则式(8.13)可简化为

$$\frac{\partial V}{\partial t} = -\frac{1}{\rho_r}\frac{\Delta P}{L_r} \tag{8.14}$$

当长度为 L_r 的叶轮叶片通道中的流体从非失速状态进入失速状态时,速度变化量为 $\Delta V = \Delta V_R/\cos\tilde{\beta}$。进一步假设该变化量与叶轮在 $\Delta\theta$ 扇区旋转所需的时间相关,则加速度的近似值为

$$\frac{\partial V}{\partial t} \approx -\frac{\Delta V_R}{\cos\tilde{\beta}}\frac{(\Omega - \omega_\sigma)}{\Delta\theta} \tag{8.15}$$

联立式(8.14)和式(8.15),消去 $\frac{\partial V}{\partial t}$,可得到流体穿过叶轮进入或离开失速团时的压力脉动,即

$$\Delta P_r = \rho_r \frac{L_r}{\Delta\theta\cos\tilde{\beta}}\Delta V_R(\Omega - \omega_\sigma) \tag{8.16}$$

值得注意的是,式(8.16)未考虑由离心力 $\Delta P=\rho(U_2^2-U_1^2)$ 引起的压升,因为它与流体速度无关,因此该项在失速区域与非失速区域均相等。旋转失速时的测量结果表明,叶轮和扩压器之间静压的周向变化很大。

假设压气机的入口和出口压力是固定的,且没有周向畸变,则叶轮静压增加必须通过有叶扩压器的静压减小来补偿,即

$$\Delta P_D + \Delta P_r = 0 \tag{8.17}$$

ΔP_D 是由长度 L_D 的扩压通道速度突变量 ΔV 产生的,沿靠近扩压器前缘吸力面 $\alpha_{3,SS}$ 方向的速度是从连续性方程的 ΔV_R 中获得的,即

$$\Delta P_D = \rho_D \frac{L_D}{\Delta \theta \cos \alpha_{3,SS}} \Delta V_R (\omega_\sigma) \tag{8.18}$$

叶轮叶片和扩压器通道长度近似为

$$L_r = \frac{R_2 - R_1}{\cos \widetilde{\beta}}; L_D = \frac{R_4 - R_2}{\cos \widetilde{\alpha}_{3,SS}}$$

将式(8.16)和式(8.18)代入式(8.17),并且由于压力脉动在叶轮和扩压器的周向作用距离 $\Delta \theta$ 相同,因此,失速团旋转速度 ω_σ 与叶轮转速 Ω 之间具有以下关系,即

$$\rho_D \frac{R_4 - R_2}{\cos^2 \widetilde{\alpha}_{3,SS}} \Delta V_{R,2} \omega_\sigma + \rho_r \frac{R_2 - R_1}{\cos^2 \widetilde{\beta}} \Delta V_{R,2} (\Omega - \omega_\sigma) \tag{8.19}$$

或者,更确切地表示为

$$\frac{\omega_\sigma}{\Omega} = \frac{\rho_r \dfrac{R_2 - R_1}{\cos^2 \widetilde{\beta}} \Delta V_{R,2}}{\rho_D \dfrac{R_4 - R_2}{\cos^2 \widetilde{\alpha}_{3,SS}} \Delta V_{R,2} + \rho_r \dfrac{R_2 - R_1}{\cos^2 \widetilde{\beta}} \Delta V_{R,2}} = \frac{1}{1 + \mathcal{A}} \tag{8.20}$$

其中

$$\mathcal{A} = \frac{\rho_D \Delta R_D}{\rho_r \Delta R_r} \frac{V_{R,2}^2}{\cos^2 \widetilde{\alpha}_{3,SS}} \frac{\cos^2 \widetilde{\beta}}{V_{R,2}^2}$$

式中:$\mathcal{A}$ 为扩压器中的流体惯性力与叶轮中的流体惯性力之比。

当出口被失速团堵塞时,叶轮中的动量突然减小,产生一个压力脉冲,将失速团吹出扩压通道,这种情况下的速度取决于公共边界处的质量和速度变化。

Gyarmathy(1996)在不同的叶轮扩压器上验证了式(8.20),并发现在大转速范围介于5%~85%之间,可以看出计算结果与试验数据(图8.51),在5%~85%转速范围内都吻合良好。

上述模型并不适用于无叶扩压器,因为叶轮和扩压器动量交换区的周向延伸没有明确的耦合关系。离开叶轮的流体不会滞留在扩压器通道中,而是在周向传播一段距离。因此,很难估计扩压器中参与动量交换的流体流量。然而,可以得出的结论是,失速团的旋转速度随着无叶扩压器径向延伸的增加而降低。

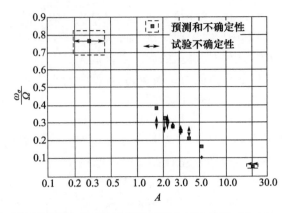

图 8.51 叶片扩压器旋转失速转速的预测值与试验值的对比(Gyarmathy,1996)

8.5.1 回流器中的旋转失速

Bonciani 等(1982)提出了回流器中的不稳定性。他们发现一种频率在 9% ~ 15% 叶轮转速的旋转不稳定性,且该频率随着流量的减小而增加,如图 8.52(a)所示。在 A 和 B 的组合中,回流器叶片产生不稳定性的起始点处于相同的攻角,并导致回流器压升大幅减小,如图 8.52(b)所示。这种类型的旋转失速与有叶扩压器旋转失速非常相似,都是小流量工况下攻角过大引起的,如图 8.53 所示。

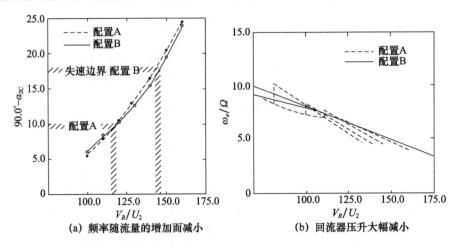

(a) 频率随流量的增加而减小　　(b) 回流器压升大幅减小

图 8.52 回流器的几何形状对扩压器临界入口气流角 α_{2C} 和回流器旋转失速团的转速随流量系数的变化(Bonciani 等,1982)

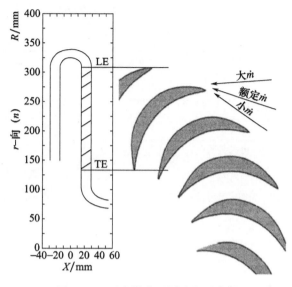

图 8.53　回流器中不同冲角示意图

8.6　喘振

喘振是整个压缩系统运行时表现出的不稳定现象,如图 8.54 所示。压缩系统由压气机和节流系统组成,在喘振过程中,通过压气机的流量和集气箱内的压力呈周期性变化,节流系统可以是节流阀或涡轮。

轻度喘振是指全圆周范围内产生小幅度振荡,但任何时候都没有净回流。深度喘振指系统发生强烈的振荡,并产生回流。这是一种毁坏压气机的工况,应当避免。

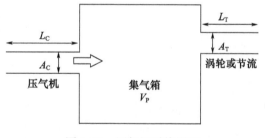

图 8.54　压气机系统原理

喘振分析需要对所有组件进行建模,包括进出口管道、压气机与节流系统。Emmons 等(1955)提出的模型经过 Taylor(1964)和 Dussourd 等(1977)的发展,已经拓宽到非线性系统。此外,Greitzer(1976、1981)将该模型应用于轴流压气机。

压气机由特征函数发生器和面积不变的管道代替。在该区域,流体具有很大的动能,A_C 和 L_C 的定义如下:当流量改变时,截面积为 A_C 和长度为 L_C 的管道与压气机的动态特性相同。集气箱可看作一个非常大的容器(储存势能),流体压力可变,动能可忽略,且压力由节流阀控制。Dean 和 Young(1977)设计了类似的电气方案,如图 8.55 所示,同样包含了进出口管道。

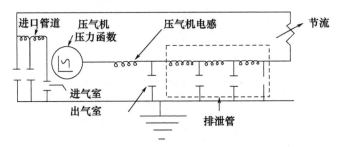

图 8.55 与压缩系统类似的电气方案(Dean 和 Young,1977)

8.6.1 集中参数喘振模型

通过连续性方程可以将集气箱内流体的瞬态变化与进、出口流量关联起来,有

$$\dot{m}_C - \dot{m}_T = \frac{d(\rho v_P)}{dt} \tag{8.21}$$

根据等熵压缩定律和状态方程,可知

$$\frac{dP}{P} = \kappa \frac{d\rho}{\rho} = \kappa \frac{d\rho}{P} R_G T \tag{8.22}$$

则

$$\frac{d\rho}{dt} = \frac{1}{\kappa R_G T} \frac{dP}{dt} \tag{8.23}$$

这样式(8.21)可以写成

$$\dot{m}_C - \dot{m}_T = v_P \frac{1}{a^2} \frac{dP_P}{dt} \tag{8.24}$$

式中:$\dot{m}_C$ 和 $\dot{m}_T$ 分别为压气机和节流阀内的瞬时流量;a 为声速;P_P 为集气箱内的压力。

在截面积 A_C 和长度 L_C(图 8.56)的压气机中,不可压缩流体速度的非定常变化可以类比为固体加速或减速运动,由集气箱和压气机出口压差驱动。若压气机和集气箱的参考压力均为入口压力,则

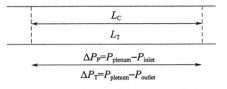

图 8.56 管道中不稳定的不可压缩流

$$A_C \int_{in}^{out} \frac{\partial \dot{m}_C}{\partial t} \frac{dl}{A} = (\Delta P_C - \Delta P_P) A_C = \rho A_C L_C \frac{dV_C}{dt} \tag{8.25}$$

式中:ΔP_C 为压气机中的瞬时压升;ΔP_P 为集气箱与入口压差。

稳定运行期间两者相同,但在非稳定和瞬态运行时可能不同;式(8.25)定义的 L_C 是压气机管道的当量长度,它反映了实际压气机中由于横截面积的局部变化而引起的局部加速度;A_C 为压气机管道截面积(入口或出口)。

压气机内质量流量随时间的变化可以写成

$$\frac{\mathrm{d}\dot{m}_C}{\mathrm{d}t} = (\Delta P_C - \Delta P_P)\frac{A_C}{L_C} \qquad (8.26)$$

将同样的理论应用于当量长度为 L_T 和横截面积为 A_T 的涡轮或节流阀中,则节流系统中质量流量的瞬态变化可描述为

$$\frac{\mathrm{d}\dot{m}_T}{\mathrm{d}t} = (\Delta P_P - \Delta P_T)\frac{A_T}{L_T} \qquad (8.27)$$

式中:ΔP_T 为涡轮或节流阀中的瞬态压降;ΔP_P 为集气箱与出口大气压差。

假设节流阀出口压力等于压气机入口压力,则 ΔP_P 的值与式(8.25)相同。

将无量纲化后的流量和压力 $\phi = \dot{m}/(A_C \rho U_2)$ 和 $\psi = \Delta P/(\rho U_2^2/2)$ 代入式(8.24),可得

$$\phi_C - \phi_T = \frac{v_P U_2}{2a^2 A_C}\frac{\mathrm{d}\psi_P}{\mathrm{d}t} \qquad (8.28)$$

将流量系数分为时均值和脉动值,由于平均流量系数 $\widetilde{\phi}_C = \widetilde{\phi}_T$,可得

$$\frac{\mathrm{d}\psi_P}{\mathrm{d}t} = \frac{2a^2 A_C}{v_P U_2}(\mathrm{d}\phi_C - \mathrm{d}\phi_T) \qquad (8.29)$$

将流量系数和功系数代入式(8.26)中,压气机流量系数随时间的变化可表示为

$$\frac{\mathrm{d}\phi_C}{\mathrm{d}t} = \frac{U_2}{2L_C}(\psi_C - \psi_P) \qquad (8.30)$$

同样,当节流阀横截面积不变时,节流阀中流量系数随时间的变化可表示为

$$\frac{\mathrm{d}\phi_T \mid (A_T = C^{\mathrm{te}})}{\mathrm{d}t} = \frac{A_T}{A_C}\frac{U_2}{2L_T}(\psi_P - \psi_T) \qquad (8.31)$$

式(8.29)、式(8.30)和式(8.31)是描述压缩系统不稳定性的3个基本方程。

但是,我们只关心稳定边界,因此可以基于线性化后的准稳态压气机特性线分析。该方法只能预测喘振的发生,并不能计算非稳态流动的流量和压力脉动(Gysling 等,1991)。计算喘振过程中非稳态压力和质量流量脉动需要一个附加方程,表征非稳态和准稳态特性的时间延迟。压气机和节气门特性在时均值附近的局部线性化方程为

$$\psi_C = \widetilde{\psi}_C + \psi'_C \mathrm{d}\phi_C \qquad (8.32)$$

$$\psi_T = \widetilde{\psi}_T + \psi'_T \mathrm{d}\phi_T \Big|_{(A_T = C^{\mathrm{te}})} \qquad (8.33)$$

式中:ψ'_C 和 ψ'_T 为压气机和节流阀无量纲特性线的斜率(图8.58和图8.59),可

定义为

$$\psi_P = \tilde{\psi}_P + \mathrm{d}\psi_P \tag{8.34}$$

假设集气箱内压力、压气机和节流阀内的流量以相同的频率变化,即

$$\mathrm{d}\psi_P = p\mathrm{e}^{St} \tag{8.35}$$

$$\mathrm{d}\phi_C = C\mathrm{e}^{St} \tag{8.36}$$

$$\mathrm{d}\phi_T = \tau\mathrm{e}^{St} \tag{8.37}$$

式中:S 为一个复数 $A_\sigma + \mathrm{i}\omega_\sigma$;$\mathrm{e}^{St}$ 也可以写成

$$\mathrm{e}^{St} = \mathrm{e}^{(A_\sigma)t}\mathrm{e}^{(\mathrm{i}\omega_\sigma)t} \tag{8.38}$$

如图 8.57 所示,若复数 S 的实部小于 0 即 $A_\sigma < 0$,则系统是稳定的,因为扰动的幅值随时间降低。若 $A_\sigma > 0$,则扰动幅值随时间升高,系统是不稳定的。S 的虚部 ω_σ 定义了扰动的频率。$\omega_\sigma = 0$ 会导致初始扰动非周期性地增大或减小。

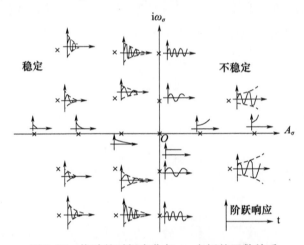

图 8.57 扰动的时间变化与 A_σ 之间的函数关系

将式(8.35)~式(8.37)代入式(8.29)~式(8.31),并将节流阀的当量长度设为零,可以得出关于 $\mathcal{P}$、$\mathcal{C}$ 和 $\mathcal{T}$ 的方程组。如果行列式为零,则方程组有解,即 S 满足下面二阶方程。将该方程与压气机 ψ'_C 和节流阀 ψ'_T 特性、几何结合起来,可得

$$S^2 + \left(\frac{2A_C a^2}{v_P U_2}\frac{1}{\psi'_T} - \frac{U_2}{2l_C}\psi'_C\right)S + \frac{A_C a^2}{l_C v_P}\left(1 - \frac{\psi'_C}{\psi'_T}\right) = 0 \tag{8.39}$$

或简化为

$$S^2 + BS + D = 0 \tag{8.40}$$

如果式(8.40)的两个根均为负值,则系统稳定,即 $D > 0$ 和 $B > 0$,则

$$S_{1,2} = \frac{-B \pm \sqrt{B^2 - 4D}}{2} \tag{8.41}$$

第一个稳定条件 $D>0$ 要求节流阀特性线的斜率必须大于压气机特性线的斜率 $\psi'_T>\psi'_C$，这是静态稳定工况的条件，如图 8.58 所示。

集气箱压力的突增会导致压气机质量流量减小，向 B 点移动，同时使节流阀质量流量增加，向 C 点移动。由于流出集气箱的流体比流入多，集气箱内压力将减小直至达到平衡位置 A 处。因此，可以通过调节压气机与节流阀的流量消除集气箱内的扰动。

当压气机在 A' 与 C' 点之间运行时，情况不再如此。当集气箱压力在 B' 点时，压气机提供的流量大于节流阀流出的流量。因此，集气箱压力将增加，直到在 A' 点重新建立平衡。只有当质量流量低于 C' 或大于 A' 时，才有可能实现稳定运行。

第二个稳定性条件更加苛刻，要求 $B>0$，或者是

$$\psi'_C \leq \frac{4v_C}{M_{a,2}^2 v_p} \frac{1}{\psi'_T} = \frac{1}{B^2} \frac{1}{\psi'_T} \tag{8.42}$$

其中，

$$B^2 = \frac{M_{a,2}^2 v_p}{4v_C} \tag{8.43}$$

式中：$v_C = L_C A_C$ 为压气机容积；$M_{a,2}$ 为基于圆周速度 U_2 的马赫数。

当压气机的压升特性线斜率超过节流阀特性线斜率的某一个正值函数值时，上述动态稳定性判据会预测系统将发生喘振，这一正值函数关系称为参数 Greitzer B^2。参数 B 与周向马赫数和集气箱与压气机的体积比成正比，如图 8.59 所示。

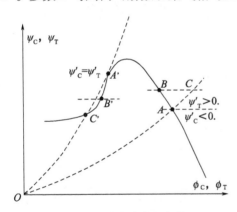

图 8.58 静态稳定性条件

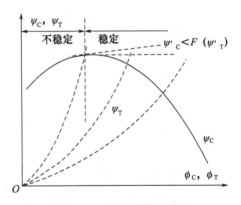

图 8.59 动态稳定性条件

设计转速高并且具有较大集气箱的紧凑型压气机，比设计转速低具有较小集气箱的大型压气机更不稳定。工程上的惯例是将压气机的稳定工况范围限制在最大压升点，因为当压升曲线处于正斜率时系统可能不稳定。如果事先不清楚集气箱的大小，将稳定边界限制在最大压升位置是合理的。

集中参数模型预测喘振的精度取决于压升曲线斜率的精度，压升曲线由输入

功与损失决定,因此存在不确定性。只有当损失或输入能量不发生突变(如 AIRS 发生时)时,压升曲线的斜率才会平滑。扩压器或叶轮中的渐进失速可能通过使压升曲线的斜率向正向发展而诱发喘振。但是,不能由此得出结论,旋转失速是喘振发生的必要条件。

可以用集中参数模型解释图 8.60 所示的试验压升曲线。无叶扩压器出口的节流系统可以阻止蜗壳内的压力畸变向上游传播。受无叶扩压器限制,集气箱体积非常小。特性图也解释了为什么使用紧密耦合阀能够使压气机在最大压升点左侧稳定运行。

马赫数对稳定性的影响如图 8.61 所示。低速试验中发现,喘振发生在最大压升左侧($\psi'_c > 0$),这是因为低 M_2 时 B_2 值较小。但是,并不排除发生旋转失速的可能性,因为在 14000r/min 下效率降低,系统变得不稳定,喘振线与失速线在较高转速下重合。

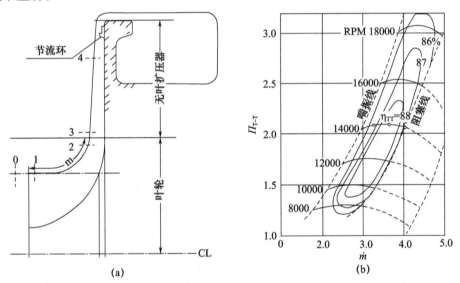

图 8.60 扩压器节流阀和相应性能曲线(Eckardt,1976)

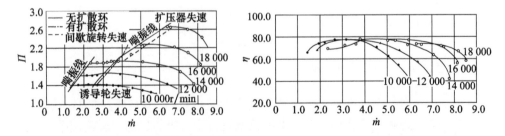

图 8.61 马赫数对喘振极限的影响(Kämmer and Rautenberg,1986)

压升曲线正斜率部分的对稳定性的负面影响与 8.3.1 节 AIRS 类似。可以类比于质量弹簧系统(图 8.62),当激励 $F(t)$ 与运动 $V(t)$ 同向时,即向系统添加能量,振动幅值增加;否则,振动会迅速消失。

该稳定性模型也解释了为什么充满不可压流体的泵不会发生喘振($Ma_2 = 0$),压缩系统出现喘振的重要条件是具备存储能量并将其重新注入系统的能力。除非存在充满可压缩流体(如空气)的空腔,就像弹簧,既可以储存能量,又可以通过膨胀释放能量,如图 8.63 所示,其中集气箱内包含大量空气;否则,以不可压缩流体为工质的压气机(泵)不会进入喘振状态。

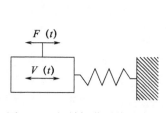

图 8.62　机械振荡系统示意图

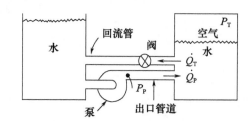

图 8.63　泵的喘振示意图
(Rothe 和 Runstadler,1978)

8.6.2　轻度及重度喘振

如 Rothe 与 Runstadler(1978)的试验结果显示,集中参数模型不仅可以预测喘振的发生,还可以准确预测喘振频率。喘振频率可由 S 的虚部计算(式(8.39)),即

$$f_\sigma = \frac{\omega_\sigma}{2\pi} = \frac{a}{2\pi L_C}\sqrt{\frac{v_C}{v_P}} = \frac{U_2}{2\pi L_C}\frac{1}{2B} \tag{8.44}$$

该频率也称为 Helmhoz(亥姆霍兹)频率,正比于压气机与集气箱体积比,反比于压力扰动在压气机内传播时间,扰动速度为声速,压气机长度为 L_C。

非线性模型需要考虑阻尼效应才能预测喘振过程中扰动的幅值。然而,扰动幅值也与失稳发生的频率相关。压气机流道较短且集气箱相对较小时,系统容易产生高频低幅值的流量和压力脉动,称为轻度喘振,在该状态下运行的压气机有杂音相伴。与旋转失速的主要区别是,轻度喘振时压力波动在不同周向位置处于同一个相位。受动态不稳定性影响,小扰动在最大压升点附近产生。当集气箱比较小时,较小的质量扰动便产生较大的压力脉动,并且可使轴向力反向。喘振过程中,平均流遵循准稳态运行曲线,振荡以正弦函数的形式叠加在该曲线上(图 8.64 中的小参数 B 情况),其幅值可以达到平均流的 20%。

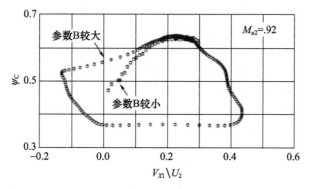

图 8.64　径向压气机的重度与平缓喘振(Fink 等,1992)

Dean 和 Young(1977)将轻度喘振描述为围绕平均流的振荡,即在不稳定侧添加振动能量,在稳定侧耗散振动能量,如图 8.65 所示。平均流越低,在不稳定侧耗费的时间就越多,因而能量输入也就越大,振荡幅值随之增大。喘振环的幅值随流量的减小而增加,直到产生逆流。

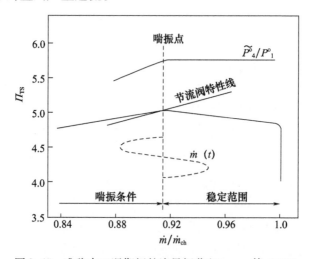

图 8.65　准稳态工况期间的流量振荡(Toyama 等,1977)

集气箱较大且转速较高时,压气机内产生低频高幅值振荡,如图 8.64 中参数 B 较大的喘振环所示。喘振环上每个点的时间间隔相同,因此可以通过瞬态流量的变化估算速度。Fink 等(1992)将无叶扩压器压气机的深度喘振环分成 4 个阶段。第一阶段:质量流量向最大压升点方向减小,叶顶攻角和马赫数逐渐增加。在第二阶段时均流低于最大压升点对应的流量,将诱发振幅随时间增加的轻度喘振。随后是回流阶段,集气箱内压力急剧下降。第四阶段为正向通流恢复过程,压升沿准稳态特性线逐渐上升。集气箱内压力逐渐增加,流量逐渐降低,直至到达最高点,喘振环重新循环。尽管无叶扩压器是一个非稳定因素(压升曲线处于正斜率),但在这种情况下,其并非喘振的触发机制。轻度喘振期间,叶轮前缘处于失速状态,压升突然降低,从而产生回流。回流产生的时间间隔随平均流减少和 B_2 值的增加而减小。

Toyama 等(1977)在一台带叶片叶轮扩压器的高压比离心压气机上发现轻度喘振是深度喘振发生的先兆。受高压影响,高马赫数运行的压气机比低马赫数运行的压气机喘振效应更加剧烈。可以通过图 8.66 中压气机进、出口间不同位置的压力变化说明。可以观察到在深度喘振即零时刻之前的先兆阶段,存在一个低频低幅值振荡,在最大压升点附近以平均流的 ±8% 振荡。低频附近(约 10 Hz)所有信号相位相同,与试验系统的亥姆霍兹共振频率接近。在深度喘振发生前一小段时间,扩压器内喉部压力突然增加,几乎等同于集气箱的压力,表明流体在喉部下游的扩张通道发生了失速。

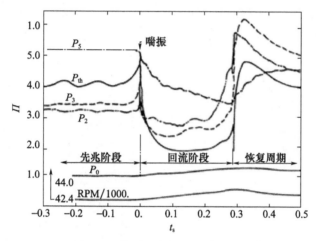

图 8.66 压气机进、出口不同位置喘振时的压力变化(Toyama 等,1977)

$t=0$ 时刻开始出现深度喘振,并伴随回流现象,可由喉部总压证实,总压由指向出口的探针测得,结果显示与集气箱压力相同(图中未显示)。由于具有较大的逆向速度,叶片叶轮扩压器喉部与半无叶片叶轮扩压器空间内的静压降低比集气箱剧烈得多。

通过扩压器与叶轮的回流将出口集气箱排空并填充至压气机入口的进气室。由于进气室体积比出口集气箱大,因此压升小很多。集气箱和进气室之间的压差(作为回流的驱动力)逐渐减小,直到流体反向归正。叶轮旋转速度越大,入口压力越高,扩压器入口压力越低,喘振的恢复就会越突然。由于流动在扩压器喉部会形成堵塞,因此在无叶和半无叶空间产生压力过冲。此时可以通过降低叶轮转速和增加集气箱背压恢复平衡。伴随集气箱压力增加,转速逐渐恢复正常,直至轻度喘振的初始条件重新建立。

两次深度喘振之间的恢复周期取决于临界工况的重建速度,即工况点距最大压升点的距离、压气机几何及其运行环境(压气机的体积和惯性由B_2参数表征)。

基于更详细的测量和计算,Toyama 等(1977)假设喘振是由叶片扩压器进口区域的流动引起。尽管未观察到明显的分离,但由于喉部阻塞加剧,该区域的流动恶化是扩压器性能下降的根源。Everitt 和 Spakovszky(2013)将扩压器入口流动的恶化随流量的变化与旋转失速关联起来。

Ribi 和 Gyarmathy(1993)公布的数据显示,在叶轮旋转失速初期已经出现轻度喘振。他们声称,旋转失速至少需要存在 1.5 圆,即大于触发叶片扩压器不稳定运行所需的时间,才会产生深度喘振。

Greitzer(1976)描述的轴流压气机上两个不稳定工况点之间的大幅度瞬变是性能曲线存在间断的结果(图 8.67)。如图 8.68 所示,根据静态稳定判据,压气机无法在 A' 和 C' 点之间稳定运行。对于离心式压气机而言,压升大幅下降的情况很少出现,因为大部分压升是由离心力产生的,并且几乎不受叶轮失速的影响。

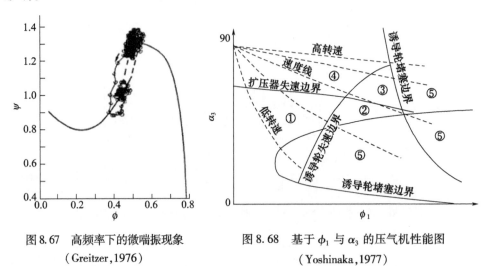

图 8.67 高频率下的微喘振现象（Greitzer,1976）

图 8.68 基于 ϕ_1 与 α_3 的压气机性能图（Yoshinaka,1977）

8.6.3 可行的喘振预测模型

尽管不像之前的喘振预测模型那样有严谨的理论基础,Yoshinaka(1977)公布的喘振预测模型仍具有很高的价值,需要进一步详细讨论。该模型预测效果显著,并就如何修正特性图提供了一些指导。

通过观察发现,扩压器趋向于在低于设计转速下控制压气机喘振,而诱导轮则倾向于在超过设计转速下控制喘振。Yoshinaka 发展了一种图形表示法,可以表征关键组件。为此,压气机特征线绘制为入口流量系数 ϕ_1 和扩压器前缘气流角 α_3 的函数。

图 8.68 展示了一个典型的特性图,在 ϕ 与 α_3 平面给出了不同转速下叶轮和扩压器的特性线,当 $\phi_1 = 0$ 时,所有特性线均在 $\alpha_3 = 90°$ 时相交,并且高转速线上是 α_3 值比低转速大。同时还显示出以下几点。

(1) 扩压器失速边界,由图 8.46 中的临界静压升判据定义;
(2) 扩压器的堵塞边界,基于喉部声速假设;
(3) 诱导轮失速边界,根据叶轮前缘和喉部之间的临界静压升系数计算;
(4) 诱导轮堵塞边界,在喉部声速假设下,根据诱导轮阻塞模型计算。

诱导轮堵塞线与喘振线表征了压气机稳定运行工况,随进口马赫数、转速的增加降低,与图 2.23 所示类似。

根据 Yoshinaka 模型,压气机可能在区域 1(仅叶轮失速)、区域 2(无部件失速)和区域 3(仅扩压器失速)中稳定运行。而在区域 4 叶轮和扩压器均处于失速状态,将发生喘振。由于叶轮或扩压器发生阻塞,压气机不可能在区域 5 运行。

该预测方法由图 8.69 中不同安装角的 IGV 性能图进一步解释说明。将试验得到的 α_3 随 ϕ 的变化叠加到性能图上,两者吻合良好。图 8.70 展示了 $\alpha_1 = 0$、IGV 的安装角适合高转速运行的特性图。试验得到的喘振和阻塞极限与预测值非常吻合。只有在 $N/\sqrt{\theta_1} = 65000 \sim 75000$ 时试验数据显示的范围比预测小。但是,在这些情况下,叶轮静压升随流量的减小而降低,并且仅在该转速下才发生。因此,只要诱导轮失速特征不影响整个流场,该模型就是有效的。

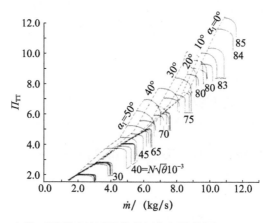

图 8.69　安装不同形式的诱导轮的压气机性能图(Yoshinaka,1977)

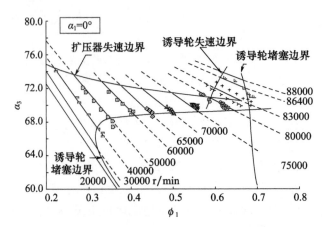

图 8.70　理论数据与试验数据在大流量的诱导轮设置下由 α_3、
ϕ_1 构成的压气机性能图之间的比较（Yoshinaka,1977）

图 8.71 显示了 α_1 =40、IGV 安装角适合更小流量时的特性图,模型预测得到的工作边界与试验值吻合得非常好,所有试验点都落在预测的稳定区域内部。

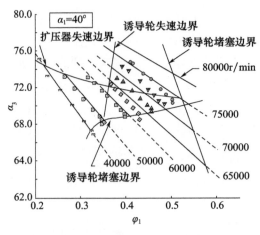

图 8.71　理论数据与试验数据在小流量的诱导轮设置下由 α_3、
ϕ_1 构成的压气机性能图之间的比较（Yoshinaka,1977）

通过调整堵塞和喘振线,该方法也可以用来预测 IGV 安装角对特性图形状的影响。

第 9 章
工况范围

良好的设计是压气机获得宽工况范围的最佳途径,合理分配叶片载荷可以获得负斜率的压升曲线。图 9.1 展示了不同优化方案的特性图,可见追求最大工况范围可能付出效率降低的代价。

本章主要讨论了拓宽离心式压气机工况范围的一些具体措施和几何修正方法。一类方法着眼于减小喘振/失速极限流量,或通过限制不稳定流动的振幅使扰动对压气机性能或振动的影响可以忽略。另一类方法则通过防止压气机越过喘振或失速极限,从而避免其在不稳定工况范围运行。需要说明的是,下面的列举并未包含所有离心式压气机工况范围的拓宽方法,且其顺序也并非按照重要性排列。同时读者还应该注意到,部分文献中工况范围的显著提升可能仅仅是修正了原始几何设计缺陷。

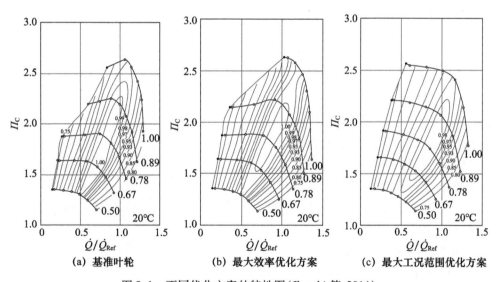

图 9.1　不同优化方案的特性图(Ibaraki 等,2014)

9.1 喘振主动控制

喘振主动控制可以防止初始扰动被放大到高幅值不稳定流动,其控制系统由非定常流量或压力测量传感器、流场驱动器和连接两者的控制器组成。其中,传感器用来测量质量流量、集气箱压力和压气机进口总压/静压;驱动器用来控制扩压器出口的紧密耦合阀、集气箱下游的快速响应节流阀,同时可调节可移动壁板以改变集气箱容积,或用于叶顶间隙控制系统。

采用主动控制方法拓宽工况范围时,主要优化系统动力学特性而非压气机内部流动,因此压气机特性基本没有改变。该方法可以降低不稳定流动现象的幅值,但并不会完全消除扰动,而是使其始终保持在较低水平。因为一旦没有输入信号,主动控制系统便会停止工作,使压气机返回到不稳定的无控制状态。

采用喘振主动控制的主要原因是,当压气机的最大效率点接近喘振边界时,该措施允许压气机在此处安全运行,使小扰动不会将压气机推至喘振点(Yoon 等,2012),以保证运行的鲁棒性。然而,喘振主动控制并非要将正常、连续的工况范围拓宽至超出原有稳定边界,因为无论如何,最大压升点左侧的效率都会降低。因此,简单的变几何系统可能更适合工况范围的持久性拓宽。

Simon 等(1993)研究了不同的主动控制方案,如图 9.2 所示,从 4 种传感器和 4 种驱动器中分别选择一个,通过简单比例控制 G(无相移)进行组合。表 9.1 总结了 Simon 等的研究结果。由表可见,通过压气机流量变化驱动的紧密耦合阀可以无限拓宽工况范围,但是由于增益 G 与 ψ'_c 成正比,因此随着 ψ'_c 的不断增加,主动控制所需的 G 值会变得相当大。通过进口静压变化驱动的紧密耦合阀会产生类似的效果。但是,通过集气箱压力振荡驱动的紧密耦合阀并不能提高系统稳定性,其具有与无控制系统相同的稳定极限,这是因为集气箱处于紧密耦合阀下游。

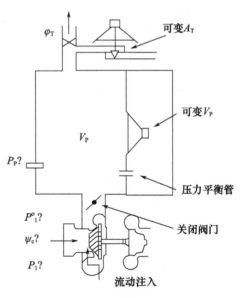

图 9.2 驱动器与传感器

表 9.1 有主动控制的压气机工况范围扩展的限制

驱动器传感器	关闭耦合阀门	排气阀	活动板壁
$\dot{m}_C$	无限幅度增加 $G \sim \dfrac{\psi'_C}{\tau}$ 当 $\psi'_C \to \infty$ $G \sim \dfrac{\psi'_C}{\tau}$ 当 $B \to \infty$	有限幅度增加 $\psi'_C < \dfrac{1}{B^2 \psi'_T}$	有限幅度增加 $\psi'_C < \dfrac{1}{B^2 \psi'_T}$
P_P	不增加幅度 $\psi'_C < \dfrac{1}{B^2 \psi'_T}$	有限幅度增加 $\psi'_C < \dfrac{1}{B}$	有限幅度增加 $\psi'_C < \dfrac{1}{B}$
P_1^0	有限幅度增加 $\psi'_C < \psi'_T$	有限幅度增加 $\psi'_C < \psi'_T$	有限幅度增加 $\psi'_C < \psi'_T$
P_1	无限幅度增加 $G \sim \dfrac{\psi'_C}{2\tau\phi}$ 当 $\psi'_C \to \infty$ $G \sim \dfrac{\psi'_C}{2\tau\phi}$ 当 $B \to \infty$	无限幅度增加 $G \sim \dfrac{\psi'_C B^2}{U} \dfrac{1}{2\phi B^2 \psi'_T} < 1$ $G \sim \dfrac{\psi'_C}{2U\phi\psi'_\tau}$ 其他 $\psi'_C \to \infty$ $G \sim \dfrac{B^2 \psi'_C}{U}$ 当 $B \to \infty$	无限幅度增加 $G \sim \dfrac{\psi'_C B}{W} \dfrac{1}{2\phi B^2 \psi'_T} < 1$ $G \sim \dfrac{\psi'_C}{2W\phi\psi'_\tau B}$ 其他 $\psi'_C \to \infty$ $G \sim \dfrac{B^2 \psi'_C}{W}$ 当 $B \to \infty$

注：$\tau = -d\psi_{CC}/dA_{CC}$，闭耦合阀压降与闭耦合阀面积的变化；
$U = d\phi_T/dA_T$，节流阀面积的变化；
$W = 2P_P/(P_1 M_2^2)$，集气箱压随集气箱体积的无量纲变化。

除了进口静压驱动的情况外，集气箱可移动壁板对稳定性的调节机制与节流阀相似。然而，试验结果（Simon 等，1993）表明，集气箱可移动壁板的扩稳程度优于可变节流阀。

ψ'_C 的最大值一般由稳定边界确定，其随着参数 B 的增加而减小。由于离心压气机比轴流压气机更加紧凑（具有较小的 V_c（压气机容积）），其参数 B 可以高达 4，这使离心式压气机的稳定性控制更加困难。

主动控制有效的前提条件是压升曲线需平滑延伸至喘振区域，这是因为在所有的控制系统中，其调节机制都定义了 ψ'_C 的极限值，因而当压力特性非连续变化时，主动控制系统无法有效工作。

9.1.1 节流阀控制

节流阀控制扩稳是根据集气箱内的压力波动调节节流阀流量实现的。在喘振初期，集气箱压力会发生变化，该变化可由快速响应压力传感器测得并反馈至控制器。控制器对该输入信号进行适当转换,这种转换可以是简单比例关系(由实数定义)或者是包含相位转换的复杂关系(复数形式)。将输出信号作用于快速响应调节阀,以改变工况点的节流特性,并重新建立动态稳定性。其中工况点本身通过缓慢响应节流系统确立。

流量的变化是由式(8.33)中集气箱压力 ψ_P 与瞬时节流阀压降 ψ_T(在节流阀横截面面积恒定的情况下)的差值引起的。考虑节流阀面积 A_T 变化带来的流量变化,即

$$\mathrm{d}\phi_T|_{(\psi_P = \psi_T)} = \widetilde{\phi}_T \frac{\mathrm{d}A_T}{A_T} \tag{9.1}$$

式中,面积变化可通过传递函数 Z 与集气箱压力的变化进行关联,即

$$\frac{\mathrm{d}A_T}{A_T} = Z \frac{\mathrm{d}\psi_P}{\psi_P} = G\mathrm{e}^{-\mathrm{i}\beta_\sigma} \frac{\mathrm{d}\psi_P}{\psi_P} \tag{9.2}$$

式中:G 为增益;β_σ 为相移。

将式(9.1)与式(8.31)中节流阀恒定截面 A_T 处的质量流量变化相结合,得到节流阀流量系数的总变化,其表达式为

$$\frac{\mathrm{d}\phi_T}{\mathrm{d}t} = \frac{A_T}{A_C} \frac{U_2}{2L_T}(\psi_P - \psi_T) + Z \frac{\widetilde{\phi}_T}{\widetilde{\psi}_P} \frac{\mathrm{d}\psi_P}{\mathrm{d}t} \tag{9.3}$$

将式(9.3)代入到喘振分析模型(式(8.21)~式(8.27)),得到扰动增长速率 S,其表达式为

$$S^2 + \left(\frac{2A_C a^2}{V_P U_2} \frac{\widetilde{\phi}_T}{\widetilde{\psi}_P} Z - \frac{U_2}{2L_C}\psi'_C + \frac{2A_C a^2}{V_P U_2} \frac{1}{\psi'_T} \right)S + \frac{A_C a^2}{L_C V_P}\left(1 - \psi'_C \left(\frac{1}{\psi'_T} + \frac{\widetilde{\phi}_T}{\widetilde{\psi}_P}Z\right)\right) = 0 \tag{9.4}$$

由式(9.4)可知,只要传递函数 Z 为正值就会使系统一阶项更偏向正值,从而增强系统动态稳定性,但是这会使第三项更偏向负值,从而降低系统静态稳定性。由于后者的约束因素少于前者,总体上系统稳定性增强。当 $Z=0$ 时,系统将不受控制。

通过将压气机的主要参数和节流特性代入式(9.4)中,并计算 A_σ 和 ω_σ 随增益 G 和相移 β_σ 的变化,进而对节流阀的控制效果进行评估。图9.3所示结果表明,当相移位于260°和440°时,稳定性得到增强($A_\sigma < 0$),此时最大阻尼在相移 $\beta_\sigma = 330°$ 处。由此可以得出,采用简单比例关系控制器($\beta_\sigma = 0$),即集气箱压力增加时,打开节流阀,集气箱压力降低时,关闭节流阀,也能使系统稳定。然而,实际中的传感器和驱动器会产生一定的相移,该相移取决于频率。因此,控制器应进行相应的修正。

当式(9.4)为一阶项为正时,保证了动态的稳定性,即

$$\psi'_C < \frac{1}{B^2}\left(\frac{1}{\psi'_T} + \frac{\widetilde{\phi}_T}{\widetilde{\psi}_P}Z\right) \tag{9.5}$$

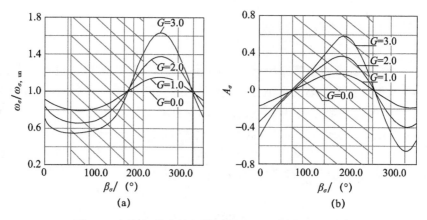

图 9.3 压气机稳定性极限随增益 G 和相移 β_σ 的变化

控制系统的有效性取决于 $\tilde{\psi}_P$ 和 $\tilde{\psi}_T$ 定义的工况点。增加 Z 意味着减小了节流曲线的斜率,并成比例增大了压气机压升曲线的正斜率(允许范围内)。但是,Z 并不能无限增加,其最大值受静态稳定性准则的限制,即

$$1 - \psi'_C \left(\frac{1}{\psi_T'} + \frac{\tilde{\phi}_T}{\tilde{\psi}_P} Z \right) > 0 \tag{9.6}$$

当节流线的修正斜率小于压气机压力上升曲线的修正斜率时,喘振频率与控制器的相移和增益有关,如图 9.3(b) 所示,当 β_σ 为 180° 和 330° 时,喘振频率与非控制系统频率相同 ($\omega_\sigma / \omega_{\sigma,\mathrm{un}} = 1$)。

图 9.4 所示的涡轮增压器工作转速为 20000r/min,并与体积为 6L 的集气箱和随后的节流阀相连。从图中可以看出,该模拟控制器在达到 40Hz 的频率下仍能提供正确的相移,并在 31Hz 处能有效抑制涡轮增压器的失速。

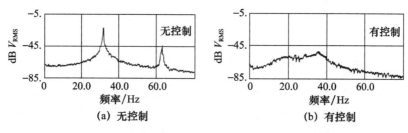

图 9.4 无和有控制器(无进气管)集气箱压力功率谱

与 3.6m 长的进气管相连时,采用相同的控制系统和测试装置得到的控制效果并不理想。虽然控制系统抑制了喘振,但与管道共振频率对应的 45Hz 压力脉动被放大了。因此,为了抑制所有的不稳定现象,需要一种性能更好的数字控制器,以便在高频率时仍能补偿驱动器的相移。

9.1.2 可变集气箱控制

图9.2给出了可变集气箱控制系统的示意图。此试验装置通过一个大的气流扬声器将集气箱从辅助集气箱中分离,实现了壁板的移动。它们由一个小管子连接,通过最小化扬声器两边的时均压差来减少移动壁板所需求的能量。对集气箱压力变化进行适当变换后,控制器将扬声器的 A_P 面移动一段距离,有

$$dy = Z d\psi_P \tag{9.7}$$

为了解释集气箱体积的变化,使用连续性方程式(8.21),需添加一个附加项,即

$$\dot{m}_C - \dot{m}_T = \frac{d(\rho V_P)}{dt} + \rho A_P Z \frac{d\psi_P}{dt} \tag{9.8}$$

如图9.5所示,Simon等(1993)的试验数据表明,采用压力振荡驱动控制集气箱容积 V_P 周期性变化比节流阀控制更有潜力拓宽工况范围。这种方法的主要缺陷是需要对集气箱进行较大的修改,同时壁板的移动需要较大的能量。

Gysling(1991)和Arnulfi等(1999、2001)提出了一种无源阻尼装置,该装置通过耗散压气机施加的非定常能量来减小深度喘振时非定常流动的振幅。该系统包括质量为 m_w 且面积为 A_P 的移动壁板、用于分割主集气箱和辅助集气箱 V_{aux} 且系数为 ζ 的阻尼器、刚度为 K_S 的弹簧和压力均衡管。其中压力均衡管的直径应该足够小,以保证不影响阻尼器的动态特性,如图9.6所示。

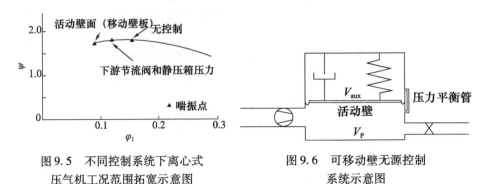

图9.5 不同控制系统下离心式压气机工况范围拓宽示意图

图9.6 可移动壁无源控制系统示意图

使用被动控制时,式(9.9)和式(9.10)需与式(8.26)和式(8.27)进行组合,有

$$\dot{m}_C - \dot{m}_T = V_P \frac{d\rho}{dt} + \rho A_P \frac{dy}{dt} \tag{9.9}$$

$$\dot{m}_w \frac{d^2 y}{dt^2} + \zeta \frac{dy}{dt} + K_S y = (P_P - P_{aux}) A_P \tag{9.10}$$

通过调整参数 B 进行参数化研究,获得参数 m_w、V_{aux}、ζ 和 K_S 的最优值,即最大化压气机稳定运行的特性线斜率。Arnulfi 等(1999)研究显示,除最佳阻尼系数 ζ 外,其余参数均为常数,且当 $B<0.6$ 时,ζ 变小。类似的研究表明,压气机特性线的最大稳定斜率略小于主动控制系统的斜率,如图 9.7 所示,且主动、被动控制都使工况范围得到类似的拓宽。

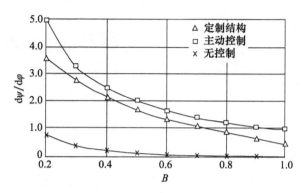

图 9.7　采用主动和被动可移动壁板控制时压气机特性线的最大斜率

被动控制系统的主要缺点在于所需阻尼器的尺寸和结构过于庞大和沉重。在叶轮直径为 5.5cm 的小型涡轮增压器上,Gysling(1991)所使用的被动控制系统要求辅助集气箱容积是主集气箱的 3 倍以上,移动壁板的质量为 6.2kg,阻尼系数在 $1000\sim2000\text{N}/(\text{m/s})$ 之间。Arnulfi 等(2001)对一台叶轮直径为 46.5cm、叶片高度为 8mm 的四级压气机进行了评估,其使用的被动控制系统要求移动壁板的质量为 1200kg、面积 $A_P=1\text{m}^2$、辅助集气箱容积 $V_{aux}=17.5\text{m}^3$。他们还提出了一种液压振荡器,其在技术上应该更具有可行性。

9.1.3　主动磁轴承

Yoon(2012)和 Ahn 等(2009)使用主动磁轴承(AMB)作为喘振控制的驱动器,通过改变叶轮的叶顶间隙控制喘振。这种方法非常适合离心式压气机,因为离心式压气机的叶顶间隙可以很方便地通过改变止推轴承的轴向位移进行控制(图 9.8),而在轴流压气机中这种方法要复杂许多(Spakovsky 和 Paduano,2000)。

叶顶间隙的增加,减小了滑移系数,增加了流动损失(式(3.85)和式(3.55)),进而降低了压升。通过在式(8.30)中添加一个额外的项来说明叶顶间隙对压气机稳定性和压升的影响,即

$$\frac{\text{d}\phi_C}{\text{d}t}=\frac{U_2}{2L_C}\left(\psi_C+2.43\frac{\Delta\delta_{cl}}{b_2}\left(1-\frac{R_{1S}^2}{R_2^2}\right)-\psi_P\right) \qquad (9.11)$$

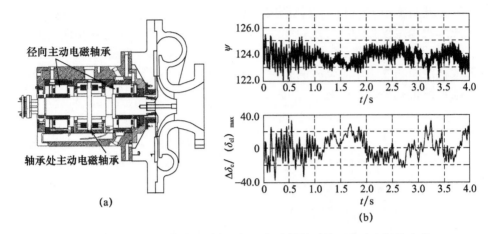

图 9.8 带磁轴承的单级离心式压气机主动控制时静压和叶尖间隙变化

式中：$\Delta\delta_{cl} = \tilde{\delta}_{cl} - \delta_{cl}(t)$ 为叶顶间隙的变化，$\Delta\delta_{cl} > 0$ 表示叶顶间隙减小。

该控制系统已应用于直径为 0.25m 的压气机，该压气机与截面积为 $0.7m^2$ 的集气箱和 5.2m 长的进口管道相连。当关闭节流阀时，不稳定流动首先在 21Hz 处产生，与进口管道的共振频率一致。当质量流量进一步减小时，压气机中出现喘振现象，在 7Hz 处产生不稳定流动。

在集气箱压力监测的第一组测试中，发现控制系统出现过度补偿的现象，这种情况的出现主要是由于测量的压力振荡和线性化的压升曲线对压气机质量流量变化的错误预估。研究发现，当压气机在最大压升点的临界区域运行时，这种计算流量的方法误差很大。可通过直接测量压气机的瞬时质量流量，并把该振荡的质量流量作为附加控制输入，抑制压气机内的低频振荡。然而，当节流阀开度从 17.3% 移动至 15.8% 时，与进口管道共振频率对应的高频振荡仅缓慢推迟至稍低流量处。

在模型中加入进气管道的动力学特性，提升对高频振荡的捕捉能力，可以使压气机稳定工作范围拓宽 21.3%。图 9.8 中的信号表明，随着集气箱中压力和叶顶间隙同步增加，压气机的稳定性得到了改善。

9.1.4 紧密耦合式电阻

表 9.1 中 Simon 等(1993)的研究显示，当节流阀由质量流量或进口静压的瞬时变化驱动时，增益 G 会无限增加。在对压气机的工况范围进行预测时，需要掌握无控制时压升曲线左侧的喘振边界。尽管理论预测是可能的，但是由于非设计工况下性能计算公式未知，预测结果可能不够准确。

压升曲线可以在流动稳定后通过无控制的紧密耦合电阻(CCR)测量。该喘振抑制装置结构非常简单，仅由单个叶轮和出口集气箱之间的节流阀构成。其中叶片扩压器如图9.9所示，无叶扩压器如图8.60所示。

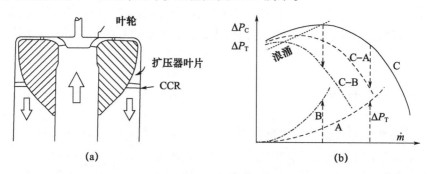

图9.9 近耦合电阻及其对性能图的影响

CCR的作用是双重的。节流阀实现了压气机与出口集气箱的动态分离。根据式(8.42)，此时的参数 B^2 非常小，即可以确保压气机在较低的质量流量下稳定运行，而由于原型压气机在该质量流量下性能曲线斜率为正，无法稳定运行。准稳态压升曲线可以在节流阀上游测得，并延伸至相当小流量，从而用于评估主动控制效果(Fink 等 1992)。

如图9.9(b)所示，CCR会产生一个稳定的压降 ΔP_T，该压降与体积流量的二次方成正比，致使节流阀下游测量的压升曲线降低，且最大值向小流量偏移。同时压力和效率的下降幅度取决于阀门的位置。

CCR的主要复杂之处在于需要一个环形阀，用来避免可能引发的周向压力畸变。这是因为周向畸变可以诱发其他类型的不稳定现象。图9.10中的虚线为CCR上游位置处测量的试验结果，如图9.9(a)所示，该CCR位于扩压器叶片的下游。该"真实压气机"的压升曲线呈现出平稳的变化，其稳定流量高达阀门开度的20%。由于扩压器叶片和节流阀之间的相互作用，此时所测的压力值略低于未安装阀门时测得的压力值。阀门全开时，由于该阀门(两个相邻的穿孔盘)最大开度仅为50%，所以其下游的压力值略低于上游。可以通过使用其他类型的阀门避免

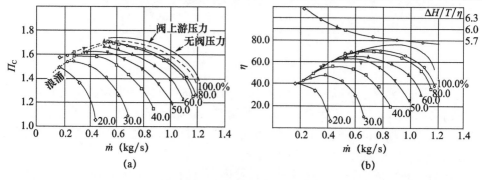

图9.10 压气机近耦合阻力性能

这些损失的产生,如图 8.60 所示。图 9.10 中的其他曲线显示了阀门在不同开度时下游的压力和效率曲线。从图中可以看出,压气机的稳定工况范围得到显著拓宽,但代价是降低了压比和效率。然而,阀门下游的最大压力相对上游并未显著降低。

9.2 旁通阀

不同转速下压气机的喘振极限都通过压比和质量流量表征。为避免喘振的出现,需确保质量流量不低于该极限值。但是,当燃气涡轮或涡轮增压器的工况变化过快时,可能会越过喘振极限。为增加燃气涡轮的输出功率或提高转速,需要注入更多的燃料,很容易诱发涡轮阻塞现象。涡轮进口温度的增加会降低密度 $\rho = P/(R_\text{G}T)$,而声速 $a = P\sqrt{\kappa R_\text{G}T}$ 的增加无法完全补偿密度的降低。在恒定压力下,堵点流量 $\rho a A_\text{th} = P\sqrt{\kappa/(R_\text{G}T)}\, A_\text{th}$ 随涡轮入口温度的升高而减小。这种情况下,可通过打开涡轮喷管(可变几何形状)或增加压气机出口压力(更高转速)进行补偿。受喘振裕度限制,上述操作可能不足以避免压气机出现喘振,如图 9.11 中路径 a 所示。如果温度升高将足够缓慢,燃气涡轮可能有时间增加转速以提高压升,使压气机在同一节流曲线(路径 b)更高压比处工作,从而避免喘振的发生。

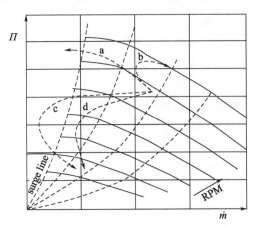

图 9.11 压气机工作点变化

当改变涡轮增压器或管道压气机的运行条件时,可能会出现类似的现象。为确保活塞发动机快速二次加速,需要使涡轮增压器保持较高的转速,尽管活塞发动机空转只需要较低的流量。如果迅速减小压气机流量,可能没有足够的时间调节转速,从而进入喘振状态(图 9.11 路径 c)。

最简单的喘振控制方法是通过旁通阀将多余的流体排放到大气中,如图 9.12 所示。如排放气体的能量不能被驱动压气机的涡轮回收,将致使大量的能量损失。

然而只有当旁通放气具有持久性收益而不是仅仅应急时,涡轮的巨大投入才是有价值的。

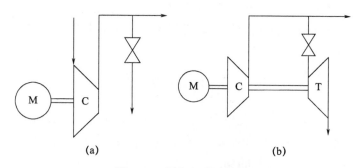

图 9.12　压气机防喘振阀

管道压气机因断电而紧急关闭(ESD)时,也会出现严重的喘振问题。当转速迅速降低时,需要采取紧急措施阻止压气机进入临界状态。典型的防喘振控制系统包括位置压气机出口和进口之间的热和冷循环阀,如图 9.13 所示。在启动和关闭过程中,通过调节冷却器出口和压气机进口间的冷阀控制喘振,并且其响应速度可能比热阀慢。热阀是一种快速开启的通断阀,连接压气机出口(冷却器前)和压气机入口,并专门用于 ESD。由于从热阀回流的再循环气体会使压气机入口的温度快速升高,因此只能运行很短的时间。由于冷阀不会导致压气机出现过热的风险,因此使用时间较长。在 ESD 的情况下,冷阀也可以与热阀同时打开,从而降低热阀开度。EM 阀是一种截止阀,在断电的情况下会迅速关闭,避免下游管道气体回流。

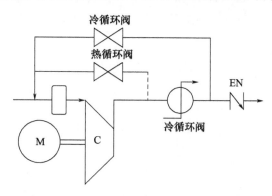

图 9.13　带有热和冷循环阀的防喘振装置

保证安全运行所需的最小裕度和再循环系统的响应时间都是非常重要的问题,这取决于控制系统的特性以及旁通管路和容积的布局。旁通阀门应当足够大,在所有转速线上都能通过全部的流量,同时开启速度应当足够快,以确保任何转速下压气机流量都比喘振时大。Kurz 和 White(2004)、White 和 Kurz(2006)、Schmitz 和 Fitzky(2004)以及 Kurz 等(2006)已经对类似的系统进行了研究。

停电后,压气机仅由惯性驱动。减速中转子产生的扭矩为

$$\text{torque} = J\frac{\mathrm{d}\varOmega}{\mathrm{d}t} \tag{9.12}$$

式中:J 为驱动压气机的燃气涡轮、齿轮箱或电机的转动惯量。

维持压气机运行的功率为

$$P_w = \text{torque}\varOmega = J\varOmega\frac{\mathrm{d}\varOmega}{\mathrm{d}t} \tag{9.13}$$

研究表明,紧急停机后,由燃气涡轮驱动的压气机在 1s 内转速降低约 25%。而由电机驱动的可能会降低 30% 左右,此时压升降低 50%。由于紧急停机持续时间短,可以忽略冷却器内传热的变化。

基于压气机内准稳态流动假设,可以从稳态特性图中根据背压和转速推导出相对应的流量。该工况点压缩流体所需的功率与 $\varOmega^3$ 成比例,即

$$\dot{m}\Delta H \approx \psi\phi U^3 \approx C^{te}\varOmega^3 \tag{9.14}$$

由惯性产生的功率为

$$C^{te}\varOmega^3 = J\varOmega\frac{\mathrm{d}\varOmega}{\mathrm{d}t} \tag{9.15}$$

式(8.13)对时间积分后得到

$$\varOmega(t) = \frac{1}{\left(\dfrac{C^{te}t}{J} + \dfrac{1}{\varOmega_{t=0}}\right)} \tag{9.16}$$

于是可以计算出转速的变化,从而在性能图中计算出喘振边界随时间的变化,如图 9.14 所示。

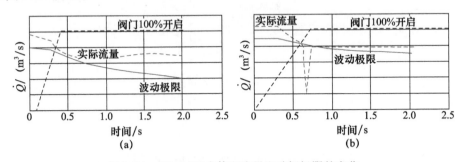

图 9.14 ESD 过程中体积流量和喘振极限的变化

同时,压气机出口压力也应当给出,以便找出相应转速工作线上的实际流量,并与喘振时的流量对比。

压气机背压随时间的变化可通过求解集气箱和管路的连续性方程获得,为压气机流出和热循环阀流出的体积流量瞬时差的函数,即

$$\frac{\mathrm{d}P_6}{\mathrm{d}t} = \frac{\kappa P_6}{V_\mathrm{p}}(\dot{Q}_\mathrm{comp} - \dot{Q}_\mathrm{valve}) \tag{9.17}$$

假设压气机出口和阀门入口处具有相同的压力,则热阀内的质量流量可由其位置计算。

如果在所有时间点,即所有转速下,压气机中的瞬时流量均大于喘振时对应的流量,则可以确保压气机稳定运行,如图9.14(a)所示。类似的计算可以用来检验阀门的尺寸和开启的速度是否足够大,以确保每个时刻都有足够多的流体通过阀门。冷却器和管路的容积越大,压力下降的速度就越慢,则压气机出现喘振的风险也越大,如图9.14(b)所示。White 和 Kurz(2006)对循环阀的选择方案进行了讨论。

9.3 提高叶轮的稳定性

叶轮整体的扩张、前缘至喉部的速度比以及攻角被视为叶轮稳定性的关键参数。可变进口导叶可以调整叶片前缘角,以匹配入口气流角,进而使叶轮能够在较小的流量下稳定运行(Rodgers,1997;Shouman 和 Anderson,1964)。增加叶轮入口的气流预旋,除增加机械复杂性外,主要问题是降低了叶轮的压升。然而,如2.1.1节所述,压升的下降可通过叶轮叶片充分的后掠进行补偿,图9.15所示的试验结果可做进一步阐明。

可变导叶是一种较昂贵的机械装置,增加了压气机的体积和重量。Kyrtatos 和 Watson(1980)提出了一种在叶轮入口切向注入循环流的方法,预旋取决于喷射的位置和方向,并与喷射的气体量成比例。该方法的主要缺点是再循环压缩流体会造成能量损耗,并且压升与预旋的反向耦合使叶轮内流体呈现不稳定趋势。

Flynn 和 Weber(1979)研究了叶片载荷对喘振裕度的影响。他们认为,当叶片前缘的分离区向下游延伸足够远与导流器的分离区融合时,会导致叶轮的旋转失速和喘振。通过增加叶片的厚度可防止两个流动分离区融合。但是,该方法是以增加叶片尾缘尾迹损失为代价拓宽稳定性范围的。延长叶片长度使尾缘平滑过渡,虽然可以提高效率,但也增大了叶轮的尺寸和重量,如图9.16所示。

Rusak(1982)和Sayed(1986)采用高且厚的楔形叶片,通过增加低比转速叶轮的水力直径来减小摩擦损失。此时,尾缘处的厚度突增并未造成额外的损失,而是代替了导流器中射流-尾迹结构。对叶轮尾缘进行了倒圆处理,可以减小叶轮出口处厚度突增带来的流动损失,如图9.17(a)所示。性能试验结果表明,整级效率提高了5%(Sayed,1986)。但是,并未讨论叶轮出口处展向突缩造成的流动损失,该收缩有助于提高扩压器内流动的稳定性。

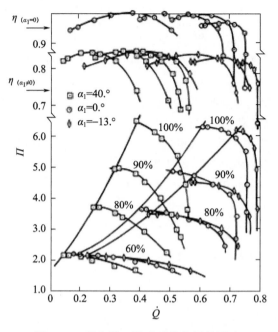

图 9.15 可变进口导叶对性能图的影响

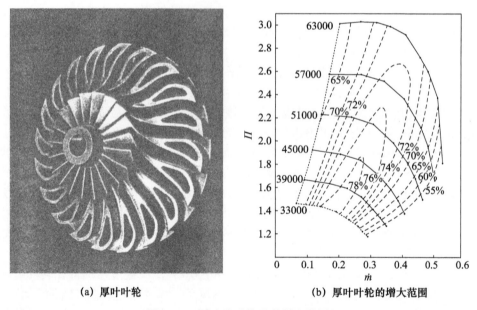

(a) 厚叶叶轮　　　　　　　　(b) 厚叶叶轮的增大范围

图 9.16 厚叶片叶轮及其增大范围

图 9.17(b) 所示为极低 NS 叶轮,即叶轮进口处存在相交孔的圆盘。流道具有最优形状(最大水力直径 D_H),但是并没有讨论扩压器入口处流道突扩和展向收

缩(为提高扩压器内流动的稳定性)引起的流动损失。可以通过将蜗壳放在更靠近叶轮出口位置避免该损失,并可以通过增大蜗壳下游出口扩压器的面积(长宽比接近1)补偿无叶扩压器的缺失。

(a) 低NS叶轮 (Rusak, 1982)　　　　(b) 极低NS叶轮

图9.17　低NS(无轮盖)和极低NS叶轮

在 Reddy 和 Kar(1971)的一篇论文的讨论中,Wiesner 引用了 Anisimov 等(1962)的研究,认为具有 14~18 个叶片的叶轮性能最好,而具有 10~12 个叶片的叶轮性能更稳定。减少叶片数量会减小滑移因子,这与叶片后弯效果相同。

9.3.1　双入口压气机

为了应对极大流量工况,将两个相同叶轮背靠背放置是一种常用方法,如图9.18所示,其优点是消除了叶轮背面的圆盘摩擦损失和泄漏流。然而,由于仅在一侧存在驱动轴,且叶轮入口几何形状可能并不完全对称,从而导致两侧叶轮的性能曲线略有不同,如图9.19所示。此外,制造或者安装误差以及轴的热膨胀系数不均匀会引起叶顶间隙差异,从而影响压气机性能。

两个特性线略有不同的叶轮并联运行结果如图9.19所示,由于出口压力相同,流量会有差别。在节流位置1处,两个叶轮均能稳定运行。尽管压升曲线存在微弱差异,但流量并没有很大差别,处于稳定运行区域。

当节流阀关闭到位置2时,出口压力增加,压气机 B 处于稳定边界。此时,较小的扰动就可能使压气机 B 进入不稳定运行区域,流动可能在喘振线左侧 B_3 位置重新稳定。随着流量的急剧减小,仅需要较低的压力便可通过节流阀。由于两个叶轮出口压力相同,叶轮 A 将在低压比大流量处运行。根据特性线,此时,叶轮 B 可能进入了深度喘振状态,从而导致两个叶轮均发生剧烈振荡。

如图9.20中的试验数据所示,剧烈振荡致使轴向力不再平衡,因此完整的特性图无法使用。该图还表明,进气畸变的影响很大程度上取决于性能线的斜率,压气机的性能曲线越陡峭,两个叶轮的对称性要求越低。

图9.18 双入口压气机

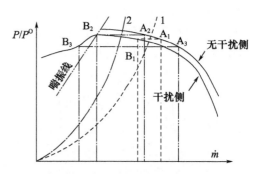

图9.19 非对称双入口压气机的流动不平衡和不稳定

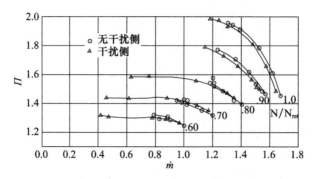

图9.20 入口不对称对双入口压气机压力上升曲线的影响

通过减小两个叶轮的入口形状或叶顶间隙,可以消除两个叶轮的特性差异。如果无法消除叶轮几何的差异,则可以通过在叶轮入口处设置扰动来削弱这种差异,从而使两叶轮的性能曲线相匹配。Lei(2011)通过在叶轮前端安装了一个带孔的盖板,拓宽了稳定性较弱叶轮的工作范围,并重新建立整级的稳定性。同样,可以通过其他措施如调整叶轮出口半径或优化压气机的几何结构,获得更负斜率的压气机特性线。

9.3.2 机匣处理

机匣处理是指在轮盖壁开孔(蜂窝状)或者加凹槽结构,如图9.21所示。如果旋转失速与轮盖侧的边界层相关,机匣处理可以有效延迟旋转失速。优化轮盖壁对吸力面分离几乎没有影响(Greitzer 等,1979),因此机匣处理无法有效抑制载荷过大诱发的旋转失速。

Jansen 等(1980)和 Fisher(1989)在离心叶轮进口、出口和叶片扩压器施加机匣处理,并取得了成功。叶轮入口压力面流体流入倾斜的轴向缝,并从吸力面喷出,如图 9.21(a)所示。极大地改善了中压比压气机的工况范围和效率,如图 9.21(b)所示,对压比为 5 的压气机施加了相同的机匣处理,工况范围同样得到了拓宽,但压升略有降低且效率也降低了几个百分点。

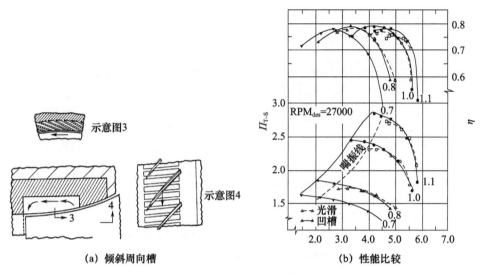

图 9.21 倾斜周向槽和经过光滑处理的电感器的性能比较

Elder(1994)研究发现,在轮盖一定范围内施加周向槽可以获得中等程度裕度提升,但是对效率存在一定的负面影响,除非初始效率就很低。Du 和 Seume(2017)利用数值模拟对其进行了验证,并提出预测:周向槽可提高压比但是以降低效率为代价。

机匣处理更复杂的形式为导流槽,一直延伸至叶轮前缘上游处,开槽对阻塞工况和近失速工况流动的影响如图 9.22 所示。

在近阻塞点工况时,由于攻角为负值,流动在诱导轮处第一次加速,叶轮前缘压力低于上游压力($\Delta P < 0$),于是流体在机匣壁缝内从压力 P_1 较大的入口向下游流动,绕过叶轮的喉部位置,并使叶轮内的流量超出了原来的阻塞极限。在小流量下,诱导轮中的压力值迅速增加至高于叶轮入口的压力值($\Delta P > 0$),则流体从轮盖倒流至叶轮入口,循环流增大了轮盖前缘的轴向速度,但并未影响总体流量。循环流大小主要取决于诱导轮中的压升以及轮盖槽的摩擦、掺混损失。

当回流器没有叶片时,槽下游的漩涡会被传递至叶轮入口,致使叶轮入口出现正预旋。轴向速度的增加和叶轮入口正预旋都有助于减小叶轮进口攻角,使稳定工况向小流量拓宽。但是,由于槽中出现额外的摩擦损失,会降低压比和效率,如图 9.23(a)所示。效率损失可以通过提升诱导轮性能补偿,因为轮盖侧的低能流体被抽出并重新注入,形成新的边界层。

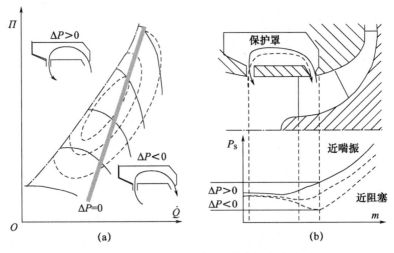

图 9.22　机匣再循环系统中的流动

Chen 和 Lei(2013)总结了涡轮增压器导流槽设计和应用中涉及的问题。固定轮盖支板产生的尾迹与叶轮前缘相互作用会产生额外的噪声。此外,效率降低和加工复杂性提高是导流槽机匣的主要缺点。

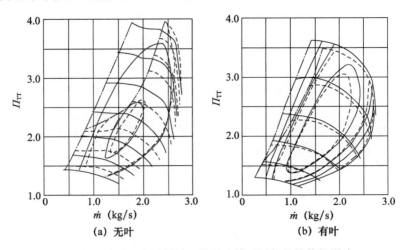

图 9.23　无叶和有叶端端口的导流槽对压气机性能的影响

在叶轮入口安装产生反向涡流的叶片,如图 9.24 所示,可有效提高效率,并将喘振边界向小流量方向移动(Tamaki,2011;Sivagnanasundaram 等,2010、2012),同时增加了循环流流量,进而增大了叶片前缘的轴向速度。Tamaki(2011)认为,循环流流量越大,负预旋的程度就越大,叶轮的攻角也就越大,因此该方法并不能有效地拓宽稳定运行工况范围。相对气流角 β_1 的增加会使诱导轮上游产生额外的压升。与无导流槽轮盖相比,其相对马赫数较高,激波向后移动,削弱了叶片顶泄漏涡,进而增加了叶轮的稳定性。攻角和压升增加将导致边界层较厚甚至发生分离,但这并不会影响诱导轮中的流动,因为其在槽的下游抽出并重新流入。流体被抽出会降低子午速度。在相对气流角不变(叶片安装角固定)的情况下,绝对切向速度增加,从而在导流槽的下游迅速向叶轮输入能量。诱导轮在较高的压力下产生了新的边界层,在提高效率、增强稳定性的同时,进一步提高压升。

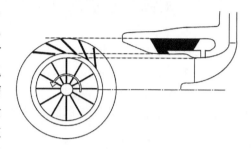

图 9.24 带有旋流叶导流槽

上述所有措施都有助于提高叶轮小流量时的压升,即压升曲线的负斜率增大,稳定极限向小流量方向移动,如图 9.23(b)所示。诱导轮的性能改进很大程度上补偿了导流槽中的摩擦及掺混损失,这是效率提高的根本原因。Chen 和 Lei (2013)提出,在开槽机匣中安装叶片扩压器,最大程度地增加循环流,从而将损失降至最低。Tamaki 等(2012)提出了一维模型,用来预估循环流大小以及导流槽上游的能量输入。

旋流叶片的安装角以及槽的位置和尺寸一直是非常热门的研究方向(Tun 等,2016;Ishida,2004、2005;Sivagnanasundaram 等,2013)。为避免叶轮性能恶化,再循环装置在设计点的循环流量几乎为0,同时,槽下游的轴向位置也很重要。

Zheng 等(2010)提出周向覆盖90°的非对称导流槽,以补偿蜗壳引起的流动畸变。Tamaki 等(2012)的优化试验显示,稳定工况单位得到了极大拓宽,尤其是高马赫数情况下,此时叶轮对蜗壳压力畸变引起的攻角变化非常敏感,如图 9.25 所示。

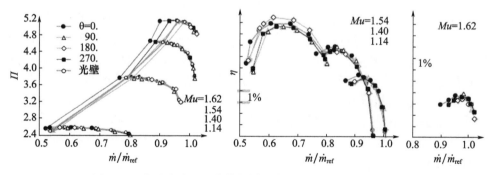

图 9.25 非对称端口导流槽的周向位置对压气机特性的影响

9.4 提高叶片扩压器的稳定性

Jansen 等(1980)在叶轮出口和叶片扩压器轮毂延伸段施加了径向槽机匣处理,得到的结果差强人意(图9.26)。堵点流量和工况范围的显著增加,是因为绕过扩压器喉部空腔中泄漏流增加。旋转空腔带来的能量并不会增加压升,而是被耗散掉。据估计,压气机70%的能量损失来源于叶片扩压器。

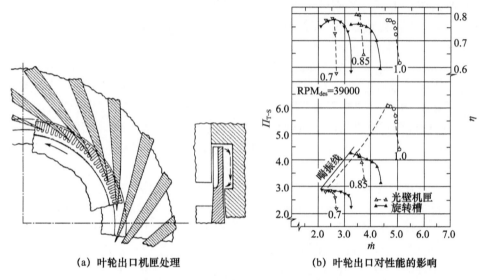

(a) 叶轮出口机匣处理　　　(b) 叶轮出口对性能的影响

图 9.26　叶轮出口机匣处理及其对性能的影响

Amann 等(1975)在扩压器进口施加了与环形室相连的周向狭缝机匣处理,减弱了扩压器内的周向压力畸变,对喘振边界产生了有利的影响,如图 9.27 所示。

Ono(2013)通过在扩压器喉部附近的轮盖上施加周向狭缝和空腔,使压比为 5 的压气机的喘振点质量流量降低了 6%。在这种情况下,工况范围的拓宽是因为蜗壳压力畸变对扩压器入口流动影响减弱。扩压器出口压力的增加会向上游传播至扩压器喉部位置,出口压力越高的扩压器,喉部区域的静压越高,对应的质量流量越小。因此,直接导致攻角增加、叶轮出口和扩压器间的压升增加,喉部出现更严重的阻塞(图4.33 和图 4.35)。根据图 4.42 可知,喉部下游扩压通道中的静压升降低,会使喉部静压进一步增加。扩压器出口的任何压力畸变都会被放大,局部区域出现失速(图8.47)。

狭缝的主要作用是周向均匀化扩压器入口气流。试验结果表明,在扩压器喉部位置设置单一空腔,压气机的工况范围并未得到拓宽。流体在喉部高静压的位置流入狭缝,在低压位置流出。高背压时喉部堵塞区域减小,下游流道的压升增

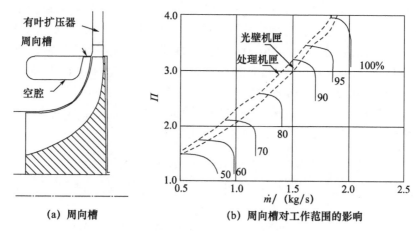

图 9.27 周向槽及其对工作范围的影响

加。在大攻角情况下,喉部上游质量流量增加,小攻角时减小。Gallaway 等(2017)的计算结果表明,施加周向狭缝,攻角由光壁机匣的 10°降为 2°。狭缝能够改善流动稳定性的另一种途径是在"临界"喉部位置处抽吸掉机匣侧边界层中的低能流体。定常和非定常计算结果显示,机匣侧出现流动分离的风险最高,因此在机匣侧施加狭缝和空腔通常是最有效的方法。

由此可以得出结论,当蜗壳没有造成周向压力畸变时,狭缝和空腔可能不会拓宽压气机工况范围。然而,Eisenlohr 和 Benfer(1998)在压比为 5 的压气机扩压器喉部区域和周向空腔之间的机匣上打孔处理,喘振边界出现相同的变化。在无蜗壳的情况下,工况范围的拓宽是由于带孔机匣对半无叶区域的激波产生了稳定作用,喘振裕度提高不受入口周向畸变的影响。

通过优化扩压器叶片前缘角使其适应不同展向位置的进口气流角是拓宽稳定性的一种做法,但是该方法并不能在所有工况下具有最佳攻角。Goto 等(2009)指出,通过减薄轮毂侧扩压器叶片(锥形叶片),可使压气机性能得到改善,将喘振边界向

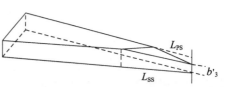

图 9.28 锥形叶片扩压器叶片

小流量方向移动,如图 9.28 所示。Dussourd 等(1977)认为,减薄叶片会使前缘卸载,从而促进扩压器失速的产生,并且减薄机匣侧叶片会降低压升。

两个相邻的圆锥形进口段相交而产生扫掠,因此管式扩压器的重要特征之一是前缘展向不均匀。叶轮尾迹与前缘的相互作用机理尚不明确,可能会对扩压器的叶片振动和噪声产生有利的影响。在轮毂和轮盖侧,扩压器前缘一直延伸至接近叶轮出口,因此通过阻止壁面边界层的回流来推迟失速。然而,Rodgers(1961)发现,与管式扩压器相比,岛状叶片扩压器具有更大的工况范围。

Yoshida 等(1991)研究了无叶空间的径向延伸对叶片扩压器不稳定类型的影响。所有的测量均在低负荷叶轮 $\beta_{2,\text{bl}} = 70°$、宽型扩压器($b_2/R_2 = 0.2$)进行的,结果如图 9.29 所示。其中 D30G20、D20G12 和 D20G05 几何区别在于扩压器前缘的位置,R_3/R_2 分别为 1.4、1.24 和 1.01。当旋转频率 $\omega_\sigma/\Omega\lambda < 0.1$ 时,随着无叶空间径向延伸距离的减小,VDRS 的产生从 $\Phi = 0.1$ 推迟至 $\Phi = 0.08$(流量系数),并且当叶轮-扩压器间隙到达最小值时完全消失。这也证实了 Senoo 和 Kinoshita (1978)的理论同样适用于叶片扩压器的无叶空间。

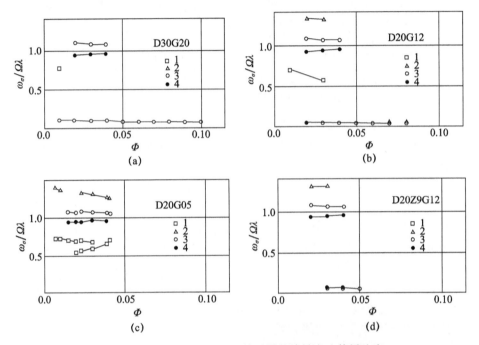

图 9.29 不同程度无叶空间扩压器的旋转失速传播速度

D20G12 和 D20Z9G12 唯一的区别是扩压器叶片数从 18 个减到 9 个。由于扩压器叶片数的减小,非旋转畸变幅值增大致使 VDRS 的稳定边界向小流量方向偏移。表明旋转不稳定性可通过振幅足够大的非旋转畸变抑制。将扩压器叶片向径向偏转 10°也可以获得类似的效果。

在无叶扩压器中同样测量到旋转速度在 $0.5 < \omega_\sigma/\Omega\lambda < 0.75$ 之间的失速团,称为 PIRS。同时,流道中也出现了 3~4 个旋转速度在 $0.9 < \omega_\sigma/\Omega\lambda < 1.1$ 之间的失速团,且总是成对出现。λ 值之和等于叶轮叶片数,平均频率为叶片旋转频率,是其他不稳定性与叶片通过频率非线性相互作用的结果。测量结果未能解释 $\omega_\sigma/\Omega\lambda \approx 1.3$ 的低振幅旋转失速模态的来源。

通过稳定扩压器通道中的流动,可将叶片扩压器的喘振边界向小流量方向偏移。Marsan 等(2012、2015)提出将扩压器通道中的分离流抽出。正如 7.2.2 节所述,采用数值方法预测扩压器中流动并不完全准确,只有在合适的位置抽出分离流收益才明显。从图 9.30 的数值结果中可以看出,由于扩压器的性能得到了改善,压气机稳定运行范围有了较大的拓宽,但以牺牲效率为代价。Rodgers(1982)试验证实了在扩压器叶片吸力面抽气有助于拓宽喘振边界。

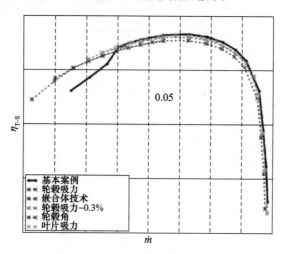

图 9.30 吸气扩压器的射程延长

Skoch(2003、2005)试图在靠近叶片前缘的轮毂/机匣侧喷气稳定岛状叶片扩压器内的流动,喷嘴方向相对于叶片中弧线分别为 -8°、0°和 8°。同样地,对喷射量的影响也进行了试验测量。喷气来源有两种,即使用外部空气喷射和扩压器出口流再循环喷射。研究表明,任何喷射量下,压气机的工况范围都没有得到提高,甚至随着喷射量的增加,工况范围变窄。

9.5 叶轮 – 扩压器匹配

改变扩压器叶片安装角并不会对叶轮的输入功产生显著的影响。与可变 IGV(进口导叶)和后倾叶片(2.1 节)配合,可以在较大工况范围内保持恒定的压力输出。可变叶片扩压器的一个重要问题是叶片安装角或吸力侧倾角 α_{ss}、无叶空间的径向距离以及喉部截面之间复杂的几何关系(4.2.3 节)上述任何一个参数的修改都会对其他参数产生影响。

不同改变扩压器几何的方法均可在文献中找到。楔形叶片可以围绕前缘一点旋转,如图 9.31(a)所示,旋转方向由尾缘附近的诱导环确定。可调部分受叶片前缘与来流的匹配性限制。而弧形叶片通常围绕弦中点旋转限制扭矩大小,并且扭矩的方向应始终保持不变,以免因接头松动发生叶片振动,如图 9.31(b)所示。

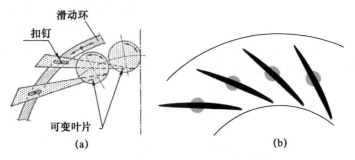

图 9.31 可变叶片扩压器几何形状的原理

喘振点随攻角变化,因此转动叶片会影响喘振点,但是旋转叶片带来的扩压器喉部面积变化将直接影响堵塞流量,性能曲线会发生改变,如图 9.32 所示。8.6.3 节中所述的 Yoshinaka 模型非常适合评估扩压器几何变化对工况范围的影响,同时可以指明达到给定特性图变化所需要的措施。

叶片切向旋转会减小喉部面积,降低喘振点的流量,同时使失速极限向小流量方向偏移。如图 9.32(a)所示,每个等转速曲线上都会发生叶轮失速,喘振边界由扩压器失速决定。由于堵塞时扩压器攻角与失速时非常接近,稳定工况范围非常窄,此时轻微的流量减小就可能使扩压器出现失速或喘振。

将扩压器叶片向径向转动会增大喉部截面,对堵点流量产生有利的影响(图 9.32(b))。但是,这将致使叶片吸力面倾角 α_{SS} 减小,扩压器失速极限向大流量方向偏移,可以通过使堵塞边界向大流量方向移动进行补偿,拓宽稳定工况范围。在高于95%的额定转速时,扩压器失速先于叶轮,而喘振受叶轮控制,从而揭示了喘振边界的不连续性。可以通过改变扩压器叶片安装角控制叶轮和扩压器失速边界的交点。就最大工况范围而言,在设计转速下,当扩压器和叶轮同时发生堵塞时,扩压器的喉部面积最佳。

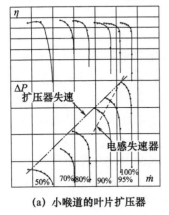
(a) 小喉道的叶片扩压器

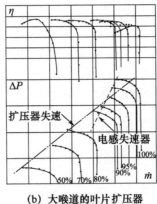
(b) 大喉道的叶片扩压器

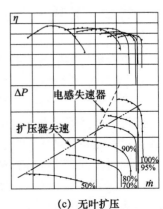
(c) 无叶扩压

图 9.32 压气机性能示意图

通过移除扩压器内的叶片使扩压器失速边界逼近无叶扩压器旋转失速的临界入口气流角。根据 Yoshinaka 模型,VDRS 的临界入口气流角决定低转速(低于 90%)压气机的喘振边界,此时失速先于喘振出现。然而,在高转速下,喘振由诱导轮失速决定,因此喘振线几乎保持不变。对无叶扩压器而言,由于压气机堵点仅由叶轮决定,堵塞流量很大。由于无叶扩压器在压气机喘振前已经失速,靠近叶轮失速边界时,压气机效率急剧下降。对于大型叶片扩压器和无叶扩压器,高速时的堵塞极限是相同的,因为在这两种情况下,堵塞极限都是由叶轮处的最大通流能力决定。

可调叶片扩压器重要问题之一是叶片和扩压器壁面的间隙,这是叶片旋转所必需的(Rodgers,1968),其产生的泄漏损失会对压气机效率产生无法忽略的影响,如图 9.33 所示。

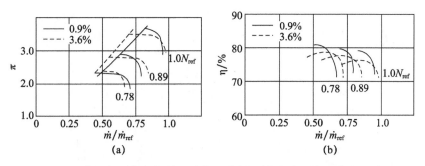

图 9.33　典型的压气机性能恶化与可变扩压器叶片间隙百分比的关系

Simon 等(1986)和 Harada(1996)提出了可变 IGV 和扩压器叶片组合的工业压气机。可以在较大流量区间建立最优叶轮和扩压器入口气流角。如 2.1.1 节所述,预旋引起的流量变化会影响扩压器入口处的速度三角形,此时叶片扩压器可能不再是最优的,从而叶轮的稳定运行范围可能受到扩压器喘振边界的限制(图 2.6)。调节扩压器叶片的安装角以适应入口气流角,可拓宽叶轮的工况范围,同时降低对效率的负面影响,如图 9.34 所示。

Salvage(1996、1998)提出了一种不改变前缘吸力面倾角 α_{ss} 而改变喉部面积的开口环管式扩压器。扩压器分为两个同心环,分割半径靠近喉部,如图 9.35(a)所示。旋转前环或后环可减小有效喉部面积。该装置可作为一个可变的紧密耦合阻抗来稳定无叶和半无叶空间的流动。尽管完全打开时扩压器的几何形状和原扩压器的几何形状相似,但试验表明,由于新型扩压器的喘振裕度向大流量方向移动,其工况范围有所减小,这主要由扩压器旋转部分和固定部分之间的泄漏流导致。可变 IGV 和减小扩压器喉部面积的双重作用,在效率不降的情况下,显著提高了压气机在非设计工况下的喘振边界。

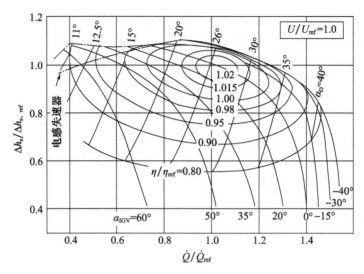

图 9.34　IGV 和扩压叶片最佳组合时水头和效率的变化

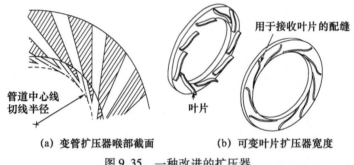

(a) 变管扩压器喉部截面　　(b) 可变叶片扩压器宽度

图 9.35　一种改进的扩压器

通过控制手段将扩压器出口流动再循环至扩压器入口,可以保持扩压器通道内的流动稳定,但这会降低叶轮的通流能力,同时增大了损失。与分流式扩压器相比,该方法显著拓宽了压气机的工况范围,但效率也更低。喷射角度是一个非常重要的参数,因为他证实了叶片攻角对扩压器稳定性的影响(Salvage,1996)。

匹配气流角与叶片安装角的另一种方法是改变扩压器宽度,如图 9.35(b)所示。减小扩压器宽度可以减小扩压器入口气流角 α_2,使压气机在小流量工况下稳定运行。除了扩压器入口处通道宽度发生突变外,该方法的最主要问题是增加制造成本、引起泄漏流。

9.6　提高无叶扩压器的稳定性

恒定质量流量下减小扩压器宽度将导致以下结果。

(1) V_u 不变的情况下,径向速度分量增加,α_2 减小。

(2) 根据 Senoo 和 Kinoshita(1978)的理论,b/R_2 减小致使 α_{2C} 增加。

两者都有助于使扩压器入口状态从不稳定区域移动至稳定区域(图9.36),从而获得更稳定的流动。

对于较窄的扩压器,其回流出现的临界区域靠近扩压器入口(图8.18),因此应从靠近扩压器入口处减小扩压器的宽度。但是,为保证扩压器的稳定性,必须避免流动面积的不连续性变化。如8.2.3节中所述,应谨慎选择扩压器入口处的曲率。

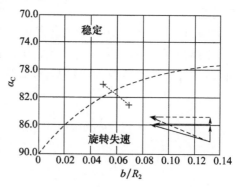

图9.36 通过收缩稳定扩压器流动

对于较宽的扩压器,其回流出现的临界区域在半径比较大的区域(图8.18)。因此扩压器的宽度应逐渐减小至临界区域,最后保持不变。就稳定扩压器内部流动稳定性而言,扩压器入口宽度突缩具有相同的效果,但 Ludtke(1983)研究发现,由于水力直径的减小,该方法会产生较大的摩擦损失。由图9.37可知,与平行壁扩压器(图9.37(a))相比,锥形扩压器(图9.37(b))可获得更高的稳定性。但是,扩压器出口宽度越小,静压升越小,蜗壳入口径向速度越大。因此,蜗壳内的损失增大,压气机效率较低。

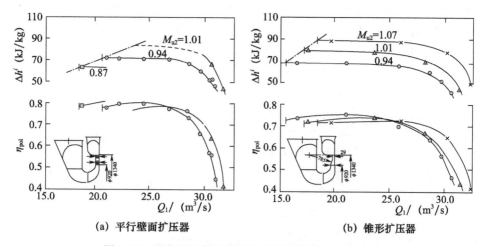

(a) 平行壁面扩压器　　　　(b) 锥形扩压器

图9.37 平行壁面扩压器和锥形扩压器的流动稳定性

扩压器的宽度也可通过图8.26(a)调整,在设计点(小流量),入口处的圆角可以使流体平滑地从叶轮过渡至扩压器。在扩压器开度较大的位置施加大空腔是可行的，因为只有在最大流量（堵塞）时才会考虑该位置，而大流量工况下稳定性没有问题。

Ishida 等（2001）通过增加轮毂壁面的粗糙度实现了无叶扩压器的扩稳，等效于径向增加 0.55mm 尺寸的沙粒。工况范围得到了非常明显的拓宽，但由于摩擦损失较大，扩压器内的压升降低，如图 9.38 所示。

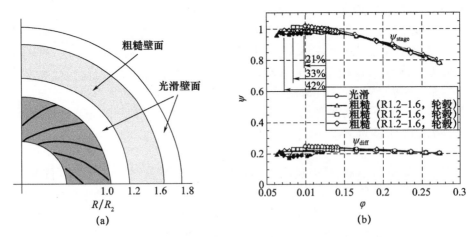

图 9.38　扩压器壁面粗糙度对无叶扩压器稳定性的影响

Abdelhamid（1982）和 Watanabe 等（1994）研究发现，采用可伸缩弯管在扩压器出口实施轴对称节流，有助于提高扩压器的稳定性。只要叶轮内的流动稳定（低负荷叶轮），VDRS 几乎可以拓宽至零流量处，但代价是效率大幅度下降，如图 9.39 所示。原因有两个：一是节流阀中的损失，由熵变 $\Delta H^i/(T\eta)$ 产生；二是内部循环流量增加而导致输入功显著增加。Imaichi 和 Tsurusaki（1979）采用不同面积比的多孔带堵住了扩压器出口区域，得到了类似的结果。

相比之下，在扩压器出口安装小叶片既可达到类似的扩稳效果，又可保持更高的效率（Abdelhamid，1987）。对扩压器出口叶片进行适当调整可使扩压器的静压得到大幅度提升。每个扩压器入口的气流角 α_2 都对应着一个最小的叶片倾角 α_{SS}，若气流角低于最小的叶片倾角，将会发生失速，如图 9.40 所示。最大叶片倾角 α_{SS} 由流动二次加速引起的扩压器性能恶化决定。

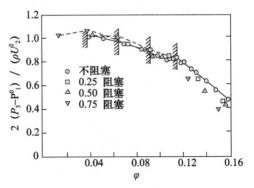

图 9.39　扩压器出口节流对无叶片扩压器稳定性的影响

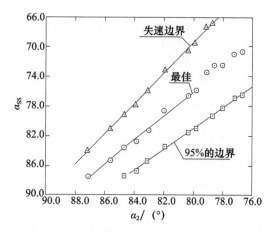

图 9.40 稳定工作范围随扩压器出口叶片整定的变化

9.6.1 低稠度叶片扩压器

低稠度叶片扩压器(LSD)的优点是工况范围不受叶片扩压器堵塞的限制,进而改善了性能并提升了流动稳定性(Senoo 等,1983;Senoo,1984)。Nishida 等(1991)在 8.2.3 节所述的压气机上测试了几种不同通道宽度(2.0mm < b_3 < 6.0mm)、入口半径比(1.03 < R_3/R_2 < 1.20)和稠度(0.69 < σ < 0.87)的低稠度翼型扩压器,最重要的设计参数是扩压器叶片前缘的径向位置。当 R_3/R_2 的值小于回流开始出现时的 R_3/R_2 值时,扩压器失速受到抑制。计算结果如图 9.41 所示,其中 VD 表示为低稠度叶片扩压器,VL 表示为无叶片扩压器。不同形式的扩压器几何参数如表 9.2 所列。

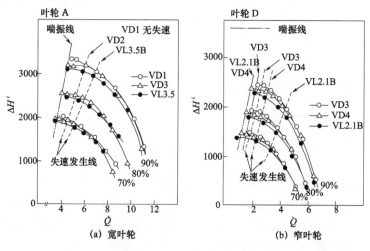

图 9.41 有叶扩压器前缘直径比对宽(A 形)和窄(D 形)叶轮的影响

表 9.2　叶片扩压器数据

扩压器	b_3/mm	R_3/R_2	σ	$\alpha_{3,D}$	$\Re$/mm
VD1	3.65	1.067	0.85	79.4	3.0
VD2	3.65	1.200	0.85	79.4	3.0
VD3	2.00	1.030	0.69	73.0	2.5
VD4	2.00	1.150	0.69	73.0	2.5
VD5	3.50	1.030	0.87	80.0	2.5
VD6	6.00	1.067	0.78	77.0	3.0

窄扩压器要求叶片尽可能靠近叶轮出口，但是由于叶轮和扩压器叶片之间的非定常干涉会产生噪声，噪声的增加决定了 R_3/R_2 的最小值(图 4.39)。图 9.42 所示为无叶扩压器和两个低稠度叶片扩压器的气动性能对比结果，其中两个低稠度叶片扩压器是通过对弦长与节距比为 0.69 的线性叶栅进行保角变换进行设计的。受跨声速叶轮堵塞流量的限制，最大流量不变。失速边界在高转速时移动最大，此时扩压器进口气流更加切向，LSD 表现出最好的性能。

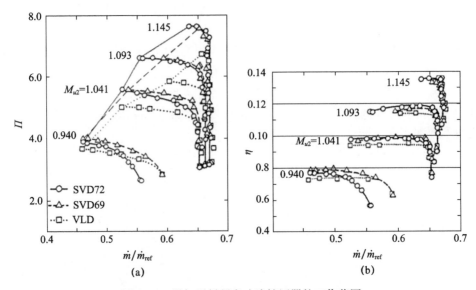

图 9.42　增加了低稠度叶片扩压器的工作范围

Mukkavilli 等(2002)对 LSD 进行了参数化研究，指出叶片安装角和稠度比对扩压器的性能曲线有直接的影响，如图 9.43 所示。合理的安装角和稠度比可以在整个工况范围内提高扩压器的性能，对大流量工况未产生负面影响的基础上，在小流量工况时获得相当可观的性能提升，如图 9.44 所示。

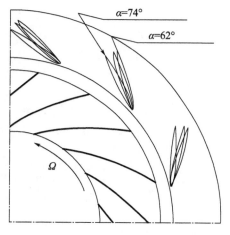

图 9.43　不同的 LSD 叶片设置

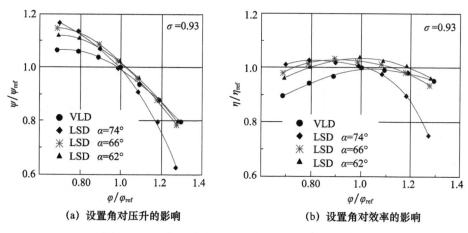

(a) 设置角对压升的影响　　(b) 设置角对效率的影响

图 9.44　LSD 叶片设置角对压力上升和效率的影响

9.6.2　半高叶片

半高叶片或"肋条"已经在稳定无叶片扩压器的内部流动中得到应用。Yoshinage 等(1985)进行了大量的工作,使此类扩压器的气动性能得到显著改善,如图 9.45 所示。值得注意的是,此类扩压器除了拓宽工况范围外,压升和效率也得到了提高。扩压器中的肋条主要作用是将进入扩压器中的切向流动朝径向偏移,从而稳定机匣侧的流动,避免了流动分离的发生,同时又不会改变喉部截面。

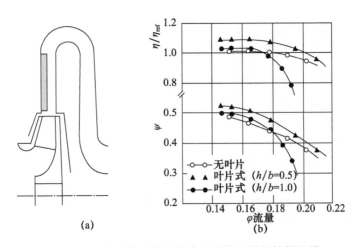

图 9.45 无叶片扩压器和半高叶片扩压器的性能差异

9.6.3 旋转无叶扩压器

Rodgers(1970)和 Rodgers&Mnew(1975)对自由旋转扩压器进行了研究。扩压器通过轮盖和轮毂壁面的摩擦力装配,并且使用支柱连接这些壁面。扩压器的壁面速度随半径的增大而增加,而流体速度随半径的增加而减小。当扩压器以气流的平均切向速度旋转时,摩擦损失最小,即在扩压器入口附近(气流切向速度大于扩压器旋转速度)为扩压器提供能量,在扩压器出口附近再获取(气流圆周速度低于扩压器旋转速度)。壁面上较高的切向速度会产生额外的离心力,从而避免了回流的产生,提高了无叶片扩压器的稳定性,进而拓宽稳定工况范围,同时提高了压力恢复。Rodgers 和 Sapiro(1972)的研究表明,对于高压比压气机,径向延伸扩压器使超声速流体到达叶片前缘前,实现无激波减速,此时性能提升尤为明显。

旋转扩压器在性能上带来的收益非常可观(存在径向端壁叶片的高压比压气机可提升 3%~4%),但必须综合考虑到复杂的几何结构和支柱产生的能量耗散,以及扩压器外壁面流动损失和轴承损耗,实现折衷。

图 9.46(b)所示为旋转扩压器和预诱导轮的组合结构,预诱导轮中的流动具有较低的进口马赫数和攻角,对流动阻塞和喘振都会产生有利的影响。然而,旋转扩压器需要安装叶片以提供足够的能量驱动预诱导轮旋转。

在完成一些气动性能的初步测试后,削减叶片尾缘半径可以作为一种调节叶轮能量头的手段。在多级压气机中,这种技术通常用于改善级间匹配特性,实现所需的总体气动性能。该技术在应用时存在的一个问题是:优化设计仅限于叶片,还是应该包括机匣,同时削减叶轮尾缘会在出口产生一些空腔(图 9.46(c))。

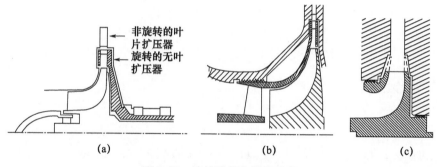

图 9.46 旋转轮盖和轮毂轮廓

Lindner(1983)在保持机匣和轮毂不变的情况下,对不同叶片削减方案进行了试验研究。结果显示,叶轮的工况范围没有明显的变化,但当叶轮叶片尾缘半径削减4.5%后,效率增加了1%,而削减9%后,叶顶间隙的流动损失增加,效率下降了3%~5%。

Sapiro(1983)分析了叶轮叶片出口半径削减20%对性能的影响。低比转速($N_{SC}=90$)叶轮的试验结果表明,当轮毂和机匣保持原始半径时,最大效率降低了3.5%,与轮毂同样被切割成较小半径相比,能头高7%。这是由于大轮毂会产生额外的摩擦泵送,导致叶轮效率降低约1%。据推测,在低N_{SC}叶轮上,延长轮毂会导致侧腔中产生较大的风阻损失,并使无叶片扩压器入口流动更偏切向。致使流道更长,如图9.47(a)所示,无叶扩压器的损失增加,旋转失速流量增加了6%。

对于高比转速($N_C=140$)的压气机,机匣侧延伸20%可使效率提高3%,峰值效率能头提高9.5%,稳定边界流量降低5%,如图9.47(b)所示。机匣侧的延伸增加了能头、风阻和无叶扩压器内的流动损失。但是,由于高比转速压气机中流量较大,上述损失对压气机造成的影响相对有限。

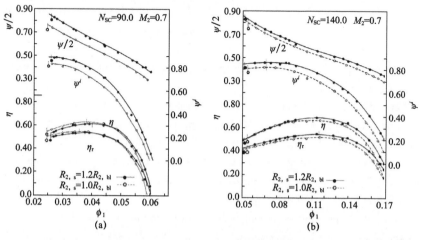

图 9.47 在 $N_{S_C}=90$ 和 $N_{S_C}=140$ 时轮盖和轮毂壁径向扩展对压气机性能的影响

参考文献

Abdelhamid AN 1980 Analysis of rotating stall in vaneless diffusers of centrifugal compressors. ASME 80 – GT – 184.

Abdelhamid AN 1981 Effects of vaneless diffuser geometry on flow instability in centrifugal compression systems. ASME 81 – GT – 10; *Canadian Aeronautics and Space Journal*, 29, 259 – 288.

Abdelhamid AN 1982 Control of self – excited flow oscillations in vaneless diffuser of centrifugal compression systems. ASME 82 – GT – 188, *Canadian Aeronautics and Space Journal*, 29, 336 – 345.

Abdelhamid AN 1987 A new technique for stabilizing the flow and improving the performance of vaneless radial diffusers. *Trans. ASME, Journal of Turbomachinery*, 109, 36 – 40.

Abdelhamid AN and Bertrand J 1979 Distinction between two types of self excited gas oscillations in vaneless radial diffusers. ASME 79 – GT – 58; *Canadian Aeronautics and Space Journal*, 26, 105 – 117.

Abdelhamid AN, Colwill WH, and Barrows JF 1979 Experimental investigation of unsteady phenomena in vaneless radial diffusers. *Trans. ASME, Journal of Engineering for Power*, 101, 52 – 60.

Abdelwahab A 2010 Numerical investigation of the unsteady flow fields in centrifugal compressor diffusers. ASME GT – 2010 – 22489.

Agostinelli A, Nobles D and Mockridge CR 1960 An experimental investigation of radial thrust in centrifugal pumps. *Trans. ASME, Journal of Engineering for Power*, 82, 120 – 126.

Ahn HJ, Park MS, Sanadgol D, Park I – H, Han D – C and Maslen EH 2009 A pressure output feedback control of turbo compressor surge with a thrust magnetic bearing actuator. *Journal of Mechanical Science and Technology* 23, 1406 – 1414.

Aksoy HG 2002 Unsteady incompressible flow in pump impeller with outlet pressure distortion. von Karman Institute PR 2002 – 27.

Alsalihi Z and Van den Braembussche RA 2002 Evaluation of a design method for radial impellers based on artificial neural network and genetic algorithm. *Proceedings of ESDA 2002, 6th Biennial Conference on Engineering Systems Design and Analysis*, Istanbul. ASME, ESDA2002/ATF – 069.

Amann CA, Nordenson GE and Skellenger GD 1975 Casing modification for increasing the surge margin of a centrifugal compressor on an automotive turbine engine. *Trans. ASME, Journal of Engineering for Power*, 97, 329 – 336.

Anisimov et al. 1962 The influence of the number of vanes on the efficiency of the centrifugal wheel with a single stage cascade. Energomaschinostroyeniye No 221, translated. FTD – TT62 – 1816 Power machine construction, Foreign technology division, Air Force Systems Command Wright –

Patterson Air Force Base, Ohio.

Aoki M 1984 Instantaneous interblade pressure distributions and fluctuating radial thrust in a single – blade centrifugal pump. *Bulletin of the Japan Society of Mechanical Engineering*, 233, 2413 – 2420.

Arbabi A and Ghaly W 2013 Inverse design of turbine and compressor stages using a commercial CFD program. ASME GT – 2013 – 96017.

Ariga I, Masuda S and Ookita A 1987 Inducer stall in a centrifugal compressor with inlet distortion. *Trans. ASME, Journal of Turbomachinery*, 109, 27 – 35.

Arnulfi GL, Giannattasio P, Giusto C, Massardo AF, Micheli D and Pinamonti P 1999 Multistage centrifugal compressor surge analysis: Part II – Numerical simulation and dynamic control parameters evaluation. *Trans. ASME, Journal of Turbomachinery*, 121, 312 – 320.

Arnulfi GL, Micheli D and Pinamonte P 2001 An innovative device for passive control of surge in industrial compression systems. *Trans. ASME, Journal of Turbomachinery*, 123, 473 – 482.

Aungier R 2000 Centrifugal Compressors: A Strategy for Aerodynamic Design and Analysis. ASME Press, ISBN 0 – 7918 – 0093 – 8.

Ayder E 1993 Experimental and Numerical Analysis of the Flow in Centrifugal Compressor and Pump Volutes. PhD Thesis, von Karman Insititute – Universiteit Gent.

Ayder E and Van den Braembussche RA 1991 Experimental study of the swirling flow in the internal volute of a centrifugal compressor. ASME 91 – GT – 7.

Ayder E and Van den Braembussche RA 1994 Numerical analysis of the three – dimensional swirling flow in centrifugal compressor volutes. *Trans. ASME, Journal of Turbomachinery*, 116, 462 – 468.

Ayder E, Van den Braembussche RA and Brasz JJ 1993 Experimental and theoretical analysis of the flow in a centrifugal compressor volute. *Trans. ASME, Journal of Turbomachinery*, 115, 582 – 589.

Bäck TH 1996 *Evolutionary Algorithms in Theory and Practice*. Oxford University Press, New York.

Baghdadi S 1977 The effect of rotor blade wakes on centrifugal compressor diffuser performance – A comparative experiment. *Trans. ASME, Journal Fluids Engineering*, 99, 45 – 52.

Baghdadi S and McDonald AT 1975 Performance of three vaned radial diffusers with swirling transonic flow. *Trans. ASME, Journal of Fluid Engineering*, 97, 155 – 173.

Baljé O 1961 A study of design criteria and matching of turbomachines. Part B: Compressor and pump performance and matching of turbocomponents. *Trans. ASME, Journal of Engineering for Power*, 83, 103 – 114.

Baljé O 1970 Loss and flow path studies in centrifugal compressors – Part II. ASME 70 – GT – 12 – b. *Trans. ASME, Journal Engineering for Power*, 92(3), 275.

Baljé O 1981 Turbomachines – A Guide to Design, Selection and Theory. John Wiley and Sons, New York.

Bammert K, Jansen M, Knapp P and Wittekindt W 1976 Strömungsuntersuchungen an beschaufelten Diffusoren für Radialverdichter. *Konstruktion*, 28, 313 – 319.

Bammert K, Jansen M and Rautenberg M 1983 The influence of the diffuser inlet shape on the performance of a centrifugal compressor stage. ASME 83 – GT – 09.

Baun DO and Flack RD 1999 A Plexiglas research pump with calibrated magnetic bearings/load cells for radial and axial hydraulic force measurements. *Trans. ASME, Journal of Fluids Engineering*, 121, 126 – 132.

Benichou E and Trébinjac I 2015 Steady/unsteady diffuser flow in a transonic centrifugal compressor. 11th European Conference on Turbomachinery, Fluid Dynamics and Thermodynamics (ETC11), Madrid, 23 – 27 March, 2015.

Benichou E and Trébinjac I 2016 Comparison of steady and unsteady flows in a transonic radial vaned diffuser. *Trans. ASME, Journal of Turbomachinery*, 138, 121002 – 1 to 10.

Bennet I, Tourlidakis A and Elder R 1998 Detailed measurements within a selection of pipe diffusers for centrifugal compressors. ASME 98 – GT – 92.

Benvenuti E 1977 Development testing of stages for centrifugal process compressors. In: *Industrial Centrifugal Compressors*, VKI Lecture Series 95, von Karman Institute, LS 95.

Benvenuti E, Bonciani L and Corradini U 1980 Inlet flow distortions on industrial compressor stages – Experimental investigations and evaluations of effect on performance. In: *Centrifugal Compressors, Flow Phenomena and Performance*, AGARD CP – 282, paper 4.

Bertini L, Neri P, Santus C, Guglielmo A and Mariott G 2014 Analytical investigation of the SAFE diagram for bladed wheels, numerical and experimental validation. *Journal of Sound and Vibration*, 333, 4771 – 4788.

Bhinder F and Ingham D 1974 The effect of inducer shape in the performance of high pressure ratio centrifugal compressors. ASME 74 – GT – 122.

Biheller HJ 1965 Radial force on the impeller of centrifugal pumps with volute, semivolute and fully concentric casings. *Trans. ASME, Journal Engineering for Power*, 87, 319 – 323.

Binder RC and Knapp RT 1936 Experimental determination of the flow characteristics in the volutes of centrifugal pumps. *Trans. ASME*, 58, 649 – 663.

Block JA, Rundstadler PW and Dean R 1972 Modeling of a high pressure ratio centrifugal compressor using a low speed of sound gas. Japan Society of Mechanical Engineering, published by CREARE Inc., Hannover, New Hampshire.

Bonaiuti D, Arnone A, Hah C and Hayami H 2002 Development of secondary flow field in a low solidity diffuser in a transonic centrifugal compressor. ASME GT – 2002 – 30371.

Bonciani L, Ferrara PL and Timori A 1980 Aero – induced vibrations in centrifugal compressors. In: *Proceedings of Rotordynamic Instability Problems in High Performance Turbomachinery*, Texas A&M University, NASA CP 2133, 85 – 94.

Bonciani L, Terrinoni L and Tesei A 1982 Unsteady flow phenomena in industrial centrifugal compressor stage. In: *Proceedings of Rotordynamic Instability Problems in High Performance Turbomachinery*, Texas A&M University, NASA CP 2250, 344 – 364.

Borges JE 1990 A Three – Dimensional Inverse Method for Turbomachinery: Part I – Theory. *Trans. ASME, Journal of Turbomachinery*, 112, 346 – 354.

Bowermann R and Acosta A 1957 Effect of the volute on performance of a centrifugal pump impeller. *Trans. ASME*, 79, 1057 – 1069.

Breugelmans F 1972 The Supersonic Compressor Stage. In: *Industrial Turbo – compressors*, von Karman Institute Lecture Series 47.

Brown WB and Bradshaw GR 1947 Design and performance family of diffusing scrolls with mixed flow impeller and vaneless diffuser. NACA TR 936.

Brownell RB and Flack RD 1984 Flow Characteristics in the Volute and Tongue Region of a Centrifugal Pump. ASME 84 – GT – 82.

Busemann A 1928 Das Förderhöhenverhaltnis radialer Kreiselpumpen mit logarithmisch – spiraligen Schaufeln. Zeitschrift für Angewandte Mathematik und Mechanik, 8, 372 – 384.

Came P and Herbert M 1980 Design and experimental performance of some high pressure ratio centrifugal compressors. In: *Centrifugal Compressors, Flow Phenomena and Performance*, AGARD – CP – 282, paper 15.

Carlson J, Johnston J and Sagi C 1967 Effects of wall shape in flow regimes and performance in straight two – dimensional diffusers. *Trans. ASME, Journal of Basic Engineering*, 89, 151 – 160.

Carnevale EA, Ferrara G, Ferrari L and Baldassarre L 2006 Experimental characterization of vaneless diffuser rotating stall, Part VI: Reduction of three impeller results. ASME GT – 2006 – 90694.

Carrard A 1923 On calculations for centrifugal wheels. La technique Moderne, T. XV. No. 3, translated by John Moore (1975), Cambridge University Engineering Department, CUED/A – TURBO/ TR 73.

Casey M 1985 The effect of Reynolds number on the efficiency of centrifugal compressor stages. *ASME, Journal of Engineering for Power*, 107, 541 – 548.

Casey M and Robinson CJ 2011 A unified correction method for Reynolds number, size and roughness effects on the performance of compressors and pumps. *Proc. IMechE, Part A. Journal of Power and Energy*, 225, 864 – 876.

Cellai A, Ferrara G, Ferrar L, Mengoni CP and Baldassarre L 2003a Experimental investigation and characterization of the rotating stall in a high pressure centrifugal compressor: Part III: Influence of diffuser geometry on stall inception and performance (2nd impeller tested). ASME GT – 2003 – 38390.

Cellai A, Ferrara G, Ferrar L, Mengoni CP and Baldassarre L 2003b Experimental investigation and characterization of the rotating stall in a high pressure centrifugal compressor: Part IV: Impeller influence on diffuser stability. ASME GT – 2003 – 38394.

Chamieh DS, Acosta AJ, Brennen CE and Caughe T 1985 Experimental measurements of hydrodynamic radial forces and stiffness matrices for centrifugal pump impellers. *Trans. ASME, Journal of Fluids Engineering*, 107, 307 – 315.

Chapman DR 1954 Some possibilities of using gas mixtures other than air in aerodynamic research. NACA TN 3226.

Chen H and Lei VM 2013 Casing treatment and inlet swirl of centrifugal compressors Trans. ASME, Journal of Turbomachinery, 135, 0401011 – 8.

Chen J, Hasemann H, Seidel U, Jin D, Huang X and Rautenberg M 1993 The interpretation of internal pressure patterns of rotating stall in centrifugal compressor impellers. ASME 93 – GT – 192, 503 – 529.

Chen J, Hasemann H, Shi L and Rautenberg M 1994 Stall inception behavior in a centrifugal compressor. ASME 94 – GT – 159.

Chew H and Vaughan C 1988 Numerical predictions for the flow induced by an enclosed rotating disc. ASME 88 – GT – 127.

Childs D 1986 Force and moment rotordynamic coefficients for pump impeller shroud surfaces. In: *Ro-*

tordynamic Instability Problems in High Performance Turbomachinery, NASA CP 2443, 503 – 529.

Childs D 1992 Pressure oscillations in the leakage annulus between a shrouded impeller and its housing due to pressure discharge – Pressure disturbances. *Trans. ASME, Journal of Fluids Engineering*, 114, 61 – 67.

Childs PRN and Noronha MB 1999 The impact of machining techniques on centrifugal compressor impeller performance. *Trans. ASME, Journal of Turbomachinery*, 121, 637 – 643.

Chochua G, Koch JM and Sorokes JM 2005 Analytical and computational study of radial loads in volutes and collectors. ASME GT – 2005 – 68822.

Clements WW and Artt DW 1987a Performance prediction and impeller – diffuser matching for vaned diffuser centrifugal compressors. IMechE C256/87, 183 – 198.

Clements WW and Artt DW 1987b The influence of diffuser channel geometry on the flow range and efficiency of a centrifugal compressor. *Proc. IMechE*, 201 A2, 145 – 152.

Clements WW and Artt DW 1988 The influence of diffuser channel length – width ratio on the efficiency of a centrifugal compressor. *Proc. IMechE*, 202 A3, 163 – 169.

Clements WW and Artt DW 1989 The influence of diffuser vane leading edge geometry on the performance of a centrifugal compressor. ASME 89 – GT – 163.

Colebrook C 1939 Turbulent flow in pipes with particular reference to the transition region between the smooth and rough pipe laws. *Journal of the Institute of Civil Engineers*, 11 (4), 133 – 156. doi: 10. 1680/ijoti. 1939. 13150. See also: V. L. Streeter, Chapter VI: Steady flow in pipes and conduits. In *Engineering Hydraulics*, H. Rouse (ed.), New York, 1950.

Conrad O, Raif K and Wessels M 1980 The calculation of performance maps for centrifugal compressors. In: *Performance Prediction of Centrifugal Pumps and Compressors*, Special Publication of the ASME Gasturbine Conference, March 10 – 13, 1980, New Orleans.

Cumpsty NA and Greitzer EM 1982 A simple model for compressor stall cell propagation. *ASME, Journal of Engineering for Power*, 104, 170 – 176.

Daily JW and Nece RE 1960 Chamber dimension effects on reduced flow and frictional resistance of enclosed rotating discs. *Journal of Basic Engineering*, 82, 217 – 232.

Dallenbach F 1961 The aerodynamic design and performance of centrifugal and mixed flow compressors. *SAE Technical Progress Series*, 3, 2 – 30.

Daneshkhah K and Ghaly W 2007 Aerodynamic inverse design for viscous flow in turbomachinery blading. *AIAA, Journal of Propulsion and Power*, 23, 814 – 820.

Dang TG 1992 A fully three – dimensional inverse method for turbomachinery blading in transonic flows. ASME 92 – GT – 209.

Davis R and Dussourd J 1970 A unified procedure for the calculation of off – design performance of radial turbomachinery. ASME 70 – GT – 64.

Dawes W 1995 A simulation of the unsteady interaction of a centrifugal impeller with its vaned diffuser: Flow analysis. *ASME, Journal of Turbomachinery*, 117, 213 – 222.

Day IJ 1993 Stall inception in axial flow compressors. *Trans. ASME, Journal of Turbomachinery*, 115, 1 – 9.

Dean R 1972 Advanced radial compressors. In: *Advanced Radial Compressors*, von Karman Institute

Lecture Series 50.

Dean R and Senoo Y 1960 Rotating wakes in vaneless diffusers. *Trans. ASME, Journal of Basic Engineering*, 82, 563–570.

Dean RC Jr. and Young LR 1977 The time domain of centrifugal compressor and pump stability and surge. *Trans. ASME, Journal of Fluids Engineering*, 99, 53–63.

Demeulenaere A 1997 Conception et Développement d'une Méthode Inverse pour la Génération d'Aubes de Turbomachines. PhD thesis, von Karman Institute – Unversité de Liège.

Demeulenaere A and Van den Braembussche RA 1996 Three – dimensional inverse method for turbomachinery blading design. In: *3rd Eccomass Computational Fluid Dynamic Conference*, Paris, France, September 9–13, 1996.

Demeulenaere A, Léonard O and Van den Braembussche RA 1997 A two – dimensional Navier – Stokes inverse solver for compressor and turbine blade design. *Proceedings of the 2nd European Conference on Turbomachinery – Fluid Dynamics and Thermodynamics*, March 5–7, 1997, Antwerp, Belgium. ISBN 90–5204–32–X.

Demeulenaere A and Van den Braembussche RA 1998a Three – dimensional inverse method for turbomachinery blading design. *Trans. ASME, Journal of Turbomachinery*, 120, 247–255.

Demeulenaere A, Léonard O and Van den Braembussche RA 1998b Application of a three – dimensional inverse method to the design of a centrifugal compressor impeller. ASME 98–GT–127.

Demeulenaere A and Van den Braembussche RA 1999 A new compressor and turbine blade design method based on three – dimensional Euler computations with moving boundaries. *Inverse Problems in Engineering*, 7, 235–266.

Deniz E, Greitzer E and Cumpsty NA 2000 Effect of the inlet flow field conditions on the performance of centrifugal compressor diffusers: Part II – Straight – channel diffuser. *Trans. ASME, Journal of Turbomachinery*, 122, 11–21.

Denton JD 1986 The use of distributed body force to simulate viscous effects in 3D flow calculations. ASME 86–GT–144.

de Vito L, Van den Braembussche RA and Deconinck H 2003 A novel two – dimensional viscous inverse design method for turbomachinery blading. *ASME, Journal of Turbomachinery*, 125, 310–316.

Dick E, Vierendeels J, Serbruyns S and Vande Voorde J 2001 Performance prediction of centrifugal pumps with CFD tools. *TASK Quarterly*, 5, 579–594.

Dickmann HP, Secall Wimmel T, Szwedowicz J, Filsinger D and Roduner C 2005 Unsteady flow in a turbocharger centrifugal compressor – 3D – CFD simulation and numerical and experimental analysis of impeller blade vibration. ASME GT–200568235.

Di Liberti J–L, Van den Braembussche RA, Rasmussen S and Konya P 1996 Active control of surge in centrifugal impellers with inlet pipe resonance. Presented at the ASME International Mechanical Engineering Congress and Exhibition, Atlanta, Georgia, ASME 96–WA/PID–1.

Di Sante A and Van den Braembussche RA 2010 Experimental study of the effects of spanwise rotation on the flow in a low aspect ratio diffuser for turbomachinery applications. *Experiments in Fluids*, DOI 10.1007/s00348–010–0829–9.

Doulgeris and Van den Braembussche RA 2003 Optimization of a asymmetric inlet guide vane for radial compressors. von Karman Institute SR 2003 – 28.

Du J and Seume JR 2017 Design of casing treatment on a mixed – flow compressor. ASME GT – 2017 – 65226.

Dussourd JL and Putman WG 1960 Instability and surge in dual entry centrifugal compressors. In: *Compressor Stall, Surge and System Response*, ASME.

Dussourd JL, Plannebecker GW and Singhania SK 1977 An experimental investigation of the control of surge in radial compressors using close coupled resistance. *Trans. ASME, Journal of Fluids Engineering*, 99, 64 – 76.

Eckardt D 1976 Detailed flow investigations within a high speed centrifugal compressor. *Trans. ASME, Journal of Fluids Engineering*, 98, 390 – 402.

Eckert B and Schnell E 1961 *Axial – und Radialkompressoren*. Springer Verlag, Berlin.

Eisenlohr G and Benfer FW 1988 Massnahmen zur Verringerung der Auswirkungen von Einlaufstörungen auf das Betriebsverhalten eines Radialverdichters [Measures for reducing the effect of inlet distortion on the characteristic of a centrifugal compressor]. *MTZ Motortechnische Zeitschrift*, 49 – 6, 265 – 270.

Ejiri E, Kosuge H and Ito T 1983 A consideration concerning stall and surge limitations within centrifugal compressors. *Proceedings of the International Gas Turbine Congress*, Tokyo, Part II, 478 – 485.

Elder RL 1994 Enhancement of Turbocompressor Stability. IMechE C477/029/94, pp. 145 – 158

Elder RL and Gill ME 1984 A discussion of the factors affecting surge in centrifugal compressors Trans. ASME, Journal of Engineering Gas Turbine and Power, 107, 499 – 506.

Elholm T, Ayder Z and Van den Braembussche RA 1992 Experimental study of the swirling flow in the volute of a centrifugal pump. *Trans. ASME, Journal of Turbomachinery*, 114, 366 – 372.

Ellis GO 1964 A study of induced vorticity in centrifugal compressors. *Trans. ASME, Journal of Engineering for Power*, 86, 63 – 76.

Ellis GO and Stanitz JD 1952 Comparison of two – and three – dimensional potential – flow solutions in a rotating impeller passage. NACA TN 2806.

Emmons HW, Pearson CE and Grant HP 1955 Compressor surge and stall propagation. *Trans. ASME*, 77, 455 – 469.

Erdos JI and Alzner E 1977 Computation of unsteady transonic flows through rotating and stationary cascades. NASA CR 2900.

Everitt JN and Spakovszky ZS 2013 An investigation of stall inception in centrifugal compressor vaned diffuser. *Trans. ASME, Journal of Turbomachinery*, 135, 011025 – 1 – 10.

Eynon A and Whitfield A 2000 Pressure recovery in a turbocharger compressor volute. *Proc. IMechE*, Part A, 214, 599 – 610.

Fatsis A 1995 Numerical Study of the 3D Unsteady Flow and Forces in Centrifugal Impellers with Outlet Pressure Distortion. PhD Thesis, von Karman Insititute – Universiteit Gent.

Fatsis A, Pierret S and Van den Braembussche RA 1995 3D Unsteady flow and forces in centrifugal impellers with circumferential distortion of the outlet static pressure. ASME 95 – GT – 33.

Ferrara G, Ferrari L, Mengoni CP, de Lucia M and Baldassarre L 2002a Experimental investigation and characterization of the rotating stall in a high pressure centrifugal compressor: Part I: Influence of diffuser geometry on stall inception. ASME GT – 2002 – 30389.

Ferrara G, Ferrari L, Mengoni CP, de Lucia M and Baldassarre L 2002b Experimental investigation and characterization of the rotating stall in a high pressure centrifugal compressor: Part II: Influence of diffuser geometry on stage performance. ASME GT – 2002 – 30390.

Ferrara G, Ferrari L and Baldassarre L 2006 Experimental characterization of vaneless diffuser rotating stall: Part V: Influence of diffuser geometry on stall inception and performance (3rd impeller tested). ASME GT – 2006 – 90693.

Filipenco VG, Deniz S, Johnston JM, Greitzer EM and Cumpsty NA 2000 Effect of inlet flow field conditions on the performance of centrifugal compressor diffusers: Part I – Discrete passage diffuser, Trans. *ASME, Journal of Turbomachinery*, 122, 1 – 10.

Fink DA, Cumpsty NA and Greitzer EM 1992 Surge dynamics in a free – spool centrifugal compressor system. *Trans. ASME, Journal of Turbomachinery*, 114, 321 – 332.

Fisher FB 1989 Application of map width enhancement devices to turbocharger compressor stages. In: *Power Boost: Light, Medium and Heavy Duty Engines*, SP – 780, SAE Paper No. 880794.

Flathers M and Bache G 1999 Aerodynamically induced radial forces in a centrifugal gas compressor: Part 2 – Computational investigation. *Trans. ASME, Journal for Engineering for Gas Turbine and Power*, 121, 725 – 734.

Flathers M, Bache G and Rainsberger R 1996 An experimental and computational investigation of flow in a radial inlet of an industrial pipeline centrifugal compressor, Trans. ASME, *Journal of Turbomachinery*, 118, 371 – 387.

Flynn PF and Weber HG 1979 Design and test of an extremely wide flow range compressor. ASME 79 – GT – 80.

Fowler H 1966 An investigation of the flow processes in a centrifugal compressor impeller. National Research Council, Canada, DME 230.

Fowler H 1968 The distribution and stability of flow in a rotating channel. *Trans. ASME, Journal of Engineering for Power*, 90, 229 – 235.

Frigne P 1982 Theoretische en Experimentele Studie van de Subsynchrone Zelfgeëxiteerde Stromingsoscillaties in Radiale Turbocompressoren [in Dutch]. PhD Thesis, von Karman Insititute – Universiteit Gent.

Frigne P and Van den Braembussche RA 1979 One – dimensional design of centrifugal compressors taking into account flow separation in the impeller. von Karman Institute TN 129.

Frigne P and Van den Braembussche RA 1984 Distinction between types of impeller and diffuser rotating stall in centrifugal compressors with vaneless diffusers. *Trans. ASME, Journal of Engineering for Gas Turbines and Power*, 106, 468 – 474.

Frigne P and Van den Braembussche RA 1985 A theoretical model for rotating stall in the vaneless diffuser of centrifugal compressors. *Trans. ASME, Journal of Engineering for Gas Turbines and Power*, 107, 468 – 474.

Galloway L, Spence S, Kim SI, Rusch D, Vogel K and Hunziker R 2017 An investigation of the stability enhancement of a centrifugal compressor stage using a porous throat diffuser. ASME GT – 2017 – 63071.

Galvas MR 1973 FORTRAN program for predicting off – design performance of centrifugal compressors. NASA TN D – 7487.

Gauger NR 2008 Efficient deterministic approaches for aerodynamic shape optimization. In: *Optimization and Computational Fluid Dynamics*, D Thevenin and GG Janiga (eds), DOI: 10. 1007/978 – 3 – 540 – 72153 – 6.

Giachi M, Ramalingam V, Belardini E, De Bellis F, and Reddy C 2014 Parametric perfomance of a class of standard discharge scrolls for industrial centrifugal compressors. ASME GT – 2014 – 26831.

Giannakoglou KC, Papadimitriou DI and Papoutsis – Kiachagias EM 2012 The continuous adjoint method: theory and industrial applications. In: *Introduction to Optimization and Multidisciplinary Design in Aeronautics and Turbomachinery*, J Périaux and T Verstraete (eds), VKI LS 2012 – 03, ISBN – 13 978 – 2 – 87516 – 032 – 4.

Giles MB 1988 Calculation of unsteady wake rotor interaction. *Journal of Propulsion Power*, 4, 356 – 362.

Giles MB 1991 *UNSFLO*: A numerical method for unsteady flow in turbomachinery. Gas Turbine Laboratory Report GTL 205, MIT Department of Aeronautics and Astronautics.

Goldberg D 1989 Genetic Algorithms in Search, Optimization and Machine Learning, Addison – Weslet, Stuttgart.

Gong Y, Sirakov BT, Epstein AH and Tan CS 2004 Aerothermodynamics of micro – turbomachinery. ASME GT – 2004 – 53877.

Goto T, Ohmoto E, Ohta Y and Outa E 2009 Noise reduction and surge margin improvement using a tapered diffuser vane in a centrifugal compressor. Proceedings of the 9th International Symposium on Experimental and Computational Aerothermodynamics of Internal Flow, ISAIF9 – 3A – 2, Gyeongju, Korea.

Graham RW and Guentert EC 1965 Compressor stall and blade vibration. In*Aerodynamic Design of Axial – flow Compressors*, IA Johnsen and RO Bullock (eds), NASA SP – 36, NTIS N65 – 23345.

Greitzer EM 1976 Surge and rotating stall in axial flow compressors. *Trans. ASME, Journal of Engineering for Power*, 98, 190 – 217.

Greitzer EM 1981 The stability of pumping systems. The 1980 Freeman Scholar lecture. *Trans. ASME, Journal of Fluids Engineering*, 103, 193 – 242.

Greitzer EM, Nikkanen JP, Haddad DE, Mazzawy RS and Joslyn HD 1979 A fundamental criterion for the application of rotor casing treatment. *Trans. ASME, Journal of Fluids Engineering*, 101, 237 – 243.

Gyarmathy G 1996 Impeller diffuser momentum exchange during rotating stall. ASME International Mechanical Engineering Congress and Exhibition, paper 96 – WA/PID – 6.

Gysling DL, Dugundji J, Greitzer EM and Epstein AH 1991 Dynamic control of centrifugal compressor surge using tailered structures. *Trans. ASME, Journal of Turbomachinery*, 113, 710 – 722.

Hagelstein D, Hillewaert K, Van den Braembussche RA, Engeda A, Keiper R and Rautenberg M 2000 Experimental and numerical investigation of the flow in a centrifugal compressor volute. *Trans. ASME, Journal of Turbomachinery*, 122, 22 – 31.

Han F, Qi D, Tan J, Wang L and Mao Y 2012 Experimental and numerical investigation of the flow in the radial inlet of a centrifugal compressor. ASME GT2012 – 69353.

Harada H 1996 Study of a surge – free centrifugal compressor with automatically variable inlet and diffuser vanes. ASME 96 – GT – 153.

Harinck J, Alsalihi Z, Van Buijtenen JP and Van den Braembussche RA 2005 Optimization of a 3D radial turbine by means of an improved genetic algorithm. Proceedings of the 6th European Conference on Turbomachinery, Fluid Dynamics and Thermodynamics, 7 – 11 March 2005, Lille, France, Paper 162.

Harley P, Spence S, Filsinger D, Dietrich M and Early J 2012 An evaluation of 1D design methods for the off – design performance prediction of automotive turbocharger compressors. ASME GT2012 – 69743.

Hartmann MJ and Wilcox WW 1957 Problems encountered in the translation of compressor performance from one gas to another. *Trans. ASME*, 79, 887 – 897.

Hasegawa Y, Kikuyama K. and Maeda T 1990 Effects of blade number on hydraulic force perturbation on impeller of volute – type centrifugal pump. *JSME International Journal*, Series II, 33, 736 – 742.

Haseman H, Chen J, Jin D and Rautenberg M 1993 *Internal transient pressure patterns during rotating stall in centrifugal impellers*. Proceedings of the 2nd International Symposium on Experimental and Computational Aerothermodynamics of Internal Flow, ISAIF2, Prague, pp. 291 – 302.

Haupt U, Bammert K and Rautenberg M 1985a Blade vibration on centrifugal compressors: Fundamental considerations and initial measurements. ASME 85 – GT – 92.

Haupt U, Bammert K and Rautenberg M 1985b Blade vibration on centrifugal compressors: Blade response to different excitation conditions. ASME 85 – GT – 93.

Hawthorn WR 1974 *Secondary vorticity in stratified compressible fluids in rotating systems*. Cambridge University Engineering Department, CUED/A – Turbo/TR 63.

Hawthorn WR, Tan CS, Wang C and McCune JE 1984 Theory for blade design for large deflections: Part 1 – Two – dimensional cascades. *Trans. ASME, Journal of Engineering Gas Turbines and Power*, 106, 346 – 353.

Hayami H, Senoo Y and Utsunomiya K 1990 Application of low – solidity cascade diffuser to transonic centrifugal compressors. *Trans. ASME, Journal of Turbomachinery*, 112, 25 – 29.

Hazby HR and Xu L 2009 Role of tip leakage in stall of a transonic centrifugal impeller. ASME GT – 2009 – 59372.

Hazby H, Robinson C, Casey M, Rusch D and Hunziker R 2017 Free – form versus ruled inducer design in a transonic centrifugal impeller. ASME GT – 2017 – 63538.

He L and Ning W 1998 Efficient approach for analysis of unsteady viscous flows in turbomachines. *AIAA Journal*, 36, 2005 – 2012.

Hehn A, Mosdzien M, Grates D and Jeschke P 2017 Aerodynamic optimization of a transonic centrifugal compressor by using arbitrary blade surfaces. ASME GT – 2017 – 63470.

Heinrich M and Schwarze R 2017 Genetic optimization of the volute of a centrifugal compressor. Proceedings of the 12th European Conference on Turbomachinery Fluid Dynamics and Thermodynamics, Paper ETC2017 – 072.

Herbert M 1980 A method of centrifugal compressor performance prediction. In: *Performance Prediction of Centrifugal Pumps and Compressors*, ASME International Gas Turbine Conference.

Herrig L, Emery J and Erwin J 1957 Systematic 2D cascade tests of NACA 65 – series compressor blades at low speeds. NACA TN 3916.

Hillewaert K and Van den Braembussche RA 1999 Numerical simulation of impeller − volute interaction in centrifugal compressors. *Trans. ASME*, *Journal of Turbomachinery*, 121, 603 − 608.

Hillewaert K and Van den Braembussche RA 2000 Comparison of frozen rotor to unsteady computations of rotor − stator interaction in centrifugal pumps, Proceedings of the 5th Nationaal Congres over Theoretische en Toegepaste Mechanica, Louvain − la − Neuve, Belgium.

Hirsch Ch, Kang S and Pointel G 1996 A numerically supported investigation of the 3D flow in centrifugal impellers − Part II: Secondary flow structure. ASME 96 − GT − 152.

Holmes DG 2008 Mixing plane revisited: A steady mixing plane approach designed to combine high levels of conservation and robustness. ASME GT − 2008 − 51296.

Hübl HP 1975 Beitrag zur Berechnung des Spiralgehauses von Radialverdichtern und Vorherbestimmung seines Betriebsverhaltens. Mitteilungen des Institutes für Dampf − und Gasturbiben, Nr. 7, Technische Universität Wien.

Hunziker R and Gyarmathy G 1994 The operational stability of a centrifugal compressor and its dependence on the characteristics of the subcomponents. *Trans. ASME*, *Journal of Turbomachinery*, 116, 250 − 259.

Huo S 1975 Optimization based on boundary layer concept for compressible flow. *Trans. ASME*, *Journal of Engineering for Power*, 97, 195 − 206.

Iancu F, Trevino J and Sommer S 2008 Low solidity cascade diffuser and scroll optimization for centrifugal compressors. ASME GT − 2008 − 50132.

Ibaraki S, Matsuo T and Yokoyama T 2007 Investigation of unsteady flow in a vaned diffuser of a transonic centrifugal compressor. *Trans. ASME*, *Journal of Turbomachinery*, 129, 686 − 693.

Ibaraki S, Van den Braembussche RA, Verstraete T, Alsalihi Z, Sugimoto K and Tomita I 2014 Aerodynamic design optimization of a centrifugal compressor impeller based on an artificial neural network and genetic algorithm. IMechE 11th International Conference on Turbochargers and Turbocharging, Paper 0058, pp. 65 − 77, DOI: 10. 1533/978081000342. 65.

Imaichi K and Tsurusaki H 1979 Rotating stall in a vaneless diffuser of a centrifugal fan. In: *Flow in Primary, Non − Rotating Passages in Turbomachines*, ASME Winter Annual Meeting 1979.

Imbach H 1964 Die Berechnung der kompressiblen, reibungsfreien Unterschallströmung durch räumliche Gitter aus Schaufeln auch grosser Dicke und starker Wölbung. PhD Thesis, ETH Zürich. Prom 3401.

Inoue M 1978 Radial vaneless diffusers: a re − examination of the theories of Dean and Senoo and of Johnston and Dean. ASME 78 − GT − 186.

Ishida M, Sakaguchi D and Ueki H 2001 Suppression of rotating stall by wall roughness control in vaneless diffusers of centrifugal blowers. *Trans. ASME*, *Journal of Turbomachinery*, 123, 64 − 72.

Ishida M, Surana T, Ueki H and Sakaguchi D 2004 Suppression of unstable flow at small flow rates in a centrifugal blower by controlling tip leakage flow and reverse flow. ASME GT − 2004 − 53400.

Ishida M, Sakaguchi D and Ueki H 2005 Optimization of inlet ring groove arrangement for suppression of unstable flow in a centrifugal impeller. ASME GT − 2005 − 68675.

Isomura K, Murayama M and Kawakubo T 2001 Feasibility study of a gas turbine at micro scale. ASME 2001 − GT − 101.

Iverson H, Rolling R and Carlson J 1960 Volute pressure distribution, radial force on the impeller and volute mixing losses of a radial flow centrifugal pump. *Trans. ASME*, *Journal of Engineering for Power*, 82, 136–144.

Jaatinen A, Backman J and Turunen – Saaresti T 2009 Radial forces in a centrifugal compressor equipped with vaned diffusers. ASME GT–2009–60130.

Jansen W 1964a Steady flow in a radial vaneless diffuser. *Trans. ASME*, *Journal of Basic Engineering*, 86, 607–619.

Jansen W 1964b Rotating stall in radial vaneless diffusers. *Trans. ASME*, *Journal of Basic Engineering*, 86, 750–758.

Jansen W 1970 A method for calculating the flow in a centrifugal impeller when entropy gradients are present. IMechE, *Internal Aerodynamics – Turbomachinery*, Paper 12.

Jansen W, Carter AF and Swarden C 1980 Improvements in surge margin for centrifugal compressors. In: *Centrifugal Compressors, Flow Phenomena and Performance*, AGARD CP–282, Paper 19.

Japikse D 1980 The influence of diffuser inlet pressure fields on the range and durability of centrifugal compressor stages. In: *Centrifugal Compressors, Flow Phenomena and Performance*, AGARD CP–282, Paper 13.

Japikse D 1982 Advanced diffusion levels in turbocharger compressors and component matching. Proceedings of the 1st International Conference on Turbocharging and Turbochargers, London IMechE, pp. 143–155.

Japikse D 1985 Assessment of single and two zone modeling of centrifugal compressors – Studies in component performance, Part 3. ASME 85–GT–73.

Japikse D 1996 *Centrifugal Compressor Design and Performance*. Concepts ETI, ISBN 0–933283–03–2.

Japikse D and Baines N 1994 *Introduction to Turbomachinery*. Concepts ETI, Inc and Oxford University Press.

Japikse D and Osborne C 1986 Optimization of industrial centrifugal compressors. ASME 86–GT–222.

Javed A and Kamphues E 2014 Evaluation of the influence of volute roughness on turbocharger compressor performance from a manufacturing perspective. ASME GT–2014–26949.

Johnsen JA and Ginsburg A 1953 Some NACA research on centrifugal compressors. *Trans. ASME*, 75, 805–817.

Johnston JP 1960 On the 3D turbulent boundary layer generated by secondary flow. *Trans. ASME*, *Journal of Basic Engineering*, 82, 233–250.

Johnston JP 1974 The effects of rotation on boundary layers in turbomachine rotors. In: *Fluid Mechanics, Acoustics and Design of Turbomachinery*, NASA SP 304, Part I, 207–242.

Johnston JP and Dean R 1966 Losses in vaneless diffusers of centrifugal compressors and pumps. *Trans. ASME*, *Journal of Engineering for Power*, 88, 49–62.

Kämmer N and Rautenberg M 1982 An experimental investigation of rotating stall flow in centrifugal compressors. ASME 82–GT–82.

Kämmer N and Rautenberg M 1986 A distinction between different types of stall in a centrifugal compressor stage. *Trans. ASME*, *Journal of Engineering for Gas Turbines and Power*, 108, 83–92.

Kang Jeong – Seek, Cho Sung – Kook and Kang Shin – Hyoung 2000 Unsteady flow phenomena in a centrifugal compressor channel diffuser. ASME 2000 – GT – 451.

Kannemans H 1977 Calculation of 3D incompressible potential flow by means of singularities in mixed flow machines. VKI PR 1977 – 01.

Katsanis Th 1964 Use of arbitrary quasi – orthogonals for calculating the flow distribution in the meridional plane of a turbomachine. NASA TN – D – 2546.

Kawata Y, Kanki H and Kawakami T 1983 Experimental research of the radial force on centrifugal pumps – 1st report influence of impeller vane number casing type. Trans. Japanese Society of Mechanical Engineering, Series C, 49(437), 31 – 38.

Kennedy J and Eberhart R 1995 Particle swarm optimization. In: Proceedings of IEEE International Conference on Neural Networks, IV, pp. 1942 – 1948.

Kenny D 1970 Supersonic radial diffusers. In: Advanced Compressors, AGARD – LS – 39 – 70.

Kenny D 1972 A comparison of the predicted and measured performance of high pressure ratio centrifugal compressor diffusers. In: Advanced Radial Compressors, VKI LS 50.

Kim Y, Engeda A, Aungier R and Direnzi G 2001 The influence of inlet flow distortion on the performance of a centrifugal compressor and the development of an improved inlet using numerical simulations. Proceedings of the Institution of Mechanical Engineers, 215, Part A, A04700, 323 – 338.

Kinoshita Y and Senoo Y 1985 Rotating stall induced in vaneless diffusers of very low specific speed centrifugal blowers. Trans. ASME, Journal of Engineering for Gas Turbine and Power, 107, 514 – 521.

Kobayashi H, Nishida H, Takagi T and Fukushima Y 1990 A study on the rotating stall of centrifugal compressors. 2nd Report, Effect of vaneless diffuser inlet shape on rotating stall [Enshinasshukuki no senkaishissoku nikansuru kenkyu (Dai2 ho, hanenashideifuza iriguchikeijonoeikyo)], Nihon Kikaigakkai Ronbunshu (B hen). Trans. Japan Society of Engineers (B edition), 56 (529), 98 – 103.

Koch JM, Chow PN, Hutchinson BR and Elias SR 1995 Experimental and computational study of a radial compressor inlet. ASME 95 – GT – 82.

Kostrewa K, Alsalihi Z and Van den Braembussche RA 2003 Optimization of radial turbines by means of design of experiment. VKI PR – 2003 – 17.

Kosuge H, Ito T and Nakanishi K 1982 A consideration concerning stall and surge limitations within centrifugal compressors. Trans. ASME, Journal of Engineering for Power, 104, 782 – 787.

Kovats A 1979 Effect of non rotating passages on performance of centrifugal pumps and subsonic compressors. In: Flow in Primary Non – rotating Passages in Turbomachines, ASME.

Koyama H, Masuda S, Ariga J and Watanabe J 1978 Stabilizing and destabilizing effects of Coriolis force on 2D laminar and turbulent boundary layers. ASME 78 – GT – 01.

Krain H 1981 A study on centrifugal impeller and diffuser flow. Trans. ASME, Journal of Engineering for Power, 103, 688 – 697.

Krain H, Hoffmann B and Beversdorff M 2007 Flow pattern at the inlet of a transonic centrifugal rotor. Proceedings of the International Gas Turbine Congress, Tokyo, Gas Turbine Society of Japan, IGTC2007 – TS – 034.

Kramer J, Osborn W and Hamrick J 1960 Design and tests of mixed flow and centrifugal impellers. *Trans. ASME, Journal of Engineering for Power*, 82, 127 – 135.

Krige DG 1951 A statistical approach to some mine valuations and allied problems at the Witwatersrand. PhD thesis, University of Witwatersrand.

Kurz R and White RC 2004 Surge avoidance in gas compression systems. *Trans. ASME, Journal of Turbomachinery*, 126, 501 – 506.

Kurz R, McKee R and Brun K 2006 Pulsations in centrifugal compressor installations. ASME GT – 2006 – 90070.

Kyrtatos M and Watson N 1980 Application of aerodynamically induced preswirl to a small turbocharger compressor. *Trans. ASME, Journal of Engineering for Power*, 102, 943 – 950.

Lei V – M 2011 Aerodynamics of a centrifugal compressor with a double sided impeller. ASME GT – 2011 – 45215.

Lennemann E and Howard JHG 1970 Unsteady flow phenomena in rotating centrifugal impeller passages. *Trans. ASME, Journal of Engineering for Power*, 92, 65 – 72.

Léonard O 1992 Conception et Développement d'une Méthode Inverse de Type Euler et Application á la Génération de Grilles d'Aubes Transoniques. PhD thesis, von Karman Institute – Universite de Liege.

Léonard O and Demeulenaere A 1997 A Navier – Stokes inverse method based on moving wall strategy. ASME 97 – GT – 416.

Léonard O and Van den Braembussche RA 1992 Design Method for Subsonic and Transonic Cascade with Prescribed Mach number Distribution. *Trans. ASME, Journal of Turbomachinery*, 114, 553 – 560.

Lieblein S 1960 Incidence and deviation angle correlations for compressor cascades. *Trans. ASME, Journal of Basic Engineering*, Series D, 82, 575 – 587.

Lieblein S, Schwenk F and Broderick R 1953 Diffusion factor for estimating losses and limiting blade loadings in axial compressor blade elements. NACA RM E53D01.

Lighthill JM 1945 A new method of two – dimensional aerodynamic design. ARC R&M 2112.

Lindner P 1983 Aerodynamic tests on centrifugal process compressors – Influence of diffuser diameter ratio, axial stage pitch and impeller cut – back. ASME 83 – GT – 172.

Lipski W 1979 The influence of shape and location of the tongue of spiral casing on the performance of single stage radial pumps. Proceedings of the 6th Conference on Fluid Machinery, Budapest, pp. 673 – 682.

Liu Y, Liu B and Lu L 2010 Investigation of unsteady impeller – diffuser interaction in a transonic centrifugal compressor stage. ASME GT – 2010 – 22737.

Longley JP 1994 A review of non – steady flow models for compressor stability. *Trans. ASME, Journal of Turbomachinery*, 116, 202 – 215.

Lorett JA and Gopalakrishnan S 1986 Interaction between impeller and volute of pumps at off design conditions. *Trans. ASME, Journal of Fluids Engineering*, 108, 12 – 18.

Lüdtke K 1983 Aerodynamic tests on centrifugal process compressors – the influence of the vaneless diffuser shape. *Trans. ASME, Journal Engineering for Power*, 105, 902 – 909.

Lüdtke K 1985 Centrifugal process compressors – radial vs. tangential suction nozzles. ASME 85 – GT – 80.

Lüdtke K 2004 Process centrifugal compressors – Basics, function, operation, design, application.

Springer Verlag, ISBN 3-540-40427-9.

Lyman FA 1993 On the conservation of rothalpy in turbomachines. *Trans. ASME*, *Journal of Turbomachinery*, 115, 520-526.

Marsan A, Trébinjac I, Coste S and Leroy G. 2012 Numerical investigation of the flow in a radial vaned diffuser without and with aspiration. ASME GT-2012-68610.

Marsan A, Leroy G, Trébinjac I and Moreau S 2015 A multi-slots suction strategy for controlling the unsteady hub-corner separation in a radial vaned diffuser. Proceedings of the 12th International Symposium on Experimental and Computational Aerothermodynamics of Internal Flow, ISAIF12-75, Lerici, Italy.

Matthias HB 1966 The design of pump suction bends. IAHR Symposium, Braunschweig, VDI-Verlag, pp. 21-30.

Meier-Grotrian J 1972 Untersuchungen der Radialkraft auf das Laufrad einer Kreiselpumpe bei verschiedenen Spiralgehäuseformen. PhD thesis, TU Braunschweig.

Michelassi V, Pazzi S, Giangiacomo P, Martelli F and Giachi M 2001 Performances of centrifugal compressor impellers in steady and unsteady flow regimes under inlet flow distortions. ASME 2001-GT-0325.

Mishina H and Gyobu I 1978 Performance investigations of large capacity centrifugal compressors. ASME 78-GT-3.

Mischo B, Ribi B, Seebass-Linggi C and Mauri S 2009 Influence of labyrinth seal leakage on centrifugal compressor performance. ASME GT-2009-59524.

Mizuki S, Kawashima Y and Ariga I 1978 Investigation concerning rotating stall and surge phenomena within centrifugal compressor channels. ASME 78-GT-9.

Mohseni A, Goldhahn E, Van den Braembussche RA and Seume JR 2012 Novel IGV design for centrifugal compressors and their interaction with the impeller. *Trans. ASME*, *Journal of Turbomachinery*, 134, 021006-(1-8).

Mojaddam M, Benisi A and Movahhedy M 2012 Investigation on effect of centrifugal compressor volute cross-section shape on performance and flow field. ASME GT-2012-69454.

Moore FK 1989 Weak rotating flow disturbances in a centrifugal compressor with a vaneless diffuser. *Trans. ASME*, *Journal of Turbomachinery*, 111, 442-449.

Moore FK 1991 Theory of finite disturbances in a centrifugal compressor system with a vaneless radial diffuser. ASME 91-GT-82.

Moore JJ and Flathers MB 1998 Aerodynamically induced radial forces in a centrifugal gas compressor Part 1: Experimental measurement. *Trans. ASME*, *Journal of Engineering for Gas Turbines and Power*, 120, 383-390.

Moore J, Moore JG and Timmis PH 1983 Performance evaluation of centrifugal compressor impellers using 3D viscous flow calculations. ASME 83-GT-63.

Morris RE and Kenny DP 1972 High pressure ratio centrifugal compressors for small gas turbine engines. ASME, 118-146.

Mukkavilli R, Raju GR, Dasgupta A, Murty GV and Shary KV 2002 Flow studies on a centrifugal compressor stage with low solidity diffuser vanes. ASME GT-2002-30386.

Nece RE and Daily JW 1960 Roughness effects on frictional resistance of enclosed rotating discs. *Trans. ASME, Journal of Basic Engineering*, 82, 553 – 562.

Neumann B 1991 The Interaction between Geometry and Performance of a Centrifugal Pump. Mechanical Engineering Publications Ltd, London.

Nishida H, Kobayashi H, Takagi T and Fukushima Y 1988 A study on the rotating stall of centrifugal compressors. 1st Report, Effect of vaneless diffuser width on rotating stall) [Enshinasshukuki no senkaishissoku nikansuru kenkyu (Dai1 ho, hanenashideifuza ryurohaba no eikyo)], Nihon Kikaigakkai Ronbunshu (B hen), *Trans. Japan Society of Mechanical Engineers*, 54 (499), 589 – 594.

Nishida H, Kobayashi H, Takagi T and Fukushima Y 1989 A study on the rotating stall of centrifugal compressors. Proceedings of the International Symposium on Unsteady Aerodynamics and Aeroelasticity of Turbomachines and Propellers, Beijing, Pergamon Press.

Nishida H, Kobayashi H and Fukushima Y 1991 A study on the rotating stall of centrifugal compressors. 3rd Report, Rotating stall suppression method [Enshinasshukuki no senkai shissoku ni kansuru kenkyu (Dai – 3 – po, senkai shissoku no yokuseiho)], Nihon Kikaigakkai Ronbunshu (B hen), Trans. Japan Society of Mechanical Engineers (B edition), 543, 3794 – 3800.

Obayashi S, Jeong S and Chiba K 2005 Multi – objective design exploration for aerodynamic configurations. AIAA2005 – 4666.

Oh HW, Yoon ES and Chung MK 1997 An optimum set of loss models for performance prediction of centrifugal compressors. Proceedings of the IMechE, Part A, *Journal of Power and Energy*, 211.

Oh J, Buckley CW and Agrawal G 2011a Numerical investigation of low solidity vaned diffuser performance in a high – pressure centrifugal compressor. Part III: Tandem vanes. ASME GT – 2011 – 43582.

Oh J, Buckley CW and Agrawal G 2011b Numerical study on the effects of blade lean on high – pressure centrifugal impeller performance. ASME GT – 2011 – 43583.

Okamura T 1980 Radial thrust in centrifugal pumps with a single – vane impeller. *Bulletin of The Japan Society of Mechanical Engineering*, 23 (180), 895 – 901.

Ono Y 2013 Solutions for better engine performance at low load by Mitsubishi turbochargers. Proceedings of the CIMAC Congres 2013, Paper 15, Shanghai.

Pampreen R 1972 The use of cascade technology in centrifugal compressor vaned diffuser design. *Trans. ASME, Journal of Engineering for Power*, 94, 187 – 192.

Pampreen R 1981 A blockage model for centrifugal compressor impellers. ASME 81 – GT – 11.

Pampreen R 1989 Automotive research compressor experience. ASME 89 – GT – 61.

Papailiou KD 1971 Boundary layer optimization for the design of high turning axial flow compressor blades. *Trans ASME, Journal of Engineering for Power*, 93, 147 – 155.

Passrucker H and Van den Braembussche RA 2000 Inverse design of centrifugal impellers by simultaneous modification of blade shape and meridional contour. ASME 2000 – GT – 457.

Pazzi S and Michelassi V 2000 Analysis and design of centrifugal compressor inlet volutes. ASME 2000 – GT – 0464.

Peck JF 1951 Investigations concerning flow conditions in a centrifugal pump, and the effect of blade loading on head slip. *Proceedings of the Institute of Mechanical Engineers*, 164, 1 – 30.

Perrone A, Ratto L, Ricci G, Satta F and Zunino P 2016 Multi – disciplinary optimization of a centrifugal compressor for micro – turbine applications. ASME GT – 2016 – 57278.

Pfau H 1967 Temperaturmessungen zur Strömungsuntersuchung, insbesondere an Radialverdichter. *Konstruktion*, 12, 478 – 484.

Pierret S 1999 Designing Turbomachinery Blades by means of the Function Approximation Concept based on Artificial Neural Network, Genetic Algorithm and the Navier – Stokes Equations. PhD thesis, von Karman Institute – Faculté Polytechnique de Mons.

Pierret S and Van den Braembussche RA 1999 Turbomachinery blade design using a Navier – Stokes solver and artificial neural network. *Trans. ASME, Journal of Turbomachinery*, 121, No. 2.

Pinckney S 1965a Optimized turning – vane design for an intake elbow of an axial – flow compressor. Report NASA TN D – 3083.

Pinckney S 1965b Use of a single turning vane to eliminate flow separation in space limited 90 ° intake elbow of an axial flow compressor. NASA TM – X – 1110.

Poloni C 1999 Multi – objective aerodynamic optimization by means of robust and efficient genetic algorithm. *Notes on Numerical Fluid Mechanics*, 68, 124.

Poulain J and Janssens G 1980 Roue de compresseur centrifuge sans flexions dans les ailes. In: *Centrifugal Compressors, Flow Phenomena and Performance*, AGARD CP – 282, Paper 17.

Price K and Storn N 1997 Differential evolution. Dr. Dobbs's Journal, pp. 18 – 24.

Rautenberg M, Mobarak A and Malobabic M 1983 Influence of heat transfer between turbine and compressor on the performance of small turbochargers. GTSJ International Gasturbine Congress, Tokyo.

Rebernik B 1972 Investigation of induced vorticity in vaneless diffusers of radial pumps. Proceedings of the 4th Conference on Fluid Machinery, Budapest, pp. 1129 – 1139.

Rechenberg I 1973 Evolutionsstrategie: Optimierung technischer Systeme nach Prinzipien der biologischen Evolution. Fromman – Holzboog, Stuttgart.

Reddy YR and Kar S 1971 Optimum vane number and angle of centrifugal pumps with logarithmic vanes. *Trans. ASME, Journal of Basic Engineering*, 93, 411 – 425.

Reichl A, Dickmann HP and Kühnel J 2009 Calculation methods for the determination of blade excitation due to suction elbows in centrifugal compressors. ASME GT – 2009 – 59178.

Reneau L Johnston JP and Kline S 1967 Performance and design of straight, 2D diffusers. *Trans. ASME, Journal of Basic Engineering*, 89, 1412 – 1150.

Reunanen A 2001 Experimental and Numerical Analysis of different Volutes in a Centrifugal Compressor. PhD thesis, Acta Universitatis Laperantaensis.

Ribi B and Dalbert P 2000 One – dimensional performance prediction of subsonic vaned difffusers. *Trans. ASME, Journal of Turbomachinery*, 122, 494 – 504.

Ribi B and Gyarmathy G 1993 Impeller rotating stall as a trigger for the transition from mild to deep surge in a subsonic centrifugal compressor. ASME 93 – GT – 234.

Roberts SK and Sjolander SA 2005 Effect of specific heat ratio on the aerodynamic performance of turbomachinery. *Trans. ASME, Journal of Engineering for Gas Turbines and Power*, 127, 773 – 780.

Robinson C, Casey M Hutchinson B and Steed R 2012 Impeller – diffuser interaction in centrifugal compressors. ASME GT – 2012 – 69151.

Rodgers C 1961 Influence of impeller and diffuser characteristics and matching on radial compressor performance. SAE Technical Progress Series, Vol. 3, Centrifugal compressors, pp. 31 – 42.

Rodgers C 1962 Typical performance characteristics of gas turbine radial compressors. *Trans. ASME, Journal of Engineering for Power*, 86, 161 – 175.

Rodgers C 1968 Variable geometry gas turbine radial compressor. ASME 68 – GT – 63.

Rodgers C 1970 *Rotating Vaneless Diffuser Study*. US Army Equipment Research and Development Center.

Rodgers C 1977 Impeller stalling as influenced by diffuser limitations. *Trans. ASME, Journal of Fluids Engineering*, 99, 84 – 97.

Rodgers C 1978 A diffusion factor correlation for centrifugal impeller stalling. *Trans. ASME, Journal of Engineering for Power*, 100, 592 – 602.

Rodgers C 1980 Specific speed and efficiency of centrifugal impellers. In: *Performance Prediction of Centrifugal Pumps and Compressors*, ASME International Gas Turbine Conference.

Rodgers C 1982 The performance of centrifugal compressor channel diffusers. ASME 82 – GT – 10.

Rodgers C 1991 The efficiency of single stage centrifugal compressors for aircraft applications. ASME 91 – GT – 77.

Rodgers C 1998 The centrifugal compressor inducer. ASME 98 – GT – 32.

Rodgers C and Mnew H 1975 Experiments with model free rotating vaneless diffuser. *Trans. ASME, Journal of Engineering for Power*, 97, 231 – 242.

Rodgers C and Sapiro L 1972 Design considerations for high pressure ratio centrifugal compressors. ASME 72 – GT – 91.

Rothe PH and Runstadler PW 1978 First order pump surge behaviour. *Trans. ASME, Journal of Fluids Engineering*, 100, 459 – 466.

Runstadler PW and Dean R 1969 Straight channel diffuser performance at high inlet Mach numbers. *Trans. ASME, Journal of Basic Engineering*, 91, 397 – 422.

Rusak V 1982 Development and performance of the wedge – type low specific speed compressor wheel. ASME 82 – GT – 214.

Sagi C and Johnton JP 1967 The design and performance of 2D, curved diffusers. *Trans. ASME, Journal of Basic Engineering*, 89, 715 – 731.

Salvage JW 1996 Variable geometry pipe diffusers. ASME 96 – GT – 202.

Salvage JW 1998 Development of a centrifugal compressor with a variable geometry split – ring pipe diffuser. ASME 98 – GT – 7.

Sanz JM, McFarland ER, Sanger NL, Gelder T and Cavicchi RH 1985 Design and performance of a fixed, non – accelerating guide vane cascade that operates over an inlet flow angle range of 60 deg. *Trans. ASME, Journal of Engineering for Gas Turbines and Power*, 107, 477 – 484.

Saphar S 2004 Design of experiment, screening and response surface modeling to minimize the design cycle time. In: *Optimization Methods and Tools for Multi – Criteria/Multi – Disciplinary Design*, VKI LS 2004 – 07.

Sapiro L 1983 Effect of impeller – extended shrouds on centrifugal compressor performance as a function of specific speed. *Trans. ASME, Journal of Engineering for Power*, 105, 457 – 465.

Sayed S 1986 Selection of high performance low flow compressors. ASME 86 – GT – 220.

Schmalfuss H 1972 Design and constructional aspects of contemporary centrifugal compressors. In: *Industrial Turbo – compressors*, VKI Lecture Series 47.

Schmitz MB and Fitzky G 2004 Surge cycle of turbochargers: Simulation and comparison to experiments. ASME GT – 2004 – 53036.

Schnell E 1965 Flow through radial wheels. In: Theoretical and Experimental Research on Limit Loading Radial Compressors, Part A, VKI CN 53.

Schuster P and Schmidt – Eisenlohr U 1980 Flow field analysis of radial and backswept centrifugal compressor impellers, Part 2: Comparison of potential flow calculation and measurements. In: *Performance Prediction of Centrifugal Pumps and Compressors*, ASME.

Senoo Y 1984 Vaneless diffusers. In: *Flow in Centrifugal Compressors*, VKI Lecture Series 1984 – 07.

Senoo Y and Ishida M 1975 Behavior of severely asymmetric flow in a vaneless diffuser. *Trans. ASME, Journal of Engineering for Power*, 97, 375 – 387.

Senoo Y and Kawaguchi N 1983 Pressure recovery of collectors with annular curved diffusers, ASME 83 – GT – 35.

Senoo Y and Kinoshita Y 1977 Influence of inlet flow conditions and geometries of centrifugal vaneless diffusers on critical flow angle for reverse flow. *Trans. ASME, Journal of Fluids Engineering*, 99, 98 – 103.

Senoo Y and Kinoshita Y 1978 Limits of rotating stall and stall in vaneless diffuser of centrifugal compressors. ASME 78 – GT – 19.

Senoo Y and Nishi M 1977a Prediction of flow separation in diffusers by boundary layer calculation. *Trans. ASME, Journal of Fluids Engineering*, 99, 379 – 389.

Senoo Y and Nishi M 1977b Deceleration rate parameters and algebraic prediction of turbulent boundary layer. *Trans. ASME, Journal of Fluids Engineering*, 99, 390 – 395.

Senoo Y, Kinoshita Y and Ishida M 1977 Asymmetric flow in vaneless diffusers of centrifugal blowers. *Trans. ASME, Journal of Fluids Engineering*, 99, 104 – 114.

Senoo Y, Kawaguchi N and Nagata T 1978 Swirl flow in conical diffuser. *Bulletin of JSME*, 21(151).

Senoo Y, Hayami H and Ueki, M 1983 Low solidity tandem cascade diffusers for wide range centrifugal blowers. ASME 83 – GT – 3.

Shibata T, Yagi M, Nishida H, Kobayashi and Tanaka M 2010 Effect of impeller blade loading on compressor stage performance in high specific speed range. ASME GT – 2010 – 2228 1.

Shouman AR and Anderson JR 1964 The use of compressor – inlet prewhirl for the control of small gas turbines. *Trans. ASME, Journal of Engineering for Power*, 86, 136 – 140.

Sideris M 1988 Circumferential Distortion of the Flow in Centrifugal Compressors due to Outlet Volutes. PhD Thesis, von Karman Insititute – Universiteit Gent.

Sideris M and Van den Braembussche RA 1986 Evaluation of the flow in a vaneless diffuser followed by a volute. Proceedings of the 3rd International Conference on Turbocharging and Turbochargers, IMechE C102/86.

Sideris M, Ayaz Y and Van den Braembussche RA 1987a Centrifugal impeller response to a circumferential variation of exit pressure. Proceedings of the International Gas Turbine Congress, Tokyo, 87 – IGTC – 10.

Sideris M and Van den Braembussche RA 1987b Influence of a circumferential exit pressure distortion on the flow in an impeller and diffuser. *Trans. ASME*, *Journal of Turbomachinery*, 109, 48 – 54.

Simon H and Bulskamper A 1984 On the evaluation of Reynolds number and relative surface roughness effects on centrifugal compressor performance based on systematic experimental investigations. *Trans. ASME*, *Journal of Engineering for Gas Turbines and Power*, 106, 489 – 501.

Simon H, Wallmann T and Mönk T 1986 Improvement in performance characteristics of single stage and multistage centrifugal compressors by simultaneously adjusting inlet guide vanes and diffuser vanes. ASME 86 – GT – 127.

Simon JS, Valavani L, Epstein AH and Greitzer EM 1993 Evaluation of approaches to active compressor surge stabilization. *Trans. ASME*, *Journal of Turbomachines*, 115, 57 – 67.

Sirakov B and Casey M 2011 Evaluation of heat transfer effects on turbocharger performance. ASME GT – 2011 – 45887.

Sirakov B, Gong Y, Epstein AH and Tan CH 2004 Design and characterization of micro – compressor impellers. ASME GT – 2004 – 53332.

Sivagnanasundaram S, Spence S, Early J and Nikpour B 2010 An investigation of compressor map width enhancement and the inducer flow field using various configurations of shroud bleed slot. ASME GT – 2010 – 22154.

Sivagnanasundaram S, Spence S and Early J 2012 Map width enhancement technique for a turbocharger compressor. ASME GT – 2012 – 69415.

Sivagnanasundaram S, Spence S, Early J and Nikpour B 2013 An impact of various shroud bleed slot configurations and cavity vanes on compressor map width and the inducer flow field. *Trans. ASME*, *Journal of Turbomachines*, 135, 041003 1 – 9.

Skoch G 2003 Experimental investigation of centrifugal compressor stabilisation techniques. *Trans. ASME*, *Journal of Turbomachines*, 125, 704 – 713.

Skoch G 2005 Experimental investigation of diffuser hub injection to improve centrifugal compressor stability. *Trans. ASME*, *Journal of Turbomachines*, 127, 107 – 117.

Smith AG 1957 On the generation of the streamwise component of vorticity for flows in a rotating passage. *Aeronautical Quarterly*, 8, 369 – 383.

Spakovsky ZS and Paduano JD 2000 Tip – clearance actuation with magnetic bearings for high – speed compressor stall control. ASME 2000 – GT – 0528.

Stanitz J 1952 One – dimensional compressible flow in vaneless diffusers of radial and mixed flow compressors including effects of friction, heat transfer and area change. NACA TN 2610.

Stanitz J 1953 Effect of blade thickness tapes on axial velocity distribution at the loading edge of an entrance rotor blade row with axial inlet and the influence of this distribution on alignment of the rotor blade for zero attack. NACA TN 2986.

Stanitz J and Prian V 1951 A rapid approximation method for determining velocity distribution of impeller blades of centrifugal compressors. NACA TN 2421.

Startsev A, Brailko I and Orekhov I 2015 Development of a centrifugal compressor outlet system in ESPOSA Project. Proceedings of the 12th International Symposium on Experimental and Computational Aerothermodynamics of Internal Flow, ISAIF12 – 003, Lerici, Italy.

Steglich T, Kitzinger J, Seume J, Van den Braembussche RA and Prinsier J 2008 Improved impeller/volute combinations for centrifugal compressors. *Trans. ASME, Journal of Turbomachinery*, 130, 011014 – 1(9).

Stepanoff AJ 1957 *Centrifugal and Axial Flow Pumps*. 2nd edition, pp. 116 – 123. John Wiley and Sons, Inc. , New York.

Stiefel W 1965 Experimental investigations of radial compressors to evaluate the parameters leading to a variation of the design point. In: *Theoretical and Experimental Research on Limit Loading Radial Compressors*, VKI CN 53 Part B.

Stiefel W 1972 Experiences in the development of radial compressors. In: *Advanced Radial Compressors*, VKI LS 50.

Stodola 1924 *Dampf – und gasturbinen*, Springer Verlag; 1927 *Steam and Gasturbines*, McGraw – Hill, New York.

Strub RA, Bonciani L, Borer CJ, Casey MV, Cole SL, Cook B. B, Kotzur J, Simon H and Strite MA 1987 Influence of the Reynolds number on the performance of centrifugal compressors. *Trans. ASME, Journal of Turbomachinery*, 109, 541 – 544.

Sugimura K, Jeong S, Obayashi S and Kimura T 2008 Multi – objective robust design optimization and knowledge mining of a centrifugal fan that takes dimensional uncertainty into account. ASME GT – 2008 – 51301.

Sugimura K, Kobayashi H and Nishida H 2012 Design optimization and experimental verification of centrifugal compressors with curvilinear element blades. ASME GT – 2012 – 69162.

Swain E 2005 Improving a one – dimensional centrifugal compressor performance prediction method. *Proceedings of the IMechE Part A Journal of Power and Energy*, 219, 653 – 659. DOI: 10.1243/095765005X31351.

Tamaki I 2011 Effect of recirculation device with counter swirl vane on performance of high pressure ratio centrifugal compressor. ASME GT – 2011 – 45360.

Tamaki H, Zheng X and Zhang Y 2012 Experimental investigation of high pressure ratio centrifugal compressor with axisymmetric and non – axisymmetric recirculation device. ASME GT – 2012 – 68219.

Tan J, Qi D and Wang, R 2010 The effects of radial inlet guide vanes on the performance of variable inlet guide vane in a centrifugal compressor stage. ASME GT – 2010 – 22177.

Taylor ES 1964 The centrifugal compressor. Section J In: *The Aerodynamics of Turbines and Compressors*, Vol. X of *High Speed Aerodynamics and Jet Propulsion*. Princeton University Press, pp. 553 – 586.

Thévenin D and Janiga G. (Eds) 2008 *Optimization and Computational Fluid Dynamics*. Springer Verlag, Berlin, ISBN 978 – 3 – 540 – 72153 – 6.

Thomas JL and Salas MD 1986 Far – field boundary conditions for transonic lifting solutions to the Euler equations. *AIAA Journal*, 24, 1074 – 1080.

Tiow WT and Zangeneh M 2000 A three – dimensional viscous transonic inverse design method. ASME 2000 – GT – 0525.

Tiow WT, Yiu KFC and Zangeneh M 2002 Application of simulated annealing to inverse design of transonic turbomachinery cascades. Proceedings of the IMechE, Vol. 216, Part A: J. Power and Energy, pp. 59 – 73.

Tomica H, Wonsak G and Saxena S 1973 Ausbildung und Untersuchung von Saugkrümmern für zweiflutige, radial angeströmte Kreiselpumpen. Pumpentagung, Karlsruhe.

Toyama K, Runstadler PW and Dean RC 1977 An experimental study of surge in a centrifugal compressor. *Trans. ASME, Journal of Fluids Engineering*, 99, 115 – 131.

Traupel W 1962 Die Theorie der Strömung durch Radialmaschinen. Karlsruhe, Verlag Braun.

Trébinjac I, Kulisa P, Bulot N and Rochuon N 2008 Effect of unsteadiness on the performance of a transonic centrifugal compressor stage. ASME GT – 2008 – 50260.

Trébinjac I, Ottavy X., Rochuon N and Bulot N 2009 On the validity of steady calculations with shock blade row interactions. Proceedings of the 9th International Symposium of Experimental and Computational Aerothermodynamics of Internal Flow, ISAIF9 – sc – 3, Gyeongju, Korea.

Tsujimito Y, Yoshida Y and Mori Y 1994 Study of vaneless diffuser rotating stall based on two – dimensional inviscid flow analysis. In:*Fluid Machinery*, Vol. 195, ASME FED.

Tun MT, Sakaguchi D, Numakura R and Wang B 2016 Multi – point optimization of recirculation flow type casing treatment in centrifugal compressors. ASME GT – 2016 – 56610.

Uchida H, Inayoshi M and Sugiyama, K 1987 Effect of a circumferential static pressure distortion on small – sized centrifugal compressor performance. Proceedings of the International Gas Turbine Congress, Tokyo, 87 – IGTC – 11.

Ueda K, Kikuchi S, Inokuchi Y, Yamasaki N and Yamagata, A 2015 The effects of upstream bent pipe on the performance of a small centrifugal compressor. Proceedings of the 12th International Symposium on Experimental and Computational Aerothermodynamics of Internal Flows, ISAIF12 – 116, Paper 116, Lerici, Italy.

Van Bael J and Van den Braembussche RA 1994 Active control of centrifugal compressor surge. Proceedings of the 3rd Belgisch Nationaal Congres over Theoretische en Toegepaste Mechanica, Liège, Belgium.

Van den Braembussche RA 1994 Inverse design method for axial and radial turbomachines. In:*Numerical Methods for Flow Calculation in Turbomachines*, VKI LS 1994 – 06.

Van den Braembussche RA 2005 Micro – Gasturbines – A short survey of design problems. In:*Micro Gasturbines*, RTO – VKI Lecture Series, RTO – EN – AVT – 131, ISBN: 92 – 837 – 1151 – 3.

Van den Braembussche RA 2010 Global optimization methods: Theoretical aspects and definitions. In: *Strategies for Optimization and Automated Design of Gas Turbine Engines*, RTO – MP – AVT – 167, Chapter 3, ISBN 978 – 92 – 837 – 0124 – 8.

Van den Braembussche RA and Hände BM 1990 Experimental and theoretical study of the swirling flow in centrifugal compressor volutes. *Trans. ASME, Journal of Turbomachinery*, 112, 38 – 43.

Van den Braembussche RA, Frigne P and Roustan M 1980 Rotating non uniform flow in radial compressors. In: *Centrifugal Compressors, Flow Phenomena and Performance*, AGARD CP – 282, paper 12.

Van den Braembussche RA, Sideris M and Soumoy V 1987 Comparative study of four prediction methods for radial vaneless diffusers. Proceedings of the International Gas Turbine Congress, 87 – Tokyo – IGTC – 6, pp. II – 37 – 44.

Van den Braembussche RA, Demeulenaere A and Borges J 1993 Inverse design of radial flow impellers with prescribed velocity at hub and shroud. AGARD CP 537, paper 18.

Van den Braembussche RA, Ayder E, Hagelstein D, Rautenberg and Keiper R 1999 Improved model for the design and analysis of centrifugal compressor volutes. *Trans. ASME, Journal of Turbomachinery*, 121, 619 – 625.

Van den Braembussche RA, Prinsier J and Di Sante A 2010 Experimental and numerical investigation of the flow in rotating diverging channels. *Journal of Thermal Science* 19(2), 115 – 119.

Van den Braembussche RA, Alsalihi Z, Verstraete T, Matsu A, Ibaraki S, Sugimoto K and Tomita I 2012 Multidisciplinary multipoint optimization of a transonic turbocharger compressor. ASME GT2012 – 69645.

Van den Braembussche RA, Aksoy HG and Hillewaert K 2015 About frozen rotor calculations. Proceedings of the 12th International Symposium on Experimental and Computational Aerothermodynamics of Internal Flow, ISAIF12 – 116, Lerici, Italy.

Van Laarhoven PJM and Aarts EHL 1987 *Simulated Annealing*: *Theory and Application*. Kluwer Academic Publishers.

Vavra M 1970 Basic elements for advanced design of radial flow compressors. In *Advanced Compressors*, AGARD LS 39.

Vavra M 1974 *Aero – thermodynamics and Flow in Turbomachines*. Robert E. Krieger Company, New York.

Verdonk G 1978 Vaned diffuser inlet flow conditions for a high pressure ratio centrifugal compressor, ASME 78 – GT – 50.

Verstraete T 2008 Multidisciplinary Turbomachinery Component Optimization Considering Performance, Stress, and Internal Heat Transfer. PhD thesis, von Karman Intsitute – Universiteit Gent.

Verstraete T 2016a Introduction to optimization and multidisciplinary design. In: *Radial Compressor Design and Optimization*, VKI LS 2017.

Verstraete T 2016b Multidisciplinary optimization of turbomachinery components using differential evolution. In: *Radial Compressor Design and Optimization*, VKI LS 2017.

Verstraete T, Alsalihi Z and Van den Braembussche RA 2007 Numerical study of the heat transfer in micro gasturbines. *Trans. ASME, Journal of Turbomachinery* 129, 835 – 841.

Verstraete T, Alsalihi Z and Van den Braembussche RA 2008 Multidisciplinary optimization of a radial compressor for micro gas turbine applications. *Trans. ASME, Journal of Turbomachinery*, 132(3), 03104 – 1 (7).

Verstraete T, Müller L and Müller JD 2017 Multidisciplinary adjoint optimization of turbomachinery components including aerodynamic and stress performance. AIAA 2017 – 4083.

Vignau H, Rodellar R and Silet J 1987 Intérêt de la géométrie variable pour les turbomoteurs à faible puissance. In: *Advanced Technology for Aero Gas Turbine Components*, AGARD – CP – 421, paper 6.

Vilmin S, Lorrain E, Tartinville B, Hirsch Ch and Swoboda M 2006 Unsteady flow modeling across the rotor/stator interface using the nonlinear harmonic method. ASME GT2006 – 90210.

Vilmin S, Lorrain E, Tartinville B, Capron A and Hirsch Ch 2013 The nonlinear harmonic method:

from single stage to multi – row effects. International Journal of Computational Fluid Dynamics.

von Backström TW 2008 The effect of specific heat ratio on the performance of compressible flow turbomachines. ASME GT – 2008 – 50183.

Wachter J and Rieder M 1985 Einfluss von Maschinenspezifischen grössen auf den Beginn und das Erscheinungsbild von rotierenden Ablösestromungen in einem einstufigen radial Verdichter [Influence of design data on the onset and behavior of rotating stall in a single – stage centrifugal compressor]. Proceedings of VDI Tagung, Bochum, pp. 591 – 605.

Walitt L 1980 Numerical analysis of the 3D viscous flow field in a centrifugal impeller. In: *Centrifugal Compressors*, *Flow Phenomena and Performance*, AGARD CP – 282, paper 6.

Watanabe H Konomi A and Ariga I 1994 Transient process of rotating stall in radial vaneless diffusers, ASME 94 – GT – 161.

Weber CR and Koronowski ME 1986 Meanline performance prediction of volutes in centrifugal compressors. ASME 86 – GT – 216.

White R and Kurz R 2006 Surge avoidance for compressor systems. Proceedings of the 35th Turbomachinery Symposium, Texas A&M University.

Whitfield A and Robert DV 1983 Alternative vaneless diffusers and collecting volutes for turbocharger compressors. ASME 83 – GT – 32.

Wiesner FJ 1967 A review of slip factor for centrifugal impellers. *Trans. ASME*, *Journal of Engineering for Power*, 89, 588 – 572.

Wiesner FJ 1979 A new appraisal of Reynolds number effects on centrifugal compressor performance. *Trans. ASME*, *Journal of Engineering for Power*, 101, 384 – 396.

Wilbur S 1957 An investigation of flow in circular and annular 90 ° bends with a transition in cross section. NACA TN 3995.

Will BC, Benra FK and Dohmen H – J 2011 Investigation of the flow in the side cavities of a centrifugal pump with volute casing. Proceedings of the 10th International Symposium on Experimental and Computational Aerothermodynamics of Internal Flow, ISAIF10 – 009, Brussels.

Worster RC 1963 An investigation of the flow in centrifugal pumps at low deliveries. BHRA RR 770.

Wu CH 1952 A general theory of 3D flow in subsonic and supersonic turbomachines of axial, radial and mixed flow types. NACA TN 2604.

Wunsch D, Hirsch Ch, Nigro R and Coussement G 2015 Quantification of combined operational and geometrical uncertainties in turbo – machinery design. ASME GT – 2015 – 43399.

Xin J, Wang X, Zhou L, Ye Z and Liu H 2016 Numerical investigation of the flow field and aerodynamic load on impellers in centrifugal compressor with different radial inlets. ASME GT – 2016 – 57180.

Xu C and Amano S 2012 Aerodynamic and structure considerations in centrifugal compressor design – Blade lean effects. ASME GT – 2012 – 68207.

Yagi M, Kishibe T, Shibata T, Nishida H and Kobayashi H 2008 Performance improvement of centrifugal compressor impellers by optimizing blade – loading distribution. ASME GT – 2008 – 51025.

Yagi M, Shibata T, Nishida H, Kobayashi H, Tanaka M and Sigimura K 2010 Optimizing a suction channel to improve performance of a centrifugal compressor stage. ASME GT – 2010 – 203019.

Yamada K, Furukawa M, Fukushima H, Ibaraki S and Tomita I 2011 The role of tip leakage vortex breakdown in flow fields and aerodynamic characteristics of transonic centrifugal compressor impellers. ASME GT – 2011 – 46253.

Yang M, Zheng X, Zhang Y, Bamba T, Tamaki H, Huenteler J and Li Z 2010 Stability improvement of high – pressure – ratio turbocharger centrifugal compressor by asymmetric flow control – Part I: Non – axisymmetric flow in centrifugal compressor. ASME GT – 2010 – 22581.

Yang C, Zhao, Ma CC, Lao D and Zhou M 2013 Effect of different geometrical inlet pipes on a high speed centrifugal compressor. ASME GT – 2013 – 94254.

Yi J and He L 2015 Space time gradient methods for unsteady blade row interaction – Part I: Basic methodology and verification. *Trans. ASME, Journal of Turbomachinery*, 137, 111008 – (1 – 13).

Yoon SY, Lin Z, Jiang GW and Allaire PE 2012 Flow – rate observers in the suppression of compressor surge using active magnetic bearings. ASME GT – 2012 – 70011.

Yoshida Y, Murakami Y, Tsurusaki H and Tsujimoto Y 1991 Rotating stalls in centrifugalimpeller/vaned diffuser systems. In: *General Topics in Fluids Engineering*, Vol. 107, ASME FED.

Yoshida Y, Tsujimoto Y, Tateishi T and Tsurusaki H 1993 Active control of vaneless diffuser rotating stall. In: *Rotordynamic Instability Problems in High – Performance Turbomachinery* 1993, NASA CP 3239.

Yoshinaga Y, Gyobu I, Mishina H, Kosekli F and Nishida H 1980 Aerodynamic performance of a centrifugal compressor with vaned diffuser. *Trans. ASME, Journal of Fluids Engineering*, 102, 486 – 493.

Yoshinaga Y, Kaneki T, Kobayashi H, Hoshino M 1985 A study of performance improvement for high specific speed centrifugal compressors by using diffusers with half guide vanes. In: *Three – dimensional Flow Phenomena in Fluid Machinery*, ASME Winter Annual Meeting, Miami. Yoshinaka T 1977 Surge responsibility and range characteristics of centrifugal compressors. Proceedings of the Tokyo Joint Gas Turbine Congress, pp. 381 – 390.

Zangeneh M 1991 A compressible three – dimensional design method for radial and mixed flow turbomachinery blades. *International Journal of Numerical Methods in Fluids*, 13, 599 – 624.

Zangeneh M 1993 Inviscid – viscous interaction method for 3D inverse design of centrifugal impellers. ASME 93 – GT – 103

Zangeneh M 1998 On 3D inverse design of centrifugal compressor impellers with splitter blades. ASME 98 – GT – 507.

Zangeneh M, Goto A and Harada H 1998 On the design criteria for suppression of secondary flows in centrifugal and mixed flow impellers. *Trans. ASME, Journal of Turbomachinery*, 120, 723 – 735.

Zangeneh M, Mendonça F, Hahn Y and Cofer J 2014 3D Multi – disciplinary inverse design based optimization of a centrifugal compressor impeller. ASME GT – 2014 – 26961.

Zheng X and Lan C 2014 Improvements of the performance of a high – pressure – ratio turbocharger centrifugal compressor by blade bowing and self – recirculation casing treatment. *Proceedings of the IMechE, Journal Automotive Engineering*, 228, 73 – 84.

Zheng X, Zhang Y, Yang M, Bamba T and Tamaki H 2010 Stability improvement of high – pressure – ratio turbocharger centrifugal compressor by asymmetric flow control – Part II: Non – axisymmetric self recirculation casing treatment. ASME GT – 2010 – 22582.

Zhou L, Xi G. and Cai YH 2007 Unsteady numerical simulation in a centrifugal compressor using the time – inclined operator. Proceedings of the IMechE, Part G: *Journal of Aerospace Engineering*, 221, 795 – 803, DOI: 10. 1243/09544100JAERO194.

Ziegler KU, Gallus HE and Niehuis R 2003a A study on impeller – diffuser interaction – Part I: Influence on the performance. *Trans. ASME, Journal of Turbomachinery*, 125, 173 – 182.

Ziegler KU, Gallus HE and Niehuis R 2003b A study on impeller – diffuser interaction – Part II: Detailed flow analysis. *Trans. ASME, Journal of Turbomachinery*, 125, 183 – 19.

符号表

符号	含义
A	横截面积
$A(U(X),X)$	性能约束函数
AIRS	突发型叶轮旋转失速
AR	面积比
AS	展弦比
a	声速
a	加速度
A_σ	增长率 S 的实部
b	叶轮出口或扩压器宽度
B^2	Greitzer B^2 因子
B_f	畸变因子
bl	相对堵塞
c	弦长
C	零尾迹速度下的叶轮出口射流面积
C_d	耗散系数
C_f	达西摩擦因数
CDF	累积密度函数
CFD	计算流体力学
CFL	库朗数
C_m	动量或扭矩系数
C_M	射流尾迹摩擦因数
CP	静压升系数
C_p	比定压热容
D	直径
DH	水力直径
DOE	试验设计

续表

DR	扩散比
dS	控制面
EL	当量通道长度
ESD	紧急关闭
EM	紧急截止阀
f	非定常性的频率
F	力
FEA	有限元应力分析
g	重力加速度
G	控制器增益
$G_k(X)$	几何约束函数
GPM	加仑/分钟
h	静焓
h_b	叶到叶距离
H	总焓；压头
i	冲角
J	转动惯量
k_s	当量砂粒尺度定义的壁面粗糙度
K	径向力系数
k_b	叶片堵塞
L	通道长度
LH	水力长度
LSD	低稠度扩压器
LWR	长宽比
m	子午距离
$\dot{m}$	质量流量
Ma	马赫数
M_O	动量或扭矩
M_R	径向动量
M_u	切向动量
M_x	轴向动量
NACA	国家航空咨询委员会
NS	比转速

续表

NUEL		周向位置数量
n		垂直于轴对称流面的距离
n_D		设计参数数量
N		转速(r/min) 群体中的个体数量
NPSHR		汽蚀余量
O		开口宽度或喉部宽度
$OF(U(X),X)$		目标函数
P		压力;功率谱幅值;惩罚项
PDF		概率密度函数
PIRS		渐进式叶轮旋转失速
P_w		功率/W
$\dot{Q}$		体积流量
q		单位质量热流量
Q		热流量/W 动压
R		从叶轮轴线测得的半径
$R(U(X),X)$		性能评估程序
r		从蜗壳横截面中心测得的半径;反力度
$\Re$		曲率半径;扩压器进口圆角半径
Re		雷诺数
R_f		松弛因子
R_G		气体常数
RHS		右边项
R_o		转焓
RPM		转速(r/min)
RV		轮毂与轮盖半径比
s		流线方向距离
S		表面;扰动指数增长率;熵
Sr		声学中的斯特劳哈尔数
S_x		叶轮背板与轮盖间的轴向间隙
t		时间;节距
T		温度

续表

符号	含义
u	无量纲子午长度
U	轮缘速度
$U(X)$	性能评估程序的输出
v	边界层中的绝对速度
V	自由流绝对速度
VDRS	无叶扩压器旋转失速
v_C	压气机体积
v_P	集气箱体积
w	边界层中的相对速度
W	自由流相对速度
x	轴向或纵向距离
X	几何个体
y	节距方向距离;垂直于 x 和 z 的方向
Z	叶片数;控制器传递函数
Z_p、Z_u	定义扩压器进口条件的参数
z	垂直于 x 和 y 的方向
α	子午面测得的绝对气流角
β	子午面测得的相对气流角
β_σ	控制器相移
γ	子午流面与轴向夹角
δ	边界层厚度;进口压比
δ_{cl}	叶轮轮盖间隙
δ_{bl}	垂直于中弧线的叶片厚度
ε	壁面流线与主流方向的偏斜角
ϵ	相对尾迹宽度
ϵ_{kb}	相对叶片堵塞
η	等熵效率
η_W	叶轮扩散效率
θ	角坐标(从蜗舌测起);半扩压器扩张角;进口总温比
κ	等熵指数
λ	失速团或旋转波个数;叶轮射流尾迹流量比
μ	功耗系数;动力黏度
ν	尾迹/射流速度比;运动黏度

续表

	ω	总压损失系数
	Ω	转速/(r/s)
	Ω_R	频率衰减
	ω_m	叶轮的模态波频率
	ω_s	流向涡量
	ω_σ	失速团旋转速度;S 的虚部
	π	压比
	ϕ	流量系数(V_m/U)
	ψ	无量纲压升系数
	Ψ	流函数
	ρ	密度
	σ	滑移系数;稠度(弦长/栅距);应力/MPa
	τ	叶片旋转周期;扰动周期;剪切应力
	∇	$i_x\dfrac{\partial}{\partial x}+i_y\dfrac{\partial}{\partial y}+i_z\dfrac{\partial}{\partial x}$
	$\vee$	矢量乘积
	∇^2	拉普拉斯算子

下标

0	IGV 或进口蜗壳上游
01	IGV 下游
1	叶排进口
2	叶排出口
3	叶片扩压器前缘
4	扩压器出口
5	蜗壳出口
6	压气机出口－回流通道出口
11	在叶轮背板的内半径处
a	绝对坐标系
ad	绝热
b	叶片到叶片方向上
b_1	叶片
b_2	叶排出口宽度

续表

C		压气机
c		临界值;蜗壳截面中心处
ce		离心力所致
ch		堵点
cl		间隙
Cor		科里奥利(科氏)力
curv		曲率
D		扩压器;确定性解
d		下游
des		设计值
dia		传热
EC		尾椎
F		力
fl		流量
fr		摩擦力所致
H		轮毂处
$i、j、k$		子午方向、切向和法向
IGV		进口导叶
inc		不可压缩 冲角所致
inl		入口处
iw		内壁处
jet		射流 周向位置
kb		叶片堵塞
LE		前缘值
m		子午分量
max		最大值
mech		机械的
min		最小值
MC		剩余旋流
MVDL		子午速度排气损失
n		法向分量

387

续表

N	标准值	
o	出口处	
opt	最佳值	
ow	外壁处	
p	管;多变的	
P	压力;进气室	
PS	压力面	
r	转子(相对坐标系)	
R	径向分量;共振;稳健解	
ref	参考值,参考气体	
ret	回流	
Ro	转焓或旋转修正	
s	流向分量	
S	在轮盖处;涡分量	
SS	吸力面	
S-S	静对静	
SEP	分离点处	
T	通流或切向分量;节流装置	
TE	尾缘	
th	喉部	
T-S	总对静	
T-T	总对总	
TVDL	切向速度排气损失	
u	外围部件;上游	
un	无约束	
V	绝对速度	
w	尾迹;壁面	
W	相对速度	
x	轴向分量	
∞	自由流值;高雷诺数	

上标

i	等熵
k	时间步数
nr	非旋转
O	滞止状态
t	下一时间步或下一代
Λ	扰动分量
~	平均值
∞	假设无限叶片
★	目标值
′	$\partial../\partial\phi$